光盘界面

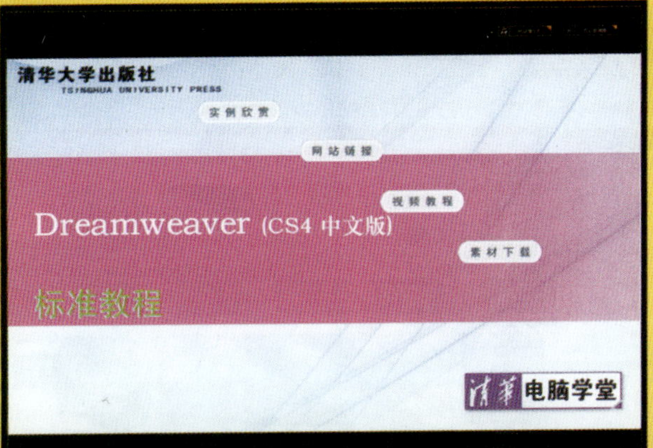

案例欣赏

案例欣赏

视频文件

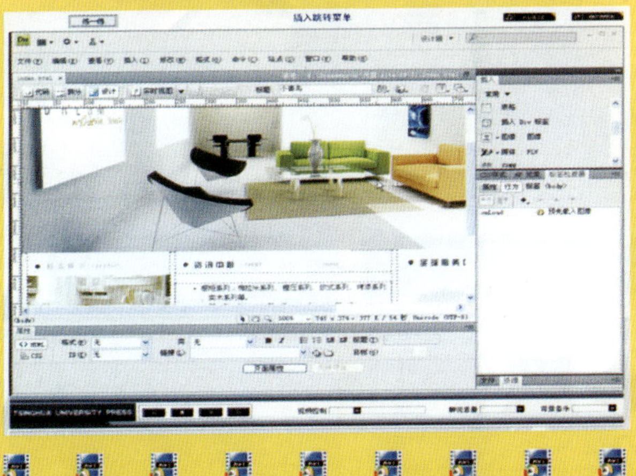

素材下载

简历设计

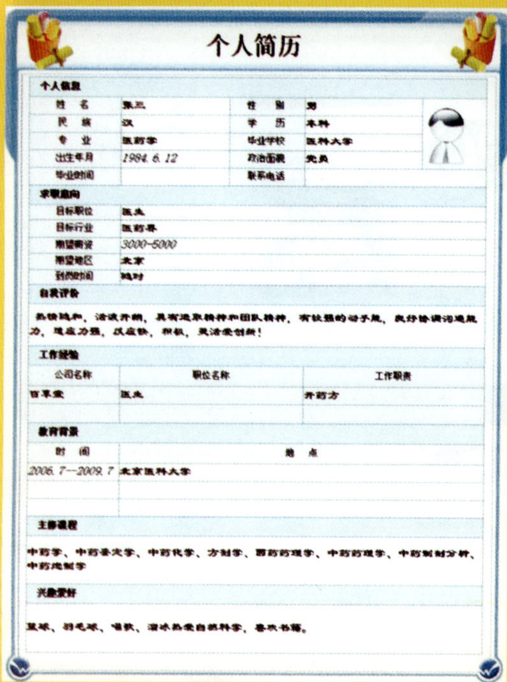

时尚饰品网站制作

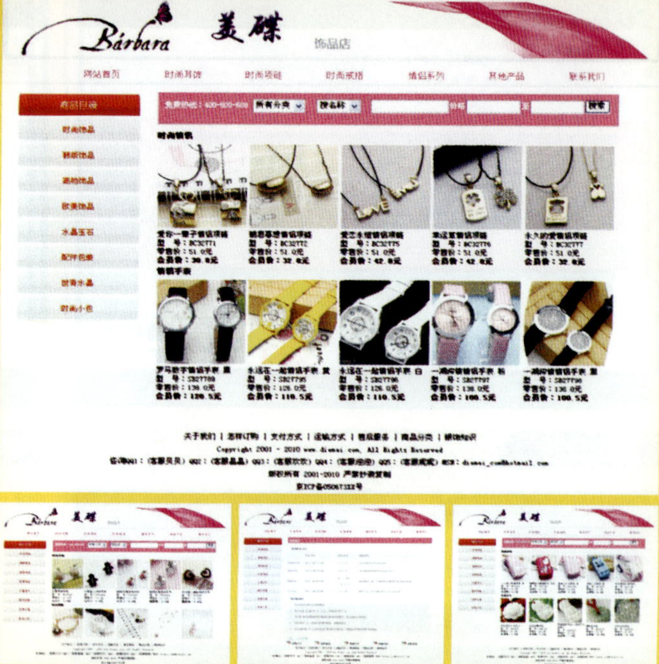

插入跳转菜单

制作诗歌目录

多方面产品展示

使用模板制作网页

豪宅别墅网站制作

登录信息验证

味道家公司网站制作

布局个人博客页面

修改网页特效

可隐藏的产品信息

布局产品信息页面

注册页面

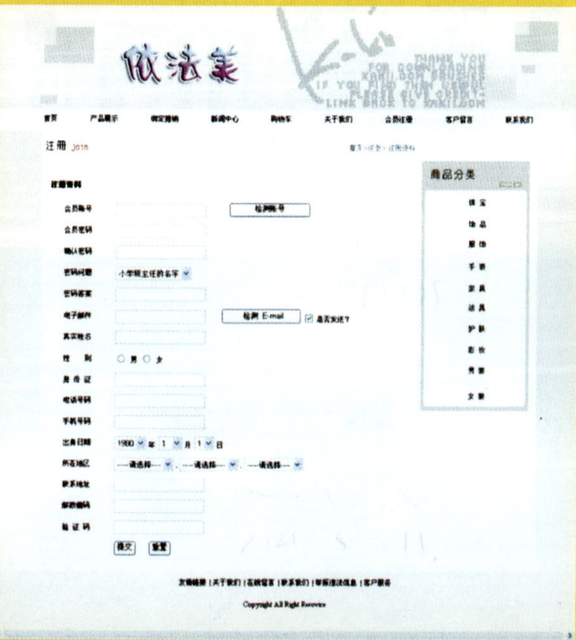

DVD

超值多媒体光盘

大容量、高品质多媒体教程
语音视频演示讲解
实例素材、效果和模板

- ✓ 总结了作者多年网页设计经验和教学心得
- ✓ 系统讲解了Dreamweaver CS4的要点和难点
- ✓ 实例丰富、效果精美、实用性强
- ✓ 附大容量、高品质多媒体语音视频教程光盘

Dreamweaver CS4

网页设计与网站建设标准教程

■ 郝军启 刘治国 赵喜来 等编著

清华大学出版社

内 容 简 介

本书全面介绍了使用 Dreamweaver CS4 设计网页和组建网站的知识，内容包括网页设计基础理论、添加网页元素、网页布局技术、框架应用、美化网页元素、网页交互、动态网页制作等。本书最后安排了综合实例内容。配书光盘提供了本书实例素材文件和配音教学视频文件。本书结构编排合理，实例丰富，可以作为高等院校相关专业和社会培训班网页制作教材。也可以作网页设计的自学参考。

图书在版编目（CIP）数据

Dreamweaver CS4 网页设计与网站建设标准教程 / 郝军启，刘治国，赵喜来等编著. —北京：清华大学出版社，2010.10(2021.3 重印)
ISBN 978-7-302-23353-4

Ⅰ. ①D…　Ⅱ. ①郝…　②刘…　③赵…　Ⅲ. ①主页制作－图形软件，Dreamweaver CS4－教材　Ⅳ. ①TP393.092

中国版本图书馆 CIP 数据核字（2010）第 152229 号

责任编辑： 冯志强
责任校对： 徐俊伟
责任印制： 丛怀宇

出版发行： 清华大学出版社
　网　　址： http://www.tup.com.cn，http://www.wqbook.com
　地　　址： 北京清华大学学研大厦 A 座　　**邮　　编：** 100084
　社 总 机： 010-62770175　　**邮　　购：** 010-83470235
　投稿与读者服务： 010-62776969，c-service@tup.tsinghua.edu.cn
　质 量 反 馈： 010-62772015，zhiliang@tup.tsinghua.edu.cn
印 装 者： 三河市龙大印装有限公司
经　　销： 全国新华书店
开　　本： 185mm×260mm　**印张：** 19.75　**插页：** 2　**字　　数：** 493 千字
（附光盘 1 张）
版　　次： 2010 年10月第 1 版　　**印　　次：** 2021 年 3 月第 11 次印刷
定　　价： 39.80 元

产品编号：033983-01

前　言

目前，很多人在生活娱乐、工作、学习等方面都比较依赖 Internet，Internet 多通过网站来提供这些服务，如在工作中，可以根据需要查阅资料。因此，网站已经成为企业、单位、个人用来宣传、发布相关信息不可缺少的一种工具。因此，网页设计与网站建设技术，已经成为一种基本的工作技能。

本书以 Dreamweaver CS4 软件为基础，详细介绍网站开发及网页设计的相关知识。

1. 本书主要内容

本书由多位在网站开发及网页设计方面有多年开发经验的专业人士编著而成。但考虑到初涉该行业的用户水平有限，因此本书通过通俗易懂的语言描述、图文并茂的体例风格，分 11 章详细地讲解网页制作的相关内容，具体内容如下。

第 1 章主要了解 Dreamweaver CS4 及网站的一些相关内容，如 Dreamweaver CS4 新增功能、网页和网站、网站相关术语和 XHTML 等。

第 2 章主要介绍网页布局与配色的方法，并站在美工的角度上，详细地介绍网页设计的基础、色彩基础知识、配色方案、网站中的色彩应用等内容。

第 3 章主要介绍网站的站点操作，详细地介绍创建本地站点、管理站点、站点文件及文件夹、远程文件及文件操作等内容。

第 4 章主要介绍添加网页元素的操作，如添加网页文本、网页图像、Flash 元素，以及图像属性、超级链接等内容。

第 5 章主要介绍网页传统设计，如早期已经使用的表格布局方式。本章详细地介绍创建各种表格、设置表格属性、编辑表格、管理网页元素、模板网页等内容。

第 6 章主要介绍框架网页，包括框架网页概述、创建各种框架、编辑框架集、向框架中添加内容、框架属性、内嵌框架（Iframe）等内容。

第 7 章主要介绍网页交互应用，详细地介绍 AP Div 元素的创建与应用、网页行为、Spry 框架等内容。

第 8 章主要介绍如何修饰网页元素，详细地介绍 CSS 样式表基础、CSS 样式表语法、【CSS 样式】面板、CSS 选择与属性、CSS 滤镜等内容。

第 9 章主要介绍网页表单的应用，详细地介绍创建表单域、插入文本域、插入复选框和单选按钮、插入列表和菜单、插入按钮和文件域、Spry 表单验证技术等内容。

第 10 章主要介绍如何设计动态网页，详细地介绍 Access 数据库、动态网页、ODBC 数据源、向网页添加记录集等内容。

第 11 章为综合实例，主要围绕比较流行的行业来设计网站，同时讲解不同的布局技术。

2. 本书主要特色

❑ **课堂练习**　本书每一章都安排了丰富的“课堂练习”，以实例形式演示

Dreamweaver CS4 的操作，便于读者模仿、学习和操作，同时也方便教师组织授课内容。

- ❑ **彩色插图** 本书提供了大量精美的实例插图，读者可以通过彩色插图看到逼真的矢量图像实例效果，从而迅速掌握 Dreamweaver CS4 的用法。
- ❑ **网站互动** 本书在网站上提供了扩展内容的资料链接，便于读者继续学习相关知识。
- ❑ **思考与练习** 复习题用于测试读者对所介绍内容的掌握程度；上机练习将理论结合实际，引导学生提高上机操作的能力。

3．本书使用对象

本书结构编排合理，图文并茂，实例丰富，配书光盘提供了多媒体语音视频教程，可以作为高等院校相关专业和社会培训班网页制作的培训教材，也可以作为读者自学网页设计制作的参考资料。

参与本书编写的除了封面署名人员外，还有王敏、马海军、祁凯、孙江玮、田成军、刘俊杰、赵俊昌、王泽波、张银鹤、何方、李海庆、王树兴、朱俊成、康显丽、崔群法、孙岩、倪宝童、王立新、王咏梅、辛爱军、牛小平、贾栓稳、赵元庆、郭磊、杨宁宁、郭晓俊、方宁、王黎、安征、亢凤林、李海峰等。由于时间仓促，水平有限，疏漏之处在所难免，欢迎读者朋友登录清华大学出版社的网站 www.tup.tsinghua.edu.cn 与我们联系，帮助我们改进和提高。

目　录

第1章

初识 Dreamweaver CS4

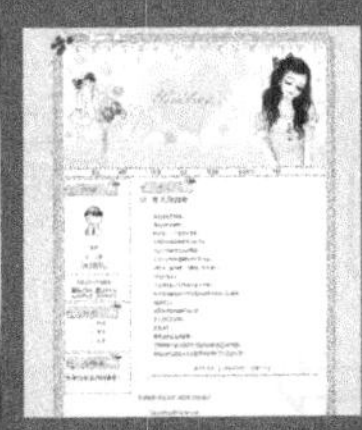

网络的兴起及快速发展，已经使网络渗透到各行各业中，尤其是在促进商业网络化的发展方面，如改变了产品的销售方式，业务多渠道的联系方式，加快了信息的获取速度，等等。这些与网站是离不开的，因为网站是发布这些信息的平台。

而在网站开发的过程中，Dreamweaver CS4 可以以其“所见即所得”的特点，快速地创建网页，是组建网站和设计网页的专业工具。

本章主要是面向初学者来介绍 Dreamweaver CS4 软件，以及在网站开发及网页制作过程中的一些基础内容。

本章学习要点：

- Dreamweaver CS4 新增功能
- Dreamweaver CS4 工作环境
- 什么是网页
- 什么是网站
- 网站相关术语
- 了解 XHTML

1.1 认识 Dreamweaver CS4

Dreamweaver CS4 是 Adobe 公司最新推出的可视化网页设计工具，较 Dreamweaver CS3 而言，其界面几乎是做了一次脱胎换骨的改进，从软件中能够看到更多的设计元素。

1.1.1 Dreamweaver CS4 新增功能

2005 年，Macromedia 公司被 Adobe 公司收购之后，不久发布了 Dreamweaver CS3 版本软件。到 2009 年，Adobe 公司对 Dreamweaver CS3 版本做了全面的界面改版，还增添许多新功能，发布了 Dreamweaver CS4 软件。现对 Dreamweaver CS4 新增的各种功能介绍如下。

1．新增【实时】视图功能

【实时】视图与传统 Dreamweaver 设计视图的不同之处，在于它提供了页面在某一浏览器中的非可编辑的、更逼真的呈现外观方式。【实时】视图在不必离开 Dreamweaver 工作区的情况下，提供另一种“实时”查看页面外观的方式，如图 1-1 所示。

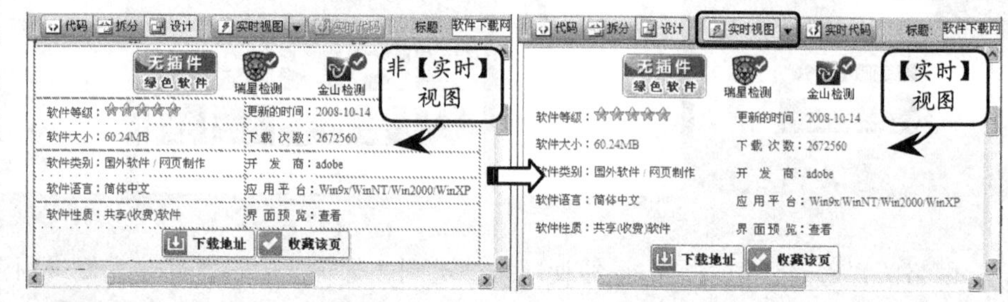

图 1-1 编辑状态和【实时】视图

2．针对 Ajax 和 JavaScript 框架的代码提示功能

利用 Dreamweaver CS4 的扩展编码功能和集成包括 jQuery、Prototype 和 Spry 在内的流行的 JavaScript 框架，可以快速地编辑 Ajax 和 JavaScript 代码，如图 1-2 所示。

另外，当用户在编辑代码的过程中，无意间产生代码错误时，软件也可以及时提示错误信息，如图 1-3 所示。

3．新增【相关文件】功能

在 Dreamweaver CS4 中，使用【相关文件】功能可以更有效地管理构成当前网页的各种文件，如图 1-4 所示。单击任何相关文件

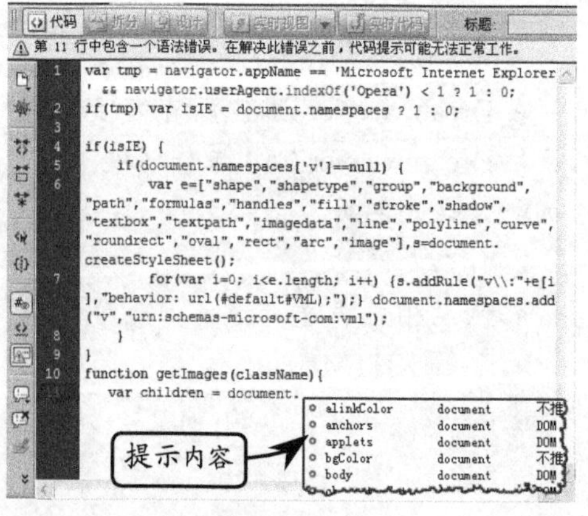

图 1-2 代码提示

即可在【代码】视图中查看其源代码，在【设计】视图中查看父页面。

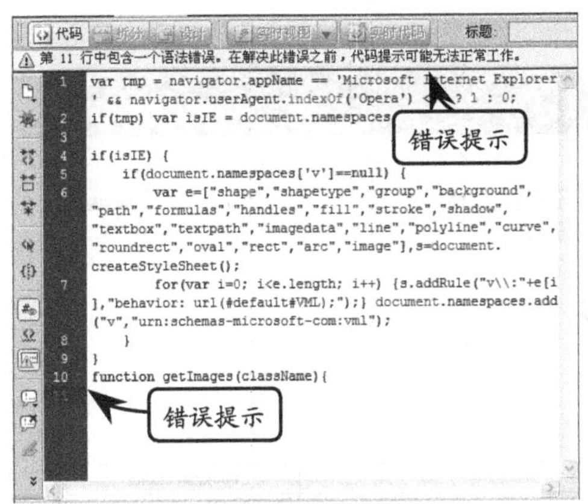

图 1-3　代码错误提示

图 1-4　相关文件

4. 新增【代码导航器】功能

新增的【代码导航器】功能可显示影响当前选定内容的所有代码源，如 CSS 规则、服务器端包、外部 JavaScript 功能、Dreamweaver 模板和 iframe 源文件等，如图 1-5 所示。

图 1-5　代码导航器

技　巧

还可以通过单击【代码导航器指示器】按钮来打开代码导航器，当鼠标空闲两秒钟时，该指示器将显示在页面上插入点的旁边。

5. InContext Editing

InContext Editing 是一种在线寄宿服务，它允许用户在 Web 浏览器中对内容进行简单的更改。若要更改某个网页的内容，用户只需浏览到该页面，登录到 InContext Editing 服务，然后编辑该页面的内容即可。

图 1-6　属性检查器中的 CSS 规则

6. CSS 最佳做法

Dreamweaver CS4 属性检查器允许用户创建新的 CSS 规则，并对每个属性所适合的层叠样式提供简单明确的解释，如图 1-6 所示。

7. HTML数据集

在网页中集成动态数据时，无须另外学习数据库和XML（可扩展置标语言）编码的相关知识，如图1-7所示。Spry数据集将简单的HTML表中的内容识别为交互式数据源。

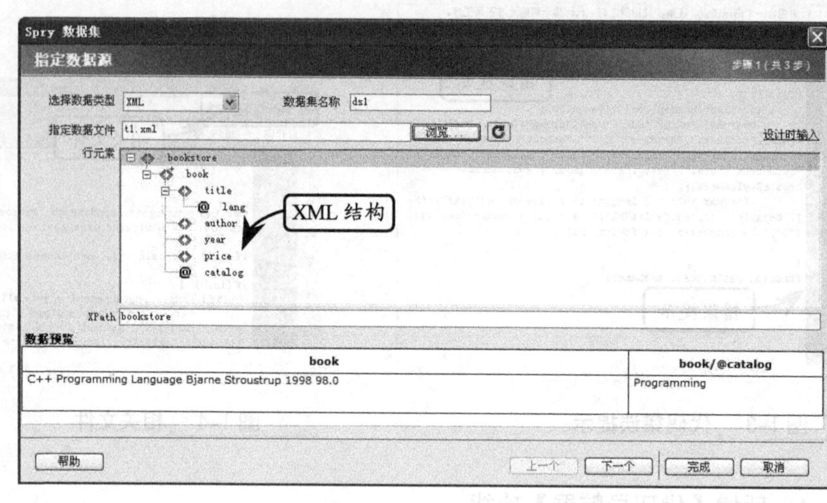

图1-7 指定XML数据源

8. Photoshop智能对象

在Dreamweaver中插入任何Photoshop PSD图像时，即可创建一个图像智能对象，如图1-8所示。智能对象与源文件紧密连接。因此无须打开Photoshop即可在Dreamweaver中对源图像进行更改并更新图像。

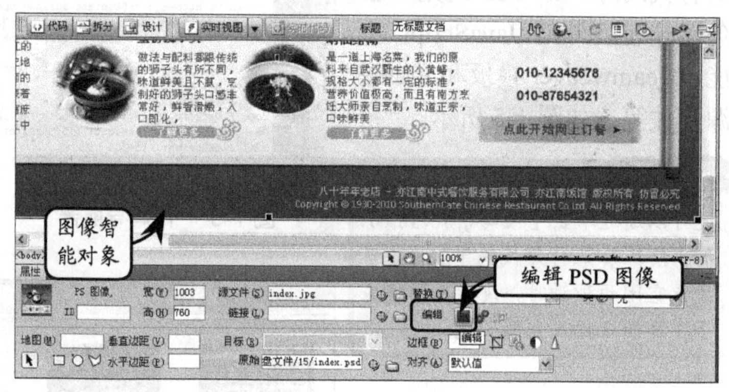

图1-8 智能对象

9. Subversion集成

Dreamweaver CS4集成了Subversion软件（开源的版本控制系统），以提供更为可靠的存回/取出功能，比如可以直接从Dreamweaver中更新站点并存回修改。

10. 新的用户界面

使用共享的用户界面设计可以在Creative Suite组件中更加快速智能地工作。使用【工作区切换器】按钮可以快速地从一种工作环境切换到另一种工作环境，如图1-9所示。

1.1.2 Dreamweaver CS4工作环境

Dreamweaver CS4版本的工作环境相对于前一些版本的Dreamweaver软件，发生了很大的变化。

【设计器】工作环境

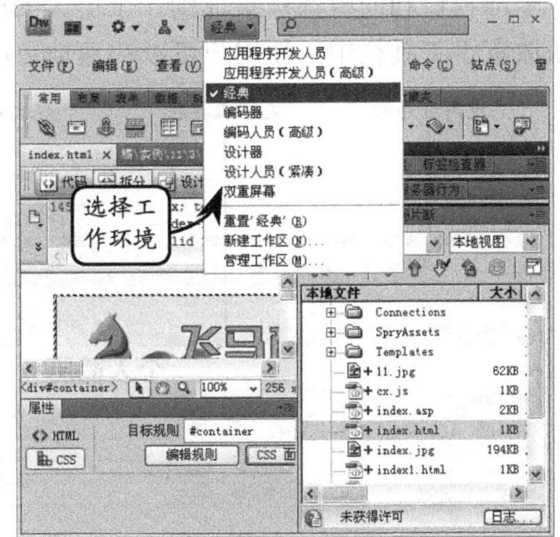

【经典】工作环境

图 1-9　不同的工作环境

安装 Dreamweaver CS4 软件之后，可以执行【开始】|【程序】|Adobe Dreamweaver CS4 命令，启动该软件。

启动软件后，会弹出欢迎屏幕，如图 1-10 所示，用于打开最近使用过的文档或创建新文档。其中有 3 个栏目，分别是打开最近的项目、新建和主要功能。在 3 个栏中单击任意一个栏中的文字和图标，都可打开相应的窗口。

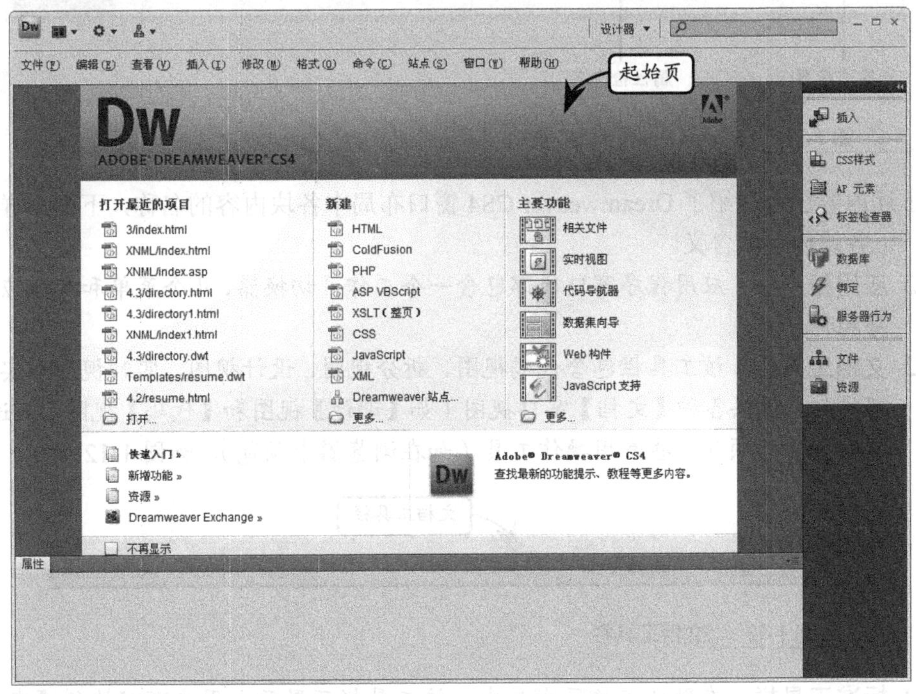

图 1-10　欢迎屏幕

Dreamweaver CS4 提供一个将全部元素置于一个窗口中的集成布局。在集成的工作区中，全部窗口和面板都被集成到一个更大的应用程序窗口中。工作区还将许多常用操作按钮放置于工具栏中，使用户可以快速地更改文档，如图 1-11 所示。

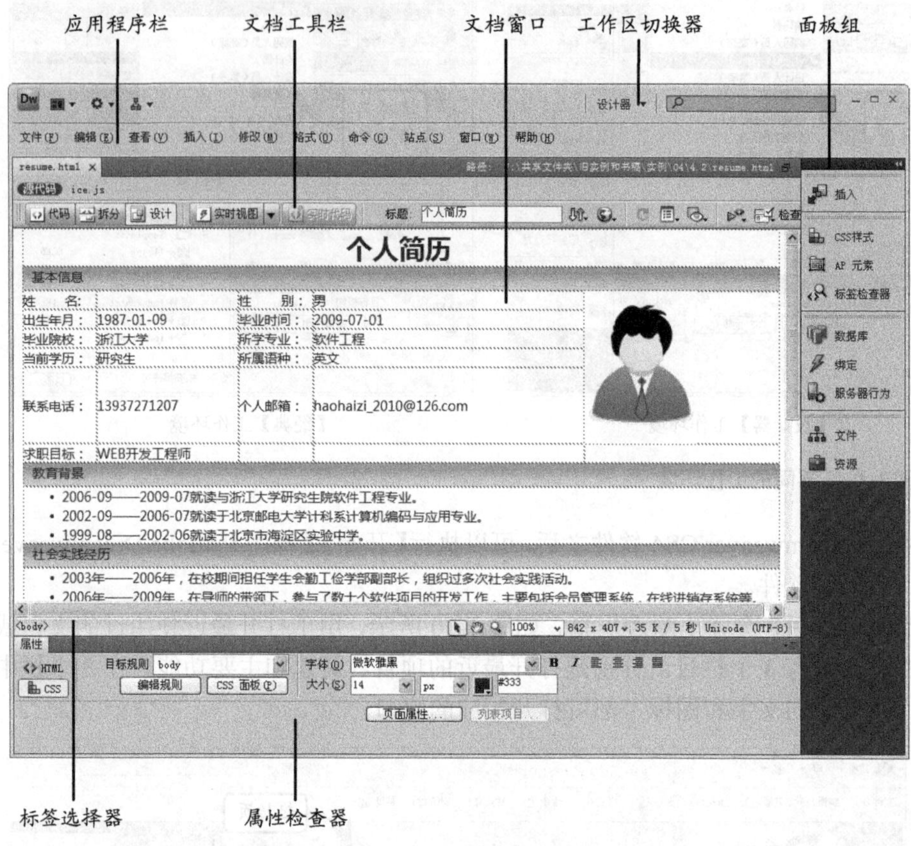

图 1-11 Dreamweaver CS4 窗口

上述内容已经介绍了 Dreamweaver CS4 窗口布局中各块内容的名称，下面来详细地介绍一下各块内容的含义。

- **应用程序栏** 应用程序窗口顶部包含一个工作区切换器、几个菜单和其他应用程序控件。
- **文档工具栏** 该工具栏包含代码视图、拆分视图、设计视图、实时视图和实时代码按钮，提供各种【文档】窗口视图（如【设计】视图和【代码】视图）的选项、各种查看选项和一些常用操作工具（如在浏览器中预览），如图 1-12 所示。

图 1-12 文档工具栏

- **标准工具栏** 在默认工作区布局中，该工具栏不显示。用户可以执行【查看】|【工具栏】|【标准】命令，打开该工具栏。

在该工具栏中包含一些按钮，可执行【文件】和【编辑】菜单中常见的新建、打开、在 Bridge 中浏览、保存、全部保存和打印代码等命令，如图 1-13 所示。

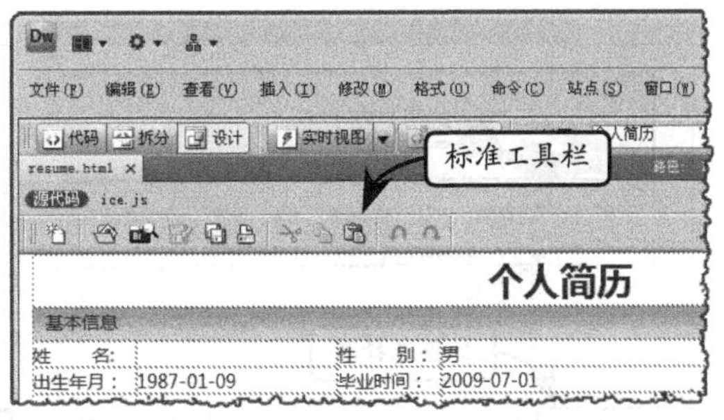

图 1-13　标准工具栏

- ❑ **编码工具栏**　该工具栏包含可用于执行多项标准编码操作的按钮。用于帮助用户快速地编辑网页的代码内容。通过执行【查看】|【工具栏】|【编码】命令即可打开该工具栏，如图 1-14 所示。

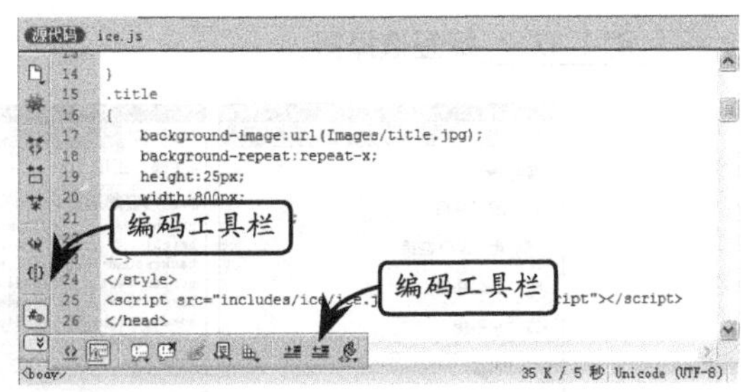

图 1-14　编码工具栏

- ❑ **样式呈现工具栏**　如果使用依赖于媒体的样式表，则可使用样式呈现工具栏中的按钮查看设计在不同媒体类型中的效果，如图 1-15 所示。它还包含一个允许用户启用或禁用层叠式样式表（CSS）样式的按钮，默认情况下为隐藏状态。用户可以执行【查看】|【工具栏】|【样式呈现】命令打开该工具栏。

图 1-15　样式呈现工具栏

- ❑ **文档窗口**　显示当前创建和编辑的文档。
- ❑ **【属性】检查器**　用于查看和更改所选对象或文本的各种属性。每个对象具有不同的属性，如图 1-16 所示。在【编码器】工作区布局中，【属性】检查器默认是不展开的。
- ❑ **标签选择器**　位于【文档】窗口底部的状态栏中。显示环绕当前选定内容的标签的层次结构。单击该层次结构中的任何标签可以选择该标签及其全部内容，如图 1-17 所示。

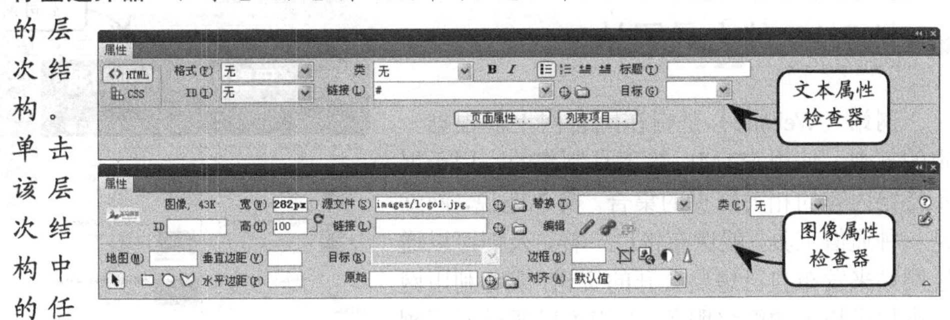

图 1-16　【属性】检查器

- ❑ **面板**　帮助用户监控和修改工作。有【插入】面板、【CSS 样式】面板和【文件】面板，如图 1-18 所示。若要展开某个面板，双击其标签即可。

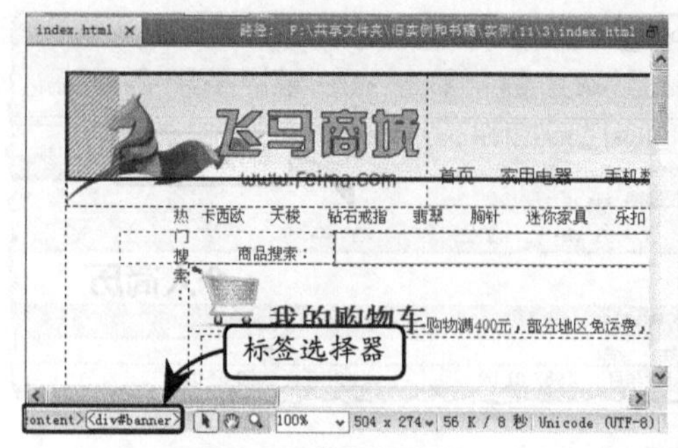

【设计】视图中选择的内容

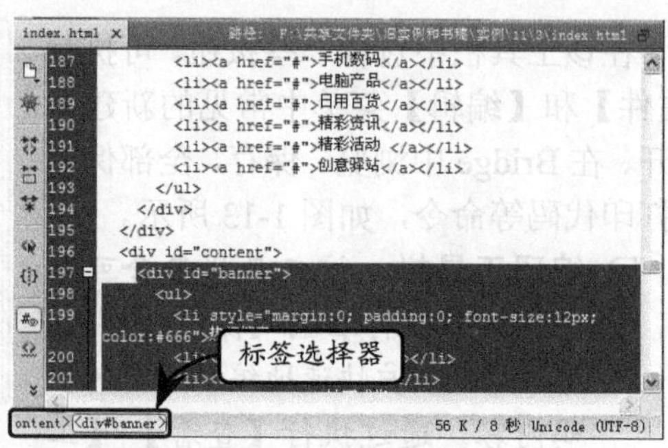

【代码】视图中选择的内容

图 1-17　标签选择器

【插入】面板　　【CSS 样式】面板　　【文件】面板

图 1-18　不同的面板

1.2　认识网页和网站

很多用户都知道，在网络空间中遨游是离不开网站的。而 Dreamweaver 软件就是用来制作网页与开发网站的工具。那么，什么是网站？什么是网页呢？可能很多用户对其具体的意义还不是很清楚。

1.2.1　什么是网站

网站（Website）是指在因特网上，根据一定的规则，使用 HTML 等工具制作的、用于展示特定内容的相关网页的集合。简单地说，网站是一种通信工具，就像布告栏一样，人们可以通过网站来发布自己想要公开的资讯，或者利用网站来提供相关的网络服务。人们可以通过网页浏览器来访问网站，获取自己需要的资讯或者享受网络服务。

图 1-19　公司网站

许多公司都拥有自己的网站，他们利用网站来进行宣传、产品资讯发布、招聘等，如图 1-19 所示。随着网页制作技术的流行，很多个人也开始制作个人主页，这些主页通常是制作者用来自我介绍、展现个性的地方，如图 1-20 所示。

而很多网站则提供人们生活各个方面的资讯，如时事新闻、旅游、娱乐、经济、学习等，如图 1-21 所示。

网站一般由域名（俗称网址）、网站空间和网站源程序 3 个部分构成。其中，域名就像一个家庭的住址一样，代表着网站的地址；网站空间是由专门的独立服务器或租用的虚拟主机承担的空间（类似于计算机中的共享文件夹，可供其他计算机用户浏览）；网站源程序则放在网站空间里面，是用网站开发工具所开发的网页。

图 1-20 个人空间

提 示

虚拟主机是将一台独立服务器使用特殊的软硬件技术，分成一台台“虚拟”的主机，每一台虚拟主机都具有独立的域名和 IP 地址（或共享的 IP 地址），具有完整的 Internet 服务器功能。

图 1-21 新浪网站

1.2.2 什么是网页

网页（web page）是网站中的一个页面，通常是 HTML 格式（文件后缀名为.html 或.htm 或.asp 或.aspx 或.php 或.jsp 等）的文档。网页是构成网站的基本元素，是承载各种网站应用的平台。通俗地说，网站是由网页组成的。

1. 构成网页的元素

文字与图片是构成一个网页的两个最主要的元素。其中，文字是传达网页信息的媒介，而图片是用于美化网页的。另外，网页的元素还包括动画、音乐、程序等，如图 1-22 所示。

图 1-22 构成网页的主要元素

2. 网页的类型

通常看到的网页，都是以.htm或.html为后缀的文件，俗称HTML文件（静态网页）。不同的后缀代表不同类型的网页文件，如.cgi、.asp、.php、.jsp等，如图1-23所示。

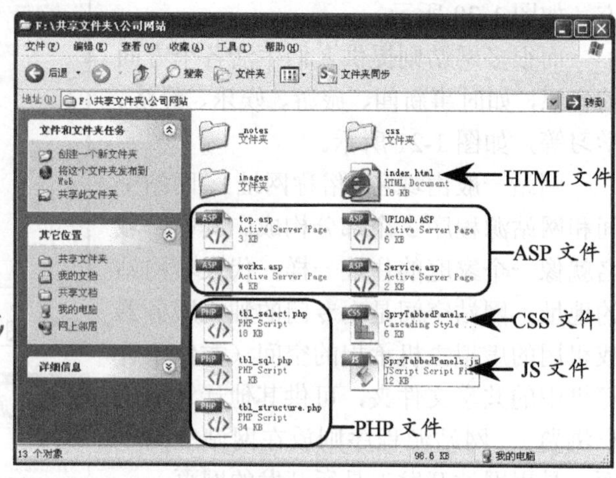

图1-23 网页类型

1.2.3 网站建设流程

现在对网站已经有了清晰的认识，但是网站的建设并不像制作一个网页页面那样简单。因为，网站由多个网页组成，是一个集合。如果该网站是公司的门户网站，则代表着公司的形象；如果是政府网站，则代表着政府的形象。

1. 确定网站主题

网站的主题是一个网站的核心，创建网站前要先确定站点的主题，只有主题确定后才能有目的地去寻找相关的资料。

那么，什么是网站主题呢？例如，电子商务网站是面向商品销售的，其主题自然是所要销售的商品；如果该电子商务网站是面向交易的，则该网站的主题是所要进行商品交易的用户，如图1-24所示。

电子商务交易网

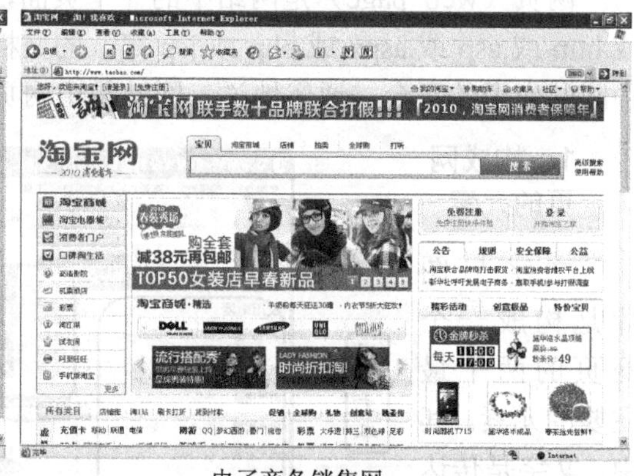

电子商务销售网

图1-24 网站主题

2. 搜集网站素材

搜集网站素材时，主要是为满足各页面信息的需求而围绕网站主题进行的。网站素材是指从现实生活中搜索到的、未经加工提炼的、用来建设网站的资料。

素材可以包括公司或者单位的形象标志、所经营业务的信息、产品信息、发展史信息等，多以图像和文字为主。

3. 确定网站布局

图 1-25 “软件下载网”页面布局

网站布局与绘画非常相似，开始就像一张白纸，需要先勾勒出网站中各页面的轮廓，如网站的结构、栏目的设置、网站的风格、颜色搭配、版面布局、文字图片的运用等，只有在制作网页之前把这些方面都考虑到了，才能在制作时做到胸有成竹。

例如，在如图 1-25 所示的“软件下载网”页面中，网站的主题颜色为橙色，布局为上、中、下结构。

4. 制作网页

网站是由许多不同的网页组成的，而在开发网站时，其核心内容就是设计不同的网页。在设计网页时，需要选择一些工具，如 Dreamweaver 是一个很好的设计网页工具。除此之外，还有其他工具以及一些设计网页的辅助工具。

整理好素材，也选好了工具，就可以设计网页了。网页制作是一个复杂而细致的过程，一定要按照先大后小、先简单后复杂的顺序来进行。例如，先确定网页大的结构，并在大区域内再划分出不同的小区域进行设计；先简单后复杂的意思是先设计出简单的内容，然后再设计复杂的内容，如图 1-26 所示。

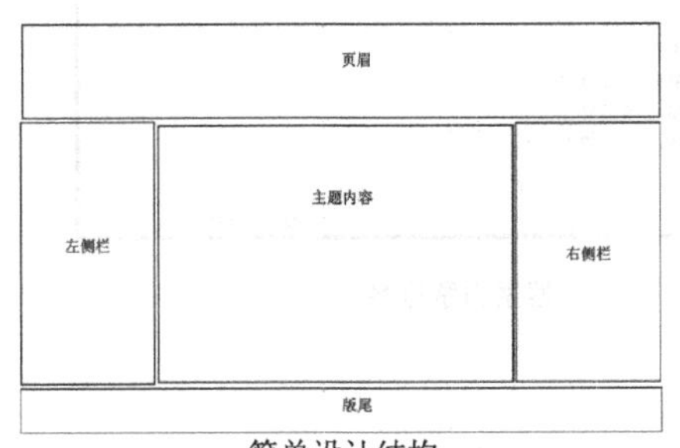

简单设计结构

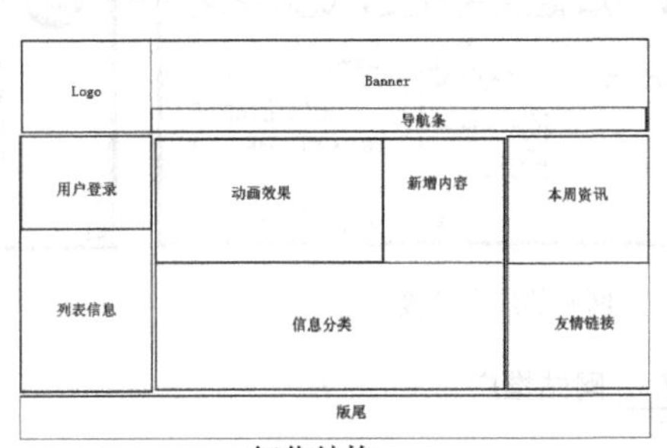

细化结构

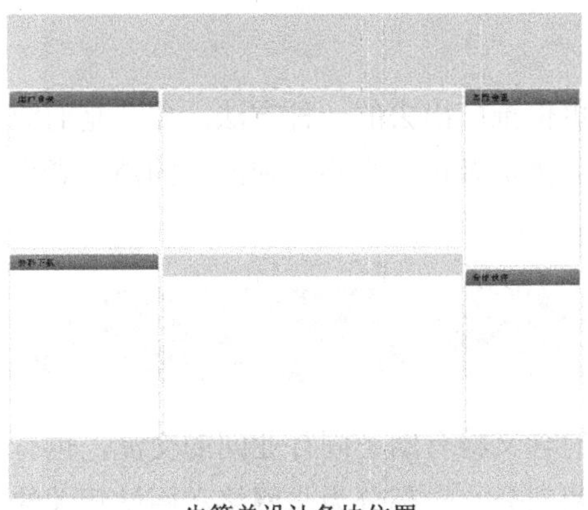

先简单设计各块位置

再详细设计各块内容

图 1-26 网页制作的过程

5. 发布网站信息

网页制作完毕后要发布到 Web 服务器上，才能够让其他网络用户浏览。简单地说，就是将本地网站中的文件放置到服务器指定的文件夹中。因此，如果服务器不是本地计算机，那么就需要通过 FTP 将文件上传到远程服务器上。

网站上传以后，要在浏览器中打开自己的网站，逐页逐个链接地进行测试，发现问题应及时修改，然后再上传测试。

6. 网站推广

网页做好之后，还要不断地进行宣传才能让更多用户知道该网站，提高该网站的访问率和知名度。推广网站的方法有很多，如搜索引擎排名、网站之间交换链接、加入广告链接等，如图 1-27 所示。

网站的广告链接

搜索引擎排名

图 1-27 网站推广

7. 后期更新与维护

网站是营销的一个重要手段，它是将企业或单位推广出去的一种方法。尤其是商业化的网站，更需要经常更新。这样才能不断地吸引浏览者再次光临，使潜在的消费者变成客户，一成不变的网站是无法获得更多的商业机会的。

1.3 网站相关术语

术语是各学科、行业的专门用语。了解术语的含义将有助于同行业间的交流，也有助于用户对该专业的理解。网站的术语可以包含两部分：一部分为与网络和网站相关的术语；另一部分是网站及网页设计中的相关术语。

1.3.1 网络术语

网站与网络是分不开的，所以在介绍网站之前，要先了解一下网络中与网站密切相关的术语。

1. Internet

Internet（因特网）又叫国际互联网。它是由那些使用公用语言互相通信的计算机连接而成的全球网络。一旦连接到它的任何一个节点上，就意味着用户的计算机已经连入 Internet 了。

众所周知，Internet 是信息资源的海洋，通过它可以获取各种各样的信息。那么，谁是这些信息的提供者呢？这就是网站。不同类型的网站被发布后，用户就可以通过 Internet 浏览这些网站并获取信息，如图 1-28 所示。

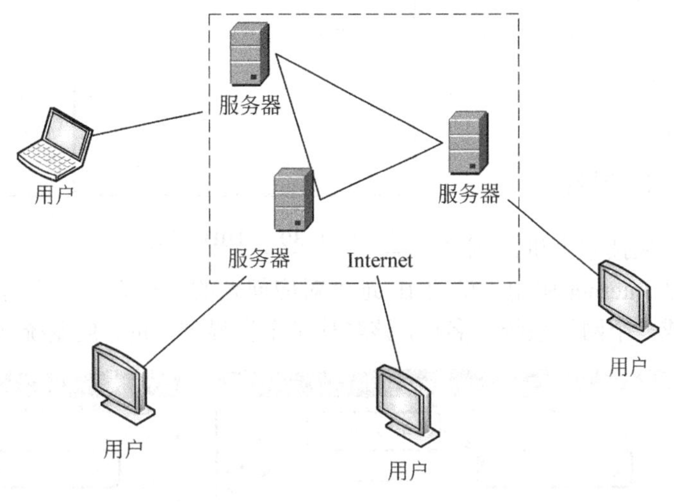

图 1-28　用户获取 Internet 的资源

2. 电子邮件

电子邮件（简称 E-mail，标志：@，也被大家昵称为“伊妹儿”）又称电子信箱、电子邮政。

在 Internet 上，E-mail 是使用最多的网络通信工具之一。可以通过 E-mail 系统同世界上任何地方的朋友交换信息，如图 1-29 所示。

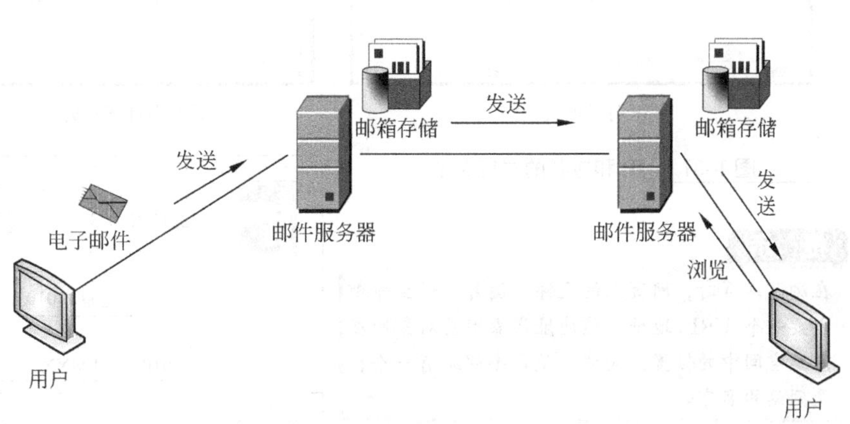

图 1-29　发送及接收电子邮件

3. URL

URL 的中文全称为统一资源定位地址，是用于完整地描述 Internet 上的网页和其他资源的地址的，如图 1-30 所示。URL 标识在 Internet 中是唯一的，一个 URL 标识只能表示一个网页或资源的位置。URL 由统一的语法编写而成，其格式如下：

"协议名"：//"主机域名/IP 地址"："端口"/"目录"/"文件名"."文件扩展名"#"锚记名称"

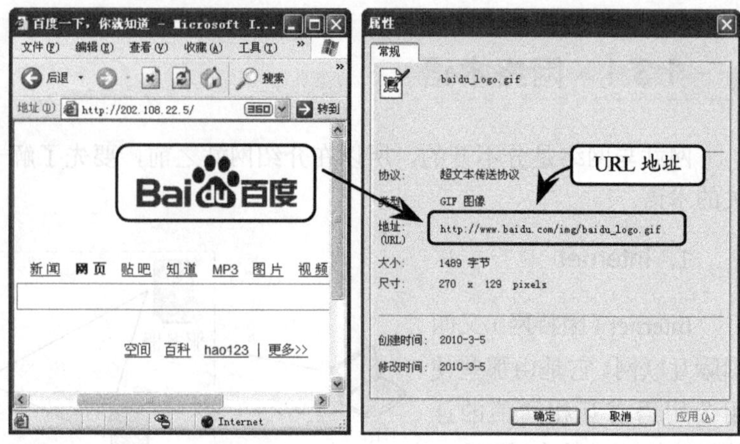

图 1-30 URL 地址

4. 域名

从技术上讲，域名只是 Internet 中用于解决 IP 地址对应问题的一种方法。它可以是 Internet 中的一个服务器或一个网络系统的名称，该名称是全世界唯一的，被笼统地称为网址，如图 1-31 所示。

以 IP 打开网页

以域名打开网页

图 1-31 IP 和域名的对应关系

提　示

在浏览网页时，网页上的文件、图片、动画等都需要一个 URL 地址。该地址代表网页对象所在网站空间中的位置。而域名是每个网站有一个，是网站的名字。

5. IP 地址

众所周知，电话是靠电话号码来识别的，如图 1-32 所示。同样，在网络中，为了区分不同的计算机，也需要给计算机指定一个号码，这个号码就是 IP 地址。

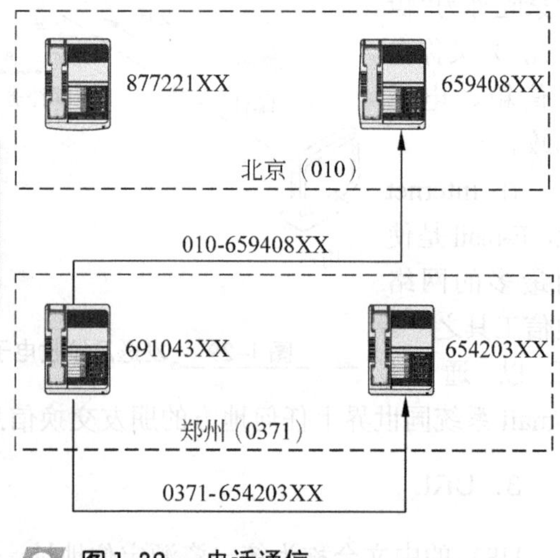

图 1-32 电话通信

Internet 上的每台主机都有一个唯一的 IP 地址。网络之间的用户是通过 IP 协议和这个地址进行通信的，这是 Internet 能够运行的基础。IP 地址的长度为 32 位，分为 4 段，每段 8 位，用十进制数字表示，如 192.168.1.1，如图 1-33 所示。

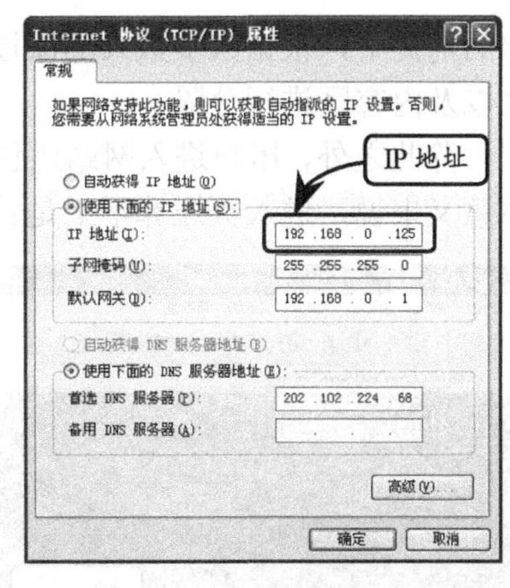

图 1-33　机器分配的 IP 地址

1.3.2 网站术语

之前介绍的术语主要是一些网络技术的术语。在网页设计中，还经常遇到一些网页设计的专业术语，这些术语主要用于网页与网站等行业。

1. 浏览器

浏览器是指可以显示网页服务器或者文件系统的 HTML 文件的内容，并让用户与这些文件交互的一种软件，如图 1-34 所示。网页浏览器主要通过 HTTP 协议与网页服务器交互并获取网页信息，这些网页由 URL 指定，文件通常为 HTML 格式，并由 MIME 在 HTTP 协议中指明。

图 1-34　Internet Explorer 浏览器

除此之外，网页浏览器包括 Mozilla 公司的 Firefox 浏览器，Apple 公司的 Safari 浏览器，Opera 浏览器，MagicMaster 工作室的 HotBrowser 浏览器，Google 公司的 Chrome 浏览器。浏览器是最经常使用的客户端程序之一。

2. 首页（主页）

首页是使用浏览器打开网站时显示的第一页，或者是网站建站时树状结构的第一页。首页也是网站最重要的一页，人们都将首页作为体现公司形象的重中之重，也是网站所有信息的归类目录或分类缩影，如图 1-35 所示。

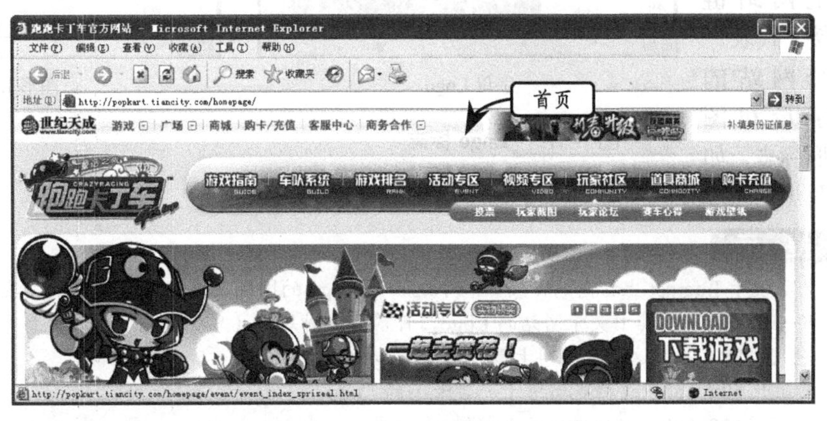

图 1-35　网站首页

首页的设计要求在保障整体

感的前提下，根据大多数人的阅读习惯，以色彩、线条、图片等要素对导航条、各功能区以及内容区进行分隔。

除此之外，用户进入网站还包含进入页和主索引页两类，如图 1-36 所示。从网站整体意义来说，进入页还算不上是首页。

进入页

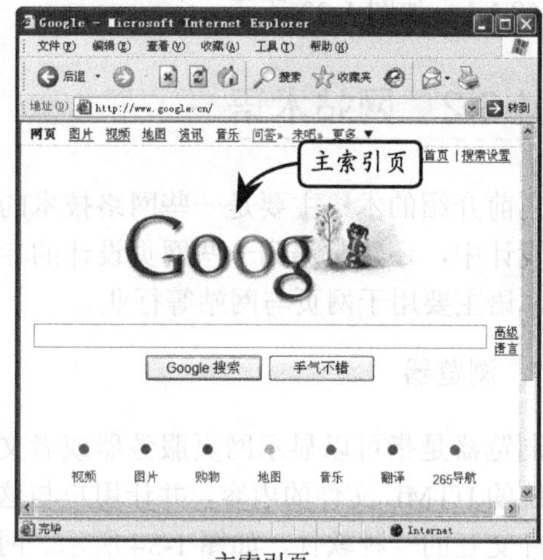

主索引页

图 1-36　网站的其他页面

3. Logo

Logo 是徽标或者商标的英文说法，起到对徽标拥有公司的识别和推广的作用，形象的 Logo 可以让消费者记住公司主体和品牌文化。网站中的 Logo 主要是网站链接，代表一个网站的字母和图形标志，如图 1-37 所示。

字母 Logo

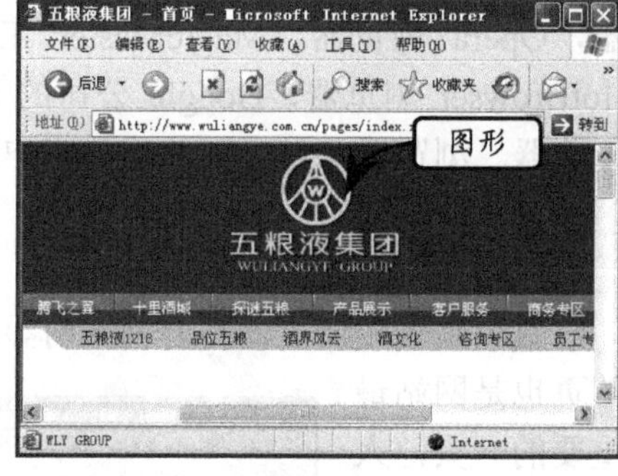

图形 Logo

图 1-37　Logo 标志

提　示

为了便于 Internet 上信息的传播，一个统一的 Logo 的国际标准规范是需要的，实际上已经有了这样的一整套标准，其中关于网站的 Logo，目前有 4 种规格（单位均为 px）。

- **88×31**　这是互联网上最普遍的 Logo 规格。
- **120×60**　这种规格用于一般大小的 Logo。
- **120×90**　这种规格用于大型 Logo。
- **200×70**　这种大规格的 Logo 也已经出现。

4．Banner

在网页中 Banner 一般指网幅广告、旗帜广告、横幅广告等。在网页布局中，大部分网页都将 Banner 放置在与导航条相邻处，或者其他醒目的位置，以吸引用户浏览，如图 1-38 所示。

图 1-38　Banner 效果

现在随着大屏幕显示器的出现，Banner 的表现尺寸也越来越大，如 760×70 像素、1000×70 像素。

5．导航条

导航条是网页的重要组成元素。设计导航条的目的是将站点内的信息分类处理后放在网页中，以帮助浏览者快速查找站内信息。导航条的形式多种多样，包括文本导航条、图像导航条以及动画导航条等。有些使用特殊技术（例如 Flash 技术、JavaScript 技术和 CSS 样式）制作的导航条还具有下拉菜单，如图 1-39 所示。

图 1-39　导航条

6．版块

网页的内容版块是整个页面的组成部分，要根据网站中栏目的内容来设计不同的版块，并且每个版块有一个标题内容。每个内容版块，主要用来显示与网站相关的不同信息，如行业资讯、检测分析、安全预警、网务动态、网上商城等，如图 1-40 所示。

图 1-40　网页中的版块内容

7. 版尾信息

版尾即页面最底端的版块。这一位置通常放置网页的版权信息，以及网页所有者、设计者的联系方式等。有的网站也将网站的友情链接以及一些附属的导航条放置在这里，如图 1-41 所示。

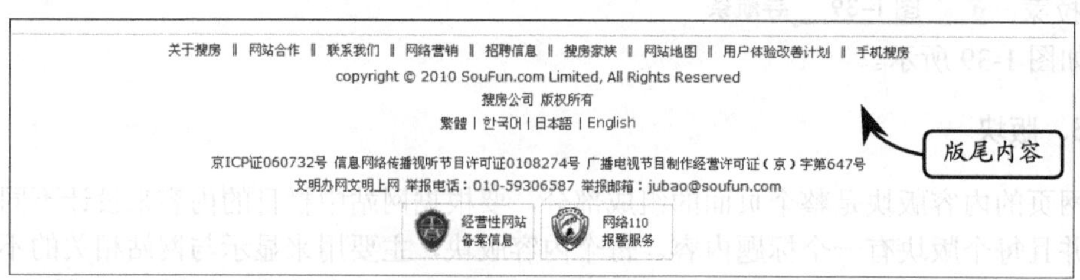

图 1-41　版尾信息

8．上传/下载

上传就是将信息从个人计算机（本地计算机）传递到服务器（远程计算机）系统上，让网络上的人都能看到的过程。例如，将制作好的网页发布到 Internet 上去，以便让其他人浏览、欣赏的过程称为上传，如图 1-42 所示。

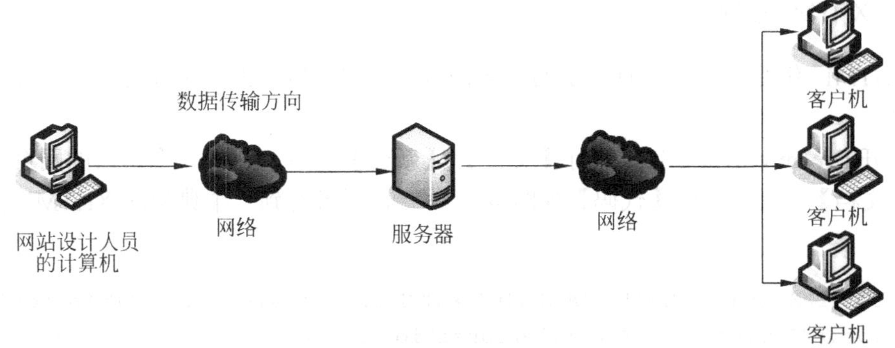

图 1-42 上传数据

上传分为 Web 上传和 FTP 上传，前者直接通过单击网页上的链接即可操作，后者需要使用专用的 FTP 工具。

下载（Download）常简称当（Down），是通过网络进行文件传输并保存到本地计算机上的一种网络活动（与“上载”相对），也是指把服务器上保存的软件、图片、音乐、文本等传输到本地计算机中的过程，如图 1-43 所示。

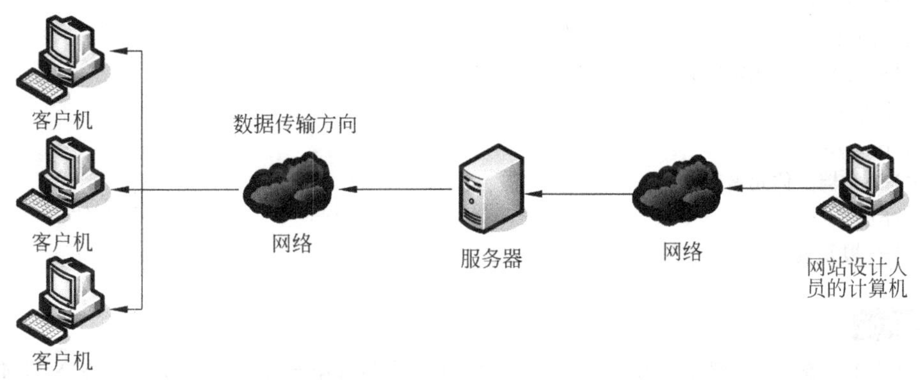

图 1-43 下载数据

1.4 了解 XHTML

XHTML（Extensible Hyper Text Markup Language），即可扩展的超文本标记语言，是由 HTML（Hyper Text Markup Language，超文本置标语言）发展而来的一种网页编写语言，也是目前最常见的网页编写语言之一。

微软公司的 Internet Explorer 浏览器）可以正常解析一些错误的 XHTML 代码，但仍然推荐使用标准的方式编写 XHTML 代码。在编写 XHTML 代码时，必须遵循以下规范。

❑ **所有标签必须闭合**

在 HTML 中，可以使用一些单独的标签（例如，<p>，<li>，
等）。但在 XHTML 中，所有的标签必须是闭合的。例如，<p>和<li>等标签必须使用</p>和</li>将其关闭。对于单独不成对的标签（例如，
和<img>），则应在标签的最后加“/”来关闭（如
和<img/>）。

❑ **所有标签和属性必须小写**

XHTML 对大小写十分敏感。在 XHTML 中，所有的元素和属性必须使用小写的英文字母。

❑ **所有标签的属性必须使用引号**

为防止解析错误，XHTML 中所有的属性必须用引号（" "）括起来。在特殊情况下（如引号的嵌套）还需要使用单引号（''）。

❑ **必须合理嵌套标签**

标签的嵌套必须按照层叠顺序进行。例如，在 HTML 中，可以使用标签混合嵌套的方式，其代码如下所示。

```
<td><span></td></span>
```

在 XHTML 中，所有的标签混合嵌套方式都是错误的，正确的嵌套方式代码如下所示。

```
<td><span></span></td>
```

❑ **所有属性必须被赋值**

在 HTML 中，允许没有属性值的属性存在，代码如下所示。

```
<td nowrap>
```

而在 XHTML 中，不允许出现未赋值的属性。如属性没有值，则将其本身作为属性值赋予，代码如下所示。

```
<td nowrap="nowrap">
```

2. 常见的块状标签

块状标签一般是容器型的网页元素，在网页中以矩形块的方式显示。在默认情况下，块状标签会占据一行，并且自上而下地排列。如非特殊设置，两个相邻块状标签不会出现并列显示的现象。

在块状标签中，可以使用 CSS 来改变其大小、边框、层叠顺序等属性。块状标签还可以用来对网页进行布局。

❑ **blockquote**

定义引用文本为块状显示。使用该标签后，文本将以两端缩进方式显示。当 XHTML 的 DTD 文档规则为 Strict 时，还应在 blockquote 标签中加入其他块状标签，代码如下所示。

```
<blockquote>
  <p>引用的文本内容</p>
</blockquote>
```

❑ **div**

网页中最常见的块状标签之一，其可以将文档分割为多个区域模块，因此多用于网页布局，并且是 W3C 在网页布局方面的首选标签。

❑ **ul，ol，li**

这 3 个标签被用来实现普通的项目列表。分别用来显示有序列表和无序列表和列表中的项目。使用列表对项目进行排列，可使项目显示得更加清晰、有条理。

其中，ul 标签表示无顺序的列表，ol 标签表示有顺序的列表，而 li 标签则表示列表中的项目。其使用方法如下所示。

有序列表：

```
<ol>
  <li>第一个项目<li>
  <li>第二个项目<li>
  <li>第三个项目<li>
</ol>
```

无序列表：

```
<ul>
  <li>项目</li>
  <li>项目</li>
</ul>
```

❑ **dl，dt，dd**

这 3 个标签用于表示定义的项目列表。定义列表最早是为了实现术语解释而专门定义的一组标签。术语本身顶格显示，术语的解释缩进显示。

使用定义列表后，可将多个术语的列表显示得井井有条。定义列表后来被拓展应用到网页的结构布局中。

其中，dl 标签表示整个定义的列表，dt 标签表示定义列表的术语标题，dd 标签表示定义列表中对术语的解释。

这 3 个标签的具体使用方法如下所示。

```
<dl>
<dt>计算机</dt>
  <dd>计算机（Computer）是一种能够按照事先存储的程序，自动、高速地进行大量数值计算
  和各种信息处理的现代化智能电子设备。</dd>
</dl>
```

❑ **fieldset**

fieldset 标签的作用是将表单内的相关元素分组，其可以将表单内容的一部分打包，生成一组相关表单的字段。当一组表单放到 fieldset 标签内时，浏览器会以特殊的方式来

显示它们。例如，使用特殊的边界、3D 效果等。

❑ **form**

form 标签的作用是为用户创建可输入的表单。该标签包含文本域、复选框、单选按钮等，用于向指定的 URL 传递用户数据。

❑ **h1，h2，h3，h4，h5，h6**

这一组标签用于创建在网页中的标题。h1 标签表示大标题或一级标题，h2 标签表示副标题或二级标题，依此类推。

❑ **hr**

该标签用于在网页中插入一条水平分隔线。水平分隔线可以在视觉上将文档分割成不同的部分。在 HTML 中，hr 标签可以单独使用；在 XHTML 中，hr 标签必须以如下的方式关闭。

```
<hr />
```

❑ **noframes**

noframes 是在框架型网页中使用的标签，该标签中的内容可在不支持框架的浏览器中显示。在严格型 DTD 的 XHTML 中禁止使用该标签。

❑ **noscript**

该标签的使用方法和 noframes 标签类似。该标签中的内容可在不支持脚本的浏览器中显示。

❑ **p**

该标签用于显示段落。在默认状态下，段首会空两格，并且会具有一定的上下边界（具体高度与字体的大小以及浏览器有关）。段落也是比较常见的块状标签之一，在 Dreamweaver 的视图编辑状态中，默认按【回车】键即可插入新的段落。

❑ **table，tr，td，th**

这一组标签用于表示网页中的表格化数据。其中，table 标签用于表示数据表格的外框；tr 标签用于表示表格中的一行；td 标签用于表示表格中的一个单元格；th 标签用于表示表格中的表头（标题）单元格。通常，一个完整的 2 行×1 列的表格代码应如下所示。

```
<table border="0" cellspacing="0" cellpadding="0">
  <tr>
    <th></th>
  </tr>
  <tr>
    <td></td>
  </tr>
</table>
```

3. 常见的内联标签

由于内联标签无固定形状，因此不可以使用 CSS 定义其大小、边框和层叠顺序等。为内联标签添加“display:block”的 CSS 属性后，可使其拥有一定的块状标签的特性。

内联标签与块状标签最大的区别在于，其并没有固定的形状。因此，在默认情况下，内联标签在网页中可以多个标签显示于同一行。常见的内联标签主要有以下几种。

❑ **a**

a 标签用于表示超链接对象。在网页中，a 标签主要有两种使用方法。一种是通过 href 属性以及 URL 地址，创建从本网页到另一个网页的链接；另一种是通过 name 或 id 属性，创建到本网页内部某一个锚点的书签。其详细使用方法如下所示。

```
<a href="a.html#1">第 1 个书签</a>
```

❑ **br**

br 标签在 XHTML 代码中表示换行符，在 HTML 中，br 标签可以以单独的方式使用；但在 XHTML 中，br 必须进行关闭。

```
<br />
```

❑ **img**

img 标签用于定义在网页中插入的图像对象。在 HTML 中，img 标签可以以单独的方式使用，在 XHTML 中，img 标签必须进行关闭。

```
<img alt="1" src="1.gif" />
```

另外，在 XHTML 中，所有的 img 标签必须添加 alt 属性，也就是图像的提示信息文本。

❑ **span**

span 标签用于表示范围，是一个通用的内联标签。该标签可以作为文本或其他内联标签的容器，通常用于为文本或其他内联标签定义样式等。

4. 常见的可变标签

可变标签是一种特殊的标签。其本身并无块状或内联的特征，必须通过上下文的语境来确定其属于何种标签。这类标签如被确定为块状或内联标签，则遵循相应的标签规则。

可变标签是比较特殊的标签，通常用于表示表单等特殊的网页对象。常见的可变标签有以下几种。

❑ **button**

在网页中，button 标签主要用于定义按钮。button 标签可以作为容器，在其中放置图像或文本。

❑ **iframe**

iframe 标签在网页中用于创建包含另外一个网页文档的内联框架。HTML 和 XHTML 的过渡型文档类型支持该标签的使用；而在严格型的 XHTML 文档中，则禁止使用该标签。

❑ **map**

map 标签用于在网页中描述图像热区。在 map 标签中，必须使用 area 属性来描述热区的坐标方位。在 XHTML 标准中，每一个 map 标签必须有提示信息，即 alt 属性。

1.5 课堂练习：创建第一个网页

在认识了 Dreamweaver 网站开发工具之后，可以通过它来创建网站中的网页文档。那么，如何创建网页文档？对新接触该软件的用户来说，会感觉比较迷茫。但是，其实创建文档的方法很简单，只需要注意创建文档的类型即可，如动态网页文档、静态网页文档，以及 XHTML 文档等，图 1-46 所示的是一个静态网页。

图 1-46 创建网页文件

操作步骤：

1 单击【开始】按钮，在弹出的菜单中执行【程序】|Adobe Dreamweaver CS4 命令，即可启动 Dreamweaver 软件，如图 1-47 所示。

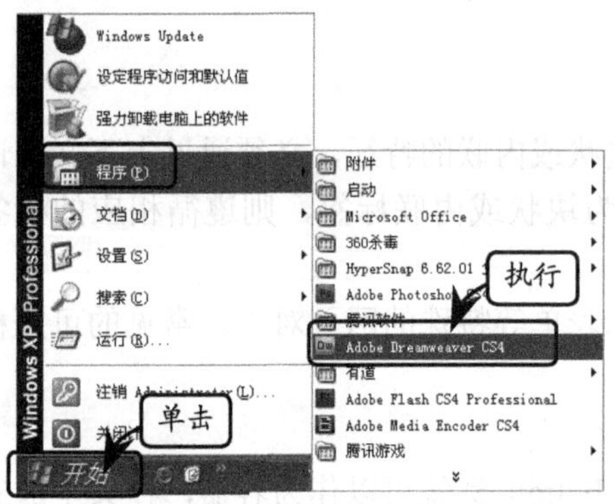

图 1-47 启动软件

提 示

用户也可以双击桌面中的 Dreamweaver 图标，启动该软件。

2 在欢迎屏幕中，单击【新建】列中的 HTML 选项，如图 1-48 所示。

3 在弹出的文档中，输入“这是我创建的第一个网页。”文本内容，如图 1-49 所示。

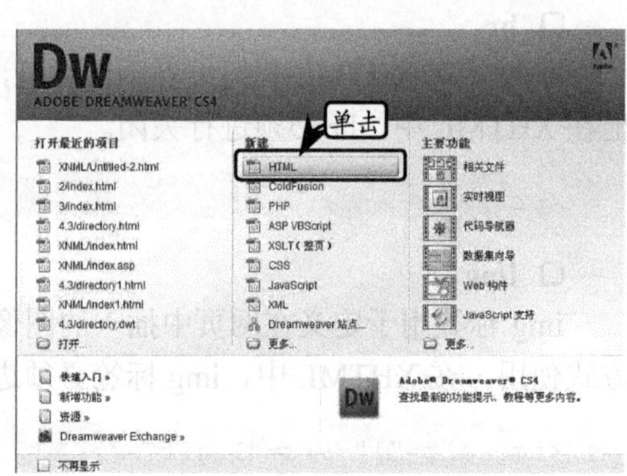

图 1-48 选择创建的文档类型

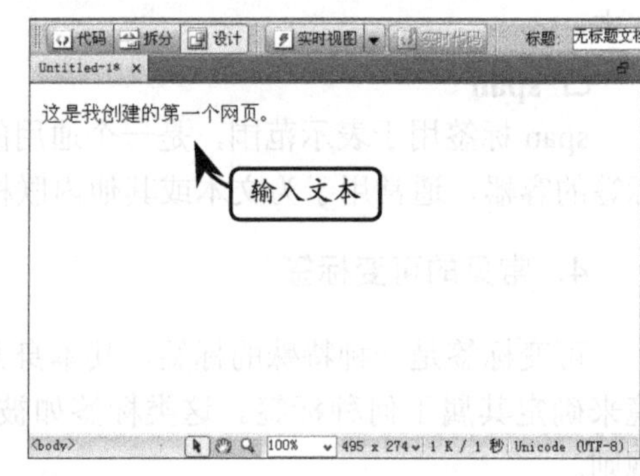

图 1-49 在文档中输入文本

4 在【文档】工具栏中，修改【标题】为“第一个网页”，如图 1-50 所示。

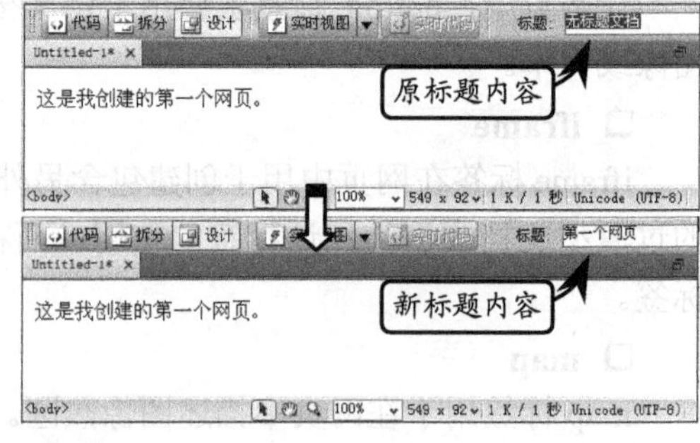

图 1-50 修改标题内容

5 在窗口中，执行【文件】|【保存】命令，即可保存该文档为一个网页文件，如图 1-51 所示。

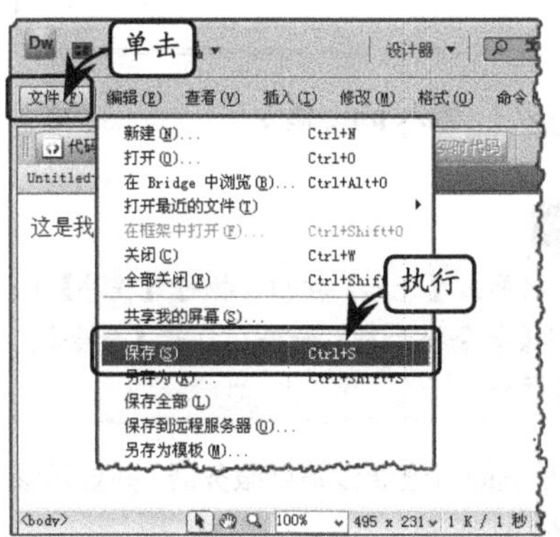

图 1-51 保存文档

6 在弹出的【另存为】对话框中，输入【文件名】为“xinwangye.html”，并单击【保存】按钮，如图 1-52 所示。

7 在【文档】工具栏中，单击【在浏览器中预览/调试】按钮，并执行【预览在 IExplere】命令，如图 1-53 所示。

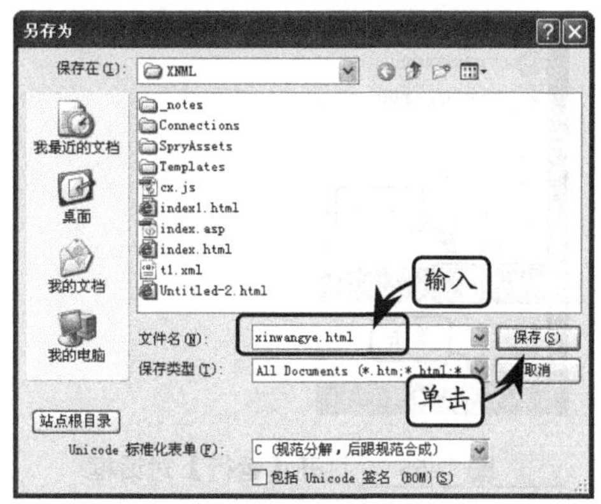

图 1-52 输入文件名

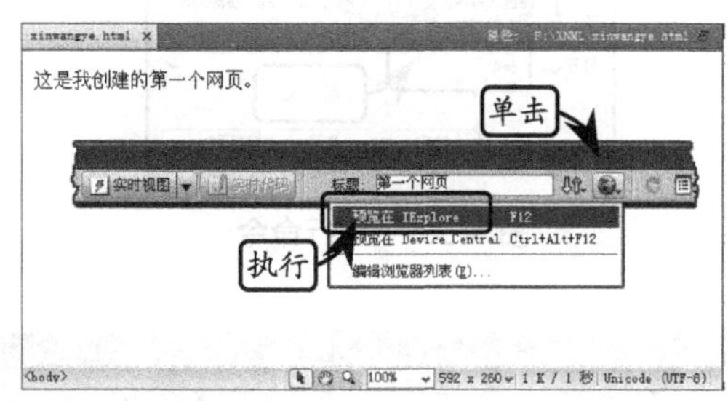

图 1-53 浏览网页

8 执行命令后，弹出标题为“第一个网页”的 IE 浏览器窗口，并显示网页的内容。

1.6 课堂练习：通过网站域名查看 IP 地址

在浏览网站时，一般只需在 IE 浏览器窗口的【地址】栏中输入网站的域名即可。但实质上，应该说每一个网站都有一个 IP 地址，而为便于用户记忆，才由域名来代替 IP 地址。下面就通过域名来查看一下网站的 IP 地址，如图 1-54 所示。

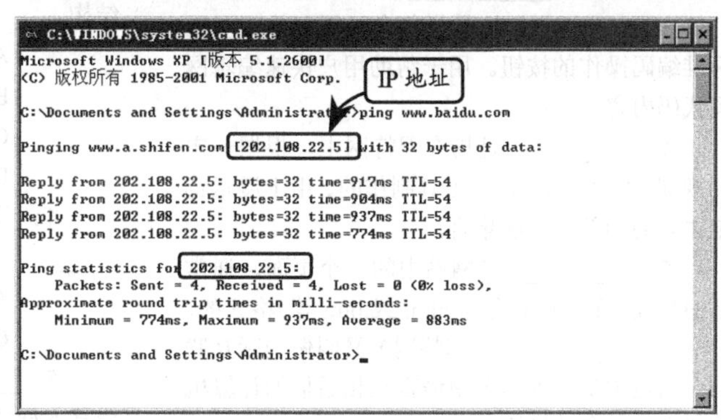

图 1-54 查看网站的 IP 地址

操作步骤：

1 单击【开始】按钮后执行【运行】命令，打开【运行】对话框，如图 1-55 所示。

2 在【运行】对话框中，输入“cmd”命令，并单击【确定】按钮，如图 1-56 所示。

3 在弹出的【命令提示符】对话框中，输入“ping www.baidu.com”命令，如图 1-57 所示。

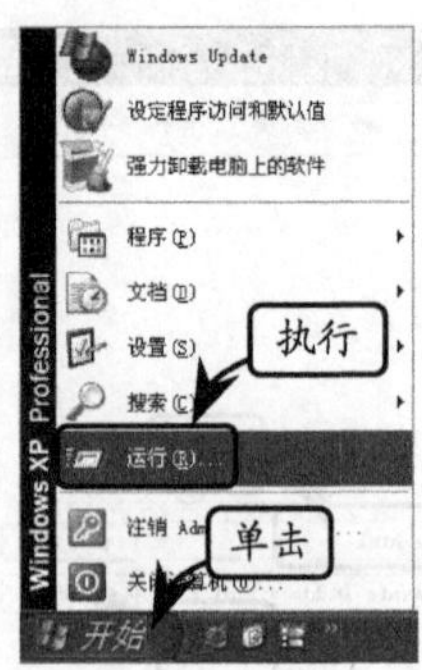

Windows Update
设定程序访问和默认值
强力卸载电脑上的软件
程序(P)
文档(D)
设置(S)
搜索(C)
运行(R)...
执行
单击
开始
Windows XP Professional

图 1-55 打开【运行】对话框

运行
请键入程序、文件夹、文档或 Internet 资源的名称，Windows 将为您打开它。
打开(O): cmd
输入
确定
取消
浏览(B)...

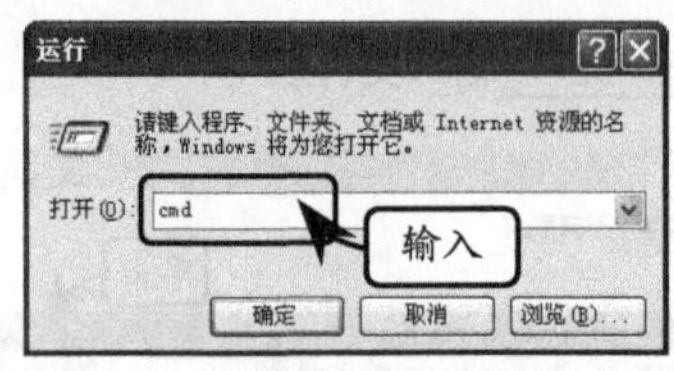

图 1-56 运行命令

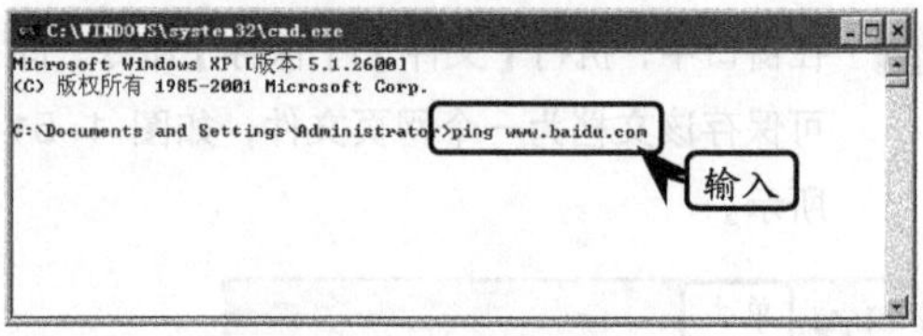

C:\WINDOWS\system32\cmd.exe
Microsoft Windows XP [版本 5.1.2600]
(C) 版权所有 1985-2001 Microsoft Corp.
C:\Documents and Settings\Administrator>ping www.baidu.com
输入

图 1-57 输入 **ping** 命令

技 巧

用户也可以单击【开始】按钮，执行【程序】|【附件】|【命令提示符】命令，打开【命令提示符】对话框。

4 按回车键即可连通该站点服务器，并显示该网站的 IP 地址。

1.7 思考与练习

一、填空题

1．在 Dreamweaver CS4 中使用__________功能能更有效地管理构成目前网页的各种文件。

2．欢迎屏幕包含 3 个栏目，分别是【打开最近的项目】、【__________】和【主要功能】。

3．__________工具栏包含可用于执行多项标准编码操作的按钮。用于帮助用户快速编辑网页代码内容。

4．__________是指在因特网上，根据一定的规则，使用 HTML 等工具制作的、用于展示特定内容的相关网页的集合。

5．__________是网站中的一个页面，通常是 HTML（文件扩展名为.html 或.htm 等）格式的。

6．__________（因特网）又叫做国际互联网，它是由那些使用公用语言互相通信的计算机连接而成的全球网络。

二、选择题

1．__________与传统 Dreamweaver 设计视图的不同之处，在于它提供页面在某一浏览器中的非可编辑的、更逼真的呈现外观。

A．【代码】视图　B．【设计】视图

C．【拆分】视图　D．【实时视图】视图

2．新增的__________功能可显示影响当前选定内容的所有代码源。

A．代码提示　B．相关联文件

C．代码导航器　D．HTML 数据集

3．__________位于【文档】窗口底部的状态栏中，显示环绕当前选定内容的标签的层次结构。

A．标签选择器

B．CSS 最佳做法

C．文档工具栏

D．样式呈现工具栏

4．下列不属于构成网页元素的选项是__________。

A．图片　B．文本

C．动画　D．框架

5．__________文档类型可包含 W3C 所期望移入样式表的呈现属性和元素。

A．XHTML 1.0 Strict

B．XHTML 1.0 Transitional

C．XHTML Frameset

D．XHTML 1.1

三、简答题

1．Dreamweaver CS4 有哪些新增功能？

2. 阐述网站由哪几部分构成？
3. 简述网站开发流程。
4. 什么是 URL？
5. XHTML 中的常用标签有哪些？

四、上机练习

1. 查看网页的代码内容

当用户浏览网页时，遇到一些比较好的网页，很想知道该网页所使用的代码内容。此时，用户可以右击网页的空白处，并执行【查看源文件】命令，如图 1-58 所示。

在弹出的【记事本】窗口中，可以看到该网页显示效果的代码内容，如图 1-59 所示。

2. 通过 IP 地址浏览网站

通过域名浏览网站信息时，将网站的域名输入到浏览器的【地址】栏中，并单击【转到】按钮或者按回车键即可，而通过 IP 地址浏览网站时，可以将 IP 地址输入到【地址】栏中，并单击【转到】按钮即可，如图 1-60 所示。

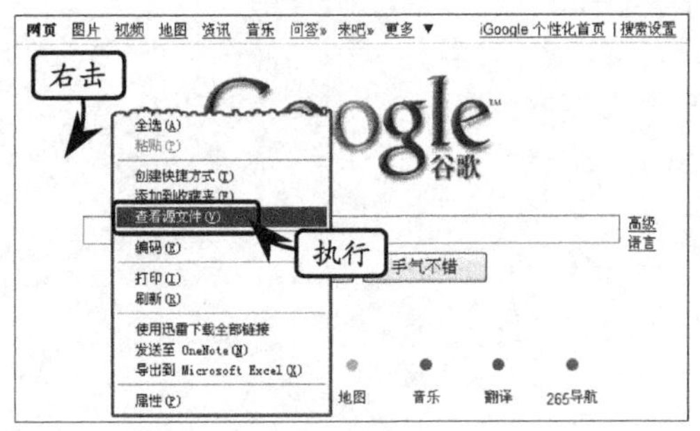

图 1-58 查看源文件

图 1-59 显示代码信息

输入 IP 地址

转到指定网站

图 1-60 通过 IP 地址浏览网站

第 2 章 网页布局与配色

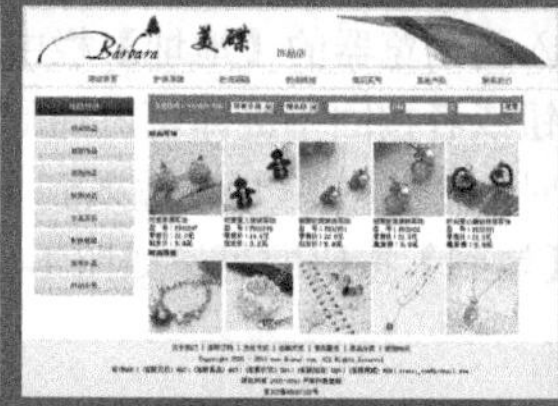

在前面的章节中，已经讲解了建设网站的流程。在设计之前要确定网站的布局，而在布局之后，还要进行网站的配色等。

一般在制作网站之前，先要考虑网站的整体视觉效果。在网站整体视觉效果中起主要作用的是网页的色彩搭配与网页布局。前者决定了浏览该网站的第一印象；而后者则决定网站中的信息是否安排的合理。

本章主要介绍常见的网页布局类型，网页中的色彩知识、配色方案以及色彩在网站中的应用。

本章学习要点：

- 网页布局
- 色彩基础
- 配色方案
- 网站中的色彩应用

2.1 网页设计基础

网页设计之前，呈现在面前的就像一张白纸，需要用户挥洒自己的设计才思。当然，在网页设计之前，用户已经确定了网站的主题，并搜集了网站的相关素材。用户只需要根据主题，将所素材合理地布局即可设计出一个网页。

2.1.1 网页布局类型

网页设计也属于平面设计，所以平面设计中的构图原理同样适用于网页设计。网页的布局可以大致分成两种类型：一种是结构布局；另一种是艺术布局。

1. 结构布局

结构布局是许多用户根据网页的内容，或者常见的一些网页风格而确定下来的一种设计模式。

❑ “国”字型网页布局

“国”字型网页布局也称“同”字型网页布局，是一些大型网站所喜欢的类型，即最上面是网站的标题以及广告条；接下来是网站的主要内容，左右分列一些小条内容，中间是主要部分，与左右一起罗列到底；最下面是网站的一些基本信息、联系方式、版权声明等，如图 2-1 所示。

❑ 拐角型网页布局

拐角型结构与上“国”字型结构只是形式上的区别，上面是标题及广告横幅；接下来的左侧或者右侧是一窄列链接等，正文是在很宽的区域中；下面也是一些网站的辅助信息，如图 2-2 所示。

图 2-1 “国”字型网页布局

图 2-2 拐角型网页布局

❑ **左右框架型网页布局**

这是一种左右分别为两页的框架结构，左面是导航链接或者一个页面，有时最上面会有一个小的标题或标志，右侧是正文或者图片效果，如图 2-3 所示。

图 2-3 左右框架型网页布局

❑ **封面型网页布局**

这种类型基本上是出现在一些网站的首页，大部分为精美的平面设计结合一些小的动画，放上几个简单的链接或者仅是一个“进入”的链接，甚至直接在首页的图片上做链接而没有任何提示，如图 2-4 所示。

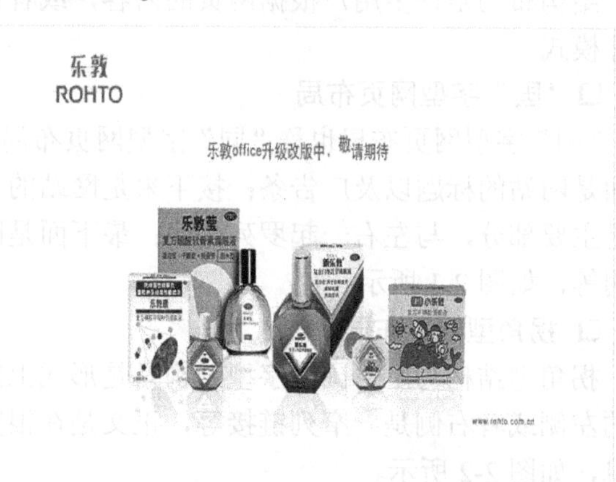

图 2-4 封面型网页布局

2．艺术布局

艺术布局与结构布局不同，它打破了传统的结构布局方式，站在平面设计角度来设计网页的风格。在设计过程中，艺术布局要按照平面设计的规则性、对称性和肌理等来设计网页页面。

❑ **分割结构**

分割即将一个整体分成多个部分。常见的分割有：等形分割、自由分割、比例与数列等，图 2-5 所示的是垂直等比分割的网页布局。

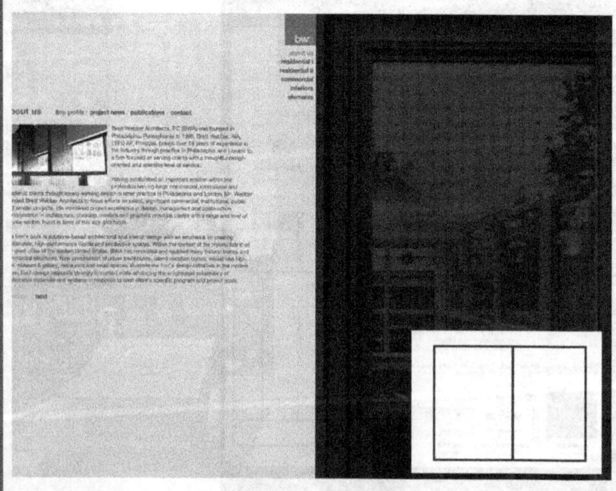

图 2-5 垂直等比分割的网页布局

提 示

等形分割、自由分割、比例与数列的含义如下。

❑ **等形分割** 要求形状完全一样，分割后再把分隔界线加以取舍，会有良好的效果。

❑ **自由分割** 自由分割是不规则的将画面自由分割的方法，它不同于数学规则分割所产生的整齐效果。但它的随意性分割，给人活泼不受约束的感觉。

❑ **比例与数列** 利用比例完成的构图通常具有秩序、明朗的特性，给人清新之感。分隔给予一定的法则，如黄金分割法、数列等。

❑ 对称结构

对称具有较强的秩序感。可是仅仅居于上下、左右或者反射等几种对称形式，便会显得单调乏味，所以设计网页时，要在几种基本形式的基础上，灵活地加以应用，如图 2-6 所示。

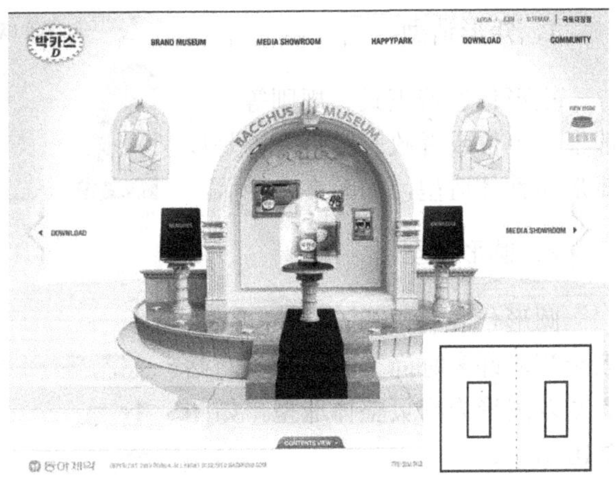

图 2-6 对称结构的网页布局

❑ 平衡结构

在设计中，平衡感是非常重要的，由于平衡造成的视觉满足，使人的眼睛能够在观察对象时产生一种平衡、安稳的感受，如图 2-7 所示。

提 示

平衡构成一般分为对称平衡和非对称平衡两种。其中，对称平衡是指诸如人、蝴蝶等一些沿中轴线左右对称的图形；非对称平衡虽然没有中轴线，却有很端正的平衡美感。

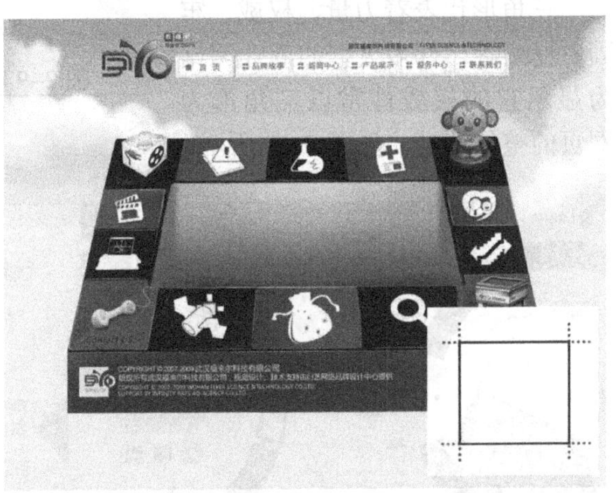

图 2-7 平衡构成的网页布局

❑ 肌理构成

肌理是指物体表面的组织纹理结构，即各种纵横交错、高低不平、粗糙或平滑的纹理变化，是表达人对设计物表面纹理特征的感受。一般来说，肌理与质感含义相近。

在设计中，为达到预期的设计目的，强化心理表现和更新视觉效应，可以通过肌理表现更美的视觉效果，如图 2-8 所示。

图 2-8 树木肌理的网页布局

2.1.2 网页整体造型

网页造型与网页布局并不是相同的概念，网页布局是将网页内容在网页框架中合理安排的表现形式；而造型是创造出来的物体形象，这里是指网页的整体形象，这种形象应该是一个整体，图形与文本的接合应该是层叠有序的。例如，可以充分运用自然界中的其他形状以及它们的组合，如矩形、圆形、三角形等。

1．矩形造型

矩形代表着正式、规则等。一般很多单位或者政府网页，都是以矩形为整体造型，如图 2-9 所示。

2．圆形造型

圆形代表着柔和、团结、温暖、安全等，许多时尚类和饮食类网站喜欢以圆形为网页整体造型，如图 2-10 所示。

3．三角形造型

三角形代表着力量、权威、牢固、侵略等，许多大型的商业网站为显示它的权威性常以三角形为网页的整体造型，如图 2-11 所示。

图 2-9 矩形造型

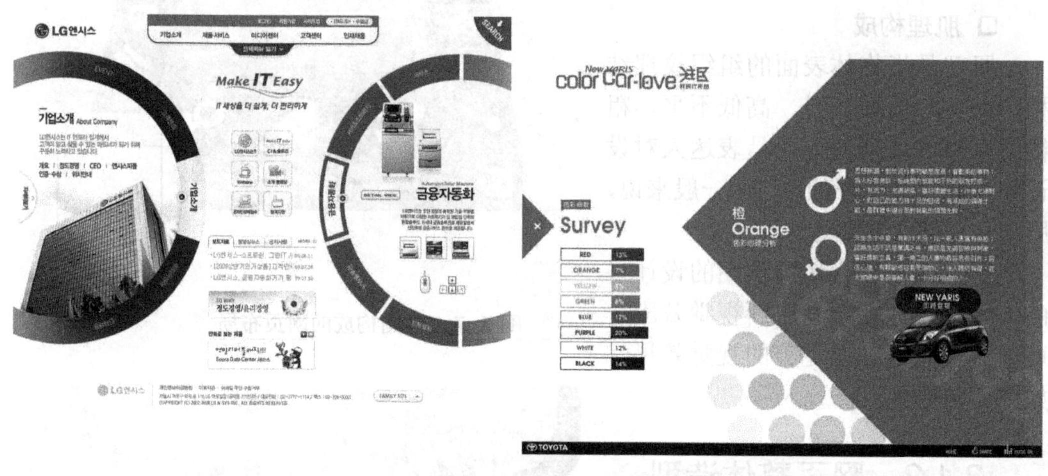

图 2-10 圆形造型

图 2-11 三角形造型

2.1.3 网页设计要素

除了确定网页结构及造型外，用户还需要了解网页设计的一些要素。这些要素包括网页尺寸、文本和图片等。

1．网页尺寸

网页尺寸与显示器的大小、分辨率有着很大的关系。目前，显示器分辨率为 1024×768 像素的情况下，网页的显示尺寸则应为 1003×600 像素（IE 6.0），如图 2-12 所示。

在网页设计的过程中，向下拖动网页是唯一给网页增加更多内容（尺寸）的方法，但一般不要让浏览者拖动网页超过三屏。

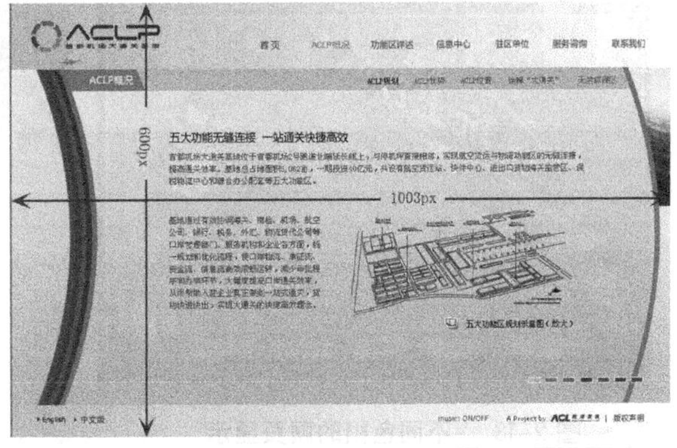

图 2-12 网页尺寸

2. 文本

在网页设计开发的过程中，最重要的莫过于网页的视觉效果，设计者经常需要费很大精力来调整文本的字体和字号。

正文文字一般选择宋体；文章标题一般选择宋体加粗或黑体；标题图中的文字字体选择比较灵活，可以是标准字体，也可以是设计的创意字体。除了加粗外，一般不宜采用斜体、加下划线等字体效果。

正文文字一般采用 9 磅或者 12 磅的字号。文字行距、间距通常取网页设计软件的默认值，其中正文的行距以接近字体尺寸大小为宜，文字大小与行距最合适的比例为 10:12。适当的行距会引导浏览者的目光，行距过宽会影响文字阅读的延续性，行距过窄会造成文字拥挤。

3. 图片

图片和文本是网页的两大构成元素，缺一不可。如何处理好图片和文本的位置关系成了整个网页布局的关键。

2.2 色彩基础知识

如果要网站的外观给浏览者留下一个深刻的印象，则网站的视觉效果必须吸引人。因而，网页设计对色彩的依赖性很高，色彩的设计同时还是网站风格设计的决定性因素之一。

2.2.1 色彩理论

自然界的色彩虽然各不相同，但都具有色相、亮度、饱和度这 3 个基本属性，也称为色彩的三要素。

1. 色相

色相指色彩的相貌，是区别色彩种类的名称。是根据该色光波长划分的，只要色彩的波长相同，色相就相同，波长不同才会产生色相的差别。红、橙、黄、绿、蓝、紫等每个字都代表一类具体的色相，它们之间的差别就属于色相的差别。

如果说亮度是色彩隐秘的骨骼，色相就很像色彩外表华美的肌肤。色相体现着色彩外向的性格，是色彩的灵魂。比如红黄搭配有热烈感，蓝绿搭配则具清凉感，如图 2-13 所示。

图 2-13　不同色相的网页显示

如果把光谱的红、橙、黄、绿、蓝、紫等诸色带首尾相连制成一个圆环，在红和紫之间插入半幅渐变色，即可构成环形的色相关系，称为色相环。

在 6 种基本色相中间各加插一个中间色，其首尾色相按光谱顺序为：红、橙红、橙、黄、黄绿、绿、青绿、蓝绿、蓝、蓝紫、紫、红紫，构成十二基本色相，这十二色相的彩调变化，在光谱色感上是均匀的。如果进一步再找出其中间色，便可以得到二十四色相环，如图 2-14 所示。

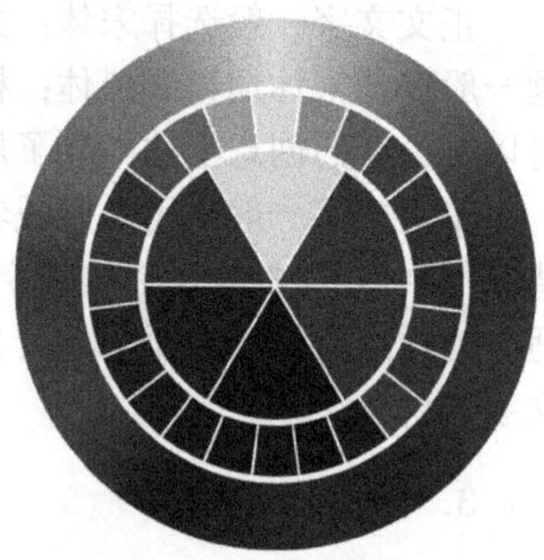

图 2-14　色相环

2. 饱和度

饱和度是指色彩的纯净程度，取决于该色中含色成分和消色成分的比例，含色成分越大，饱和度越大；消色成分越大，饱和度越小，也就是说，向任何一种色彩中加入黑、白、灰色都会降低它的饱和度，加的越多就降的越低，直到变成灰色，如图 2-15 所示。

图 2-15　纯色加灰色饱和度的变化

提　示

纯色是饱和度最高的一级。光谱中红、橙、黄、绿、蓝、紫等色光是最纯的高饱和度的光；其中红色的饱和度最高，橙、黄、紫等颜色饱和度较高，蓝、绿色饱和度最低。

黑白网页与彩色网页之间的差异非常大。大多数情况下黑白网页给浏览者的视觉冲击力不如彩色网页强烈，同时对网页的风格也有一定的局限性。而色彩的选择不仅决定了作品的风格，同时也使作品更加饱满、富有魅力。图 2-16 显示了同一个网页的黑白与彩色效果对比。

图 2-16　网页的黑白与彩色效果对比

3. 亮度

亮度指色彩的明暗程度。亮度是所有色彩都

具有的属性，亮度关系是搭配色彩的基础。亮度在三要素中具有较强的独立性，它可以不带任何色相特征而通过黑白灰的关系单独呈现出来，如图 2-17 所示。

提　示

在有彩色中，任何一种纯度色都有着自己的亮度特征。例如，黄色为明度最高的色，处于光谱的中心位置，紫色是亮度最低的色，处于光谱的边缘，一个彩色物体表面的光反射率越大，对视觉刺激的程度越大，看上去就越亮，这一颜色的明度就越高。

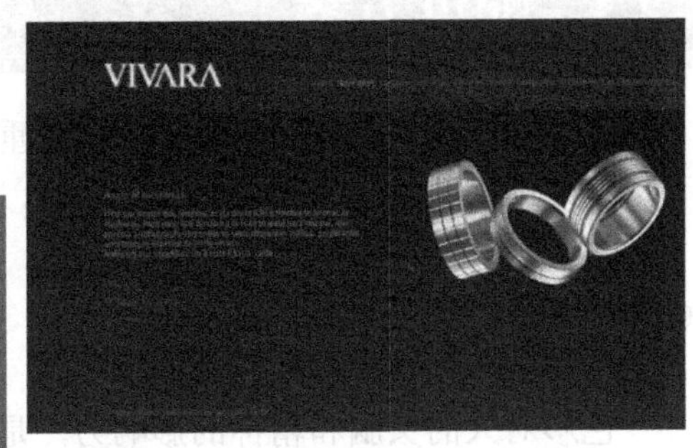

图 2-17　黑白灰的网页

2.2.2　216 网页安全颜色

216 网页安全颜色是指在不同硬件环境、不同操作系统、不同浏览器中都能够正常显示的颜色集合，这些颜色在任何终端浏览用户显示设备上的显示效果都是相同的。所以使用 216 网页安全颜色进行网页配色可以避免原有颜色的失真问题。

颜色在网页 HTML 语言中的定义是采用十六进位的，对于三原色，HTML 分别给予两个十六进位去定义，也就是每个原色可有 256 种彩度，如图 2-18 所示，故三原色可混合成 1600 多万种颜色。

当然，要记住这 256 种彩度非常困难，不过，用户也不用担心，因为很多常用网页制作软件中已经携带 216 网页安全色彩调色板，非常方便，图 2-19 所示的是 Dreamweaver 的调色板。

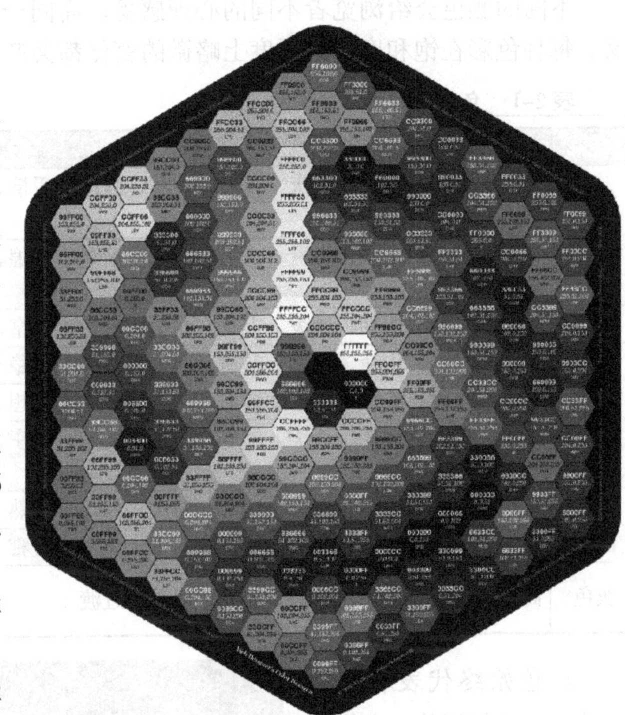

图 2-18　颜色十六进位值

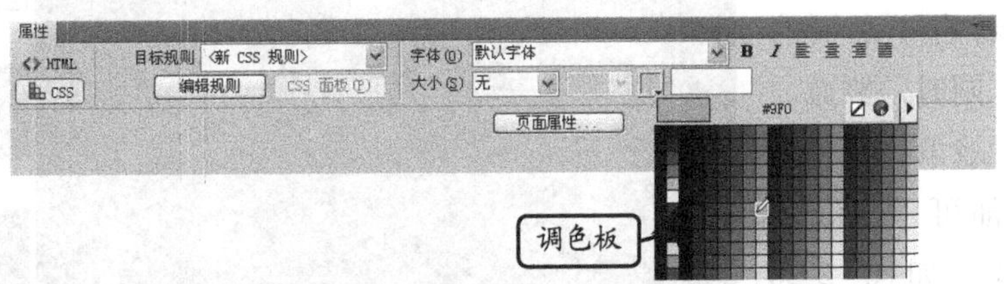

图 2-19　Dreamweaver 中的网页安全色彩调色板

2.3 配色方案

色彩的搭配不仅在平面设计中比较重要，在网页中也很关键。合理的网页配色方案，可以更好地利用色彩去表达网页的宗旨，所以下面来介绍一下合理的颜色搭配。

2.3.1 色彩分析

色彩对人的头脑和精神的影响力，是客观存在的。色彩的知觉力、色彩的辨别力、色彩的象征力与感情，都是色彩心理学的重要问题。

1. 色彩情感

不同的颜色会给浏览者不同的心理感受，而同一种颜色通常又不只含有一个象征意义。每种色彩在饱和度、透明度上略微的变化都会产生不同的感觉，如表 2-1 所示。

表 2-1 色彩的含义

色彩	积极的含义	消极的含义
红色	热情、亢奋、激烈、喜庆、革命、吉利、兴隆、爱情、火热、活力	危险、痛苦、紧张、屠杀、残酷、事故、战争、爆炸、亏空
橙色	成熟、生命、永恒、华贵、热情、富丽、活跃、辉煌、兴奋、温暖	暴躁、不安、欺诈、嫉妒
黄色	光明、兴奋、明朗、活泼、丰收、愉悦、轻快、财富、权力	病痛、胆怯、骄傲、下流
绿色	自然、和平、生命、青春、畅通、安全、宁静、平稳、希望	生酸、失控
蓝色	久远、平静、安宁、沉着、纯洁、透明、独立、遐想	寒冷、伤感、孤漠、冷酷
紫色	高贵、久远、神秘、豪华、生命、温柔、爱情、端庄、俏丽、娇艳	悲哀、忧郁、痛苦、毒害、荒淫
黑色	庄重、深沉、高级、幽静、深刻、厚实、稳定、成熟	悲哀、肮脏、恐怖、沉重
白色	纯洁、干净、明亮、轻松、朴素、卫生、凉爽、淡雅	恐怖、冷峻、单薄、孤独
灰色	高雅、沉着、平和、平衡、连贯、联系、过渡	凄凉、空虚、抑郁、暧昧、乏味、沉闷

红色始终代表着一种特殊的力量与权势。在很多宗教仪式中经常会使用鲜明的红色；在我国，红色一直都是象征着吉祥幸福的代表性颜色，同时，鲜血、火焰、危险、战争、狂热等极端的感觉都可以与红色联系在一起，如图 2-20 所示。

图 2-20 红色系的网页

提　示

在网页中红色多数情况下都用于突出颜色，因为鲜明的红色极易吸引人们的目光。高亮度的红色通过与灰色、黑色等非彩色的搭配使用，可以得到现代和激进的感觉；低亮度的红色通过冷静沉重的感觉营造出古典的氛围。

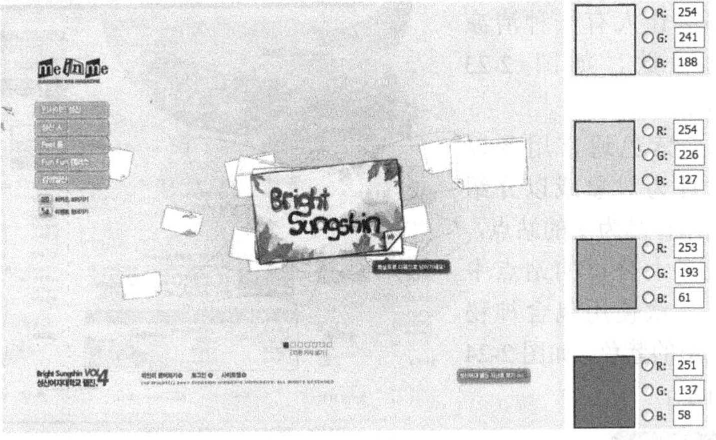

图 2-21　黄色系的网页

黄色是在站点配色中使用最为广泛的颜色之一，因为黄色本身具有一种明朗愉快的效果，能够得到大部分人的认可。黄色与橙色搭配能得到积极愉快的积极效果，符合饮食行业的要求，如图 2-21 所示。

技　巧

高彩度的黄色与黑色的结合可以得到清晰整洁的效果，这种配色实例在网页设计中经常可以见到。采用同一色调的深褐色与黄色的搭配，可以表达一种成熟的城市时尚的感觉。

鲜艳的绿色非常美丽，优雅，特别是用现代科学技术创造的最纯的绿色，是很漂亮的颜色。绿色很宽容、大度，渗入蓝色或是黄色后仍旧十分美丽。黄绿色单纯、年轻；蓝绿色清秀、豁达；含灰的绿色，也是一种宁静、平和的色彩，就像暮色中的森林或者晨雾中的田野。

因为它本身具有一定与健康相关的感觉，所以也经常用于与健康相关的站点，如图 2-22 所示。

图 2-22　以绿色为主题的颜色搭配

蓝色是博大的色彩，天空和大海等最辽阔的景色都呈蔚蓝色，无论深蓝色还是淡蓝色，都会使我们联想到无垠的宇宙或者流动的大气，因此，蓝色也是永恒的象征。蓝色是最冷的色调，使人们联想到冰川上的蓝色投影。在纯净的情况下，蓝色并不代表感情上的冷漠，而是代表一种平静、理智与纯净。真正代表人的情感冷酷悲哀的，是那些被弄混浊的蓝色。

很多站点都在使用蓝色与青绿色的搭配。最具代表性的蓝色物体莫过于海水、蓝天和冰川等，而这些物体都会让人有一种清凉的感觉，如图 2-23 所示。

紫色通常用于以女性为对象或以介绍艺术作品为主的站点，很多大公司的站点中也喜欢使用包含神秘色彩的紫色，如图 2-24 所示。

注　意

> 波长最短的可见光是紫色。通常，我们会觉得有很多紫色，因为红色加少许蓝色或者蓝色加少许红色都会明显地呈紫色，所以很难确定标准的紫色。约翰·伊顿对紫色做过这样的描述：“紫色是非知觉的色，神秘，给人印象深刻，有时给人以压迫感，并且因对比的不同，时而富有威胁性，时而又富有鼓舞性。当紫色以色域出现时，便可能明显产生恐怖感，在倾向于紫红色时更是如此。”歌德说：“这类色光投射到一幅景色上，就暗示着世界末日的恐怖。”

黑白灰是最基本和最简单的颜色搭配，白字黑底、黑字白底都非常清晰明了。黑白灰色彩是万能色，可以跟任意一种色彩搭配，也可以帮助两种对立色彩和谐过渡，如图 2-25 所示。

图 2-23　蓝色系的网页

图 2-24　紫色系的网页

图 2-25　黑色背景的网页

灰色是永远受欢迎的颜色，灰色的使用方法如同单色一样，通过调整透明度来产生灰度层次，使页面效果素雅统一。灰色具有中庸、平凡、温和、谦让、中立和高雅的感觉，如图 2-26 所示。

> **提　示**
>
> 在色彩世界中，灰色恐怕是最被动的色彩了，它是彻底的中性色，依靠邻近的色彩获得生命，灰色一旦靠近鲜艳的暖色，就会显出冷静的品格；若靠近冷色，则变为温和的暖灰色。

图 2-26　灰色系的网页

2．色彩联想

色彩本身是没有任何含义的，是联想产生了含义，色彩在联想间影响人的心理，左右人的情绪，不同的色彩联想给各种色彩都赋予了特定的含义。这就要求设计人员在用色时不仅是单单地运用，还要考虑诸多因素。

图 2-27　粉色系的网页

粉红色代表浪漫，是把数量不一的白色加在红色里面所造成的一种明亮的红。像红色一样，粉红色会引起人的兴趣与快感，但是，是以比较柔和、宁静的方式进行的。在网页设计中使用浪漫色彩如粉红、淡紫和桃红（略带黄色的粉红色），会令人觉得柔和、典雅，如图 2-27 所示。

图 2-28　饮食的网页

配色设计要想表达友善之意时，常会使用到橙色。这种色彩组合开放、随和，又有表现能量和动力的素质。能够营造出平等、有序的气氛，却没有强势和支配的霸气。橙色和它邻近的几个色彩常应用在快餐厅，是因为这类色彩会散发出食物品质好、价钱公道等诱人的信息，如图 2-28 所示。

绿色拥有同样多的蓝色与黄色，带着欣欣向荣、健康的气息，如图 2-29 所示。就算是绿色里最柔和的明色，一种萧索的色调，如果能配上少许的红色（绿色强烈的补色），即能创造出一股生命力。

在任何充满压力的环境中，只要搭配出一些灰蓝或者淡蓝明色的色彩组合，就会制造出令人平和、恬静的效果，如图 2-30 所示。

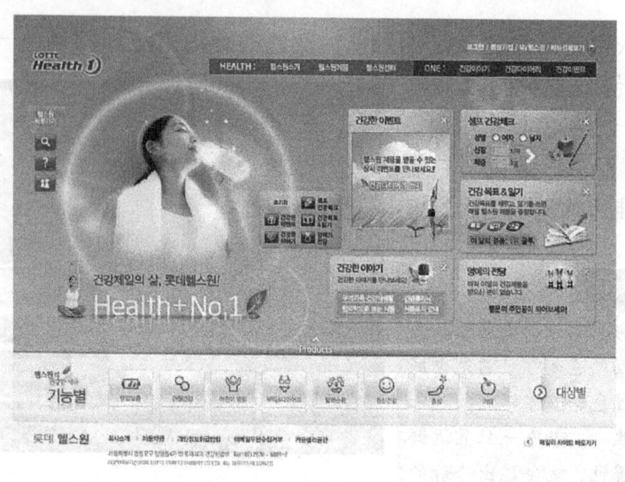

图 2–29 健康饮品的网页

最有力的色彩组合是充满刺激的快感和支配的欲念，那总离不开红色。红色是最终力量的来源——强烈、大胆、极端。力量的色彩组合象征人类最激烈的感情：爱、恨、情、仇，表现情感的充分发泄，如图 2-31 所示。

图 2–30 配合蓝色效果的网站

图 2–31 带有红色的网站

3. 色彩知觉

颜色的搭配可以流露出设计者的心情和喜好，同时也会影响浏览者。为此在网页色彩搭配时，设计者应该考虑到色彩的象征意义，如表 2-2 所示。

表 2–2 色彩知觉

冬 季	春 季	夏 季	秋 季

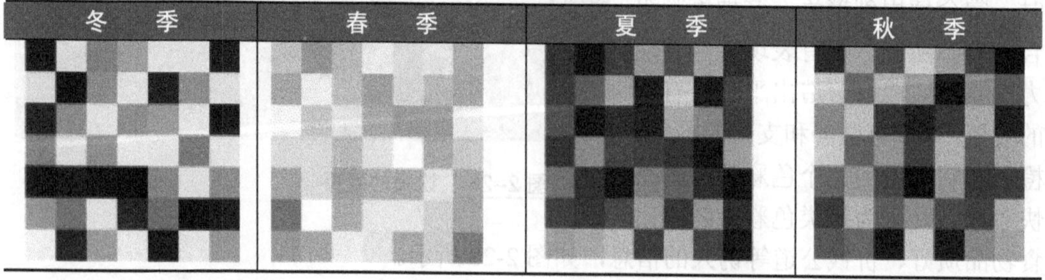

续表

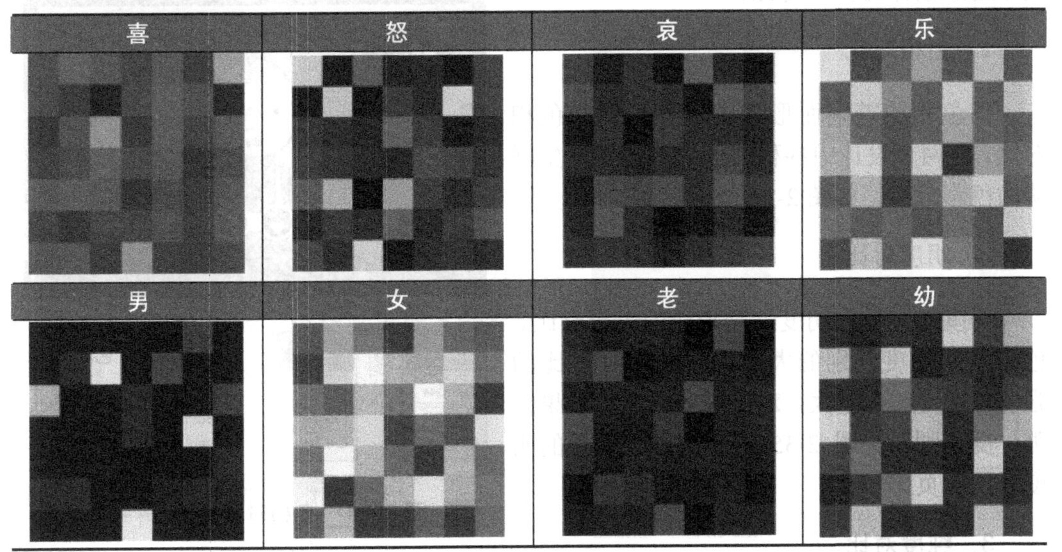

在色彩的运用上，可以采用不同的主色调，因为色彩具有象征性。暖色调即红色、橙色、黄色、赭色等色彩的搭配，可使主页呈现温馨、和煦、热情的氛围。图 2-32 显示的是以橙色与黄色为主色调的网页。

冷色调即青色、绿色、紫色等色彩的搭配，可使主页呈现宁静、清凉、清爽的氛围，如图 2-33 所示。

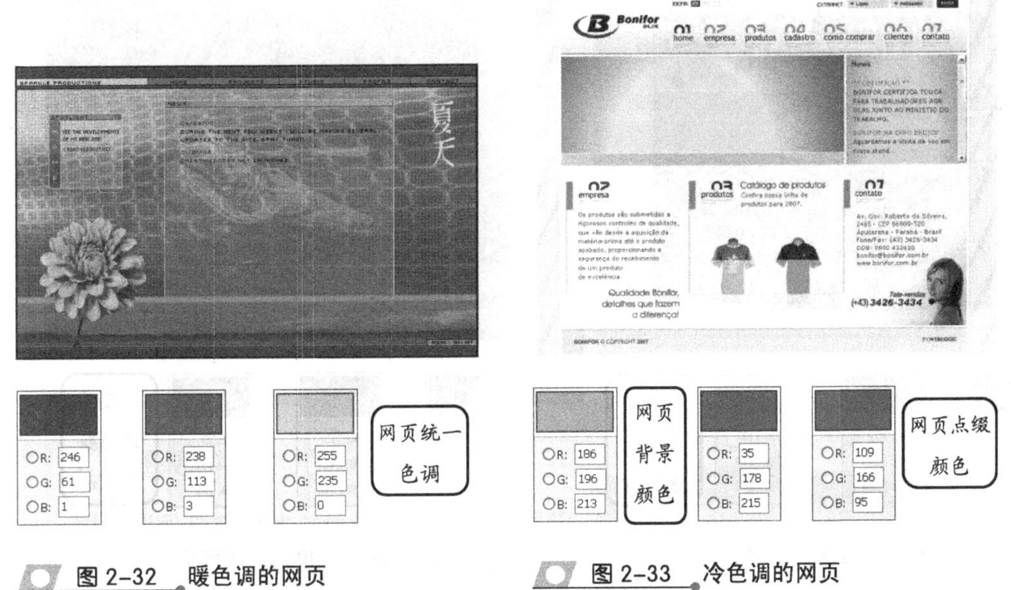

图 2-32 暖色调的网页

图 2-33 冷色调的网页

2.3.2 色彩对比

两种以上的色彩，以空间或者时间关系相比较，能比较出明显的差别，并且产生比

上很接近的颜色做调和。图 2-40 显示的是绿色、黄色与桔红色的近似色作为网页的主题颜色。

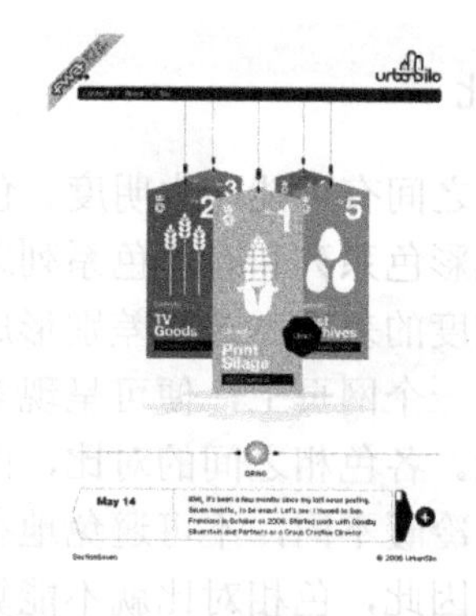

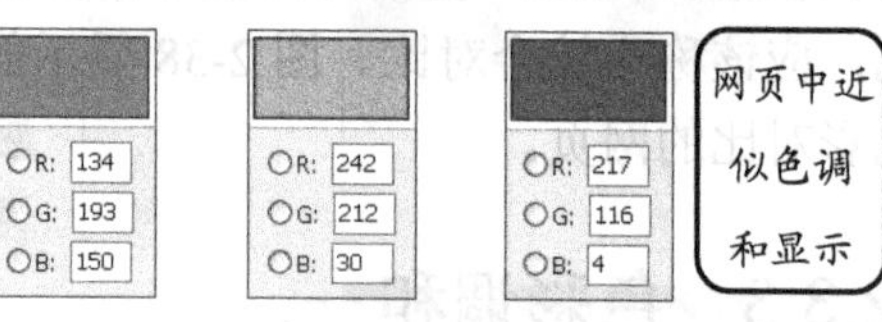

图 2-40 近似色调和的网页

3．互补色调和

互补色调和是使用色环上两个相对的颜色做调和。图 2-41 出示了绿色与红色的互补色网页。

4．对比色调和

对比色调和：使用一种颜色，再加上其互补色旁边的两个颜色做调和。对比色调和能提供比互补色调和更柔和的对比。图 2-42 出示了橘黄色与绿色、紫色的调和网页。

图 2-41 互补色调和的网页

图 2-42 对比色调和的网页

2.4 网站中的色彩应用

网站的色彩设计有其自身的色彩应用规律。为突出网站的整体效果，需要对选定的色彩组合按框架设计来分配面积和位置。如果要以突出的色彩设计形成网站的风格，就需要有计划性地思量色彩布局和色彩组合。

2.4.1 网页色彩规则

在网站中使用色彩，既要使网站风格独特，也要考虑到网站的功能性与实用性。下面就从单个网页以及整个网站两大方面来介绍网页色彩的规则。

1. 特色鲜明

一个网站的用色必须要有自己独特的风格，这样才能显得个性鲜明，如图 2-43 所示。

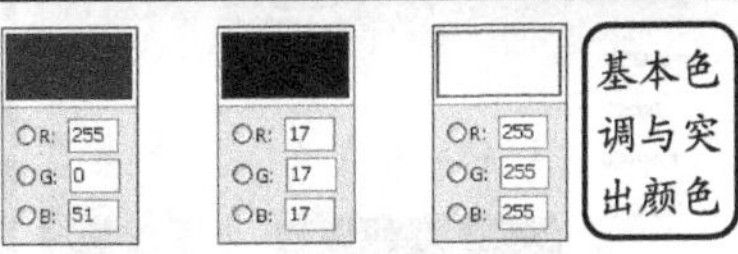

图 2-43 网页中的极端色调

2. 搭配合理

网页设计虽然属于平面设计的范畴，但它又与平面设计有所不同，它在遵从艺术规律的同时，还要考虑人的生理特点，合理的色彩搭配能给人和谐、愉快的感觉，如图 2-44 所示。

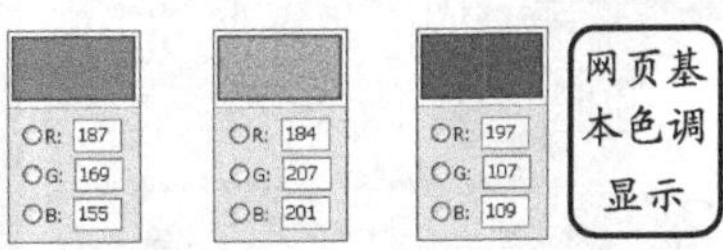

图 2-44 网页中的和谐色调

3. 单色的使用

网站设计要避免采用单一色彩，否则会使画面比较单调、空洞。通过调整色彩的饱和度和透明度就能够使网站避免单调，如图 2-45 所示。

4. 可读性的色彩设计

网站是信息的载体，色彩设计必须以完成网站的可视性阅读功能为主要目的。白纸黑字的阅读效果为最佳，其他情况应尽量以冷色调为主的明亮色调或者浊色调的色彩作为信息背景色彩，使文字色彩与背景色彩有一定的色彩落差，如图 2-46 所示。

图 2-45 网页中的单色调运用

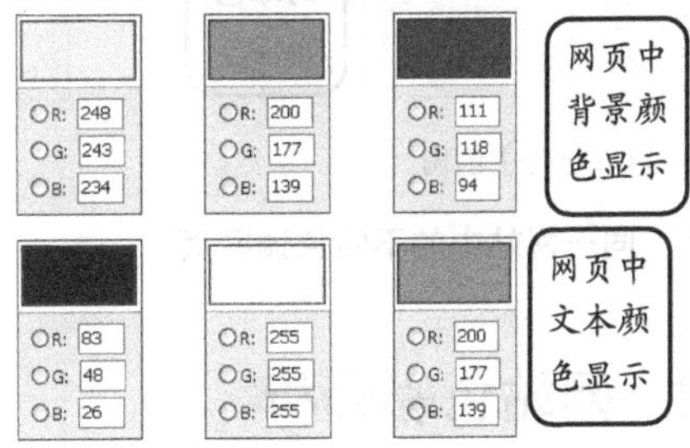

图 2-46 可读性的网页色调

5. 色彩计划

Flash 技术的应用实现了很多原本不可能实现的网站效果可以。在色彩设计上表现为可以让浏览者任意选择背景色或者是每一个栏目的色调均不相同，如图 2-47 所示。

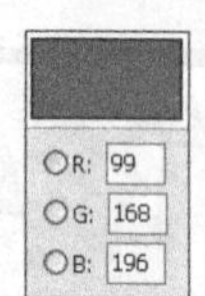

以蓝色为主色调　　以红色为主色调

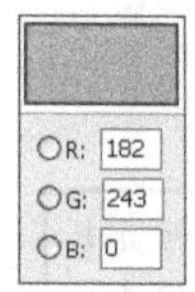

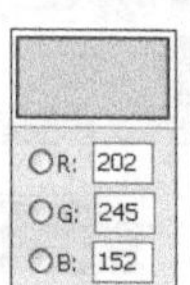

以绿色为主色调　　以橙色为主色调

图 2-47　同一网站中的不同色调网页

2.4.2　网站色彩分析

了解单纯颜色的使用后，还需要从网站的不同方面来决定色彩的搭配。

1. 网站风格与色彩设计

色彩作为网站设计主要体现风格形式的视觉要素之一，对网站设计来说份量是很重的。

如果是把同样的信息内容交于不同的两位设计师，两人做出的网站绝对不同。色彩也是一样，即便是相同的色相、色调，通过不同的排版方式、调和与组合，达到的页面效果也会是截然不同的，如图 2-48 所示。

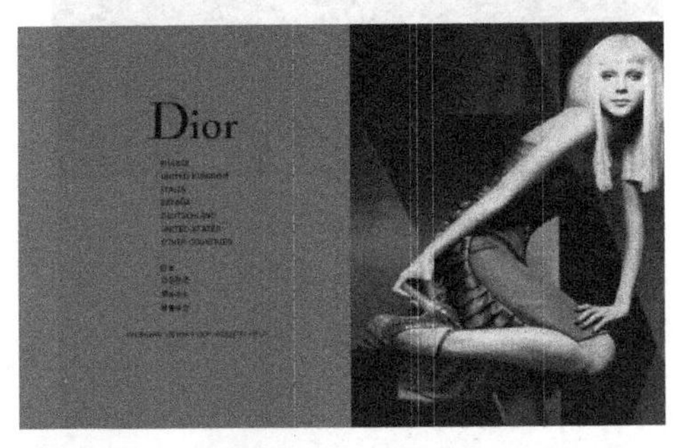

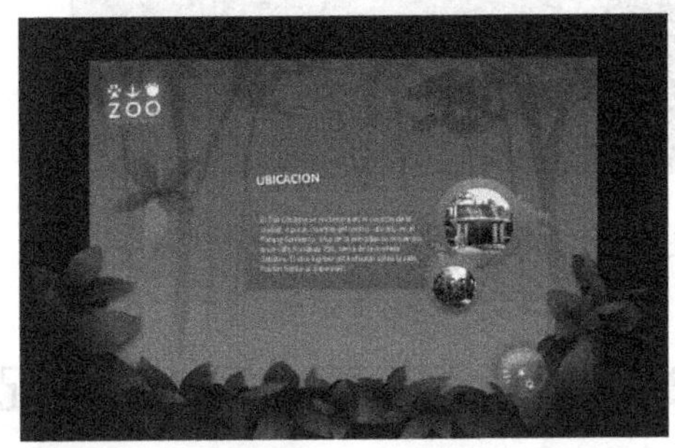

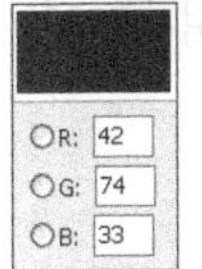

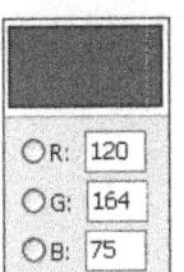

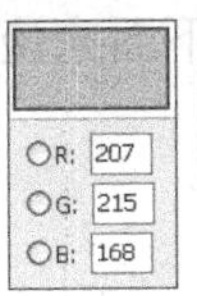

网页中的绿色调显示

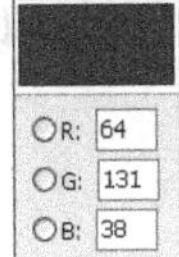

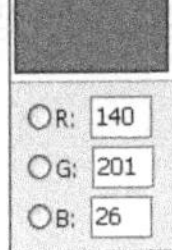

R: 140
G: 201
B: 26

网页中的绿色调显示

图 2-48　相同色调的不同风格网页

2. 网站主题与色彩设计

在确定网站的主题色调后，在设计的过程中不仅要谨慎选择文本、图片的色彩，使其网页整体的色彩搭配和谐、统一、平衡、协调，而且也要注意各种色彩的面积大小、所占比例等问题，使浏览者在接受网页传达信息的同时也能感受到浏览其网站是一种视觉与精神上的享受。

当然，优秀的网页仅有合理的颜色搭配还不够，还需要有可读的文字内容、合理的布局与结构等，图 2-49 所示的网页色调是根据该网页的标志决定的。

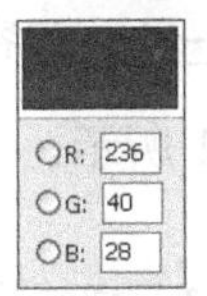

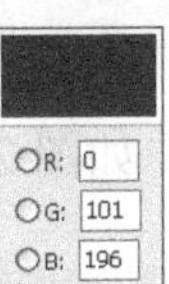

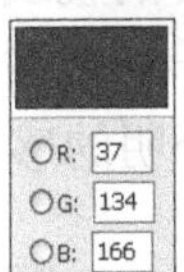

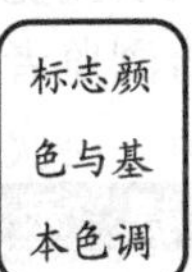

图 2-49　与网页主题相符的网页色调

3. 同色调的不同风格网站

在网站风格与色彩设计章节中，简单地介绍了在同一色调中，不同的明度、纯度所产生的不同风格的网站。除了以上情况外，同一色调还可以通过使用面积的不同，与其他颜色的搭配，以及主题等各方面因素，而产生不同风格的网站。

图 2-50 所示的是同一色调的不同风格的两个网页，虽然均使用了黑色和红色作为网页的主要颜色，但是由于纯度不同，以及与之搭配的颜色不同，产生了两种截然不同的风格——高贵与恐怖。

图 2-50 同色调的两个不同风格的网页

2.4.3 网页元素之间色彩搭配

在学习了色彩的一些基本概念以及色彩的分析之后。下面来谈一下网页运用中，各元素的色彩搭配。

1. 网页标题

网页中的标题可分为导航条中的栏目名称、网页内容标题、版块标题三个方面。栏目名称是浏览者在浏览不同网页之间的跳转标题，有图像格式和文字格式两种。

不管是导航条、内容标题，还是版块标题，一般都使用稍微具有跳跃性的色彩吸引浏览者的视线，给浏览者一种网站清晰、层次分明的感觉，如图 2-51 所示。

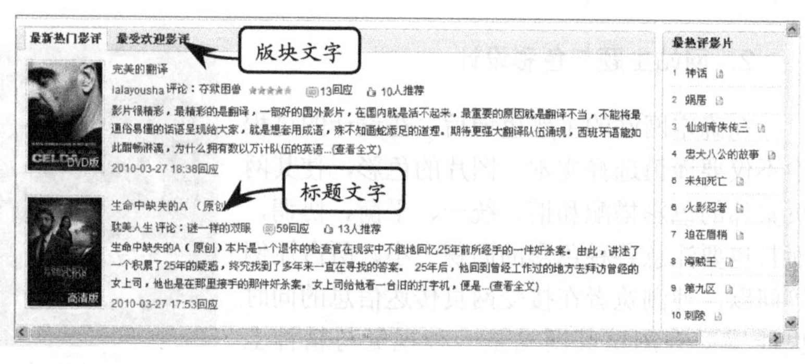

图 2-51 内容标题与版块标题

提 示

内容标题与版块标题的颜色，应使用与网页主题颜色相近的色系。但是，内容标题与版块标题的文字都应使用文本加粗格式，并且颜色要比网页背景略暗一些。

2. 网页链接

链接是网站中不可缺少的部分，尤其是网页中文本内容的链接。为了便于读者浏览，链接文本要与网页中的文本有一定的区别，所以链接的文本颜色跟文本内容的颜色不一样。

在网页中设置独特的文本链接颜色，并且要非常自然，避免使用较激情、刺激的颜色，如图 2-52 所示，文本链接颜色为“黑色”，而鼠标经过时为“橙色”。

3. 网页文字

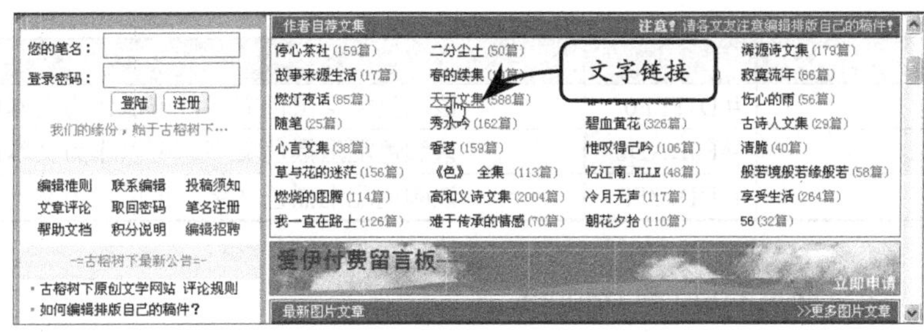

图 2-52 网页中的文本链接

如果一个网站使用了背景颜色，必须要考虑背景颜色的用色与前景文字的搭配等问题。一般来说，网页的背景色应该柔和一些、素一些、淡一些，再配上深色的文字，使整体看起来自然、舒畅。而为了追求醒目的视觉效果，可以为标题使用较深的颜色，如图 2-53 所示。

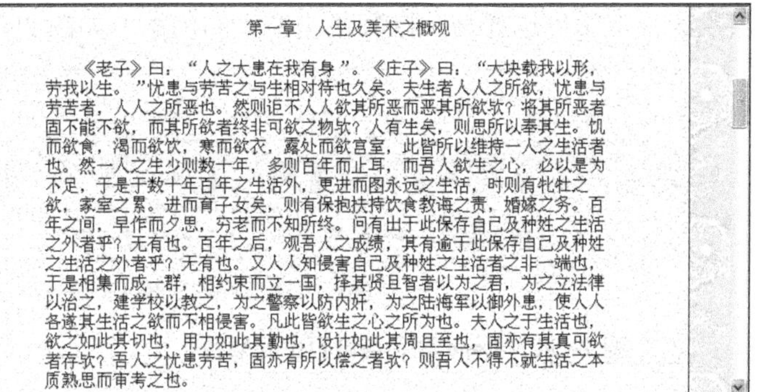

图 2-53 网页文本内容

有些用户可能会感觉，在谈起文本与背景色彩搭配时，很容易、很轻松。而在实际选择与背景颜色相匹配的文本颜色时，可能会很为难，不知所措。下面对常用于文本中的一些颜色进行简单分析地，如表 2-3 所示。

表 2-3 文本颜色的搭配应用

颜色图块	颜色值	分析
	#F1FAFA	该颜色较浅，适合做正文的背景色，显示出淡雅的效果
	#E8FFE8	该颜色属于中等亮度，可以用于标题的背景色，作为文本背景颜色较深，而作为文本颜色略浅，表现不出文本的内容
	#E8E8FF	该颜色可以作为正文的背景颜色，文字使用黑色为宜
	#8080C0	该颜色可以配黄色或者白色的文字
	#E8D098	该颜色比较明亮，可配上浅蓝色或蓝色文字
	#EFEFDA	该颜色在淡黄色颜色中，略显暗淡，可配上浅蓝色或红色文字
	#F2F1D7	该颜色为俗称的"米黄色"，可以配上黑色和红色文字。黑色文字较素雅，而红色则显得醒目
	#336699	该颜色较暗，可配上白色文字。可以作为标题背景或者文字颜色
	#6699CC	该颜色配上白色文字较好，可以做标题背景颜色
	#66CCCC	该颜色配上白色文字较好，可以做标题背景颜色
	#B45B3E	该颜色配上白色文字较好，可以做标题背景颜色
	#479AC7	该颜色配上白色文字较好，可以做标题背景颜色
	#00B271	该颜色配上白色文字较好，可以做标题背景颜色
	#FBFBEA	该颜色配上黑色文字，可以作为文本内容的背景颜色
	#D5F3F4	该颜色配上黑色文字，可以作为文本内容的背景颜色

续表

颜色图块	颜色值	分析
	#D7FFF0	该颜色配上黑色文字，可以作为文本内容的背景颜色
	#F0DAD2	该颜色配上黑色文字，可以作为文本内容的背景颜色
	#DDF3FF	该颜色配上黑色文字，可以作为文本内容的背景颜色

4. 网页 Logo 和 Banner

网页中的 Logo 和 Banner 是宣传网站最重要的组成部分之一，也关乎着整个网页的效果。因此，在设计 Logo 和 Banner 时，其颜色应该较为鲜亮，与网页背景颜色有明显的层次感，但不应选择与主题颜色相冲突的色系，如图 2-54 所示。

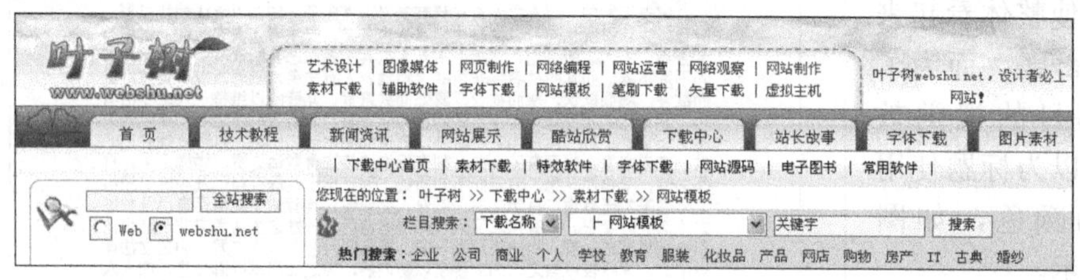

图 2-54 **Logo 颜色与网页主题颜色**

2.5 课堂练习：设计导航按钮

导航条是网站中不可缺少的网页元素之一。如果要设计较为美观、大方，并且有一定艺术效果的导航条，可以通过导航按钮来实现。

在设计导航按钮时，需要根据网页的主题颜色，以及网页布局等因素，来确定按钮的设计风格。图 2-55 所示的是一种普通的矩形按钮。

图 2-55 **导航按钮**

操作步骤：

1 按 Ctrl+O 快捷键，在弹出的【打开】对话框中，打开图片“背景.jpg”。然后单击【图层】面板底部的【创建新图层】按钮，创建“图层 1”，如图 2-56 所示。

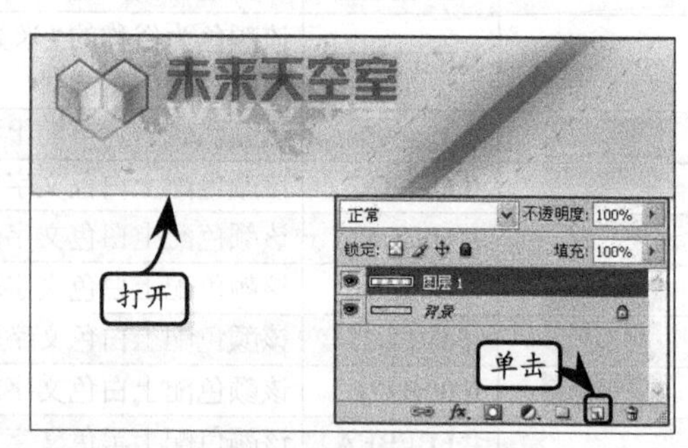

图 2-56 **创建图层**

2 单击工具栏中的【矩形选框工具】按钮，在画布中绘制一个矩形，并填充灰色（#eeeeee），如图 2-57 所示。

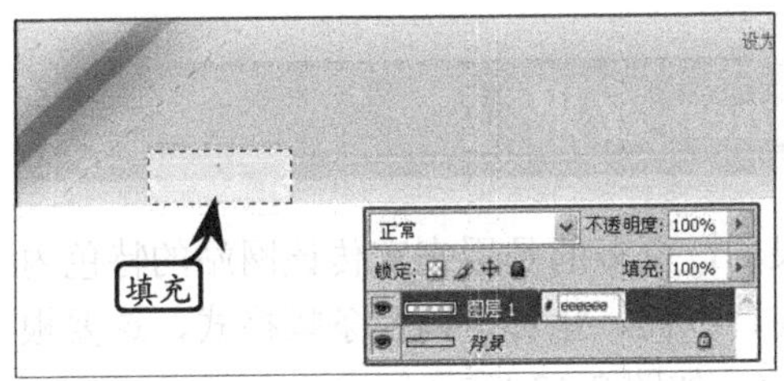

图 2-57 绘制矩形

3 按 Ctrl+D 快捷键取消选择后，双击该图层，打开【图层样式】对话框。然后，选择【渐变叠加】选项，添加灰白渐变效果，参数设置如图 2-58 所示。

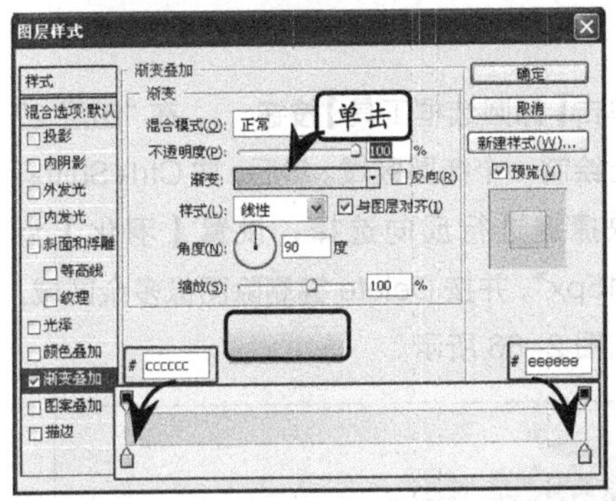

图 2-58 添加渐变样式

4 选择【描边】选项，在显示的界面中设置【大小】为“1 像素”；【颜色】为“灰色 (#b6b6b6)”，效果如图 2-59 所示。

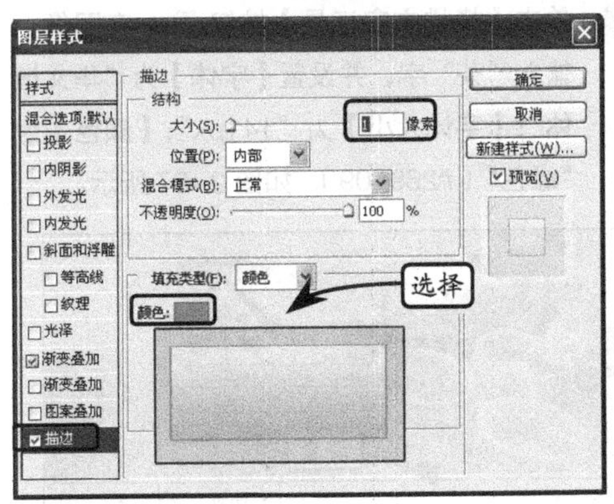

图 2-59 添加描边

5 单击【横排文字工具】按钮 T，会自动出现文字图层。然后，在图层中输入“网站首页”文字内容，并设置【字体】为“宋体”；【字体大小】为“14px”，如图 2-60 所示。

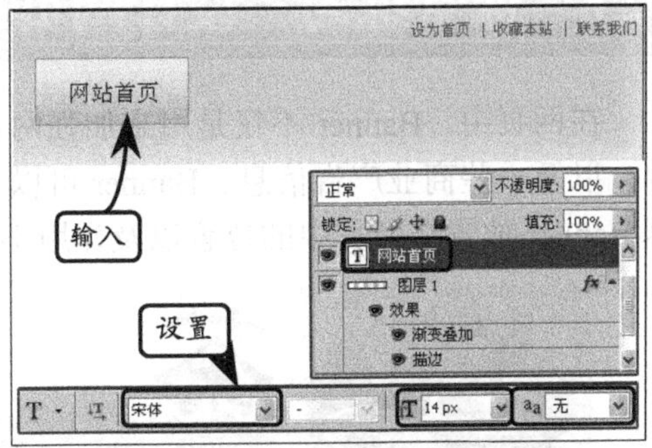

图 2-60 添加文字

6 按住 Ctrl 键，同时选择“图层 1”和文字图层，单击【图层】面板最底部的【链接图层】按钮 链接图层。然后右击图层，在弹出的菜单中执行【复制图层】命令，如图 2-61 所示。

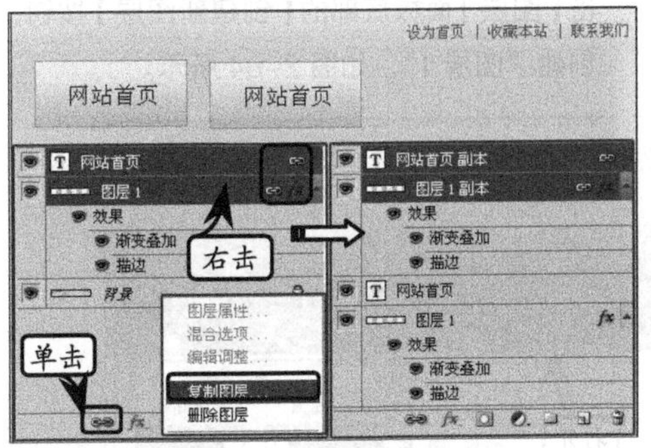

图 2-61 执行【复制图层】命令

7 复制图层 6 次以后，先单击【横排文字工具】按钮 T，然后选择文字图层，进行修改。以此类推，修改其他几个按钮上的文字，然后，调整其排列位置，如图 2-62 所示。

图 2-62 修改按钮

提 示

复制图层时，图层会叠放在一起，可以选择移动工具，将其分开。这样制作的按钮效果是一样的，可以创建“新建组”将其存放在一起，便于管理。

2.6 课堂练习：设计网页 Banner 效果

在网页中，Banner 不仅是用来加强网页效果的，更多的是用来宣传该网站的特色内容，以及一些商业广告信息。Banner 可以为横向、纵向、矩形，以及条幅格式，这要根据 Banner 放置在网页中的位置以及作用不同而定，如图 2-63 所示。

图 2-63 网页 Banner

操作步骤：

1 按 Ctrl+O 快捷键，在弹出的【打开】对话框中，打开图像 “banner.jpg”。然后，单击【图层】面板底部的【创建新图层】按钮，创建 “图层 1”，如图 2-64 所示。

图 2-64 创建图层

2 使用相同的方法，打开图像 “茶具.jpg”。然后，单击【移动工具】按钮，将 “茶具.jpg” 图像拖入到文档中，如图 2-65 所示。

图 2-65 拖入图片

3 单击【椭圆选框工具】按钮，在 “图层 2” 上绘制一个椭圆区域。然后，按 Ctrl+Shift+I 快捷键进行反向选择，设置【羽化】为 “15px”，并按 Delete 键删除图像多余区域，如图 2-66 所示。

图 2-66 删除图像多余区域

4 单击【横排文字工具】按钮 T，在图像上输入 “茶” 字，并设置【字体】为 “华文楷体”；【字体大小】为 “141px”；【颜色】为 “绿色”（#269109），如图 2-67 所示。

图 2-67 添加文字

5 选择 “茶” 文字所在的图层，单击【图层】面板最底部的【添加样图层式】按钮 fx.，在弹出的菜单中执行【混合选项】命令，然后设置【投影】和【内阴影】参数，如图 2-68 所示。

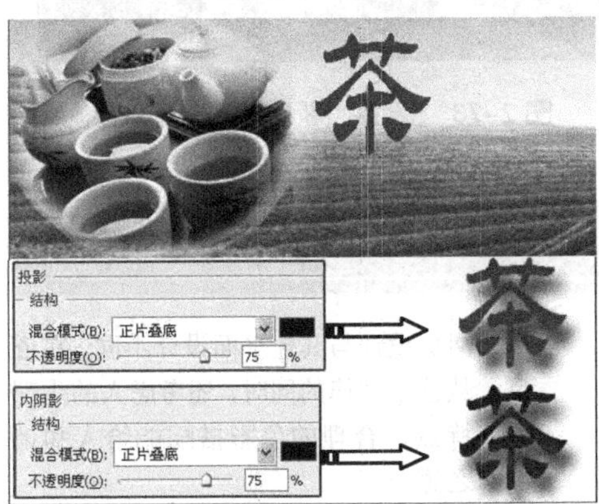

图 2-68 添加图层样式

6 继续在【图层样式】对话框中，设置【内发光】和【描边】参数，如图 2-69 所示。

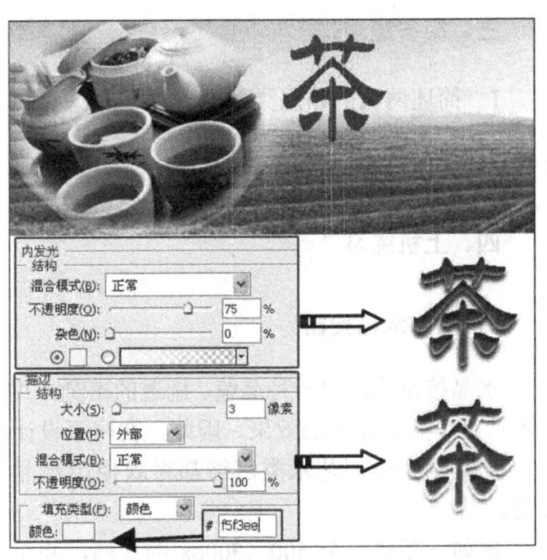

图 2-69 制作“茶”字效果

7 单击【横排文字工具】按钮，在图像上输入“行”字，并设置【字体】为“华文楷体”；【字体大小】为“77px”；【颜色】为“砖红色”（#be7676），如图 2-70 所示。

8 选择“行”文字所在的图层，打开【图层样式】对话框，设置【投影】、【斜面和浮雕】和【描边】参数。其中，【投影】和【描边】的参数与“茶”字相同，如图 2-71 所示。

图 2-70 添加“行”字

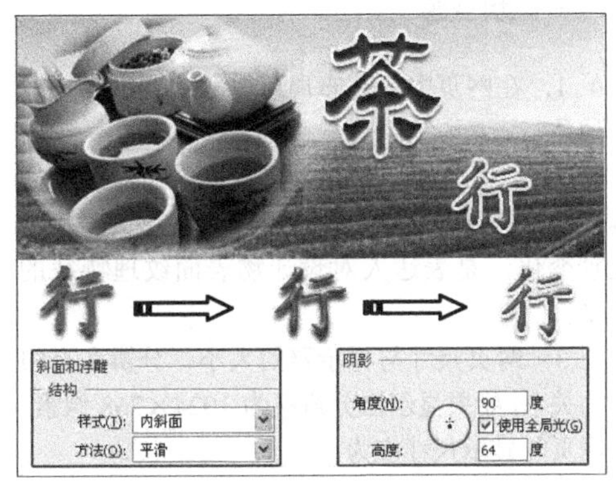

图 2-71 设置“行”字效果

9 单击【横排文字工具】按钮，在图像上输入“冰凉清爽”文字，并设置【字体】为“华文新魏”；【字体大小】为“34px”；【颜色】为“橘红色”（#f4670a）。然后，为其添加图层样式，设置【投影】、【外发光】和【描边】参数。其中，【投影】和【描边】的参数与“茶”字相同，如图 2-72 所示。

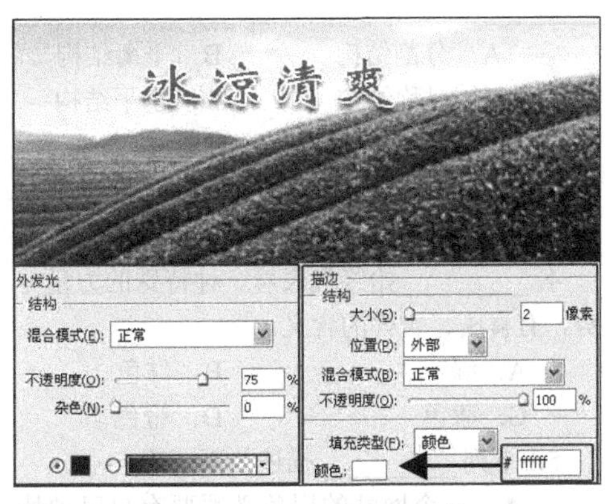

图 2-72 设置“冰凉清爽”文字效果

10 单击【横排文字工具】按钮，在图像上输入“新感觉”文字，其设置与上一步相同，如图 2-73 所示。

图 2-73 设置“新感觉”文字效果

2.7 思考与练习

一、填空题

1．在网页中，其布局可以分成两种类型，一种是__________，另一种是__________。

2．__________是指物体表面的组织纹理结构，即各种纵横交错、高低不平、粗糙或平滑的纹理变化，是表达人对设计物表面纹理特征的感受。

3．网页尺寸与显示器的大小、分辨率有很大的关系，如果显示器分辨率为 1024×768 像素，则网页的显示尺寸应为__________。

4．__________是指色彩的纯净程度，取决于该色中含色成分和消色成分的比例。

5．正文文字一般采用__________磅或者__________磅的字号。

二、填空题

1．下列不属于结构布局类型是__________。

A．国字型　　B．拐角型
C．Flash 整站　　D．封面型

2．下列不属于艺术布局类型的是__________。

A．分割结构　　B．平衡结构
C．对称结构　　D．水平结构

3．下列不属于色彩三要素的是__________。

A．对比度　　B．色相
C．亮度　　D．饱和度

4．__________始终代表着一种特殊的力量与权势，有喜庆、吉祥的含义。

A．绿色　　B．红色
C．蓝色　　D．橙色

5．下列__________描述的不正确。

A．一个网站的用色必须要有自己独特的风格，这样才能显得个性鲜明

B．网页设计与其他平面设计不同，在遵从艺术规律的同时，还考虑人的生理特点，合理的色彩搭配能给人和谐之感

C．网站设计要采用单一色彩，这样会使画面比较单调

D．网站是信息的载体，色彩设计必须以完成网站的可视性阅读功能为主要目的

三、简答题

1．简述网页的布局类型。
2．什么是色彩感情？
3．简述网页色彩的规则？

四、上机练习

1．制作水晶按钮

水晶按钮给用户一种晶莹、剔透的感觉，并且还具有华丽、光泽的效果。因此，在网页设计中，很多设计类、艺术类网络都喜欢使用水晶按钮。

例如，新建一个 500×300px 的文档，并在文档中设计水晶按钮，如图 2-74 所示。

图 2-74 制作水晶按钮

2. 制作版块图像

在通过设计类软件进行网页设计时，则网页中的所有效果及图像都需要先在设计软件中实现其效果。例如，在网页中添加一个版块，则该版块的图像效果需要先设计出来，如图 2-75 所示。

该版块中的包含有“生活典故”、“家庭百科”、“孩子成长”和“关爱老人”等 4 个选项，而选择不同的选项卡则显示与选项卡颜色相同的边框。

图 2-75 设计版块内容

第 3 章

网站的站点操作

站点表示 Web 网站文件的本地或远程存储位置，在建设网站时，用户需要先创建网站的站点，这样便于管理网站中的文件。Dreamweaver 站点提供了一种可以组织和管理所有的 Web 文档、将站点上传到 Web 服务器，并跟踪和维护网站文件的功能。

特别是在制作动态网站时，站点更是必不可少的。它能够保障在把网站移植到其他位置时，各文件及网页元素位置的有效性。

本章学习要点：

- 创建本地站点
- 管理站点
- 编辑站点
- 站点中文件及文件夹操作

3.1 创建本地站点

若要定义 Dreamweaver 站点，需要先创建一个本地文件夹。然后，再通过向导或者面板，设置站点属性即可完成。若要向 Web 服务器传输文件或开发 Web 应用程序，还必须添加远程站点和测试服务器信息。

3.1.1 什么是站点

在网站制作的过程中会创建很多文件，而需要对这些文件进行统一的管理。站点即是用来管理这些文件，并形成网站的结构的。

1．站点组成

站点由 3 个部分（或文件夹）组成，具体取决于开发环境和所开发的 Web 站点的类型。

❑ 本地根文件夹

本地根文件夹用于存储正在处理的文件。Dreamweaver 将此文件夹称为“本地站点”。此文件夹通常位于本地计算机上，但也可能位于网络服务器上。

❑ 远程文件夹

远程文件夹用于存储用于测试、生产和协作等用途的文件。Dreamweaver 在【文件】面板中将此文件夹称为“远程站点”。远程文件夹通常位于运行 Web 服务器的计算机上，包含用户从 Internet 上访问的文件。

通过将本地文件夹和远程文件夹结合使用，可以在本地硬盘和 Web 服务器之间传输文件，这将帮助用户轻松地管理 Dreamweaver 站点中的文件。可以在本地文件夹中处理文件，当希望其他人查看时，再将它们发布到远程文件夹中。

❑ 测试服务器文件夹

Dreamweaver 在其中处理动态页的文件夹。

2．本地和远程文件夹的结构

如果用 Dreamweaver 某个远程文件夹进行连接，可在【站点定义】对话框的【远程信息】类别中指定该远程文件夹。指定的远程文件夹（也称为主机目录）应该对应站点的本地根文件夹，如图 3-1 所示。

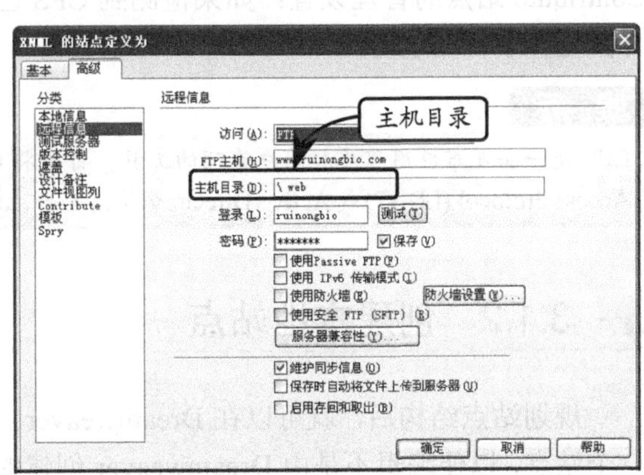

图 3-1 远程文件夹

提 示

与本地文件夹一样，远程文件夹可以具有任何名称，但 Internet 服务提供商通常会将各个用户账户的顶级远程文件夹命名为 public_html、pub_html 或者与此类似的其他名称。如果想管理远程服务器，并且想将远程文件夹命名为所需的任意名称，则最好使本地根文件夹与远程文件夹同名。

例如，当用户在本地创建站点后，则在【文件】选项卡中，显示本地文件夹中所包含的所有文件，如图 3-2 所示，创建远程服务器站点，则在左侧显示一个远程文件夹示例。本地计算机上的本地根文件夹直接映射到Web服务器上的远程文件夹，而不是映射到远程文件夹的任何子文件夹或目录结构中位于远程文件夹之上的文件夹。

图 3-2 本地站点

提 示

当首次建立远程连接时，Web 服务器上的远程文件夹通常是空的。之后，可以将本地根文件夹中的文件上传到远程文件夹。远程文件夹应始终与本地根文件夹具有相同的目录结构。

3. Contribute 站点

Contribute 站点综合了 Web 浏览器和网页编辑器的功能，用户可浏览创建的站点中的某个页面，若具有相应的权限，还可以编辑或更新该页面。Contribute 站点用户可添加和更新基本的 Web 内容，包括带格式的文本、图像、表格和链接；Contribute 站点管理员可限制普通用户（非管理员）在站点中能够进行的操作。

可以使用 Dreamweaver 设置与 Contribute 站点的连接，使 Dreamweaver 能够连接到 Contribute 站点并使用 Dreamweaver 中所有可用的编辑功能。

Contribute 站点可借助 Contribute Publishing Server（CPS）丰富的 Web 站点功能；如果将 Dreamweaver 站点作为 Contribute 站点启用，则每次连接到远程站点时，都会读取 Contribute 站点的管理设置；如果检测到 CPS 已启用，它将继承 CPS 的某些功能，如文件回退和事件记录等。

提 示

CPS 是一套发布应用程序和用户管理的工具，可以将 Contribute 站点与组织的 Lightweight Directory Access Protocol (LDAP) 或 Active Directory 等用户目录服务集成。

3.1.2 创建本地站点

规划站点结构后，就可以在 Dreamweaver 中设置（定义）站点了。用户还可以定义一个站点，以便编辑不是由 Dreamweaver 创建的 Web 站点。设置 Dreamweaver 站点是一种组织所有与 Web 站点关联的文档的方法。

1. 向导创建站点

要定义 Dreamweaver 的站点，需要先为其创建一个本地目录。如需要向 Web 服务器传输文件或开发 Web 应用程序，则必须添加远程站点和测试服务器信息。

例如，在 Dreamweaver 中执行【站点】|【新建站点】命令，在弹出的【未命名站点 2 的站点定义为】对话框中，输入站点名称，如图 3-3 所示。

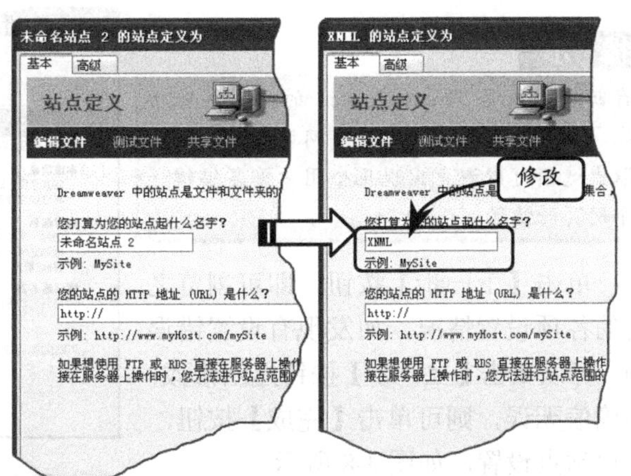

图 3-3 输入站点名称

然后，单击【下一步】按钮，在刷新的对话框中选中【否，我不想使用服务器技术】单选按钮，如图 3-4 所示。

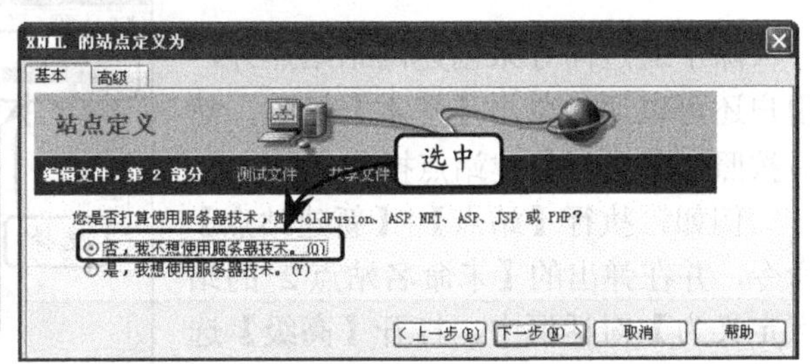

图 3-4 设置是否使用服务器技术

提 示

如用户需要使用各种服务器技术，可选中【是，我想使用服务器技术】单选按钮，并在之后的选项中选择服务器技术的语言。

单击【下一步】按钮，选中【编辑我的计算机上的本地副本，完成后再上传到服务器（推荐）】单选按钮，并在【您将把文件存储在计算机上的什么位置?】文本框中，选择当前需要存放文件的目录，如图 3-5 所示。

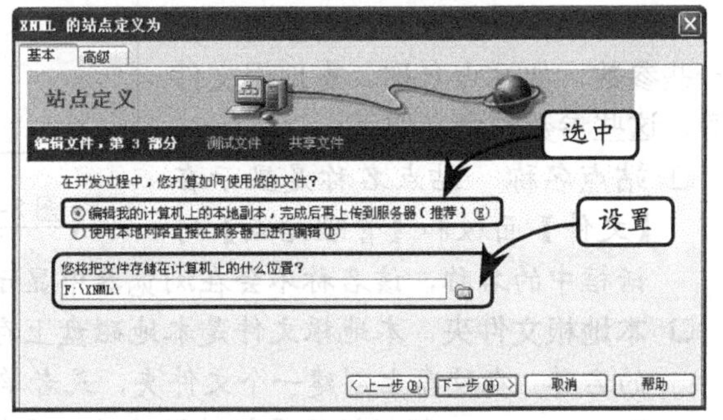

图 3-5 设置编辑方式与目录位置

单击【下一步】按钮，在刷新的对话框中设置连接远程服务器的方法，并修改站点的根目录，如图 3-6 所示。

单击【下一步】按钮，选中【否，不启用存回和取出】单选按钮，如图 3-7 所示。

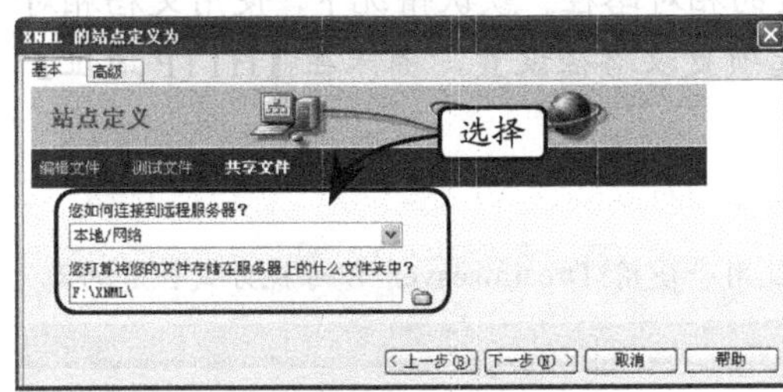

图 3-6 设置连接远程服务器的方式

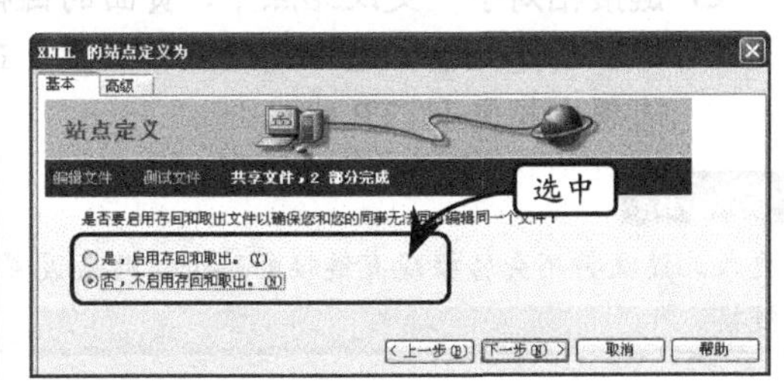

图 3-7 设置存回和取出

提　示

存回和取出是 Dreamweaver 的一项特殊功能。当多个用户编辑同一个网站时，存回和取出选项可以避免出现几个用户重复编辑一个网页的情况。

单击【下一步】按钮，即可浏览之前的各项设置情况，如发现有设置错误的，可以单击【上一步】按钮返回修改；如确信无误，则可单击【完成】按钮，结束站点设置，如图 3-8 所示。

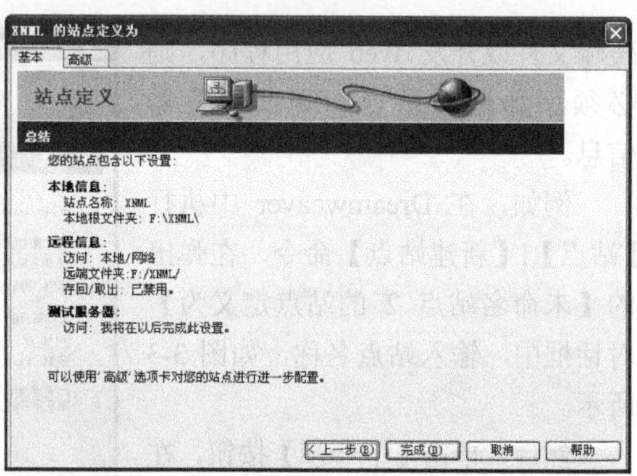

图 3-8　完成站点设置

2. 面板创建站点

除了通过向导来创建网站站点外，用户还可以通过单击【基本】标签，然后按照提示进行创建站点操作。

例如，执行【站点】|【新建站点】命令，并在弹出的【未命名站点 2 的站点定义为】对话框中，打开【高级】选项卡。然后，在【分类】列表中，选择【本地信息】选项，如图 3-9 所示。

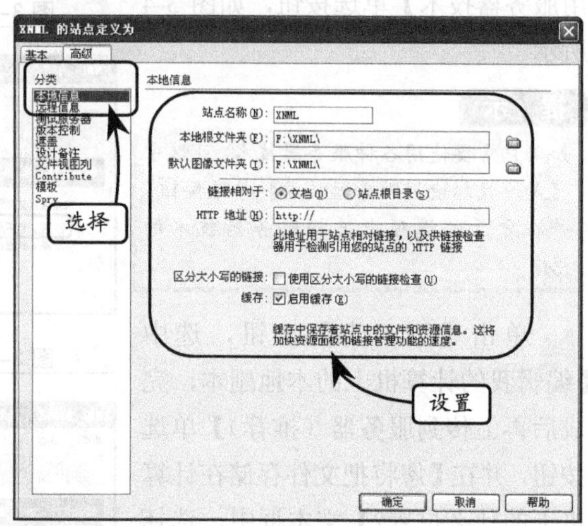

图 3-9　设置本地信息

在该对话框的面板中，需要用户设置一些参数，如站点名称、本地根文件夹等，这些参数的含义如下。

- **站点名称**　站点名称是显示在【文件】面板和【管理站点】对话框中的名称，该名称不会在浏览器中显示。
- **本地根文件夹**　本地根文件是本地磁盘上存储站点文件、模板和库项目的文件夹的名称。在硬盘上创建一个文件夹，或者单击文件夹图标可以浏览该文件夹。当 Dreamweaver 解析根目录相对链接时，是相对于该文件夹来解析的。
- **默认图像文件夹**　默认图像文件夹是保存站点中使用的图像的文件夹的路径。输入路径或单击文件夹图标可以浏览该文件夹。
- **链接相对于**　更改站点中，页面的链接的相对路径。默认情况下，使用文档相对路径创建链接。选择【站点根目录】选项更改路径设置，确保在【HTTP 地址】选项中指定 HTTP 地址。

提　示

更改此设置将不会转换现有链接的路径，此项设置仅用于使用 Dreamweaver 以可视方式创建的新链接。

- **HTTP 地址**　HTTP 地址是站点将要使用的 URL，它验证站点中使用绝对 URL 或者“站点根目录”相对路径的链接。

注 意

使用此地址来确保可能与站点根目录不同的站点根目录相对链接在远程服务器上能够正常工作。例如，如果链接到 C:\Sales\images\文件夹中的某个图像文件（Sales 是本地根文件夹），完成的站点 URL 是 http://www.mysite.com/SalesApp/（SalesApp 是远程根文件夹），那么应该在【HTTP 地址】文本框中输入 URL 以确保远程服务器上的链接文件路径为/SalesApp/images/。

- **使用区分大小写的链接检查**　在检查链接时，将检查链接的大小写与文件名的大小写是否匹配。此选项用于文件名区分大小写的 UNIX 操作系统。
- **启用缓存**　启用缓存指定是否创建本地缓存以提高链接和站点管理任务的速度。如果不选择此选项，则在创建站点前将再次询问是否希望创建缓存，最好选择此选项，因为只有在创建缓存后【资源】面板才有效。

3.2 管理站点

设计良好的网站通常具有科学的结构，利用不同的文件夹，将不同的网页内容分门别类地保存，这是设计网站的必要前提。所以站点建立后，还需要对站点进行管理、编辑。

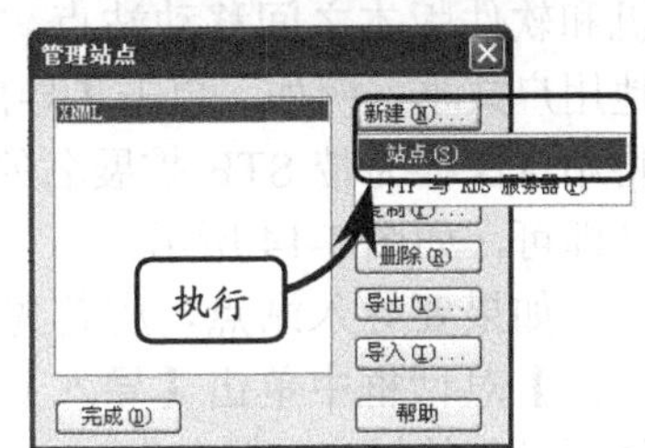

图 3-10 管理站点

3.2.1 打开站点

在 Dreamweaver 中还有一种方法可以建立站点，就是执行【站点】|【管理站点】命令，单击对话框中的【新建】按钮，执行【站点】命令，即可创建站点，如图 3-10 所示。

如果要打开站点，可以【管理站点】对话框中，选择需要打开的站点名称，并单击【完成】按钮，如图 3-11 所示。

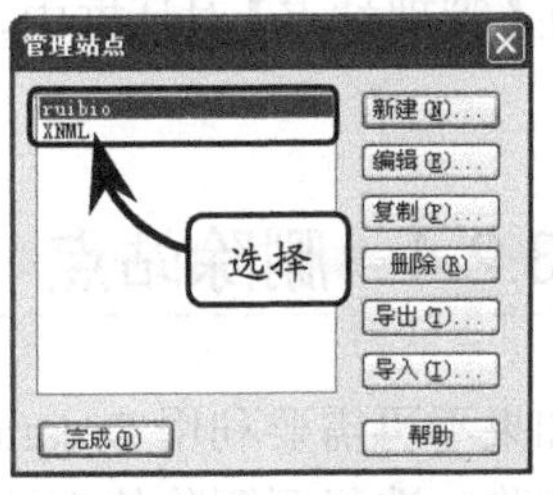

图 3-11 打开站点

技 巧

创建站点时，其命名不能使用中文或过长的名称。

3.2.2 复制站点

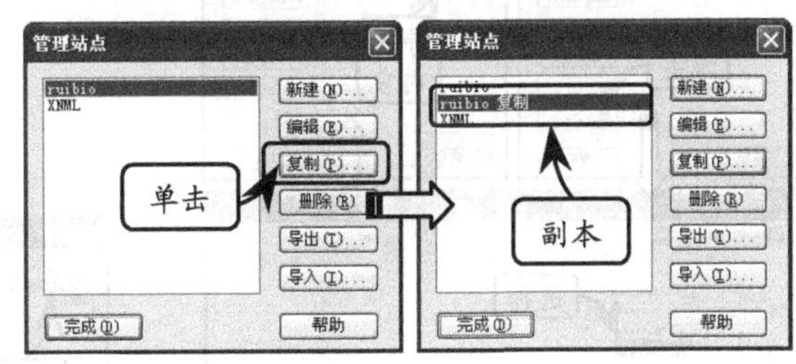

图 3-12 复制站点

要想创建多个结构相同或者类似的站点，可以利用站点的可复制性。首先从一个基准站点上复制出多个站点，然后根据需要分别对各站点进行编辑，这样能够极大地提高工作效率。选择要复制的站点，然后在【管理站点】对话框中单击【复制】按钮，即可将该站点复制，如图 3-12 所示。

3.2.3 编辑站点

编辑站点是重新修改已经复制的站点的相关参数设置。例如，修改复制的站点名称。在【管理站点】对话框中，单击【编辑】按钮，在弹出的【ruibio 副本的站点定义为】对话框中修改其名称为“ruibio 副本”，如图 3-13 所示。

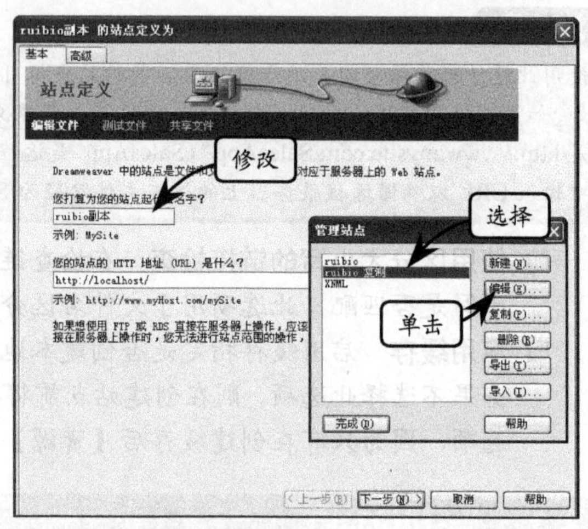

图 3-13 编辑站点

然后，在该向导中逐步单击【下一步】按钮，完成站点参数的修改。

另外，Dreamweaver 还可以将站点导出为 XML 文件，这样就可以在各计算机和软件版本之间移动站点，或者与其他用户共享。例如，单击【导出】按钮，将站点保存为带 STE 扩展名的 XML 文件即可，如图 3-14 所示。

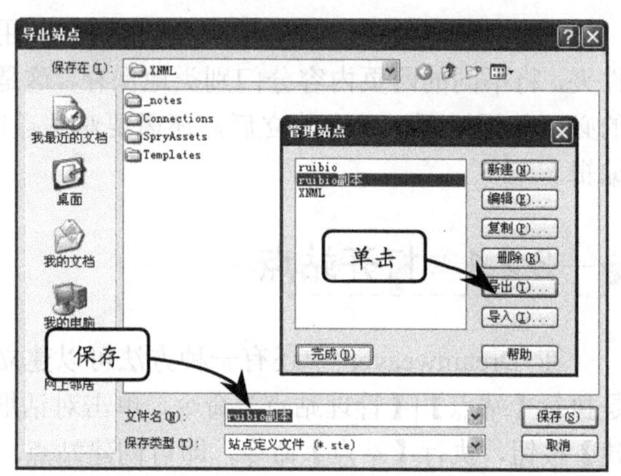

图 3-14 导出站点

如果要导入站点，应首先在【管理站点】对话框中单击【导入】按钮，选择要导入的站点（保存为 XML 文件）并单击【打开】按钮，导入的站点名称将出现在【管理站点】对话框中，如图 3-15 所示。

3.2.4 删除站点

如果不再需要利用 Dreamweaver 对某个本地站点进行操作，同样可以将其从站点列表中删除。选择要删除的本地站点，单击【删除】按钮。因为该操作是不能返回的，所以需要确定删除操作，如图 3-16 所示。

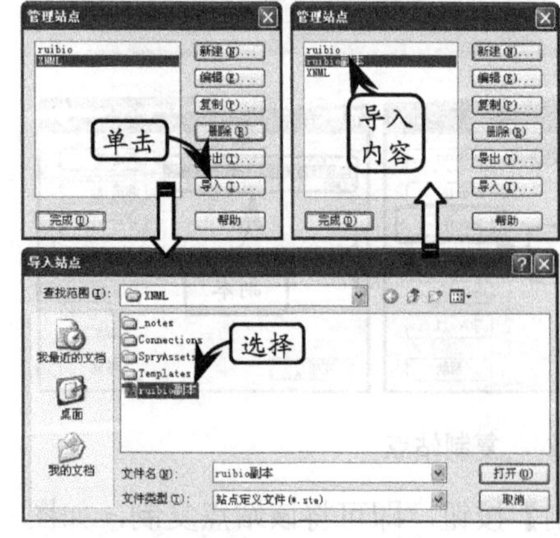

图 3-15 导入站点

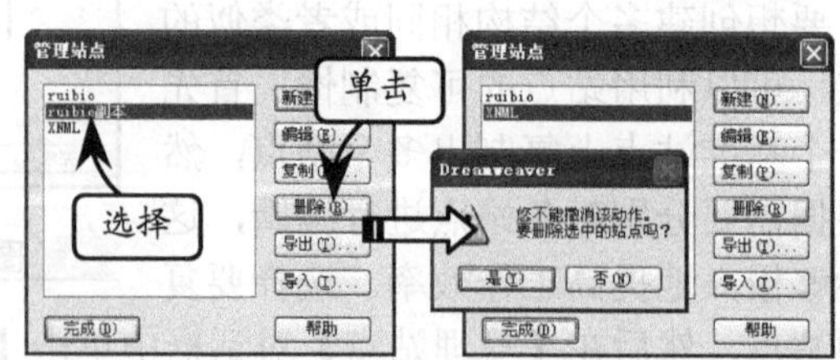

图 3-16 删除站点

3.3 站点文件及文件夹

在【文件】面板中，可管理文件并在本地和远程服务器之间传输文件。如果用户在本地和远程站点之间传输文件，它会在这两站点之间维持平行的文件和文件夹结构。在两个站点之间传输文件时，如果站点中不存在相应的文件夹，则将创建这些文件夹。

用户也可以在本地和远程站点之间建立同步文件，站点管理会根据需要在两个方向上复制文件，并且在适当的情况下删除不需要的文件。

3.3.1 使用【文件】面板

在以前的版本中，【文件】面板称为【站点】面板，但他们的作用是近似的。它主要用来查看文件和文件夹（无论这些文件和文件夹是否与站点相关联），以及执行标准文件维护操作（如打开和移动文件），如图 3-17 所示。

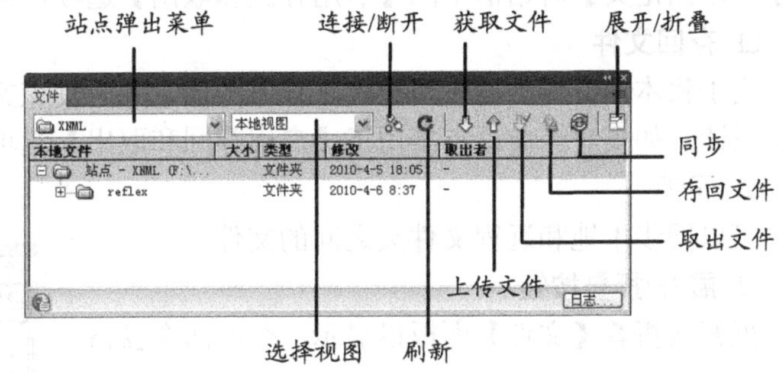

图 3-17 【文件】面板

在【文件】面板中，工具栏中各按钮的含义如下。

❑ **站点弹出菜单**

站点弹出菜单用于显示该站点的文件，还可以使用【站点弹出】菜单访问本地磁盘上的全部文件，类似于 Windows 的资源管理器。

❑ **站点文件视图**

在【文件】面板的窗格中会显示远程和本地站点的文件结构。【文件】面板的默认视图是本地视图。

❑ **连接/断开**

用于连接到远程站点或断开与远程站点的连接。默认情况下，如果已空闲 30 分钟以上，则将断开与远程站点的连接（仅限 FTP）。

❑ **刷新**

用于刷新本地和远程目录列表。如果已取消选择【站点定义】对话框中的【自动刷新本地文件列表】或【自动刷新远程文件列表】单选按钮，则可以使用此按钮手动刷新目录列表。

❑ **获取文件**

用于将选定的文件从远程站点复制到本地站点（如果该文件有本地副本，则将其覆盖）。如果已启用【启用存回和取出】选项，则本地副本为只读，文件仍将留在远程站点上，可供其他小组成员取出；如果已禁用【启用存回和取出】选项，则文件副本将具有读写权限。

注 意

所复制的文件是在【文件】面板的活动窗格中选择的文件。如果【远程】窗格处于活动状态，则选定的远程或测试服务器文件将复制到本地站点；如果【本地】窗格处于活动状态，则会将选定的本地文件的远程或测试服务器版本复制到本地站点。

- **上传文件** 将选定的文件从本地站点复制到远程站点。

注 意

如果所上传的文件在远程站点上尚不存在，并且【启用存回和取出】选项已打开，则会以“取出”状态将该文件添加到远程站点。如果要不以“取出”状态添加文件，则单击【存回文件】按钮。

- **取出文件**

用于将文件从远程服务器传输到本地站点，并在本地站点中创建副本（如果该文件有本地副本，则将其覆盖）。而在服务器上将该文件标记为“取出”。如果对当前站点禁用了【站点定义】对话框中的【启用存回和取出】选项，则此选项不可用。

- **存回文件**

用于将本地文件的副本传输到远程服务器，并且使该文件可供他人编辑。本地文件变为只读。如果对当前站点禁用了【启用存回和取出】选项，则此选项不可用。

- **同步**

可以同步本地和远程文件夹之间的文件。

- **展开/折叠按钮**

展开或折叠【文件】面板以显示一个或两个窗格。

3.3.2 文件操作

在【文件】面板中，用户可以打开本地文件夹中的文件、对文件进行更名，还可以添加或删除文件。

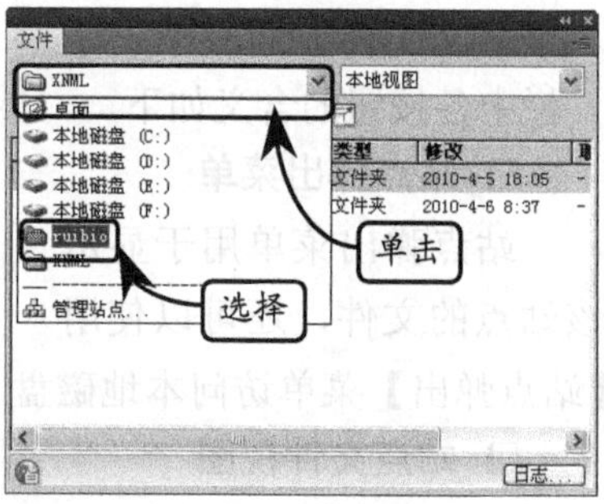

图 3-18 选择站点

1．打开文件

在【文件】面板（可执行【窗口】|【文件】命令）中，从【站点弹出】菜单（其中显示当前站点、服务器或驱动器）中选择站点、服务器或驱动器，如图 3-18 所示。

然后，在显示的站点文件结构列表中，双击需要打开的文件，如图 3-19 所示，文件将以 Dreamweaver 的格式打开。

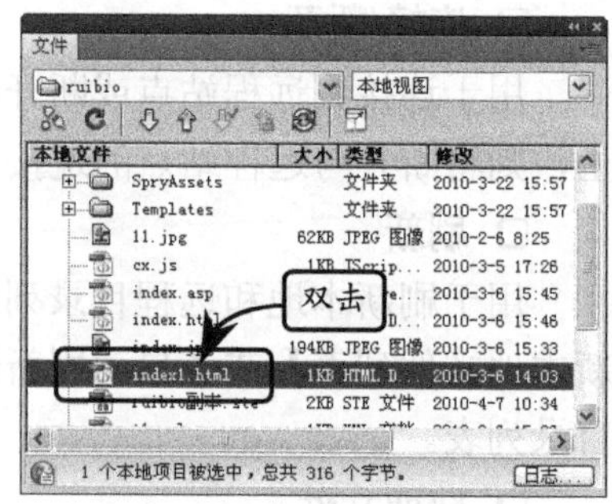

图 3-19 打开文件

技 巧

用户也可以右击需要打开的文件，并执行【打开】命令。

2．创建文件或文件夹

在【文件】面板中，选择一个文件或文件夹。然后，右击所要选择的文件，并执行

【新建文件】或【新建文件夹】命令，如图 3-20 所示。

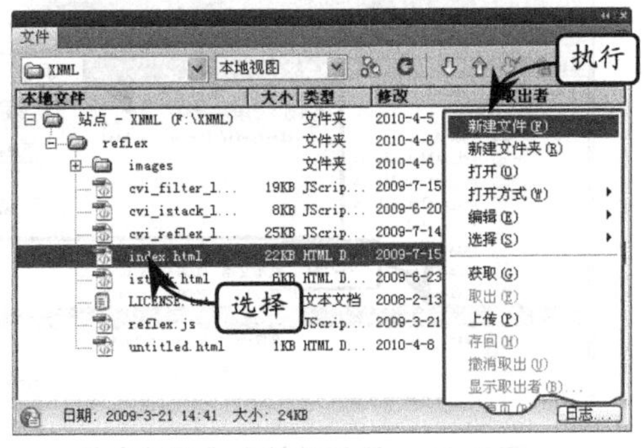

图 3-20 新建文件

在当前选定的文件夹中（或者在与当前选定文件所在的同一个文件夹中）新建文件或文件夹，再输入新文件或新文件夹的名称即可，如图 3-21 所示。

3. 删除文件或文件夹

右击所要删除的文件或文件夹，并执行【编辑】|【删除】命令，在弹出的对话框中，单击【是】按钮，如图 3-22 所示。

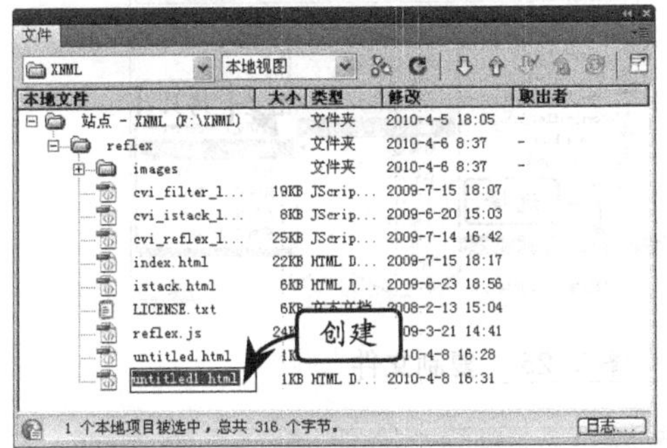

图 3-21 创建新文件

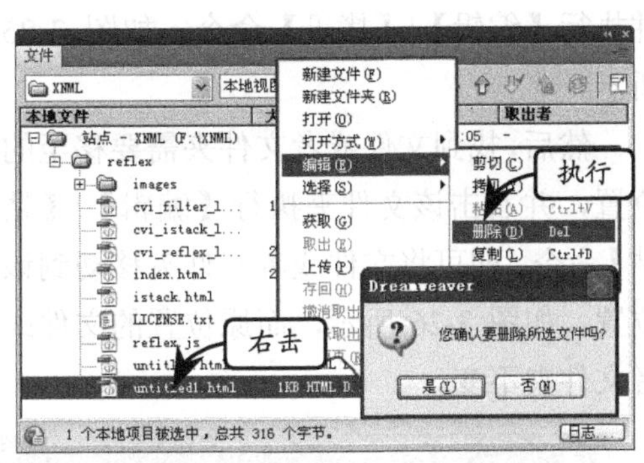

图 3-22 删除文件

4. 重命名文件或文件夹

选择要重命名的文件或文件夹，右击该文件的图标，然后执行【编辑】|【重命名】命令，并按回车键，如图 3-23 所示。或者，在选择文件后，稍停片刻，然后再次单击该文件或文件夹，即可修改文件名。

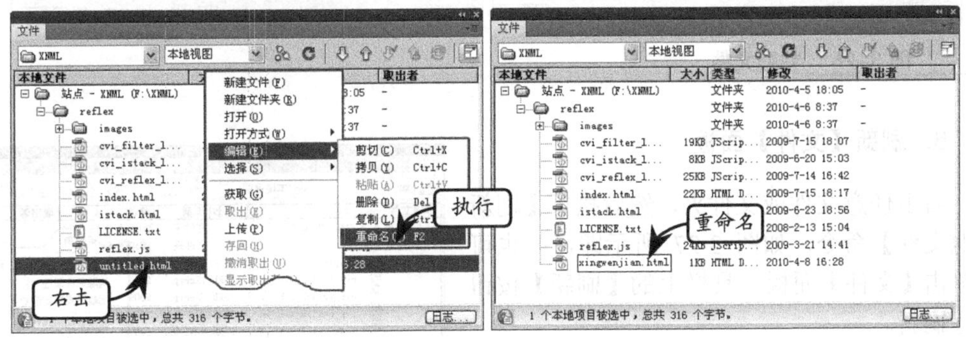

图 3-23 重命名文件

5. 移动文件或文件夹

选择要移动的文件或文件夹，将该文件或文件夹拖到新位置，然后在弹出的【更新文件】对话框中，单击【更新】按钮即可，如图 3-24 所示。

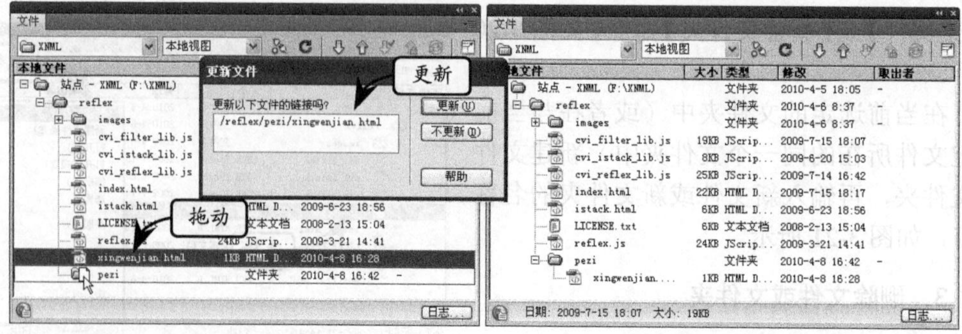

图 3-24　用拖动的方式移动文件

或者，右击需要复制的文件或文件夹，并执行【编辑】|【拷贝】命令，如图 3-25 所示。

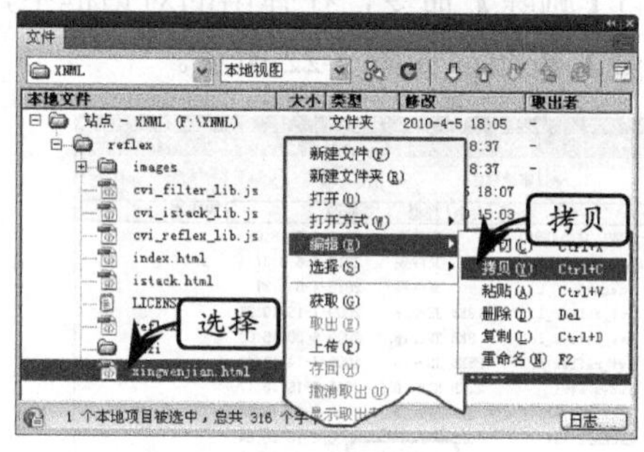

图 3-25　复制文件

然后，找到文件或者文件夹需要移至的位置，并右击该文件夹执行【编辑】|【粘贴】命令，即可将文件或者文件夹移动到该位置，如图 3-26 所示，而原位置的文件或者文件夹不变。

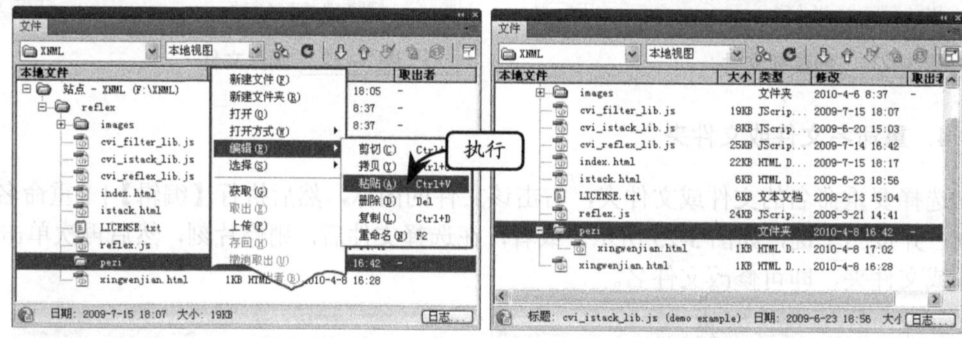

图 3-26　粘贴文件

6. 刷新【文件】面板

右击任意文件或文件夹，然后执行【刷新本地文件】命令，如图 3-27 所示即可；也可以单击【文件】面板工具栏上的【刷新】按钮进行刷新。

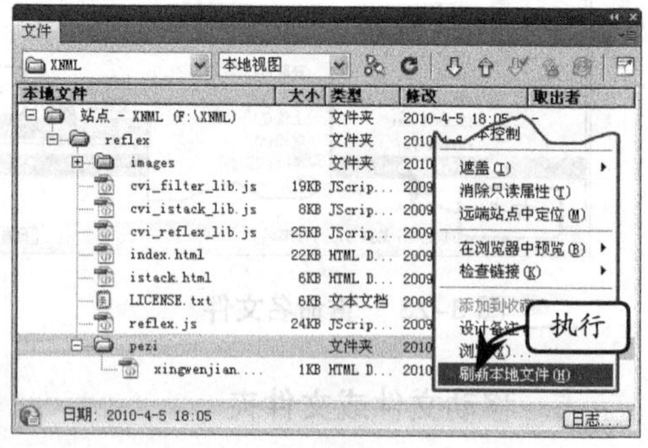

图 3-27　刷新列表

注　意

在刷新【文件】面板中的文件列表时，列表中的文件将以文件名中的第 1 个字母的顺序进行重新排列，而文件夹则排列在文件的前面。

3.3.3 查找和定位文件

在站点中查找定位、打开、取出或最近修改过的文件非常容易。但是，如果要在本地站点或远程站点中查找较新的文件，则比较费时、费力。

1. 查找并定位文件

对于一个较小的网站（几十个文件），查找其中的一个网站文件，还是比较容易的，对于一个大型的网站（几十个文件），尤其是包含比较多的文件夹的网站，查找一个文件则比较困难。

用户可以通过打开的文件来定位这个文件，即定位该文件在文件结构列表中的位置。例如，在【文档】窗口中，选择需要定位的文件，并执行【站点】|【在站点定位】命令，如图 3-28 所示。

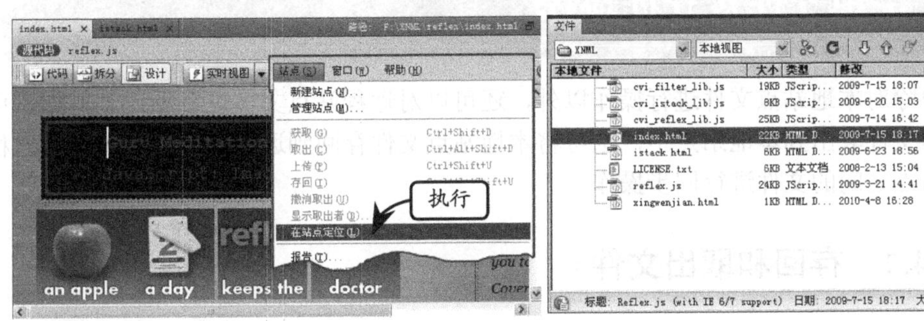

图 3-28 定位文件

注 意

如果【文档】窗口中打开的文件，不属于【文件】面板中的当前站点，则将尝试确定该文件所属的站点；如果当前文件仅属于一个本地站点，则将在【文件】面板中打开该站点，然后高亮显示该文件。

2. 查找最近修改的文件

在【文件】面板中，单击右上角的【选项】菜单，然后执行【编辑】|【选择最近修改日期】命令，如图 3-29 所示。

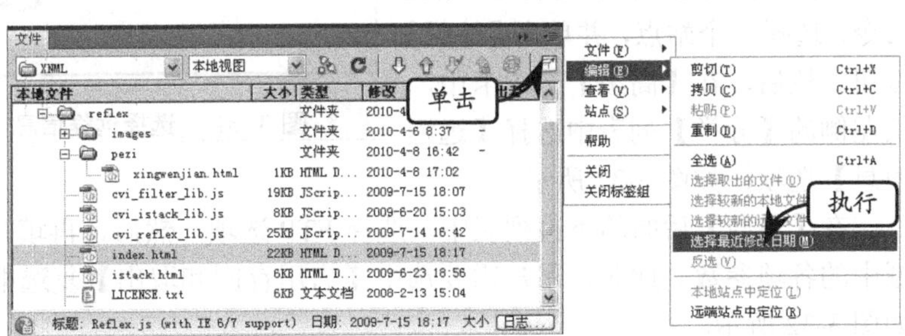

图 3-29 查找文件

在弹出的【选择最近修改日期】对话框中输入“2”天，并单击【确定】按钮。然后，在【文件】面板中，将以深灰色显示满足条件的文件，如

图 3-30 所示。

在【选择最近修改日期】对话框中，有两个选项用于设置查找的条件，其含义如下所示。

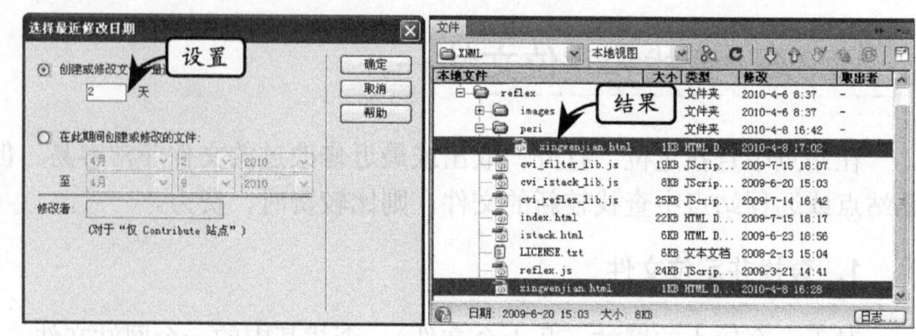

图 3-30 查找满足条件的文件

- ❑ **创建或修改文件于最近 天** 在该选项中输入要查找文件，其修改日期离当日的天数。例如，要找到昨天和今天所修改过的文件，则可以输入"2"天。
- ❑ **在此期间创建或修改的文件** 该选项需要用户指定一个日期范围。

3.4 远程文件及文件操作

用户除对本地站点文件进行操作以外，还可以对远程站点文件进行操作。例如，可以将远程文件取出到本地站点中，也可将本地站点文件存回到远程的站点；可以将远程和本地站点之间的文件进行同步操作。

3.4.1 存回和取出文件

在网站开发的过程中，可以将网站的多个文件分配给不同的人来完成，这样就需要所有人进行协作工作。Dreamweaver 为用户提供协作工作的环境，即存回和取出文件。

如果要对远程服务器中的站点文件进行存回和取出操作，则必须先将本地站点与远程服务器相连接，然后才能使用存回/取出系统。

例如，执行【站点】|【管理站点】命令，选择一个站点，并单击【编辑】按钮。然后，在【高级】选项卡中，从左侧的【分类】列表中选择【远程信息】选项，如图 3-31 所示。

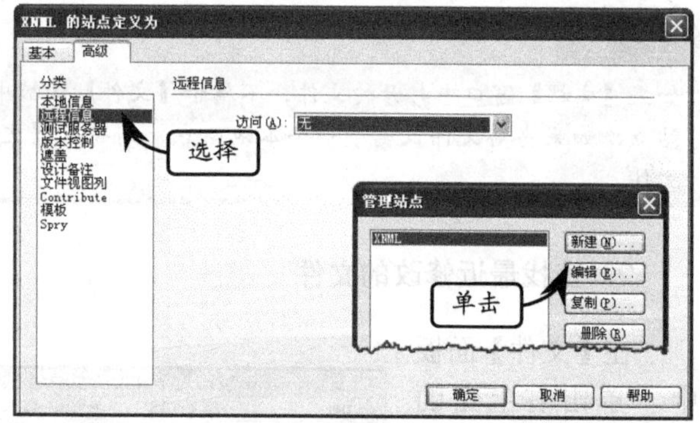

图 3-31 选择远程信息

在【访问】后面的下拉列表中，选择 FTP 选项。然后，再填写【远程信息】选项区域中的各项参数。此时，用户需要选中【启用存回和取出】复选框，并填入相关参数，如图 3-32 所示。

如果没有看到【存回/取出】复选框，则说明用户没有设置远程服务器。而选中该复选框后，则显示需要设置的参数意义如下所示。

- **取出名称**　取出名称显示在【文件】面板中已取出文件的旁边，小组成员在其需要的文件已被取出时可以和相关的人员联系。
- **电子邮件地址**　如果取出文件时输入电子邮件地址，姓名会以链接（蓝色并且带下划线）的形式出现在【文件】面板中该文件的旁边。如果某个小组成员单击该链接，则默认打开一个新邮件，该邮件使用该用户的电子邮件地址以及与该文件和站点名称对应的主题。

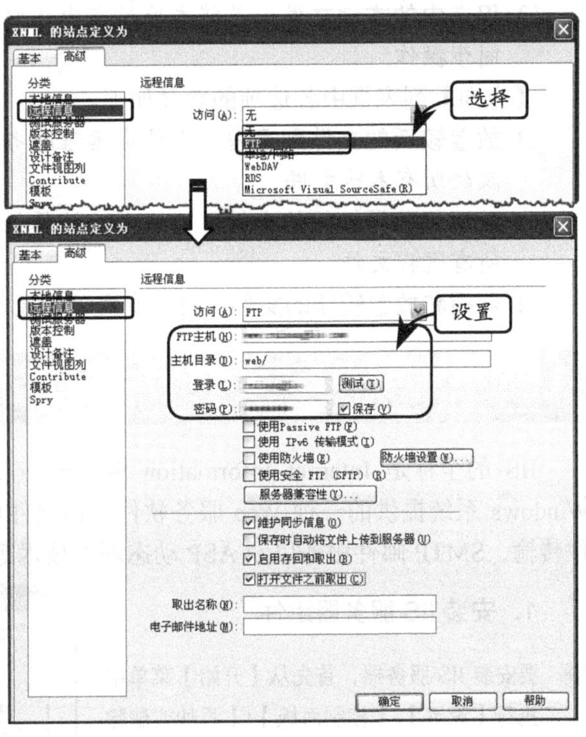

图 3-32　输入远程服务器信息

提　示

如果只有用户一个人在远程服务器上工作，则可以使用【上传】和【获取】命令，而不用存回或取出文件。用户可以将“获取”和“上传”功能用于测试服务器，但不能将存回/取出系统用于测试服务器。

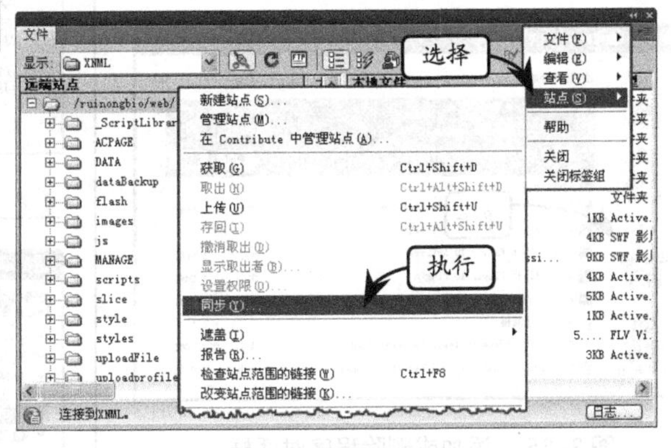

图 3-33　执行【同步】命令

3.4.2　同步文件

当用户在本地和远程站点上创建文件后，可以在这两种站点之间进行文件的同步。如果远程站点为 FTP 服务器，则将通过 FTP 服务器来同步文件。在同步站点之前，用户可以确认需要上传、获取、删除或忽略的文件。

在【文件】面板中，单击右上角的【选项】菜单，执行【站点】|【同步】命令，如图 3-33 所示。

在弹出的【同步文件】对话框中，可以设置“同步”和“方向”等相关内容，如图 3-34 所示。

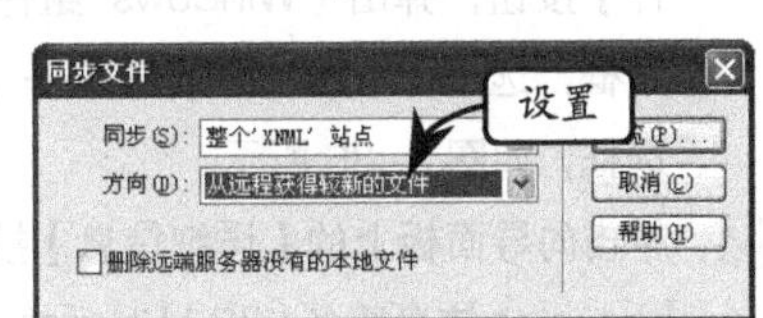

图 3-34　同步文件对话框

在【同步】下拉列表中，包含有【整个站点名称站点】和【仅选中的本地文件】两个选项，各选项含义如下所示。

- **整个站点名称站点**　是将本地站点中的内容与服务器中的站点内容全部进行同步操作。

- **仅选中的本地文件**　是将本地站点中已经选择的文件与远程服务器的文件进行同步操作。

【方向】列表框中各选项的含义如下。

- **放置较新的文件到远程**　上传在远程服务器上不存在或自从上次上传以来已更改的所有本地文件。
- **从远程获得较新的文件**　下载本地计算机不存在或自从上次下载以来已更改的所有远程文件。
- **获得和放置较新的文件**　将所有文件的最新版本放置在本地和远程站点上。

3.5　课堂练习：安装 IIS 服务器

IIS 的全称是 Internet Information Server（互联网信息服务），是 Microsoft 公司为 Windows 系统提供的一种 Web 服务软件。该软件可以实现包括 Web 对外发布、FTP 文件传输、SMTP 邮件服务以及 ASP 动态网页技术等功能。

1. 安装 IIS 服务器组件

1 要安装 IIS 服务器，首先从【开始】菜单中执行【设置】|【控制面板】|【添加或删除程序】命令，弹出【添加或删除程序】对话框，如图 3-35 所示。

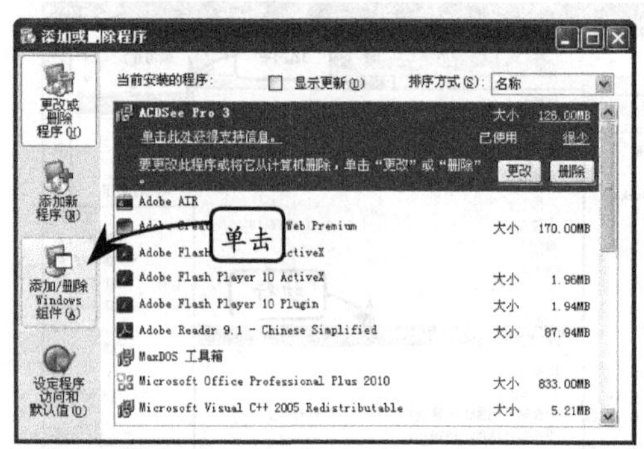

图 3-35　添加或删除程序对话框

2 从左侧列表中单击【添加/删除 Windows 组件】按钮，弹出【Windows 组件向导】对话框，选中【Internet 信息服务（IIS）】复选框，如图 3-36 所示。

3 单击向导面板上的【详细信息】按钮，出现【Internet 信息服务（IIS）】对话框，确认【万维网服务】复选框被选中；还可以单击【详细信息】按钮，设置更详细的属性。再单击【确定】按钮，如图 3-37 所示。

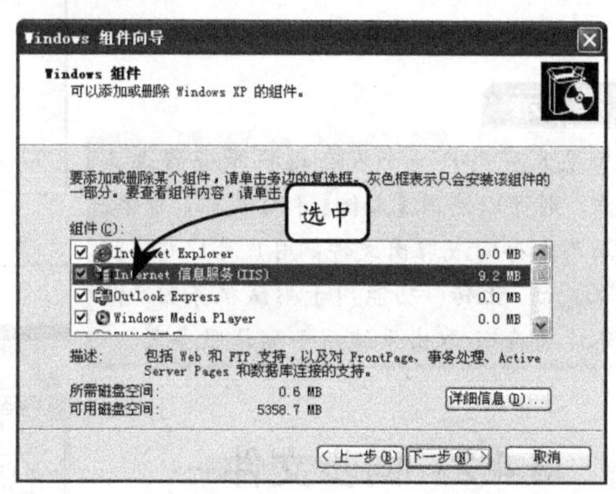

图 3-36　【Windows 组件向导】对话框

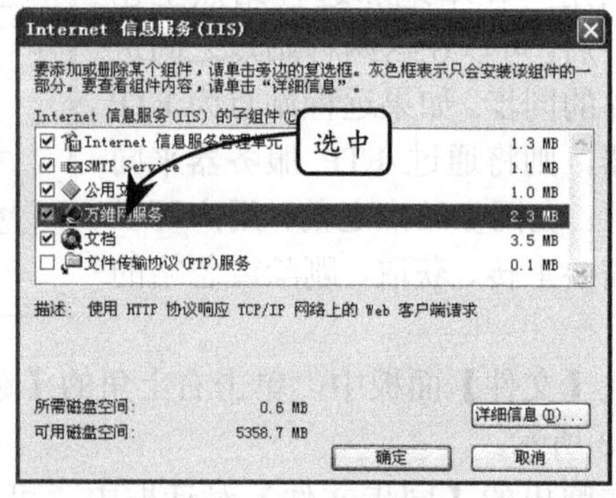

图 3-37　【Internet 信息服务（IIS）】对话框

4 返回到【Windows 组件向导】对话框中，单击【下一步】按钮，即可安装 IIS 服务器。IIS 服务器的安装需要从 Windows 光盘复制文件，如果还没有插入 Windows 光盘，系统会提示插入。

5 安装完服务器后，就可以从【控制面板】中打开【Internet 信息服务】窗口来配置服务器，如图 3-38 所示。从左侧列表中单击【默认网站】选项，即可在右侧看到网站文件的列表。单击工具栏中的▶、■和Ⅱ按钮可以启动、停止和暂停 Web 服务器。

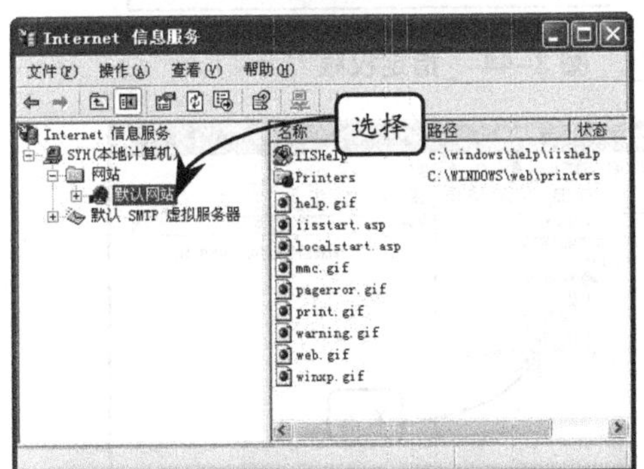

图 3-38 【Internet 信息服务】窗口

6 右击【默认网站】按钮，执行【属性】命令，可以打开【默认网站属性】对话框，设置网站的属性。在【IP 地址】下拉列表中选择网站使用的 IP 地址，默认为【(全部未分配)】，标识将使用系统所有可用的 IP 地址（同一台主机可能包含多个 IP 地址），其余设置如图 3-39 所示。

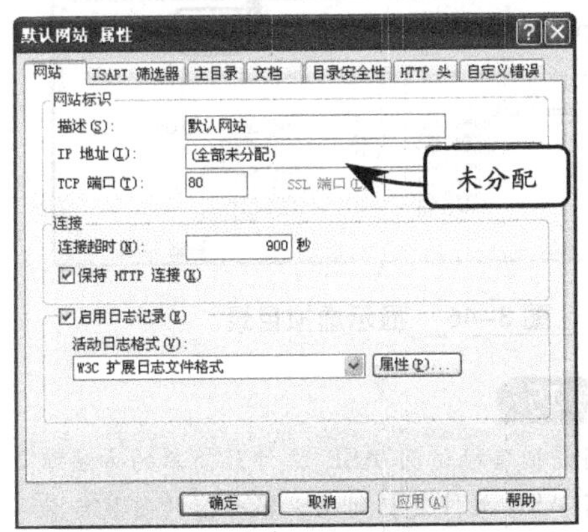

图 3-39 设置网站属性

7 打开【主目录】选项卡，如图 3-40 所示，可以在其中设置网站的主目录和访问权限，确认【脚本资源访问】和【读取】复选框被选中，其他选项可视需要决定是否选取；在【本地路径】文本框中可以输入网站根目录，将其设为 Dreamweaver 站点根目录。

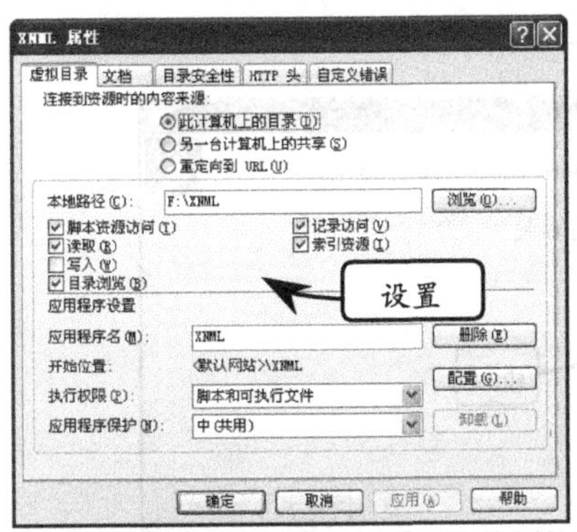

图 3-40 设置主目录

提 示

建议一般不要选中【写入】复选框，否则会降低网站的安全性。

2. 创建虚拟目录

基于网站的安全性考虑，可以根据需要建立虚拟目录，这样更方便管理和查找。保存的扩展名为.html 格式的文件，在本地计算机中可以直接打开；而保存的扩展名为.asp 格式的文件，在本地计算机中需要通过 IIS 服务器打开。而要想浏览这些文件，则必须在 IIS 服务器中建立虚拟目录（存放这些文件的文件夹）。

1 在本地磁盘中创建文件夹，然后在【Internet 信息服务】对话框中右击【默认网站】选项，执行【新建】|【虚拟目录】命令，如图 3-41 所示。

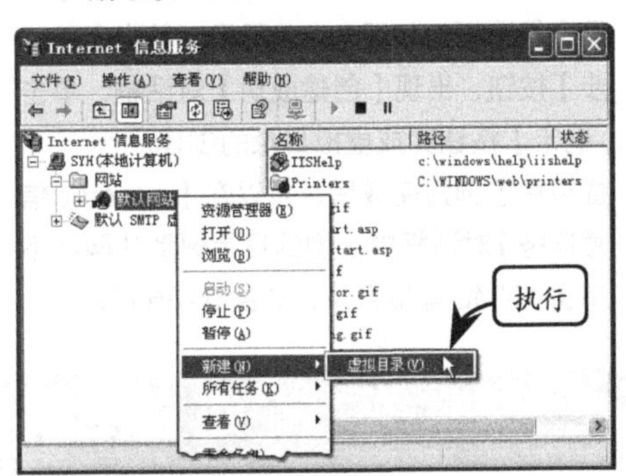

图 3-41 创建虚拟目录

2 打开【虚拟目录创建向导】对话框，单击【下一步】按钮，在弹出的对话框中指定虚拟目录别名，在别名文本框中输入“XNML”，如图 3-42 所示。

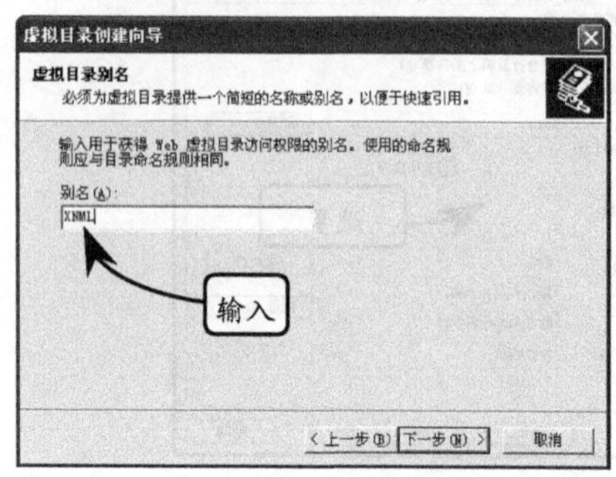

图 3-42 指定虚拟目录的别名

3 单击【下一步】按钮，在弹出的对话框中指定 ASP 文件的目录，单击【目录】文本框后面的【浏览】按钮，在【浏览文件夹】对话框中选择目录“E:\XNML”，如图 3-43 所示。

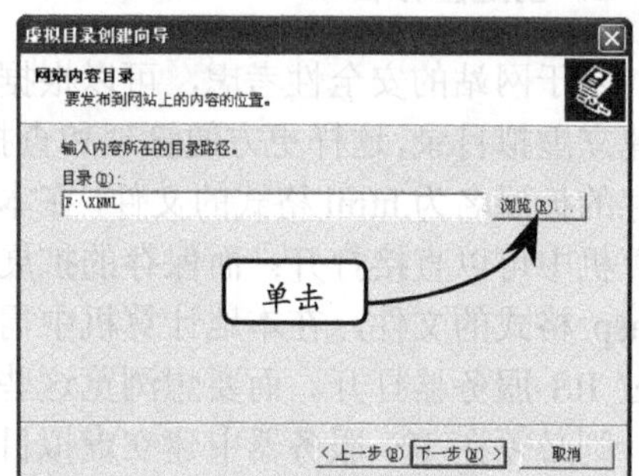

图 3-43 选择文件目录

4 单击【下一步】按钮，在弹出的对话框中设置访问权限，除了默认选中的【读取和运行脚本】复选框外，选中【执行】复选框和【浏览】复选框，如图 3-44 所示。单击【下一步】按钮，出现【创建成功】对话框，单击【确定】按钮完成虚拟目录的创建。

5 虚拟目录创建完成后，可以在【Internet 信息服务】对话框中左侧的目录树默认网站下单击 XNML 虚拟目录，如图 3-45 所示。

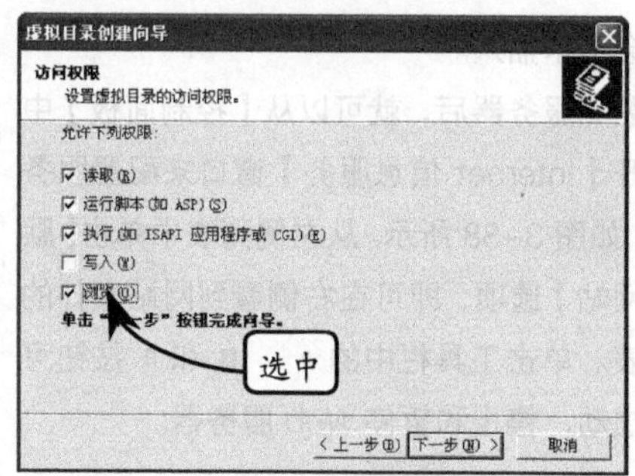

图 3-44 指定权限

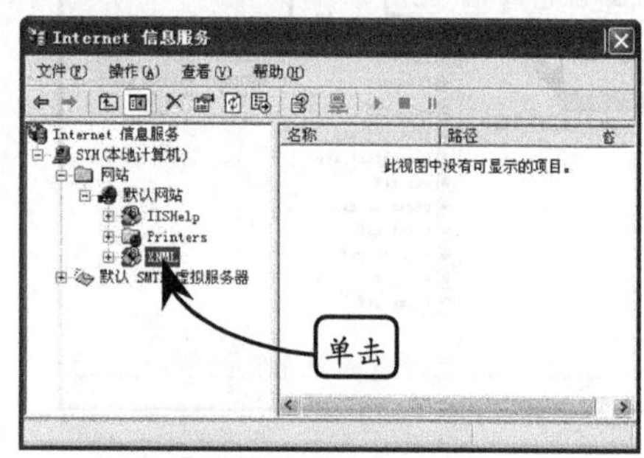

图 3-45 虚拟目录显示

6 这时在该虚拟目录下创建或者保存文件，并在浏览器的地址栏中输入 URL：“http://localhost/XNML”，就会显示如图 3-46 所示的信息，否则安装 IIS 服务器与建立虚拟目录失败。

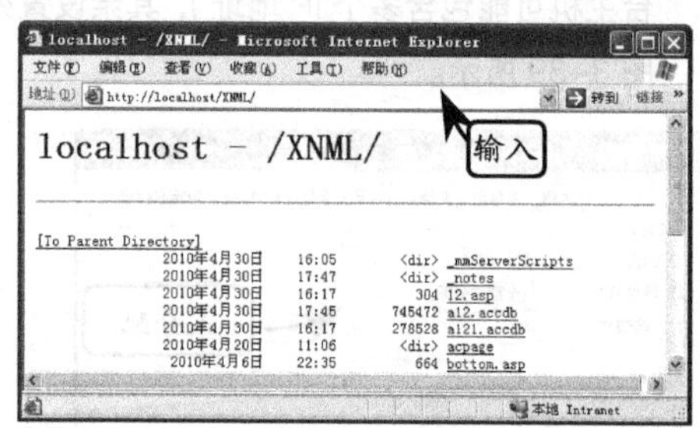

图 3-46 显示虚拟目录

技 巧

使用虚拟路径访问 ASP 文件最简单的方法就是将 ASP 文件复制到 IIS 服务器的安装目录中，就可以直接通过 IE 浏览器浏览了。

3.6 课堂练习：建立测试服务器

如果要开发动态网页，Dreamweaver 需要测试服务器的服务，才能在进行操作时生成和显示动态内容。在设置测试服务器文件夹之前，必须定义本地和远程文件夹。用户也可以将远程文件夹的设置用于当前的测试服务器，因为在远程文件夹中上传的动态网页通常可能是由应用程序服务器处理的。

操作步骤：

1 在 Dreamweaver 中，执行【站点】|【管理站点】命令，并打开【管理站点】对话框。在该对话框中，单击右侧的【新建】按钮，并执行【站点】命令，如图 3-47 所示。

图 3-47 创建站点

注 意

在创建动态网站站点之前，用户需要先在操作系统中安装 IIS 服务器，其安装方法在后面的章节中有详细介绍。

2 在弹出的【web 的站点定义为】对话框中，输入站点的名称为“web”，并单击【下一步】按钮，如图 3-48 所示。

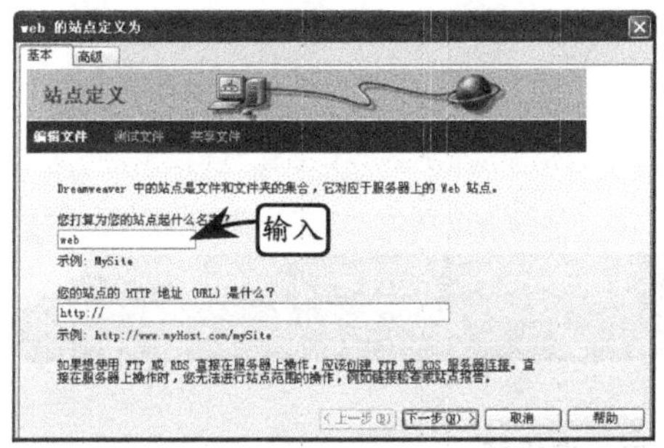

图 3-48 输入站点名称

3 在弹出的对话框中，选中【是，我想使用服务器技术】单选按钮。然后，再在【哪种服务器技术？】下拉列表中，选择 ASP VBScript 选项，并单击【下一步】按钮，如图 3-49 所示。

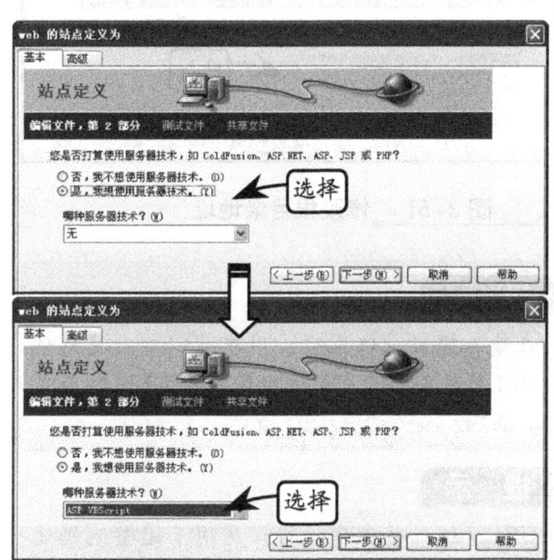

图 3-49 选择服务器技术

4 在弹出的对话框中，选中【在本地进行编辑和测试（我的测试服务是这台计算机）】单选按钮；再单击【浏览】按钮；在弹出的【选择站点 web 的本地根文件夹：】对话框中，选择文件的存储位置，如图 3-50 所示。

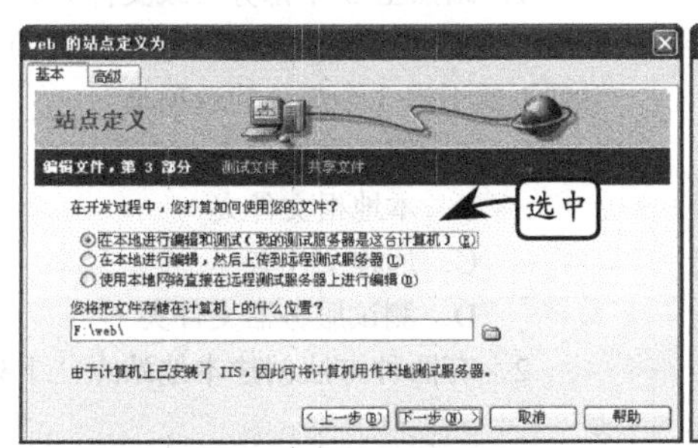

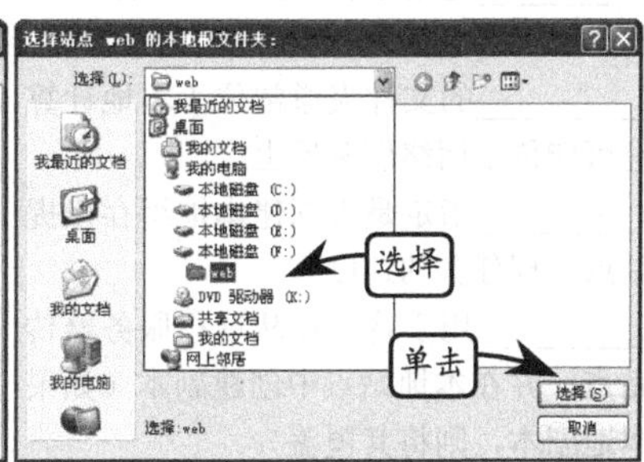

图 3-50 定义站点文件位置

5 定义文件存储位置后，单击【下一步】按钮，并在弹出的对话框中修改浏览网站的 URL 根目录地址，如将“http://localhost/”修改为“http://localhost/web/”，并单击【下一步】按钮，如图 3-51 所示。

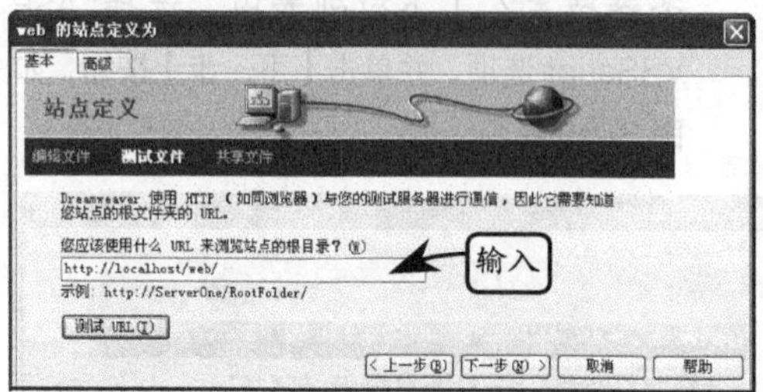

图 3-51 修改根目录地址

提　示

在输入根目录位置后，用户可以单击【测试 URL】按钮，来测试该服务器的 URL 路径是否正确。

提　示

URL（统一资源定位符）是用于完整地描述 Internet 上网页和其他资源的地址的一种方法。Internet 上的每一个网页都具有一个唯一的名称标识，通常称之为 URL 地址，这种地址可以是本地磁盘，也可以是局域网上的某一台计算机，更多的是 Internet 上的站点。简单地说，URL 就是 Web 地址，俗称“网址”。

6 在弹出的对话框中，选中【否】单选按钮，并单击【下一步】按钮。然后，再在弹出的对话框中，将显示对测试服务器所进行的配置信息，并单击【完成】按钮，如图 3-52 所示。

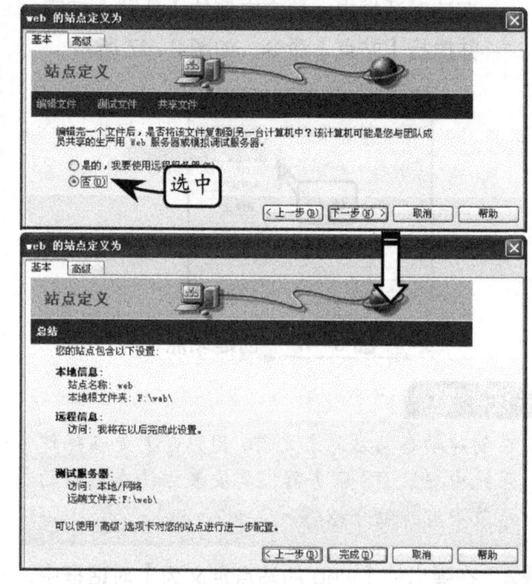

图 3-52 显示配置信息

3.7 思考与练习

一、填空题

1. __________是用来管理文件，并形成网站的结构。

2. __________的文件夹通常位于本地计算机上，但也可能位于网络服务器上。

3. __________指定是否创建本地缓存以提高链接和站点管理任务的速度。

4. __________用于将文件从远程服务器传输到本地站点，并在本地站点中创建副本（如果该文件有本地副本，则将其覆盖）。

5. 获得和放置较新的文件__________。

二、选择题

1. 站点由 3 个部分（或文件夹）组成，具体取决于开发环境和所开发的 Web 站点的类型。下列不属于这 3 个部分的选项是__________。

A. 服务器文件夹

B. 本地根文件夹

C. 远程文件夹

D. 测试服务器文件夹

2. 有两种方法创建本地站点，下列正确的是__________。

A. 自动创建和通过向导创建

B．通过命令创建和通过面板创建

C．安装命令创建和自动创建

D．通过向导创建和通过面板创建

3．下列描述正确的是__________。

A．在【窗口】菜单中，执行【站点】命令

B．在【管理站点】对话框中，单击【新建】按钮，并执行【站点】命令

C．在【站点】菜单中，执行【站点】命令

D．在【管理站点】对话框中，单击【新建】按钮，并执行【FTP 和 RDS 服务器】命令

4．快速、准确地查找最近修改的文件的方法中正确的是__________。

A．在【文件】面板中，单击右上角的【选项】菜单，然后执行【编辑】|【选择最近修改日期】命令，并设置文件修改的日期

B．在【文件】面板中，单击右上角的【选项】菜单，然后执行【编辑】|【远程站点中定位】命令

C．在【文件】面板中，单击右上角的【选项】菜单，然后执行【编辑】|【本地站点中定位】命令

D．在【文档】窗口中，执行【站点】|【在站点定位】命令

三、简答题

1．什么是存回文件？

2．描述取出文件的含义。

3．如何创建站点？

4．如何查找并定位文件？

四、上机练习

1．组合面板集

在默认情况下，Dreamweaver 工作界面中的面板集并不是用户常用的面板。在制作网页的过程中，为了方便用户，可以将面板集重新组合。图 3-53 所示的是重新组合后的面板集。

图 3-53　面板集

2．创建虚拟目录

在制作网页时，虚拟目录一般存放在一个固定位置，并且该位置不仅可以预览静态网页，还可以预览动态网页，如图 3-54 所示。

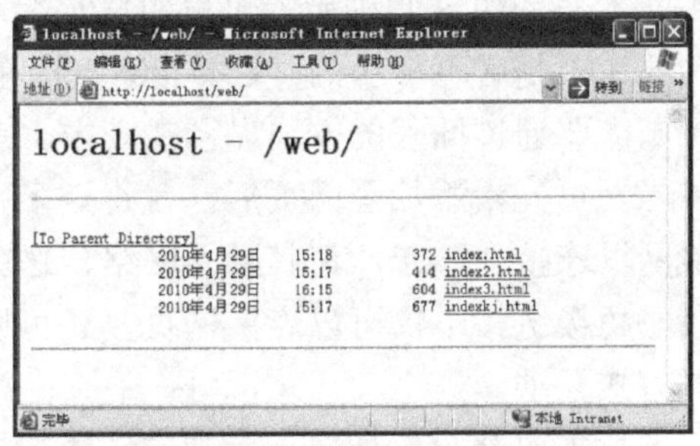

图 3-54　虚拟目录

第 4 章

添加网页元素

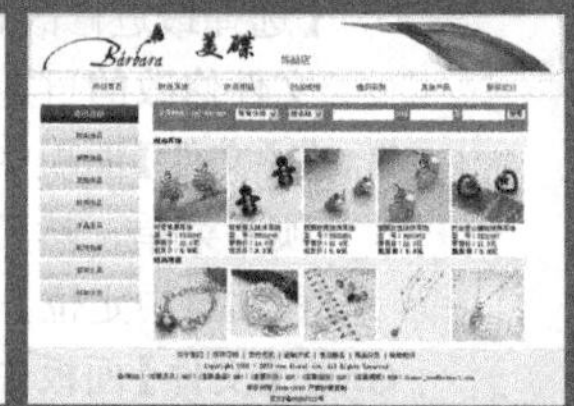

文本与图像这两种元素可以组成最简单的网页，要想使网页更加丰富，那么 Flash 动画的加入是必不可少的。文本能够直接在 Dreamweaver 中创建和编辑，而图像和 Flash 动画则需要通过插入的方式显示在其中。

当网页元素添加至网页后，就将众多网页组成了一个网站，甚至将网页与网络中的其他网页连接在一起，使其融入网络，这就需要一个互联的纽带，而这个纽带就是超级链接。超级链接不仅可以连接网页，还可以链接文件、邮箱等，使网页与浏览者通过不同的方式互动。

本章主要介绍各种网页元素的创建与插入方法，以及如何使用超级链接在同一网页中、不同网页之间建立链接。

本章学习要点：

- 输入文本
- 创建段落
- 插入图像对象
- 插入 Flash 元素
- 创建超级链接

4.1 网页文本

文本是网页中不可缺少的内容之一，是网页中最基本的元素。由于文本占用的存储空间非常少，所以在一些大型网站中，文字的主导地位是无可替代的。而网页中的文本一般以普通文字、段落或者各种项目符号等形式显示。

4.1.1 输入各种文本

在网页中，文本以多种形式显示，来表达不同的信息。最常见的为词组或者一句话，有时也会出现注册商标或者版权符号等特殊符号。下面详细介绍各种类型的文本的输入方法。

1. 输入文本

在页面中插入文本的方法有 3 种。第一种是直接输入法：打开文档窗口后，将光标定位到要输入文本的地方，并且切换到中文输入法就可以直接输入文本，如图 4-1 所示。

提 示

当在 Dreamweaver 中为页面添加文本对象时，要遵循一个简单的原则：考虑在使用一个文字处理软件（比如 Word）时的操作方法，并且按照相应的方法操作。因为 Dreamweaver 中的许多文字操作与 Windows 操作系统下的大部分文字处理软件中的操作类似。

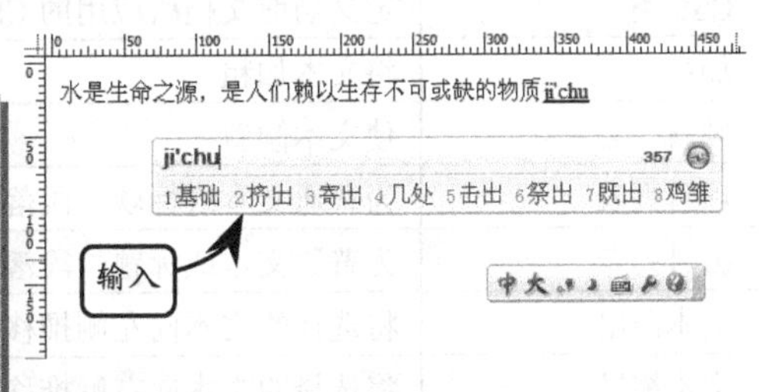

图 4-1 直接输入文本

第二种方法是复制粘贴法：首先在其他窗口中选取一些文本，按 Ctrl+C 快捷键复制文本，然后将光标定位到 Dreamweaver 窗口中要插入文本的地方，按 Ctrl+V 快捷键，将其粘贴到指定位置。

技 巧

除了以上方法之外，还可以把一个文本文件或者经过文字处理的文件转换为 HTML 文件，然后在 Dreamweaver 中打开它。

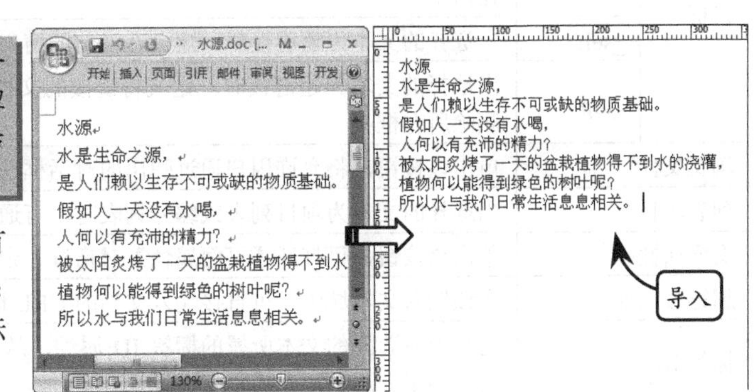

图 4-2 导入 Word 文档

第三种方法是导入已有的 Word 文档，将其做成网页：在 Dreamweaver 中，将光标定位到要导入文本的地方，执行【文件】|【导入】|【Word 文档】命令，选择要导入的 Word 文档，这时导入的文本格式与 Word 中的相同，如图 4-2 所示。

无论是输入文本还是导入文本，或者是新建的空白文档，【属性】检查器中的选项均为文本的基本属性，如图 4-3 所示。

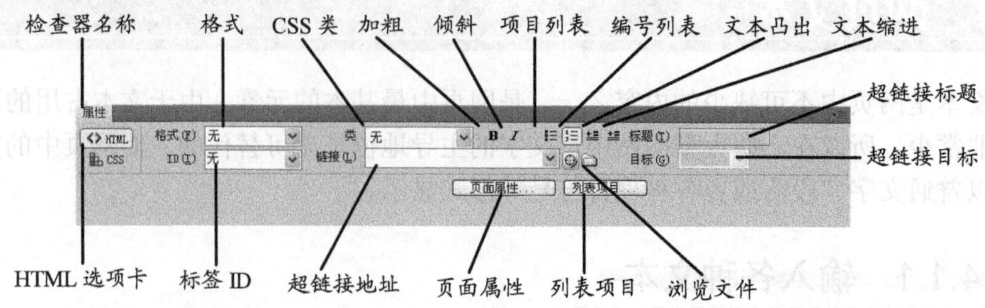

图 4-3 文本的【属性】检查器

通过【属性】检查器，可以方便地修改选中文本的各种属性。其中，相关的按钮功能如表 4-1 所示。

表 4-1 选中文本后可设定的属性

名　　称		作　　用
格式		用于设置文本的基本格式，可选择无格式文本、段落或各种标题文本
CSS 类		定义当前文档所应用的 CSS 类名称
加粗		将文本加粗
倾斜		使文本倾斜
项目列表		为普通文本或标题、段落文本应用项目列表
编号列表		为普通文本或标题、段落文本应用编号列表
文本凸出		将选择的文本向左侧推移一个制表位
文本缩进		将选择的文本向右侧推移一个制表位
超链接标题		当选择的文本为超链接时，定义当鼠标滑过该段文本时显示的工具提示信息
超链接目标	_blank	当选择的文本为超链接时，定义将链接的文档以新窗口的方式打开
	_parent	当选择的文本为超链接时，定义将链接的文档加载到包含该链接的父框架集或窗口中。如果包含链接的框架不是嵌套的，则链接文档加载到整个浏览器窗口中
	_self	当选择的文本为超链接时，定义在当前的窗口中打开链接的文档
	_top	当选择的文本为超链接时，定义将链接的文档加载到整个浏览器窗口中，并删除所有框架
浏览文件		单击该按钮，将允许用户通过弹出的对话框选择链接的文档
列表项目		当选择的文本为项目列表或编号列表时，可通过该按钮定义列表的样式
页面属性		单击该按钮，可打开【页面属性】对话框，定义整个文档的属性
超链接地址		在该输入文本域中，可直接输入文档的 URL 地址供链接使用
标签 ID		定义当前选择的文本所属的标签 ID 属性，从而通过脚本或 CSS 样式表对其进行调用、添加行为或定义样式
HTML/CSS 选项卡		单击相应的标签，可以定义通过 HTML 或 CSS 定义文本的样式

在【属性】检查器中，可以方便地设置选中文本的基本属性，主要包括粗体和斜体两个项目。单击【粗体】按钮**B**，即可将文本加粗；而单击【斜体】按钮*I*，则可以使

文本倾斜，如图 4-4 所示。

【格式】下拉列表中的选项用来为选中的文本添加格式化效果。方法是：选中文本后，单击【属性】检查器【格式】下三角按钮，选择列表中的某个选项，即可为选中文本添加效果，如图 4-5 所示。

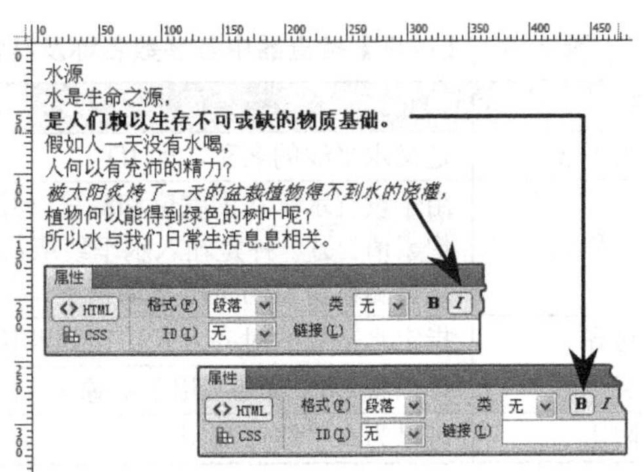

图 4-4 设置文本属性

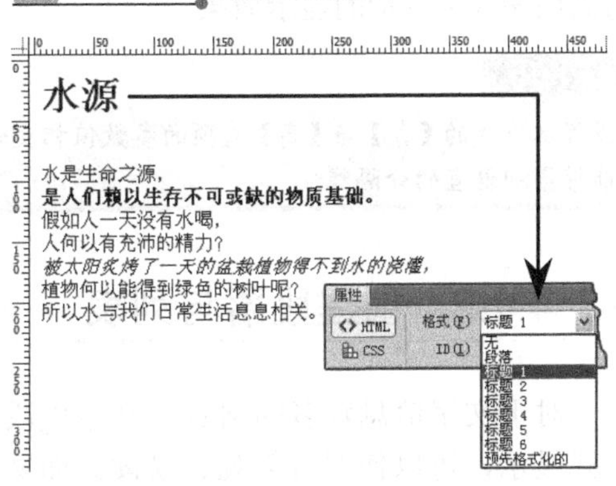

图 4-5 设置文本格式化效果

2. 插入特殊符号

网页中的特殊符号一般不能从键盘直接输入。Dreamweaver 提供了各种特殊字符和符号，其中特殊字符包括了标准 7 位 ASCII 码字符集外的字符。

在 Dreamweaver 中输入特殊字符，是通过【插入】面板中的【文本】选项卡完成的，将【插入】面板切换到【文本】选项卡，单击【字符】按钮后面的向下箭头，选择一个要插入文档的字符即可，图 4-6 所示的是插入一个英镑符号“£”。其中，字符下拉菜单中各按钮的名称及作用见表 4-2 所示。

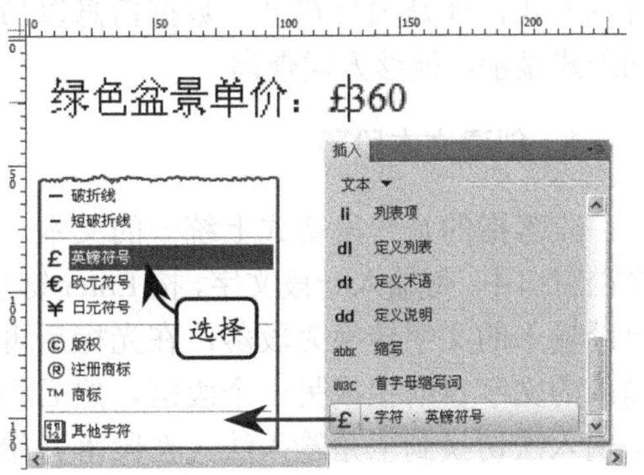

图 4-6 插入特殊符号

注 意

如果在下拉列表中没有要插入的字符，可以单击【其他字符】按钮，在弹出的对话框中包括了更多的特殊符号。

3. 插入水平线

水平线可以分隔页面内容，使页面元素相互分开。要想在页面中插入水平线，执行【插入】|HTML|【水平线】命令即可，这时【属性】检查器显示水平线的具体参数，如图 4-7 所示。其中【属性】检查器中各参数的含义如表 4-3 所示。

表 4-2 字符下拉菜单中各按钮的名称及作用

图 标	名 称	显示（作用）	图 标	名 称	显示（作用）
	换行符	两段间距较小	€	欧元符号	€
	不换行空格	非间断空格	¥	日元符号	¥
“	左引号	“	©	版权	©
”	右引号	”	®	注册商标	®
—	破折线	—	™	商标	™
£	英镑符号	£		其他字符	插入其他字符

表 4-3 【属性】检查器中各参数名称及其含义

参数名称	参数含义
水平线	定义水平线的名称，即 ID
宽和高	用于设置水平线的宽度和高度，其中宽有两种设置方法：一种是在文本框中直接输入像素值；另一种是输入水平线所占窗口的百分比，默认情况下的输入百分比为 100%，并会随着窗口的宽度自动调整。
对齐	指定水平线的对齐方式，比如默认、左对齐、右对齐和居中对齐
类	可以将 CSS 规则应用于对象
阴影	可以为水平线添加阴影

在【属性】检查器中，分别设置水平线的【宽】与【高】，以及【对齐】项的参数，得到如图 4-8 所示的显示效果。

技 巧

设置水平线的【宽】与【高】选项的参数值相反时，能够得到垂直的分隔线。

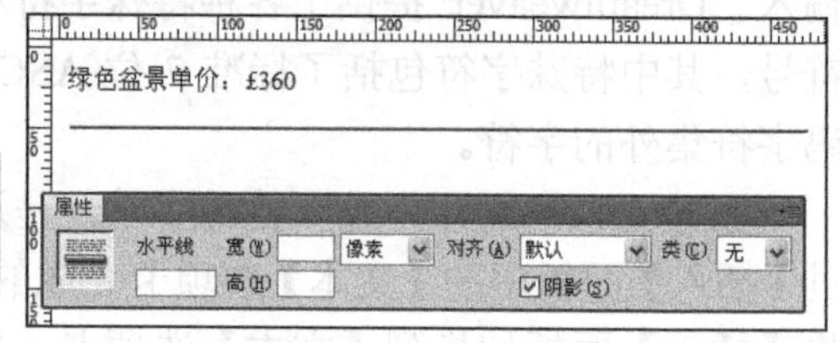

图 4-7 插入水平线

4.1.2 创建段落与列表

对于文字信息较多的网页，文本以段落形式显示，可以使网页美观、易读。而文本除了简单的文本段落排列方式外，还有一种排列方式，就是项目符号；数据信息以后者的形式显示，能够方便查询。

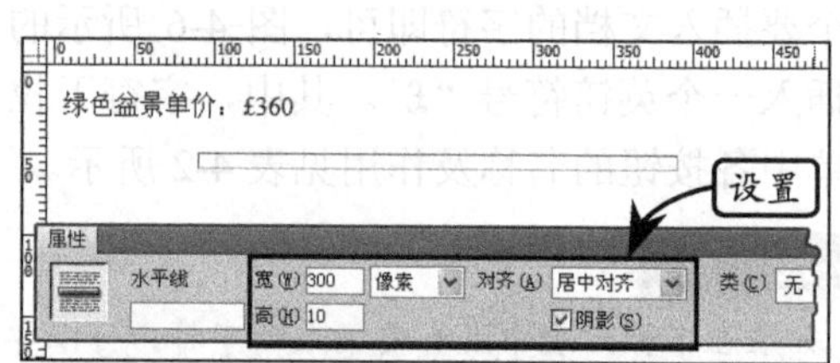

图 4-8 设置水平线属性

1. 创建文本段落

段落指的是一段格式上统一的文本。在文档窗口中，每输入一段文字，按 Enter 键后，已经输入的文字转换为段落，在光标后再次输入的文字自动生成另一个段落。然后将中文输入法切换到全角输入法，在段落开始的位置按两次空格键即可，如图 4-9 所示。

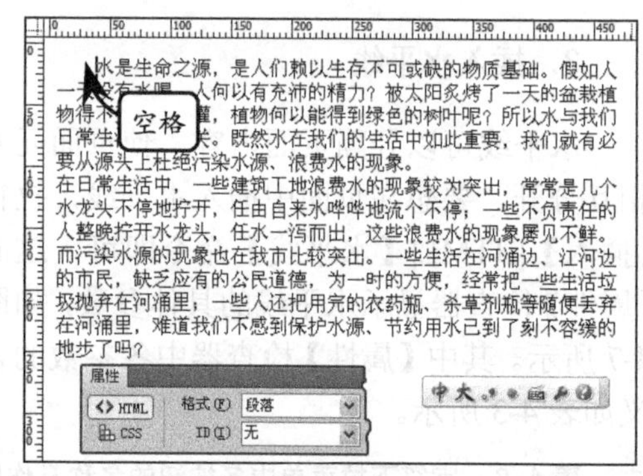

图 4-9 创建文本段落

2. 创建项目符号

在 Dreamweaver 中包含两种项目列表，一种是有序项目列表（编号列表），另外一种是无序项目列表。

创建项目列表有两种方法：一种是直接创建项目列表，方法是单击【文本】选项卡中的【项目列表】按钮 ul，在光标所在位置插入项目列表默认图标，接着输入文本后按 Enter 键出现第二个项目列表图标。依此类推，要想结束项目列表的创建，只要连续两次按 Enter 键即可，如图 4-10 所示。

创建项目列表的另外一种方法是在文档中选中文字段落后，单击【插入】面板的【文本】选项卡中的【项目列表】按钮ul，如图4-11所示。

技 巧

选中文本后，单击【属性】检查器中的【项目列表】按钮☰，也可以将文字内容用项目符号来表示。

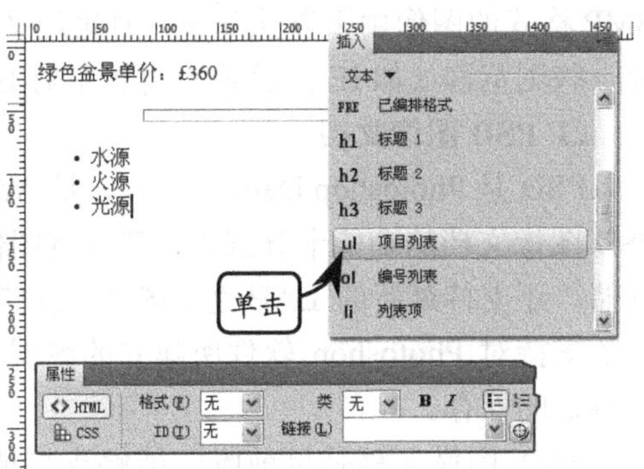

图 4-10 直接创建项目列表

4.2 网页图像

网页中有了图像才显得生动，并且图像还具有直观、生动的特点。图像还能够跨越语言、编码标准、人种、地域和年龄的差异。但是图像的增加，也会使网页的下载时间增加，所以设计网页时要整体考虑图像的数目和大小。

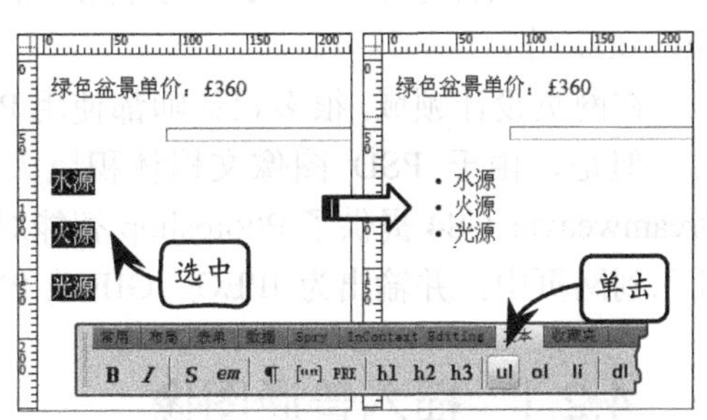

图 4-11 将文本段落转换为项目符号

❑ GIF 格式

GIF（Graphic Interchange Format）是Internet上应用最广泛的图像文件格式之一。只有索引色和灰阶图像可以保存为GIF格式。因为采用无损压缩的方法，体积小、下载速度快，又不失图像原貌，恰恰适应了Internet的需要。流行于网上的GIF格式为GIF89a文件格式，GIF89a支持任何索引色的透明属性。在网页上，透过图像中的透明像素可以看到网页的颜色。GIF89a还支持有限的动画，这是一种小的翻页型动画，它在网页中的应用很广泛，主要用于标题或卡通图像。

❑ JPEG/JPG 格式

JPEG/JPG是一种全彩的影像压缩格式，对于照片质量和连续色调的图像显示效果很好。JPEG格式虽然不能使用隔行显示和透明效果，但可以选择不同的压缩比率，让浏览者在图片质量和文件大小之间取得平衡。

❑ PNG 格式

PNG是Macromedia Fireworks固有的文件格式。文件必须具有.png扩展名才能被Dreamweaver识别为PNG文件。PNG格式是一种为互联网新创建的图片格式，有两种类型：PNG-8格式和PNG-24格式。两种格式都使用同一种压缩方法，支持Alpha通道，即图片的透明度可自由更改，这样图片可以呈现半透明。PNG-8格式只有256种颜色（8位颜色深度），PNG-24格式有1600万种颜色（24位颜色深度），只有在较高版本的浏览器中才支持PNG-24格式的使用，但它必将成为Web图像文件的标准。

❑ BMP 位图图像

BMP位图图像是微软公司开发的一种位图数据存储格式。是一种完全无压缩的位图格式，因此其大小通常要比表现同样内容的JPEG格式大很多，例如，一个800×600像素的24位BMP图像，其大小达到了1.37MB。

BMP格式的图像体积庞大，但由于其具有非压缩属性，因此打开速度较快。另外，

BMP 格式的图像由于算法简单，因此几乎所有的图像处理软件都可以对其进行编辑。目前一些浏览器（如 IE 浏览器）内置了对 BMP 位图格式的支持，但不推荐用户使用。

❑ PSD 图像文档

PSD 是 Photoshop Data 的缩写，是 Adobe Photoshop 软件专用的一种图像数据文档。PSD 图像文档的功能十分强大，其可将图像数据按照 RGB 色彩模式或 CMYK 色彩模式存储，还支持最新的 LAB 色彩模式或自定义色彩模式来保存图像。同时，PSD 图像文档还支持对 Photoshop 软件所建立的图层、通道、路径、矢量线条、文本以及各种滤镜和特效的保存。

PSD 图像文档是目前唯一能够支持所有图像色彩模式并兼顾计算机屏幕与打印彩印行业的全功能图像数据文档。目前，绝大多数平面设计软件都可以打开 PSD 格式的文档，一些软件甚至可以对其进行无缝的兼容，对 PSD 文档进行编辑（例如 Adobe Fireworks 等）。

在网页设计领域，很多设计师都使用 PSD 图像文档作为存储网页图像界面的默认格式。但是，由于 PSD 图像文档体积巨大，因此网页浏览器并不支持显示这种图像。Dreamweaver CS4 提供了 Photoshop 智能对象技术，以变通的方式允许用户将 PSD 文档插入到网页中，并输出为 JPEG、GIF 或 PNG 格式。

4.2.1 插入普通图像

网页中最常见的图像是直接插入式图像，该类图像插入网页后，在正常情况下，不允许在相同的位置输入文本，或者再次插入图像。还有一种是为插入式图像做准备的图像，就是占位图像。占位图像其实是图形，是在准备好将最终图像添加到 Web 页面之前使用的图形。

1. 插入式图像

在网页中插入图像的方法非常简单，将光标放置在文档的空白位置后，将【插入】面板切换到【常用】选项卡，单击其中的【图像】按钮，选择图片即可，如图 4-12 所示。

提 示

如果是在一个未保存的文档中操作，则 Dreamweaver 生成一个对图像文件的“file://”引用。将文档保存到站点中的任何位置后，Dreamweaver 将该引用转换为文档的相对路径。

图 4-12 插入图像

2. 占位图像

在设计网页时，往往会遇到这样的情况：已经有了网页的整体构图，但是图像还没有准备好。这时候可以将占位图像插入到需要插入图像的位置，等以后图像制作完成再插入图像。

将光标置于要插入占位图像的位置，然后在【插入】面板的【常用】选项卡上单击【图像占位符】按钮，打开如图 4-13 所示对话框并设置插入的占位图像，对话框中的各个选项及作用如表 4-4 所示。

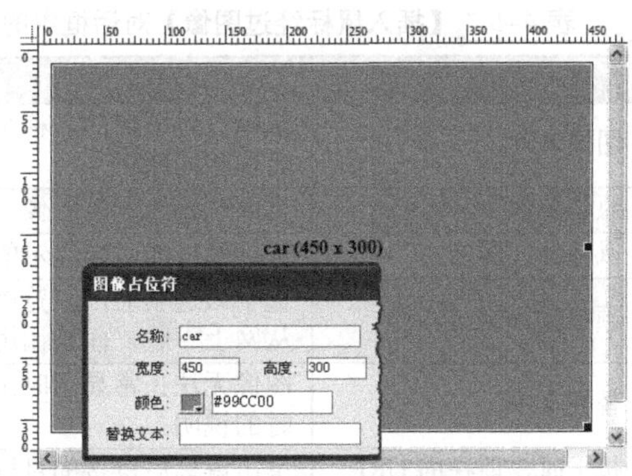

图 4-13 【图像占位符】对话框

图像占位符不是在浏览器中显示的图形图像。在发布站点之前，应该用适用于 Web 的图像文件（例如 GIF 或者 JPEG）替换所有添加的图像占位符。方法是在文档中双击图像占位符，选择要替换的图片文件，这时【属性】检查器中的选项会有所不同，如图 4-14 所示。

表 4-4 【图像占位符】对话框中的各个选项及作用

选项名称	作　用
名称	设置占位图像的名称，在 Dreamweaver 中显示，并且只能是字母或者数字
宽度	设置占位图像的宽度，默认为 32 像素
高度	设置占位图像的高度，默认为 32 像素
颜色	设置占位图像的颜色，该选项可以不用设置，显示效果为背景颜色
替换文本	设置占位图像的替换文字，该选项可以不用设置，显示没有任何提示的图像

注　意

要用图片替换图像占位符之前，必须确定该图片与占位符图像是相同的大小。

图 4-14 将图像占位符替换为图片

4.2.2 插入鼠标经过图像

鼠标经过图像是一种在浏览器中查看并使用鼠标指针经过时发生变化的图像。若要插入鼠标经过图像，必须具有两幅图像：主图像和次图像，并且两幅图像的尺寸相同。

在网页中实现鼠标经过效果的过程非常简单，单击【常用】选项卡中的【鼠标经过图像】按钮，在对话框中选择两幅图像即可，如图 4-15 所示，其中，【插入鼠标经过图像】对话框中的各个选项及作用如表 4-5 所示。

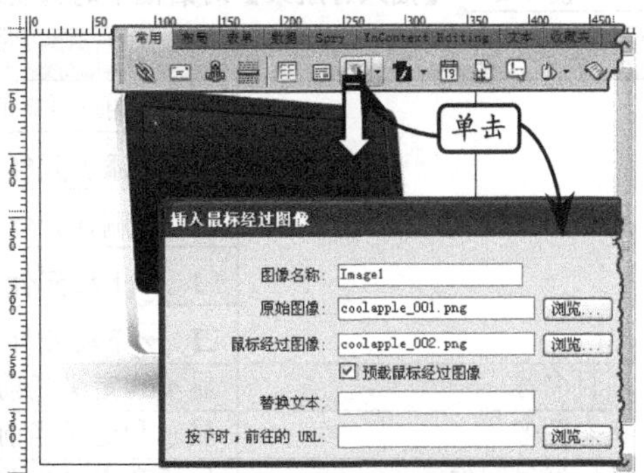

图 4-15 插入鼠标经过图像

注　意

如果不为该图像设置链接，Dreamweaver 将在 HTML 源代码中插入一个空链接“#”，该链接上将附加鼠标经过图像行为。如果删除该空链接，鼠标经过图像将不再起作用。

表 4-5 【插入鼠标经过图像】对话框中的各个选项及作用

选项名称	作用
图像名称	鼠标经过图像的名称是自定义的，只要不与同页面另一个鼠标经过图像的名称相同即可
原始图像	页面开始显示的图像
鼠标经过图像	鼠标经过的时候显示的图像
预载鼠标经过图像	选中该选项后，浏览网页时两个图片同时都被下载，当鼠标经过时无需再从网上下载，而是调用预先下载的图像，减少延迟，使效果平滑流畅
替换文本	图像无法正常显示时出现的文本注释，也是图像正常显示时鼠标指向链接时的说明
按下时，前往的 URL	单击鼠标后链接的目标

在文档中插入鼠标经过图像后，保存该网页，按 F12 键就可以在 IE 浏览器的窗口中预览效果了，如图 4-16 所示。打开 IE 浏览器的窗口时，已经显示了一幅图像，当鼠标指向显示图像时，该图像跳转到另一幅图像，并且显示图像的替代文本。当网页无法显示图像时，就会在图像位置显示替代文本的内容。

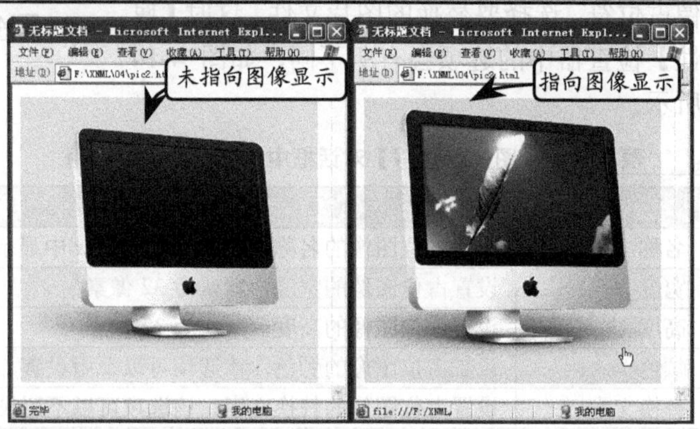

图 4-16 鼠标经过图像效果

4.2.3 插入导航条

导航条通常为在站点上的页面和文件之间的移动提供一条简捷的途径。虽然鼠标经过图像也可以制作导航条，但是通过【插入】|【图像对象】|【导航条】命令创建的导航条，可以包括 4 种状态：状态图像、鼠标经过图像、按下图像和按下时鼠标经过图像。

单击【常用】选项卡中的【导航条】按钮，分别在对话框中设置 4 种状态的图像即可插入导航条图像，如图 4-17 所示，其中，【插入导航条】对话框中的选项及其含义如表 4-6 所示。

表 4-6 【插入导航条】对话框中的选项及其含义

选项名称	作用
导航条元件	显示当前已添加的元件列表，同时提供 4 个按钮对元件进行编辑 ❑ + 添加元件　在当前选择的元件下方添加一个新的元件 ❑ − 删除元件　删除当前选择的元件 ❑ ▲ 上移元件　将当前选择的元件向上方移动一个元件的位置 ❑ ▼ 下移元件　将当前选择的元件向下方移动一个元件的位置
项目名称	显示和定义当前选择的元件名称
状态图像	显示和定义当前选择的元件在默认情况下显示的图像
鼠标经过图像	显示和定义当前选择的元件在鼠标滑过时显示的图像
按下图像	显示和定义当前选择的元件在鼠标按下时显示的图像

续表

<table>
<tr><th colspan="2">选项名称</th><th>作用</th></tr>
<tr><td colspan="2">按下时鼠标经过图像</td><td>显示和定义当前选择的元件在鼠标按下并经过时显示的图像</td></tr>
<tr><td colspan="2">替换文本</td><td>显示和定义当先选择的元件在鼠标经过时显示的工具提示</td></tr>
<tr><td colspan="2">按下时，前往的 URL</td><td>显示和定义当前选择的元件在被单击后转到的 URL 地址</td></tr>
<tr><td colspan="2">在</td><td>显示和定义当前选择的元件在被单击后文档打开的方式。如在无框架的网页中，则只可显示主窗口；而在框架网页中，则会显示各框架的 ID 属性，根据选择的 ID 确定在哪个框架中打开</td></tr>
<tr><td rowspan="2">选项</td><td>预先载入图像</td><td>选中该复选框，将定义整个导航条在网页打开时自动载入所有导航条中的图像</td></tr>
<tr><td>初始时显示“鼠标按下图像”</td><td>选中该复选框，将定义整个导航条在默认情况下显示鼠标按下时的图像</td></tr>
</table>

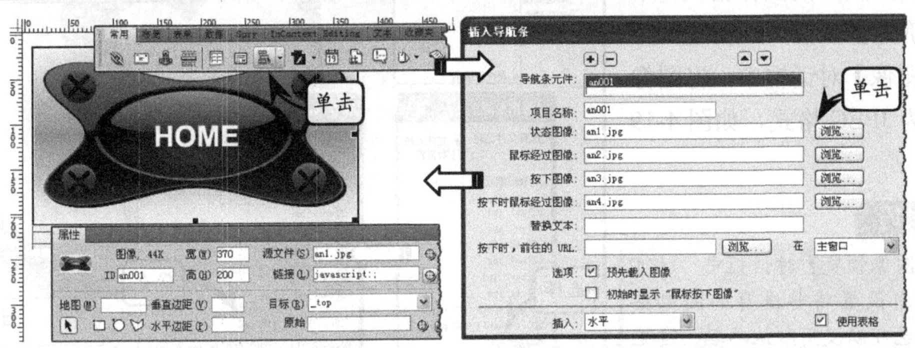

图 4-17 插入导航条图像

提 示

为网页创建导航条后，还可以再次为导航条添加按钮图像，或者从导航条中删除按钮图像。方法是：执行【修改】|【导航条】命令，在【修改导航条】对话框中单击【加号】按钮，添加第二个按钮项目；然后使用相同方法选择 4 幅图像即可。

因为导航条不能在【设计】视图中看到鼠标经过或者按下时图像的效果，所以保存文档后，可以按 F12 键在 IE 浏览器的窗口中预览，如图 4-18 所示。

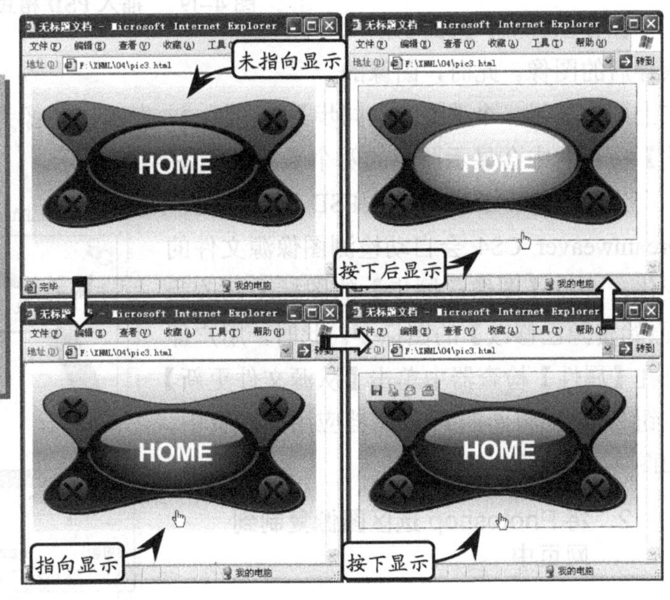

图 4-18 导航条图像显示

4.2.4 插入 Photoshop 智能图像

Dreamweaver CS4 不仅能够插入 PSD 格式的图像，还能够在修改 PSD 图像文档后，允许在 Dreamweaver 中以简单的方法直接更新输出的图像。并且还提供了各种方式来插入 Photoshop 中的图像。

1. 插入 PSD 格式的图像

在 Dreamweaver 中插入智能对象的方式与插入普通图像的方式类似。在【插入】面板中单击【常用】选项卡中的【图像】按钮，选择格式为.psd 的图像。在打开的【图像预览】对话框中，设置将要显示在网页中的图像格式，单击【确定】按钮后，在【保存 Web 图像】对话框中，将图像保存为 JPEG 格式，如图 4-19 所示。

技　巧

在【图像预览】对话框中，既可以重新设置将要保存的图像格式，也可以使用默认参数。这里使用的是默认参数。

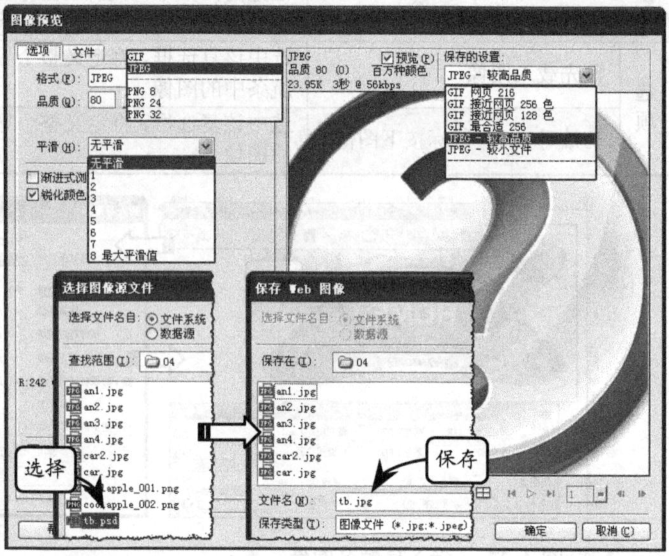

图 4-19 插入 PSD 格式的图像

保存图像后，页面中插入保存后的图像。此时，图像的左上角将显示一个【图像已同步】的图标，表示该图像为 Photoshop 智能对象，而【属性】检查器中会显示图像的两个来源，如图 4-20 所示。

当使用 Photoshop 更改 PSD 源文件时，Dreamweaver CS4 会自动检测图像源文件的变化，并将【图像已同步】的图标修改为【原始资源已修改】的图标。此时，用户即可在【属性】检查器中单击【从源文件更新】按钮，自动将新的 PSD 文档应用到网页中，如图 4-21 所示。

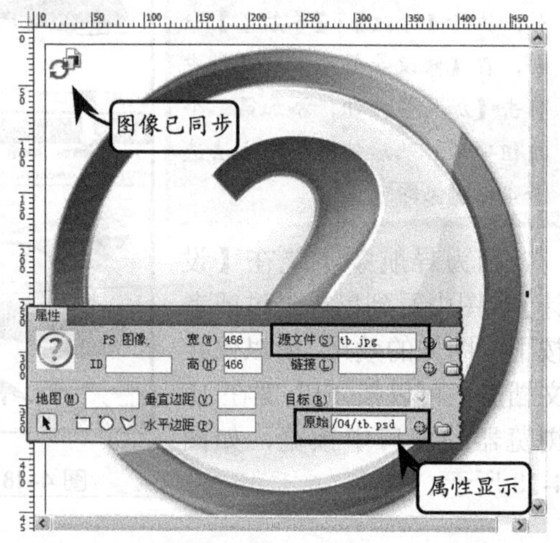

图 4-20 图像属性显示

2. 将 Photoshop 选区图像复制到网页中

因为.psd 格式的图像属于分层图像，所以还可以在 Photoshop CS4 中有选择地复制图像，然后粘贴至 Dreamweaver CS4 中。这时既可以选择一个图层中的图像，也可以选择局部图像。

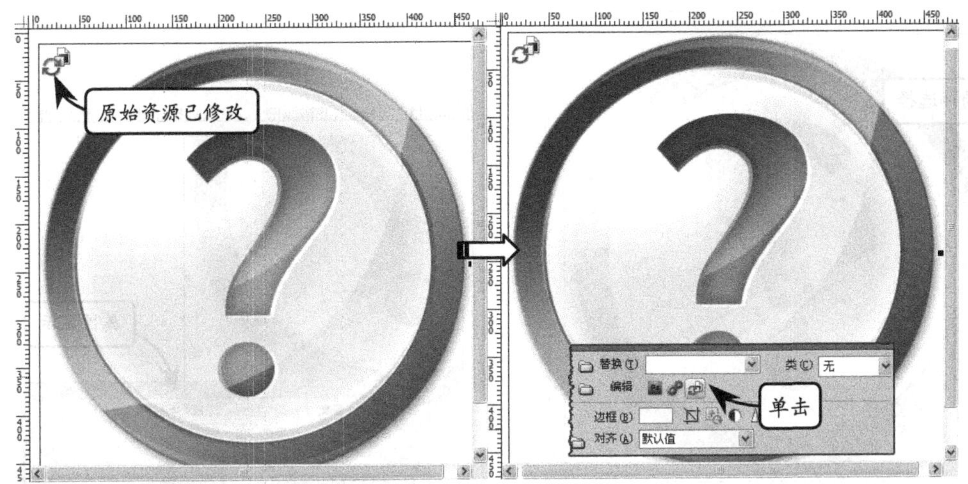

图 4-21 更新 Photoshop 智能对象

- **将一层图像复制到网页中**

在 Photoshop CS4 中，选中分层图像的其中一个图层，并且选中整个画布。执行【编辑】|【拷贝】命令（快捷键 Ctrl+C），如图 4-22 所示。

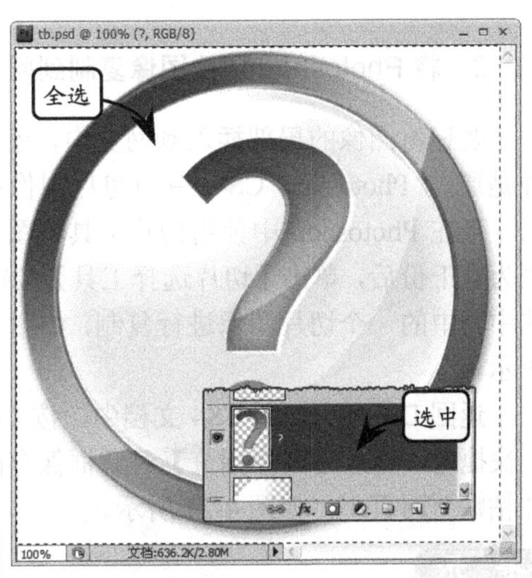

图 4-22 复制一层图像

返回 Dreamweaver CS4 文档中，执行【编辑】|【粘贴】命令（快捷键 Ctrl+V），默认【图像预览】对话框中的参数，并且保存将要插入网页中的图像，文档中即出现所复制的图像，如图 4-23 所示。

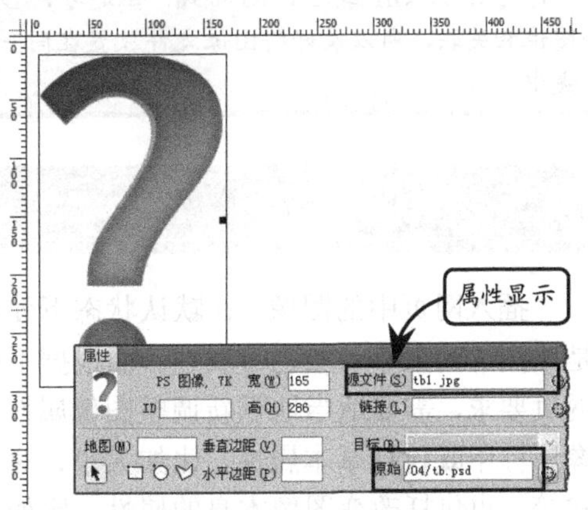

图 4-23 插入一层图像

注 意

当插入局部 PSD 图像后，发现图像左上角没有显示【图像已同步】的图标；这说明该图像不会根据 PSD 图像的修改而更新，而下面所介绍的所有局部图像均无法进行更新。

- **将局部图像复制到网页中**

在 Photoshop CS4 中使用【矩形选框工具】，在画布中创建选区，如图 4-24 所示，执行【编辑】|【合并拷贝】命令（快捷组合键 Shift+Ctrl+C）。

返回 Dreamweaver CS4 文档中，同样执行【编辑】|【粘贴】命令（快捷键 Ctrl+V），直接单击【图像预览】对话框中的【确定】按钮，并且保存将要插入网页中的图像；文档中即可出现图像所复制的，如图 4-25 所示。

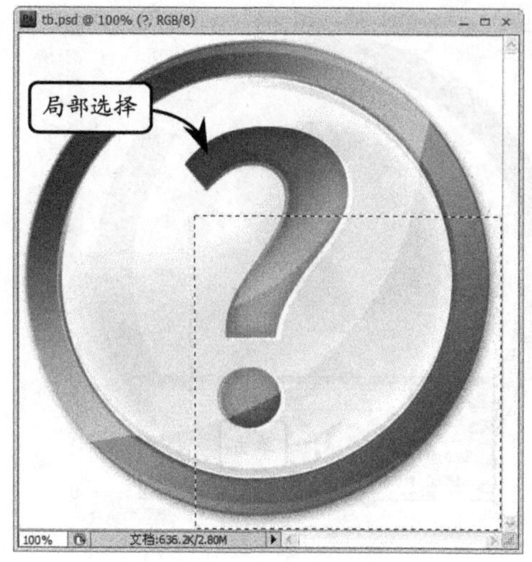

图 4-24 复制局部图像

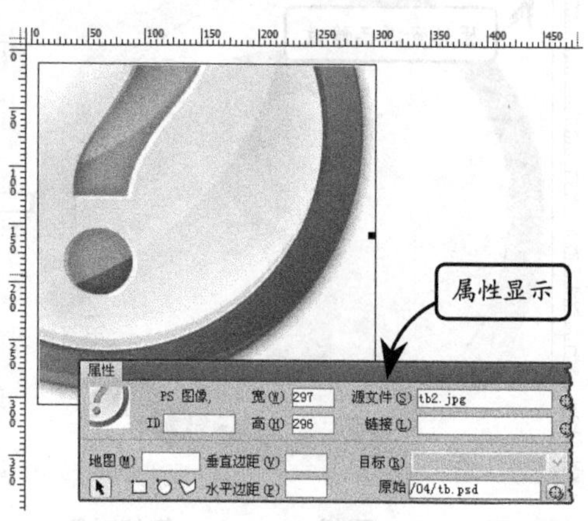

图 4-25 插入局部图像

3. 将 Photoshop 切片图像复制到网页中

要想将图像的局部插入到网页中，还有一种是通过 Photoshop CS4 中的切片图像的方法。当在 Photoshop 中使用切片工具将图像分割为若干份后，单击【切片选择工具】按钮，选中其中的一个切片图像进行复制，如图 4-26 所示。

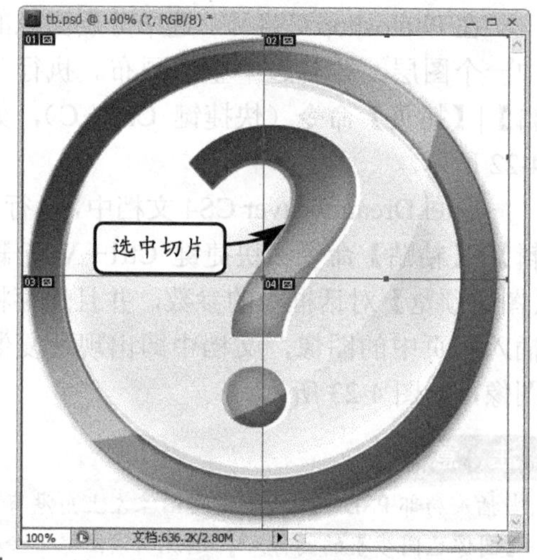

图 4-26 复制切片图像

返回 Dreamweaver CS4 文档中，按 Ctrl＋V 快捷键，通过【图像预览】对话框保存图像并粘贴至网页中，如图 4-27 所示。

提 示

通过 PSD 格式图像形式插入到网页中的图像，虽然图像为 JPG、GIF 或者 PNG 格式，但是与 PSD 格式图像相关联，所以最好将图像文件放置在同一文件夹中。

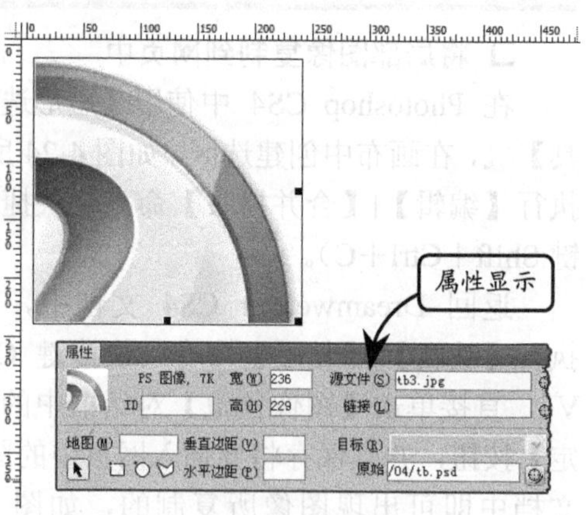

图 4-27 插入切片图像

4.3 图像属性

插入网页中的图像，在默认状态下使用的是原图片的大小、颜色等属性。而根据不同的网页要求，需要适当地重新调整图像属性。图像属性中既包括基本属性，比如大小、对齐方式等，也包括改变图像本身的属性，比如亮度/对比度、锐化等。

4.3.1 图像基本属性

Dreamweaver 中的【属性】检查器是元素相对应的，选中不同的元素会显示相应元素的属性参数，如图 4-28 所示，其中图像【属性】检查器中各选项及其含义如表 4-7 所示。

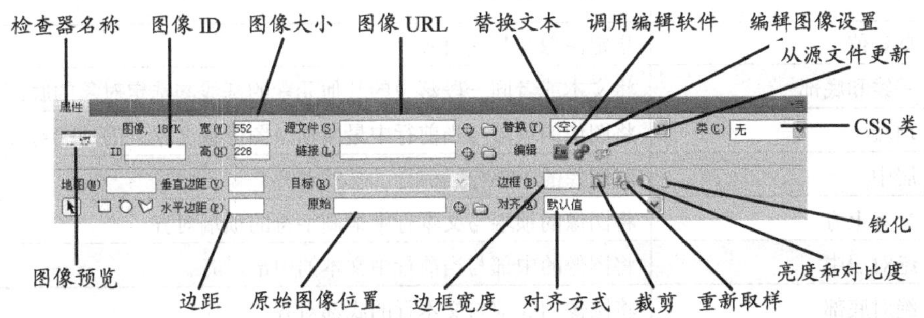

图 4-28 图像【属性】检查器显示

表 4-7 选定图像后可设定的属性

属 性			作 用
图像 ID			图像在网页中唯一的标识
图像尺寸			图像在水平方向（宽）和垂直方向（高）的尺寸
图像源文件			图像在本地计算机或互联网中的 URL 路径
链接			图像所应用的超链接 URL 地址
替换文本			当鼠标滑过图像时显示的工具提示信息
编辑按钮组	编辑	[Fw]	调用相关的图像处理软件编辑图像（例如，PSD 使用 Photoshop，PNG 使用 Fireworks）
	编辑图像设置	[设置图标]	在使用相关的图像处理软件编辑图像时所采用的设置项目
	从源文件更新	[更新图标]	如使用的是 PSD 文档输出的图像文件，可将图像与源 PSD 文档关联，单击此按钮可以进行动态更新
类			图像在网页中可应用的 CSS 样式
地图	指针热点工具	[指针图标]	选择图像上方的热点链接，并进行移动或其他操作
	矩形热点工具	[矩形图标]	在图像上方绘制一个矩形的热点链接区域
	圆形热点工具	[圆形图标]	在图像上方绘制一个圆形的热点链接区域
	多边形热点工具	[多边形图标]	在图像上方绘制一个多边形的热点链接区域
边距	垂直边距		定义图像与其上方或下方各种网页元素之间的距离
	水平边距		定义图像与其左侧或右侧各种网页元素之间的距离
目标			定义图像所应用的超链接的打开方式
原始			如使用的是 PSD 文档输出的图像文件，此处将显示 PSD 文档的 URL 路径
边框			定义图像外部的边框宽度

续表

属性			作用
编辑按钮组	裁剪		对图像进行裁剪操作，删除被裁剪掉的区域
	重新取样		对已经调整大小的图像重新取样
	亮度和对比度		调整图像的亮度和对比度
	锐化		消除图像的模糊效果
对齐	默认值		指定图像与基线对齐
	基线和底部		将文本或者同一段落中的其他元素的基线与选定对象的底部对齐
	顶端		将图像的顶端与当前行中最高项（图像或文本）的顶端对齐
	居中		将图像的中部与当前行的基线对齐
	文本上方		将图像的顶端与文本行中最高字符的顶端对齐
	绝对居中		将图像的中部与当前行中文本的中部对齐
	绝对底部		将图像的底部与文本行的底部对齐
	左对齐		将所选图像放置在左边，文本在图像的右侧换行。如果左对齐文本在行上处于对象之前，它通常强制左对齐对象换到一个新行
	右对齐		将图像放置在右边，文本在对象的左侧换行。如果右对齐文本在行上处于对象之前，它通常强制右对齐对象换到一个新行

1. 编辑图像大小

将图像插入网页后，显示的是原始尺寸。重新调整图像尺寸的方法有两种，一种是通过单击图像后拖动调节边框改变图像大小，如图 4-29 所示。使用这种方法时，可以同时按住 Shift 键按比例缩放图像。

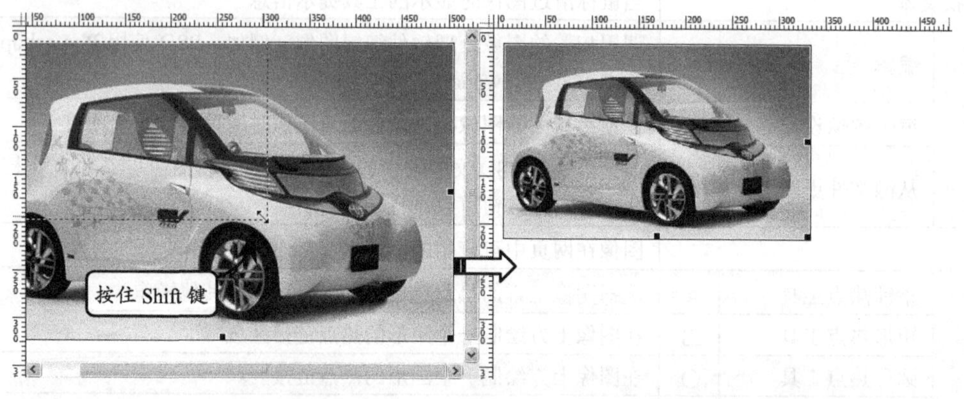

图 4-29 按比例缩小图像

注 意

可以更改属性值来缩放该图像实例的显示大小，但这不会缩短下载时间，因为浏览器在缩放图像前会下载所有的图像数据。若要缩短下载时间并确保所有图像实例以相同的大小显示，应使用图像编辑应用程序缩放图像。

另一种方法是在【属性】检查器的【宽】和【高】文本框中，输入数值，精确地改变图像大小，图 4-30 所示的是通过【属性】检查器精确地更改图像尺寸。无论使用哪一种方法缩放图像，图像【宽】和【高】文本框右侧都会出现【重设大小】图标，单击该图标，图像恢复到原始尺寸。

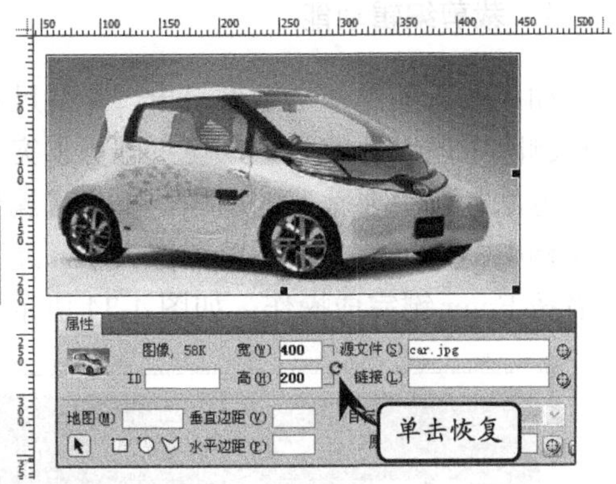

图 4-30 不按比例缩小图像

技 巧

在【属性】检查器中也可以按比例缩放图像，只是需要精确地计算。

2. 设置图像对齐方式

如果网页中同时存在图像和文本，那么就需要设置图像的水平对齐方式，和图像与文字之间的各种对齐方式。方法是选中图像后，根据想要表现的效果选择【对齐】下拉列表中的相应选项，如图 4-31 所示。

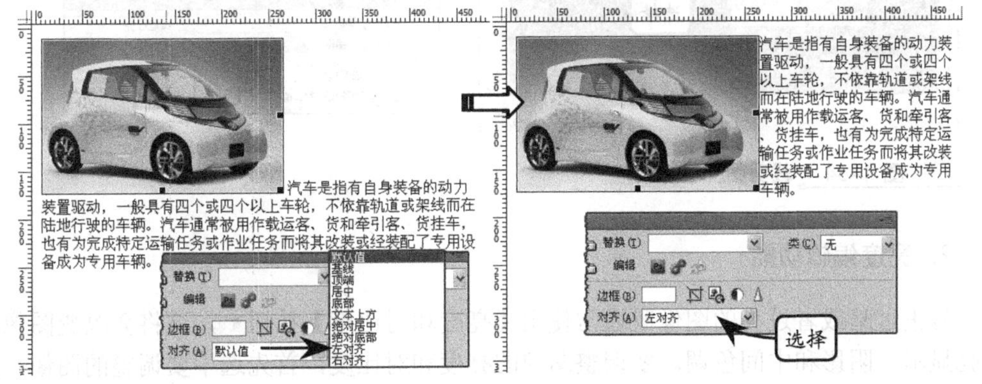

图 4-31 图像与文本之间的对齐

3. 确定图像位置

当图像与文本混合排列时，图像与文本之间是没有空隙的，这使页面显得过于拥挤，如图 4-32 所示。

图 4-32 图像与文本混合排列

这时【属性】检查器中的【图像位置描述】选项，可以设置两者的布局。方法是选中图像后，在【垂直边距】与【水平边距】文本框中输入数值，即可改变页面的效果，如图 4-33 所示。

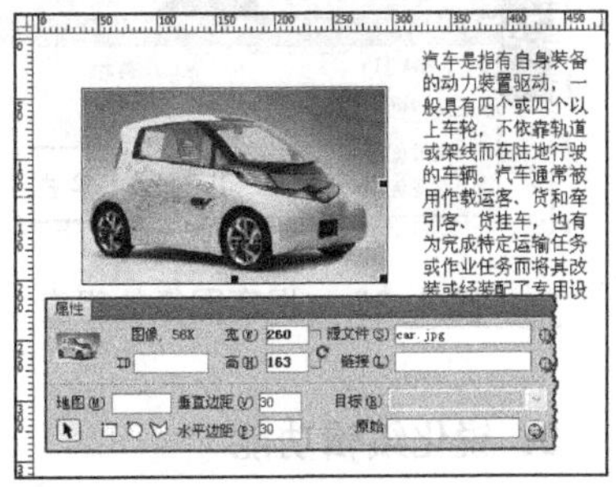

图 4-33 设置图像位置

4.3.2 图像编辑功能

Dreamweaver 提供的图像编辑功能，允许直接在该软件中编辑图像，而无需使用外部图像编辑应用程序（比如 Fireworks）。例如亮度和对比度、锐化、裁剪和图像的重新取样等。

1. 裁剪编辑功能

如果插入的图像主题不突出，并且尺寸过大，可以通过【属性】检查器中的【裁剪】选项删除主题以外的区域，使主题更加突出。

方法是选中要裁剪的图像，单击【属性】检查器中的【裁剪】按钮，这时就可以在文档中拖动黑色方块调整图像大小，还可以在页面中移动图像，调整完成后双击鼠标或者按 Enter 键完成操作，如图 4-34 所示。

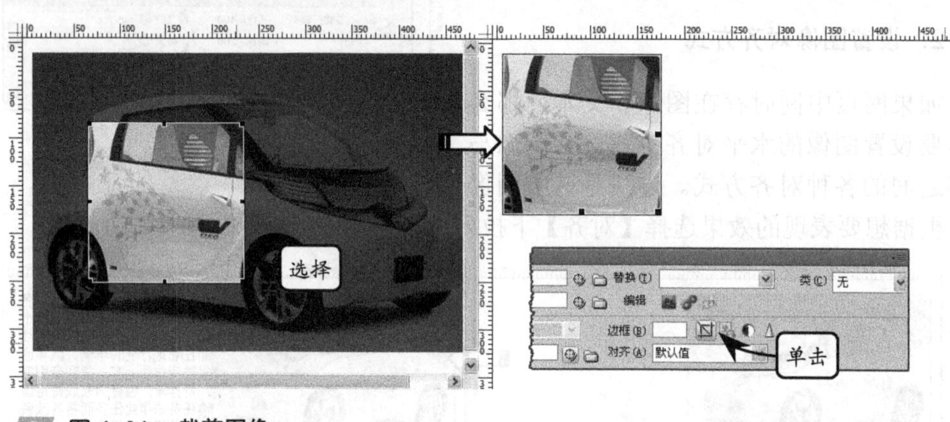

图 4-34 裁剪图像

2. 亮度编辑功能

修正过暗或者过亮的图像时通常使用【亮度和对比度】按钮，这将会改变图像的高亮显示、阴影和中间色调。要调整图像的亮度和对比度，首先选中要调整的图像，然后单击【属性】检查器中的【亮度和对比度】按钮，通过拖动亮度和对比度滑块调整设置参数，完成效果如图 4-35 所示。

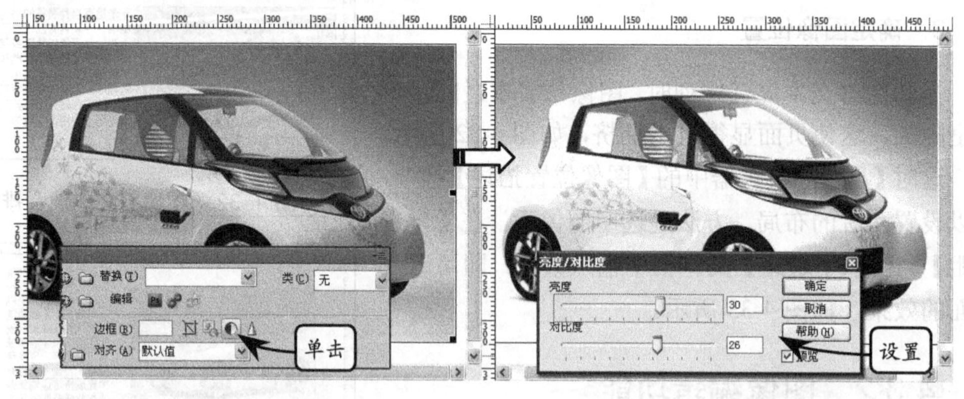

图 4-35 提高图像的明度

3. 锐化编辑功能

锐化可以通过增加图像边缘的对比度来调整图像的焦点。大多数图像捕获软件的默认操作是柔化图像中各对象的边缘，这可以防止特别精细的细节从组成数码图像的像素中丢失。不过，要显示数码图像文件中的细节，经常需要锐化图像，从而提高边缘的对比度，使图像更清晰。

要使用锐化功能，首先选中要锐化的图像，然后单击【属性】检查器中的【锐化】按钮，通过拖动滑块控件来调整应用于图像的锐化程度，如图 4-36 所示。

图 4-36 调整图像的锐化程度

4. 使用外部软件编辑图像

虽然在 Dreamweaver 中可以进行简单地图像编辑，但是不能详细地编辑图像，这时就可以通过第三方软件来编辑图像，其方法与 PSD 智能对象修改相似。

当插入的图像在 Dreamweaver 中编辑后还是无法符合要求，那么就可以通过第三方图像处理软件来编辑该图像。方法是选中要编辑的图像后，单击【属性】检查器中的【编辑】按钮，在 Photoshop 中打开该图像即可进行编辑。完成并且保存文档后，Dreamweaver 中的图像被更新，如图 4-37 所示。

图 4-37 在 Photoshop 中编辑 JPG 格式图像

提 示

可以将 Dreamweaver 中的图像在 Photoshop 中打开并且编辑，还可以通过按住 Ctrl 键的同时双击要编辑的图像的方法缩辑图像。

4.4 插入 Flash 元素

网页元素除了文本与图像外，还包括 Flash 动画，其扩展名为“.swf”，主要作为网页 Banner 与导航条。由于它制作的动画具有内容丰富多彩，体积小，可以在网页中加入声音等众多优点，因此，Flash 动画已逐步成为交互式网络矢量图形的标准。

4.4.1 插入 Flash 动画

网页中常见的、具有动画效果的 Banner 或者导航条，都是通过 Dreamweaver 插入的 Flash 动画。而常见的 Flash 动画包括两种，一种是普通动画，另一种是透明动画。

1. 普通 Flash 动画

普通 Flash 动画的插入方法非常简单，将光标放置在将要插入动画的位置，单击【常用】选项卡中的 Flash 按钮，选择 Flash 文件，即可在文档中显示一个灰色的方框，其中有 Flash 标志，如图 4-38 所示。

选中该 Flash 后，【属性】检查器中会显示相应的选项，如图 4-39 所示，其中各选项及其作用如表 4-8 所示。

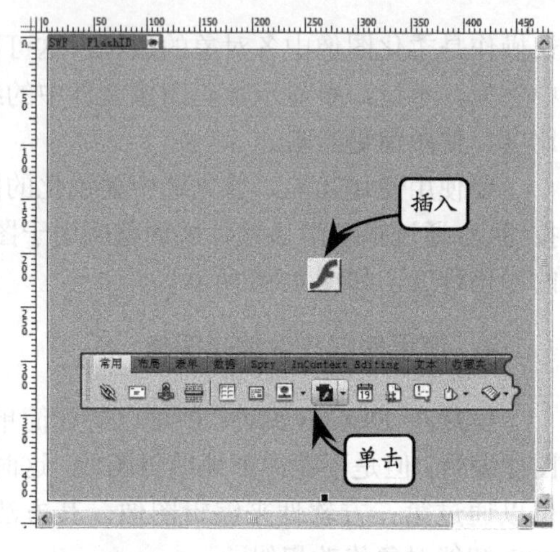

图 4-38 插入 Flash

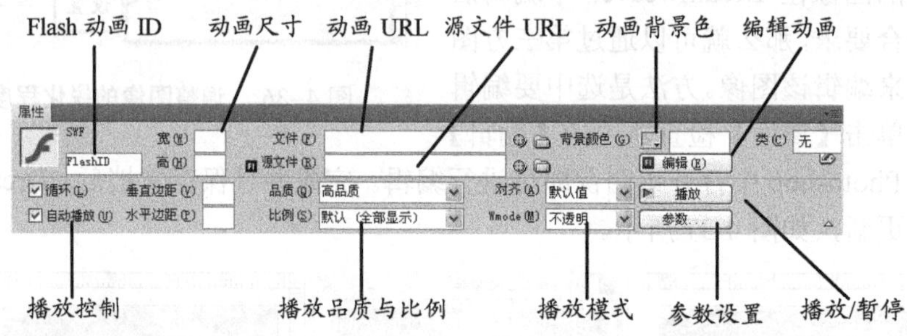

图 4-39 Flash 动画的属性设置

表 4-8 Flash【属性】检查器中各选项及其作用

属性		作用
动画尺寸		定义插入的 Flash 动画的垂直（高）和水平（宽）尺寸
文件		定义 Flash 文件的 URL 路径
源文件		定义 Flash 文件可编辑的 FLA 源文件的 URL 路径
背景颜色		如 Flash 文件为纯色背景，则可在此修改其背景颜色
编辑		启动 Flash 修改对象文件。如果没有安装 Flash，则此功能被禁用
循环		选中此复选框，Flash 对象在浏览页面时将连续播放，如果没有选中该复选框，则在播放一次后就停止播放
自动播放		选中该复选框，则在浏览页面时将自动播放影片
品质	低品质	自动以最低品质播放 Flash 动画以节省资源
	自动低品质	检测用户计算机，尽量以较低品质播放 Flash 动画以节省资源
	自动高品质	检测用户计算机，尽量以较高品质播放 Flash 动画以节省资源
	高品质	自动以最高品质播放 Flash 动画
比例	默认	显示整个 Flash 动画
	无边框	使影片适合设定的尺寸，因此无边框显示并维持原始的纵横比
	严格匹配	对影片进行缩放以适合设定的尺寸，而不管纵横比例如何

续表

属性		作用
Wmode	窗口	默认方式显示 Flash 动画，定义 Flash 动画在 DHTML 元素上方
	不透明	定义 Flash 动画不透明显示，并位于 DHTML 元素下方
	透明	定义 Flash 动画透明显示，并位于 DHTML 元素上方
播放/停止		控制工作区中的 Flash 动画播放或停止
参数		定义传递给 Flash 影片的各种参数

要想在文档中直接查看动画效果，可以在【属性】检查器中单击【播放】按钮，如图 4-40 所示。当然也可以保存文档后，在 IE 浏览器窗口中查看效果。

图 4-40 在文档中查看动画效果

2. 透明动画

当插入的 Flash 动画没有背景图像时，就可以通过【属性】检查器中的【参数】选项将其设置为透明动画。

创建透明动画时首先要插入一个没有背景图像的 Flash 文件，方法与插入普通 Flash 动画相同，只是将 Flash 文件尺寸放大。保存文件后，按 F12 键，在网页中预览动画效果，如图 4-41 所示，会发现该动画覆盖了背景图像。

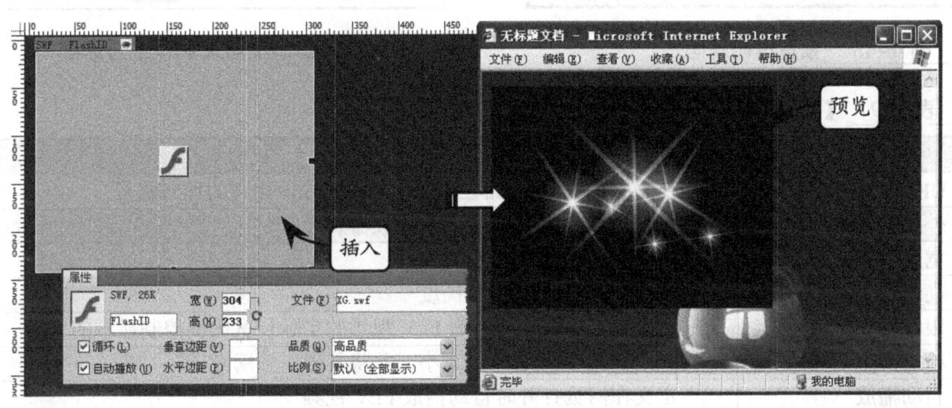

图 4-41 播放 Flash 动画

提 示

为了使透明动画效果更加明显，这里在插入动画之前，首先插入了背景图像。

返回 Dreamweaver，选中动画文件后，设置【属性】检查器中的 Wmode 选项为“透明”，如图 4-42 所示。

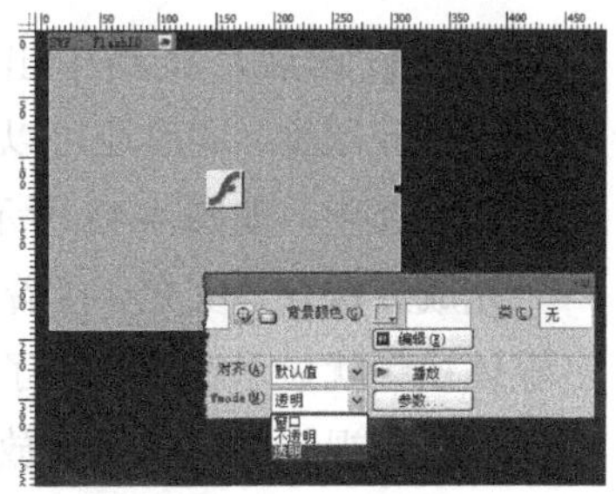

图 4-42 设置 Flash 选项

设置完成后保存文档，再次按 F12 键打开 IE 浏览器窗口查看动画效果，发现动画中的黑色背景被隐藏，网页背景图像则完全显示，如图 4-43 所示。

4.4.2 创建 Flash 视频

FLV 流媒体格式是一种新的视频格式，全称为 Flash Video。从 Flash MX 2004 开始，就对其提供了完美的支持，它的出现有效地解决了视频文件导入 Flash 后，导出的 SWF 文件体积庞大，不能在网络上很好的使用等缺点。

在 Dreamweaver 中可以直接导入 Flash Video。在【常用】选项卡中单击【多媒体】后的下拉箭头，选择【Flash 视频】选项，在【插入 FLV】对话框中设置参数，如图 4-44 所示。其中的选项的名称及作用如表 4-9 所示。

图 4-43 预览透明动画

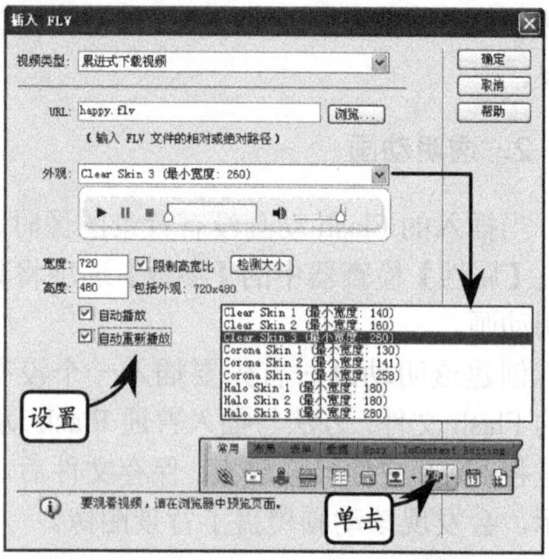

图 4-44 【插入 FLV】对话框

表 4-9 【插入 FLV】对话框中选项的名称及作用

属　性	作　用
URL	视频所在的 URL 路径，可为相对路径，也可为绝对路径
外观	设置控制 FLV 视频播放的播放器外观
宽度	设置 FLV 视频的显示宽度
高度	设置 FLV 视频的显示高度
限制高宽比	选中该复选框，将按照 FLV 视频的实际长宽比例控制显示的大小
检测大小	获取 FLV 视频实际的大小，并将其应用到网页中
自动播放	定义在网页打开时自动播放 FLV 视频
自动重新播放	定义在 FLV 视频播放完成后是否重新播放

完成设置后，文档中出现一个设置好尺寸的 Flash Video 图标，同时还可以在【属性】检查器中重新设置该选项，如图 4-45 所示。

完成后保存该文档，接着按 F12 键，一个生动的多媒体视频就显示在网页中了，如图 4-46 所示。当鼠标放置在视频中时显示播放进度条；当鼠标离开视频时隐藏播放进度条。

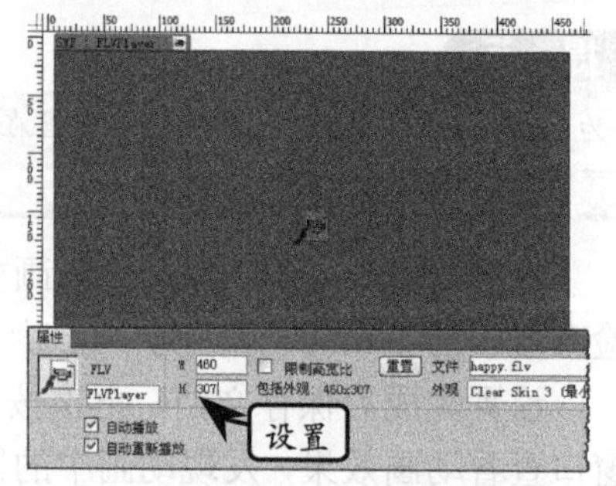

图 4-45 插入 Flash Video

图 4-46 预览 Flash 视频

提 示

Flash 视频属于流媒体，该格式的视频能够边下载边播放，大大减少等待时间。

4.5 超级链接载体

网络中的所有资源都是通过超级链接联系在一起的。链接能使网页从一个页面跳转到另一个页面。成功地运用链接可以使网页变得更方便、更清晰和更富有灵性。

所谓链接，就是当鼠标移动到某些文字或者图片上时，单击就会跳转到其他的页面。这些文字或者图片称为热点，跳转到的页面称为链接目标，热点与链接目标相联系的就是链接路径。链接路径分为绝对路径和相对路径。

绝对路径就是提供链接页面完整的 URL 地址以及所要用到的协议，比如从一个网站跳转到另外一个网站，如图 4-47 所示。

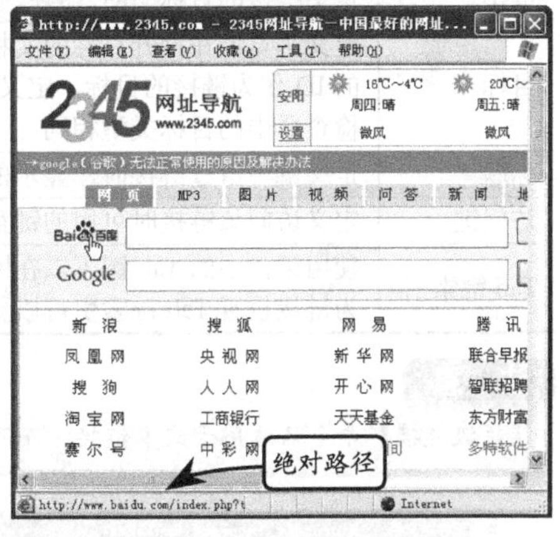

图 4-47 绝对路径

相对路径就是在站点中创建本地链接的路径，比如同一个网站中的不同网页之间的连接，如图 4-48 所示。

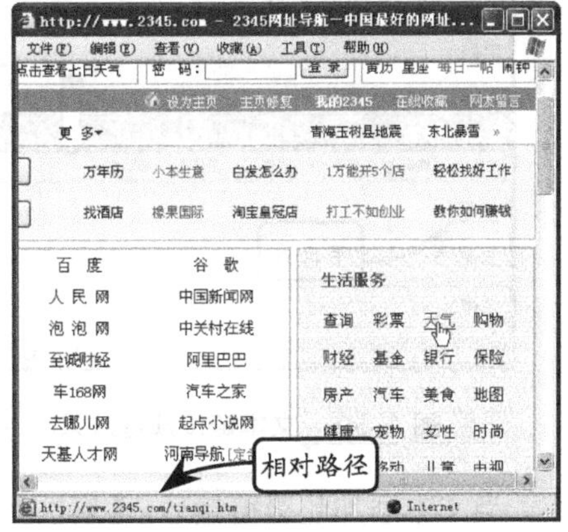

图 4-48 相对路径

超级链接是一个网站的基本功能，也是与其他网站联系的桥梁。无论是何种形式的链接，其载体均是图像或者文本。

4.5.1 文本链接

创建超级链接的首要前提是准备要链接的文

件，这里准备的同样是网页，然后开始创建链接。要创建文本链接，首先要选中文本，接着单击【常用】选项卡中的【超级链接】按钮，然后单击【链接】文本框右侧的【浏览】按钮，选择要链接的文件，其他参数如图 4-49 所示。其中，【超级链接】对话框中的各个参数及作用如表 4-10 所示。

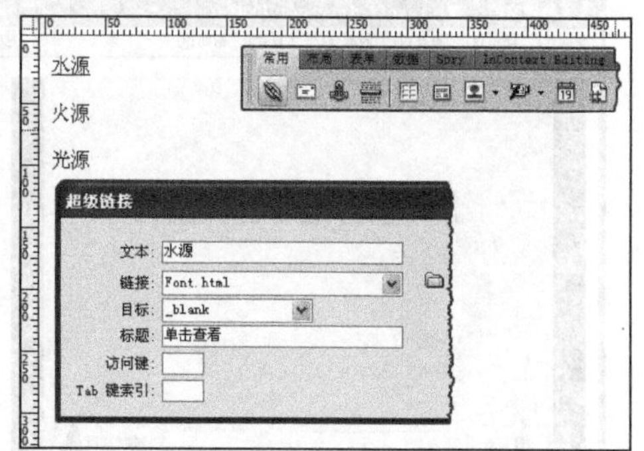

图 4-49 创建文本链接

单击【超级链接】对话框中的【确定】按钮后，会发现黑色文本变成带有下划线的蓝色文本，保存文档后按 F12 键预览，如图 4-50 所示，发现添加链接后的文本颜色变成蓝色，并且加有下划线，当单击链接文本后，除了可以打开链接目标外，链接文本的颜色变成紫色。

表 4-10 【超级链接】对话框中的各个参数及作用

属　性	作　用
文本	定义链接的热点文本内容
链接	定义链接的目标 URL 路径，可以是相对路径，也可以是绝对路径
目标	定义浏览器在打开目标的文档或目录时的方式。在框架网页中，用户可以将某个框架的 ID 作为链接的目标，定义在该框架中打开链接。默认的 4 种目标与文本的【属性】检查器中的目标类型相同
标题	定义鼠标滑过链接时，显示的工具提示文本
访问键	定义访问该链接时可用的键盘快捷键
Tab 键索引	使用键盘中的 Tab 键可以在网页中对各种链接、媒体内容按照一定的次序依次选择。为链接设置 Tab 键索引可以更改默认的从上到下和从左到右的 Tab 键访问顺序

注　意

【超级链接】命令只适用于文本链接，而不适用于图像链接。

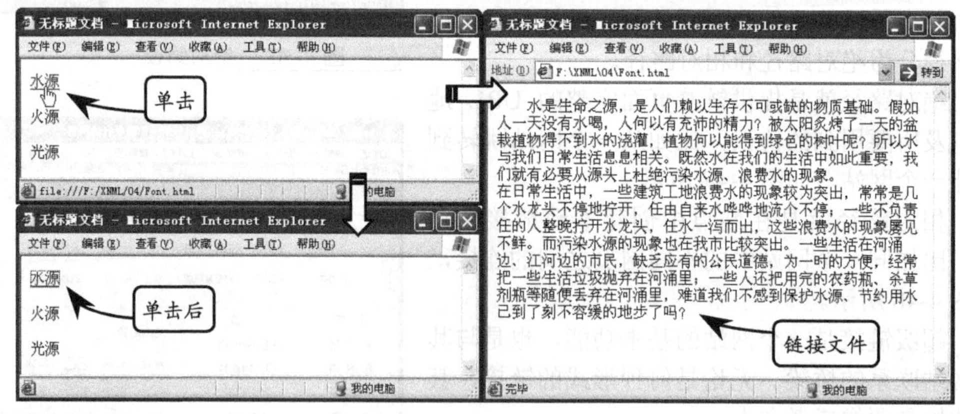

图 4-50 文本链接预览效果

当文本添加超级链接后，【属性】检查器中的【链接】与【目标】选项会发生变化，如图 4-51 所示。所以在该检查器中，同样可以设置简单的文本超级链接。

4.5.2 图像链接

网页中的图像除了具有装饰效果外，还可以添加超级链接。在 Dreamweaver 中，图像有两种链接，一种为普通链接，另一种为具有翻转效果的链接。

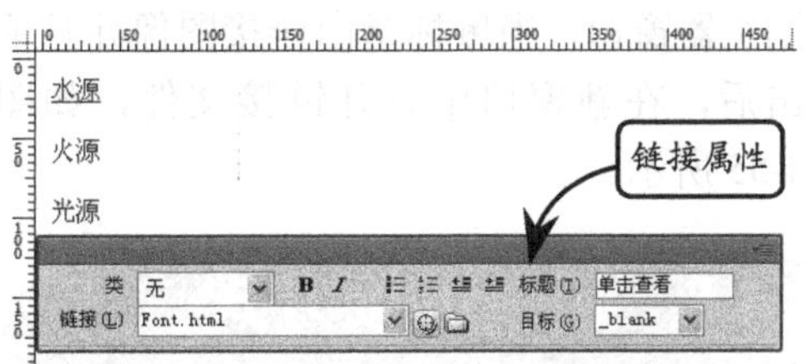

图 4-51 文本链接属性

1. 具有翻转效果的链接

在网页中插入图像时介绍了一种鼠标经过图像，该图像在插入的对话框中即使没有设置链接选项，但是为了具有经过效果为其添加了空链接，这在鼠标经过图像的【属性】检查器中可以看到，如图 4-52 所示。

图 4-52 鼠标经过图像中的空链接

这时既可以在插入对话框中直接选择链接文件，也可以在插入后的【属性】检查器中设置【链接】选项，其效果相同。

技 巧

网页中的导航条图像同样属于鼠标经过效果，其添加超级链接的方法与鼠标经过图像相同。

2. 普通链接

图像的普通链接方法简单，只要选中插入的图像，在【属性】检查器中单击【链接】文本框右侧的【浏览文件】按钮，选择要链接的文件即可，这里的链接文件选择的是一幅图像，如图 4-53 所示。

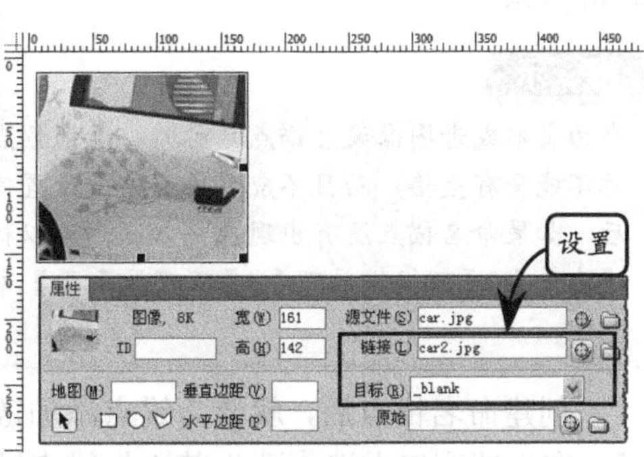

图 4-53 为图像添加链接

为图像添加超级链接后，图像与文本都具有标志性的变化，后者的颜色发生变化，而前者添加了蓝色边框。为了不影响拼图效果，必须将该蓝色边框删除，方法是在【属性】检查器中设置【边框】选项为“0”，如图 4-54 所示。

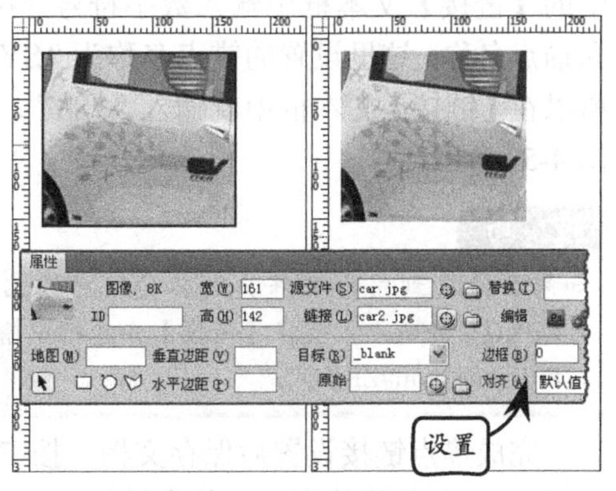

图 4-54 设置链接图像边框

提 示

在为图像添加超级链接时，同样可以为其设置链接文件的打开方式，这里设置【目标】为“_blank”，是在新窗口中打开链接文件。

设置完成后保存文档，按 F12 键打开 IE

浏览器窗口，当鼠标指向链接图像并且单击后，在新窗口中打开链接文件，如图4-55所示。

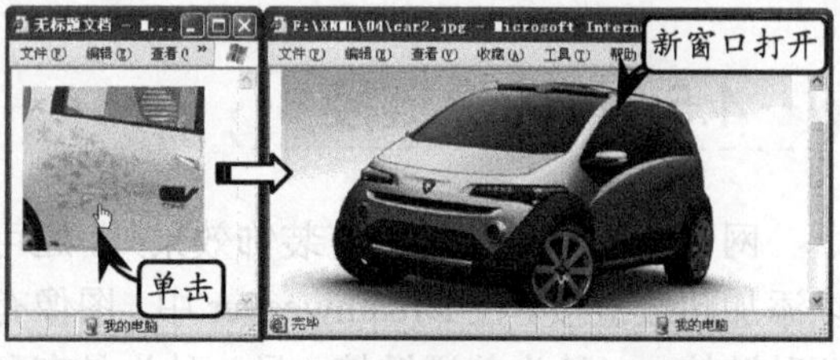

图 4-55 预览图像链接

4.6 超级链接方式

虽然网页中的链接载体为文本与图像，但是链接文件的不同，其链接方式也会有所不同。比如在同一个网页中实现链接，或者在一幅图像中实现局部链接，以及常见的邮件链接等。

4.6.1 锚点链接

创建命名锚记（简称锚点）就是在文档中设置位置标签，并给该位置设置一个名称，以便引用。通过创建锚点，可以使链接指向当前文档或者不同文档中的指定位置。

锚点常常被用来实现到特定的主题或者文档顶部的跳转链接，使访问者能够快速地跳转到选定的位置，加快信息检索的速度。创建锚点链接，首先要设置一个锚点，该锚点就是链接目标，方法是将插入点放在需要创建锚点的地方，单击【常用】选项卡中的【命名锚记】按钮，设置【锚记名称】选项后，在光标所在位置插入锚点标记，如图4-56所示。

提 示

在为文本或者图像设置锚点名称时，注意锚点名称不能含有空格，而且不应置于层内。设置完成后，如果命名锚点没有出现在插入点，可以执行【查看】|【可视化助理】|【不可见元素】命令查看。

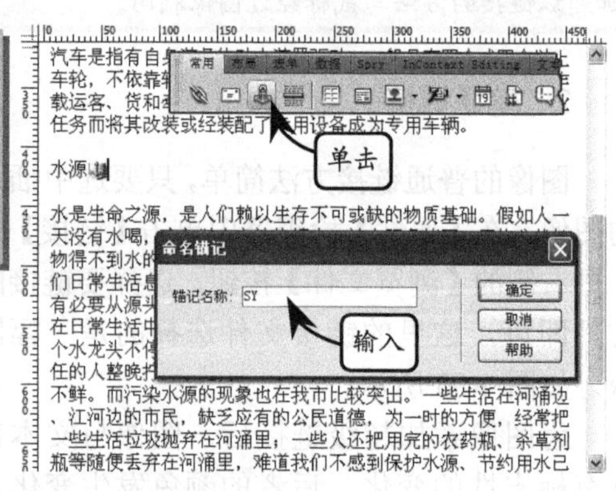

图 4-56 插入锚点标记

创建命名锚点后，就要为锚点添加链接了。在文档窗口中选中要为其添加锚点链接的文字或图片。在其对应的【属性】检查器中的【链接】文本框中输入数字符号（#）和锚点名称。这里设置的锚点名称为“SY”，所以在【链接】文本框中就输入“#SY”，如图4-57所示。

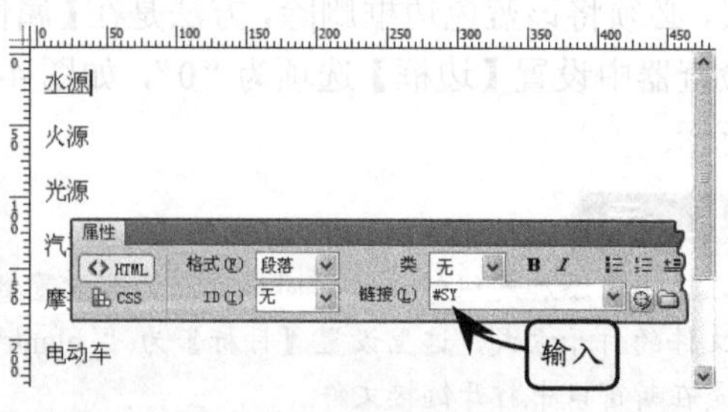

图 4-57 创建锚点链接

技 巧

如果要链接到同一文件夹内其他文档中名为“ZBKQ”的锚点，就在【链接】文本框中输入“Filename.html#ZBKQ”。

完成锚点链接设置后保存文档，按F12键打开IE浏览器的窗口，单击链接文本后，网页就会自动显示设置锚记的文本位置，如图 4-58 所示。

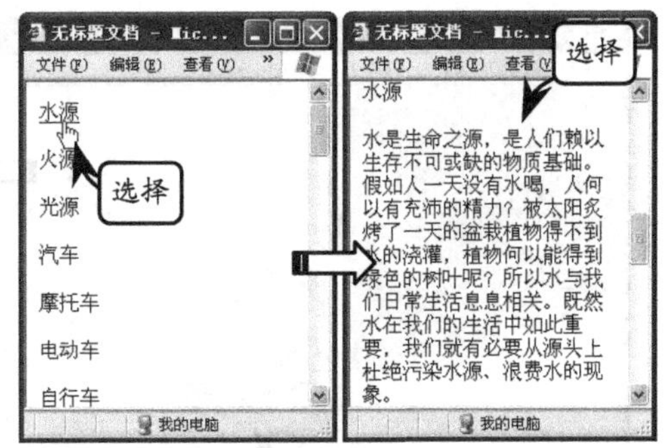

图 4-58 锚记链接预览

4.6.2 热点链接

要想在一幅图像中打开不同的网页，就需要在一幅图像中同时添加不同的超级链接。而普通链接只能在一幅图像中添加一个链接，这时就要运用热点链接。热点链接的原理就是利用 HTML 语言在图片上定义一定形状的区域，然后给这些区域加上链接，这些区域被称作热区。

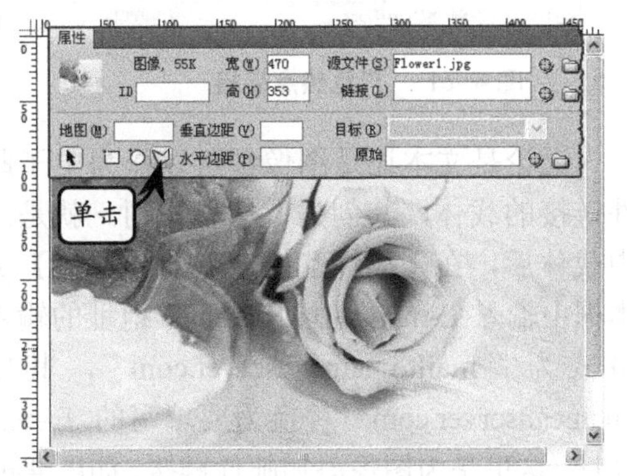

图 4-59 启用热点工具

Dreamweaver 提供了 3 种创建热区的工具，即矩形热点工具、椭圆形热点工具和多边形热点工具，根据编辑需要可以创建多种形状的热区。创建热点链接之前首先要选中图像，然后在【属性】检查器中选择其中一个热点工具，这里选择的是【多边形热点工具】，如图 4-59 所示。

然后在图像中通过连续单击创建多变形热区，这时使用【指针热点工具】选中该热区，【属性】检查器会显示相应选项的，其中【链接】选项已经设置为空链接。接着就可以按照普通链接方式为其添加超级链接，如图 4-60 所示。

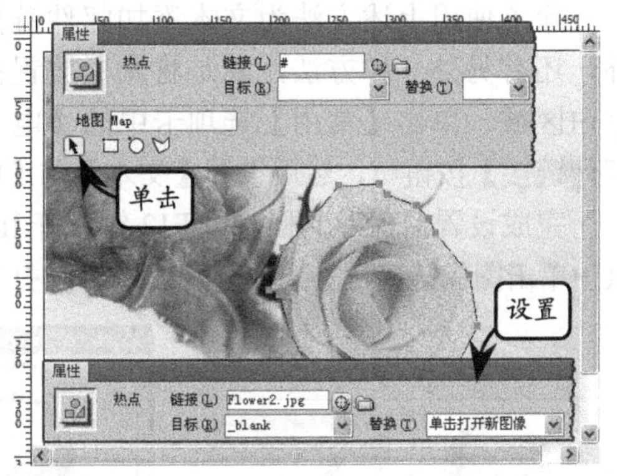

图 4-60 创建热区

保存文档后打开 IE 浏览器的窗口，发现当鼠标指向并且单击热区图像时，才能够打开链接文件，如图 4-61 所示，否则将无法打开链接文件。

4.6.3 特殊链接

在网络中还有较为特殊的超级链接，那就是电子邮件链接与下载链接。前者是一种联系方式，后者是将网络中的文件下载到本地磁盘的方法。

1. 邮件链接

电子邮箱已经是现代大多数人的一种重要的联络方式，只要单击该链接，就会弹出邮件发送程序，联系人的地址也已经填写好了，只需输入标题和内容，单击【发送】按钮即可。

图 4-61　预览热点链接

无论是文本还是图像都可以作为电子邮件链接的载体，其创建方法也相同。就是选中载体后，在【属性】检查器的【链接】文本框中输入 E-mail 地址，E-mail 地址的输入格式为“mailto:name@server.com”，其中“name@server.com”替换为要填写的 E-mail 地址。这里是为图像添加邮件链接，如图 4-62 所示。

图 4-62　为图像添加邮件链接

除了使用上述方法为文本添加邮件链接外，还有另外一种方法，就是将光标放置在空白区域，单击【常用】选项卡中的【电子邮件链接】按钮，然后设置【文本】与【E-mail】选项即可，完成链接如图 4-63 所示。

完成设置后保存文档，按 F12 键打开 IE 浏览器的窗口，如图 4-64 所示。无论是在网页中单击图像链接还是文本链接，都可以打开【新邮件】对话框进行书写并且发送邮件。

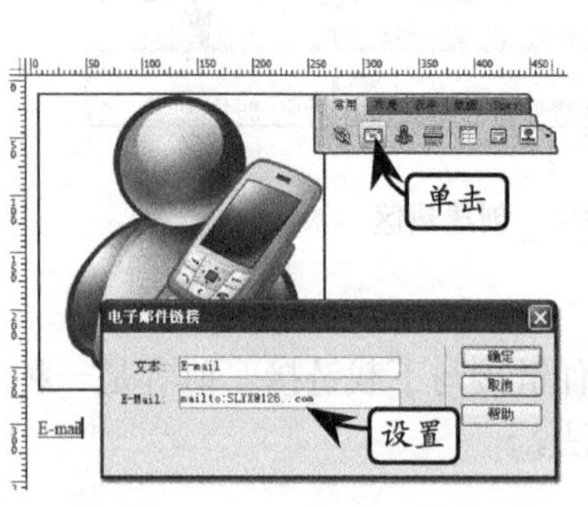

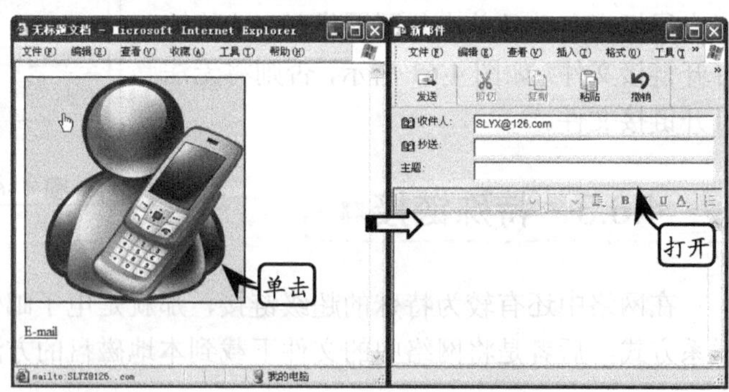

图 4-63　为文本添加邮件链接　　图 4-64　电子邮件链接预览

2. 下载链接

下载链接在软件下载网站和源代码下载网站中应用的比较多。下载链接的创建方法和一般的链接创建方法相同。只是所链接的内容是一个软件文件或者压缩文件，而不是图像或者网页。这里链接的是一个压缩文件，如图 4-65 所示。

然后在预览网页中单击下载链接对象后，会弹出【文件下载】对话框，如图 4-66 所示，单击【保存】按钮就可以将链接的软件下载到本地磁盘中。

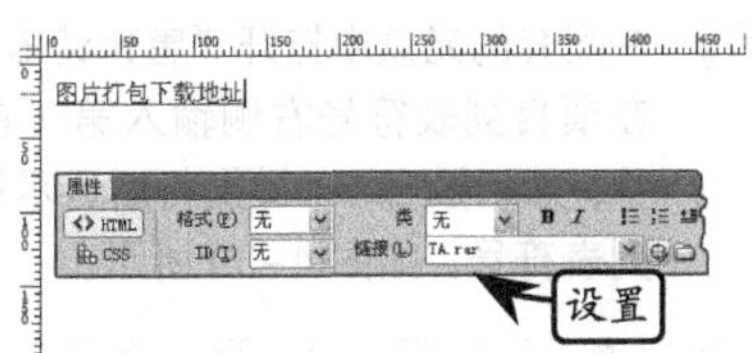

图 4-65　链接压缩文件

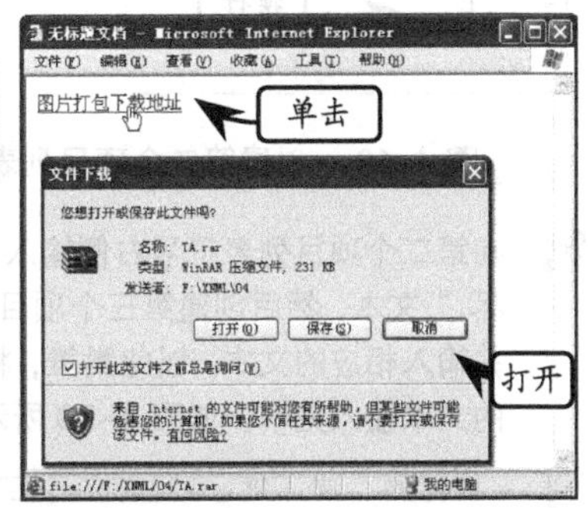

图 4-66　预览下载链接

4.7　课堂练习：制作诗歌目录

一般在 Word 文档中制作图书目录，其实在 Dreamweaver 中也可以制作图书目录，并且可以通过不同的列表形式来表现，例如项目列表形式、编号列表形式、定义列表形式。只要掌握技巧，可以非常快速地制作图书目录，效果如图 4-67 所示。

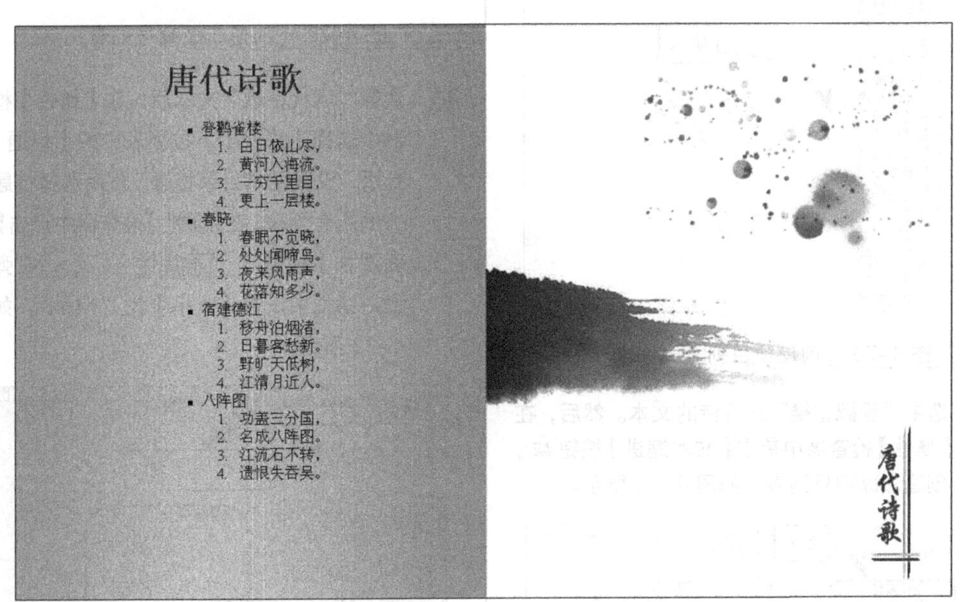

图 4-67　目录效果

操作步骤：

1 在 Dreamweaver 中新建文档，设置【标题】为“唐代诗歌目录”，并且将其保存。在文档中输入“唐代诗歌”文本，然后按 Enter 键换行，在【属性】检查器中单击【项目列表】按钮，此时光标所在位置显示一个项目列表符号，如图 4-68 所示。

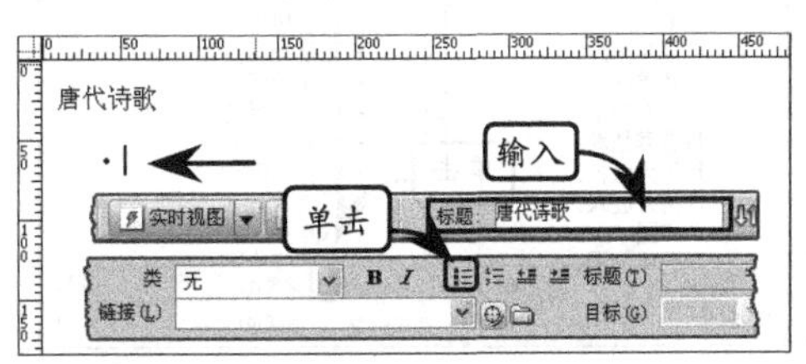

图 4-68　创建项目列表符号

2 在配套的光盘中打开“唐代诗歌.txt”文档，在项目列表符号右侧输入第一首诗歌的名称，然后按Enter键换行后显示第二个项目列表符号，如图4-69所示。

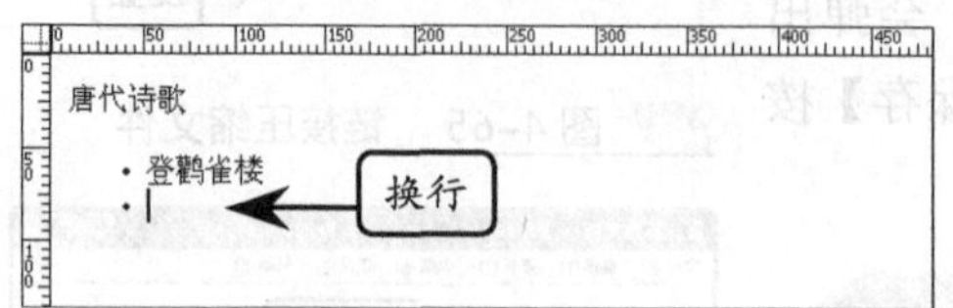

图4-69 创建第二个项目列表符号

3 在第二个项目列表符号右侧输入“白日依山尽，”文本，然后创建第三个项目列表符号，并输入相应的文本。以此类推，将记事本中的文本输入完毕，如图4-70所示。

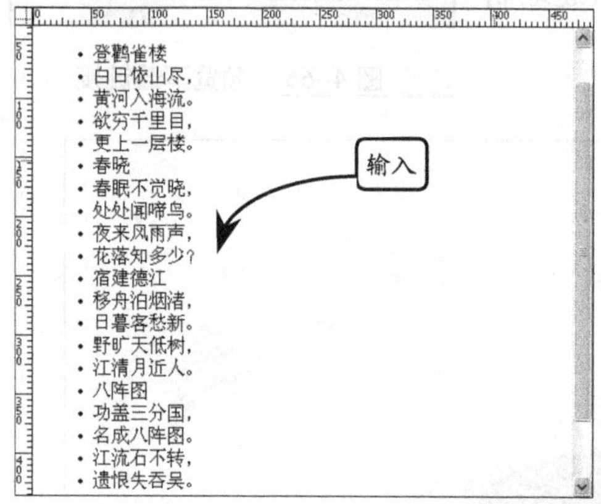

图4-70 创建项目列表

4 选中“登鹳雀楼”这首诗的文本。然后，在【属性】检查器中单击【文本缩进】按钮，创建二级项目列表，如图4-71所示。

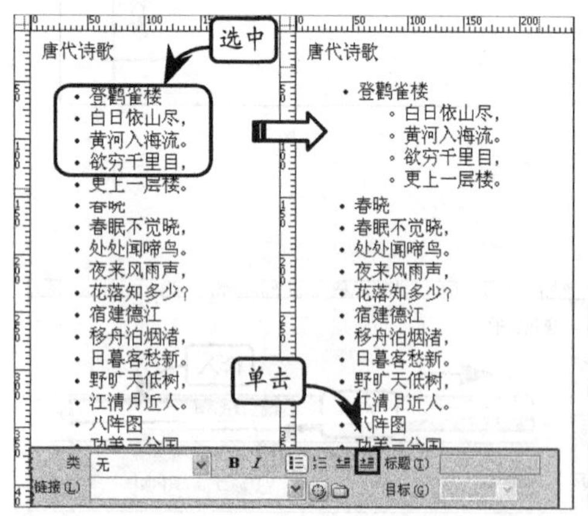

图4-71 创建二级项目列表

5 选择二级项目列表，在【属性】检查器中单击【列表编号】按钮，将二级项目列表转换为二级编号列表，如图4-72所示。使用相同的方法创建其他诗歌的二级编号列表。

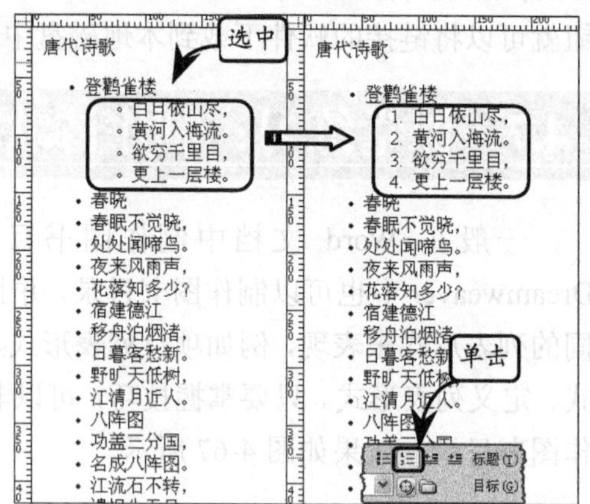

图4-72 创建二级编号列表

6 选择“唐代诗歌”文本后，在【属性】检查器中选择【格式】下拉列表中的【标题1】选项，设置图书目录标题。然后选择标题下方的所有列表，在【属性】检查器中点击【页面属性】按钮 页面属性... ，在弹出的对话框中设置【大小】为“14px”，如图4-73所示。

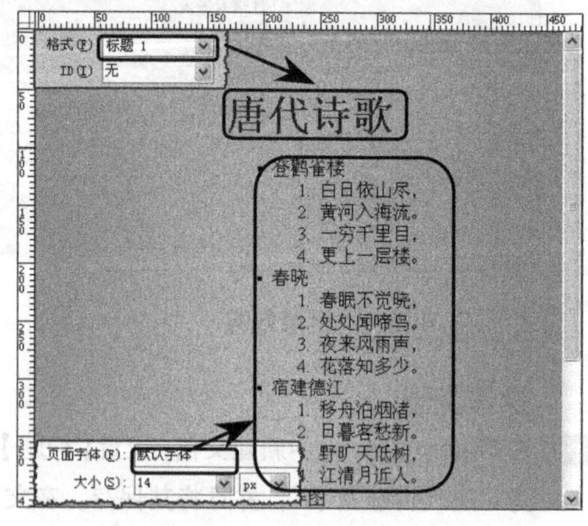

图4-73 设置文本属性

7 至此，图书目录制作完成，按Ctrl+S快捷键再次保存文档，然后按F12键即可预览页面效果，如图4-67所示。

4.8 课堂练习：制作网页导航条

在 Dreamweaver 中可以制作鼠标经过效果的网页导航条。其制作方法很简单，只需通过“导航条”功能即可完成，但需要相同尺寸的图像。其最终效果如图 4-74 所示。

图 4-74 鼠标经过的效果

操作步骤：

1 在 Dreamweaver 中，执行【文件】|【打开】命令，在弹出的对话框中选择配套光盘中的素材页面“index.html”。然后，将光标放置在要插入导航条的位置，如图 4-75 所示。

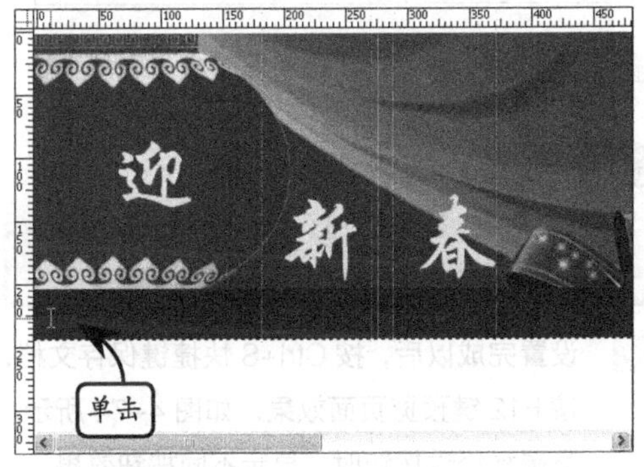

图 4-75 打开素材页面

2 在【插入】面板中单击【图像】按钮左侧的下三角按钮，在弹出的菜单中执行【导航条】命令，如图 4-76 所示。

3 打开【插入导航条】对话框，在【项目名称】文本框中输入“shouye”。然后，分别单击【状态图像】和【鼠标经过图像】右侧的【浏览】按钮，在弹出的对话框中选择“nav01.png”和“nav001.png”图像，如图 4-77 所示。

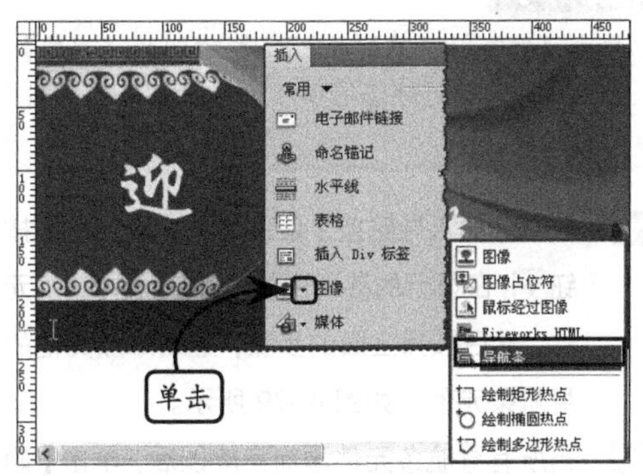

图 4-76 执行导航条命令

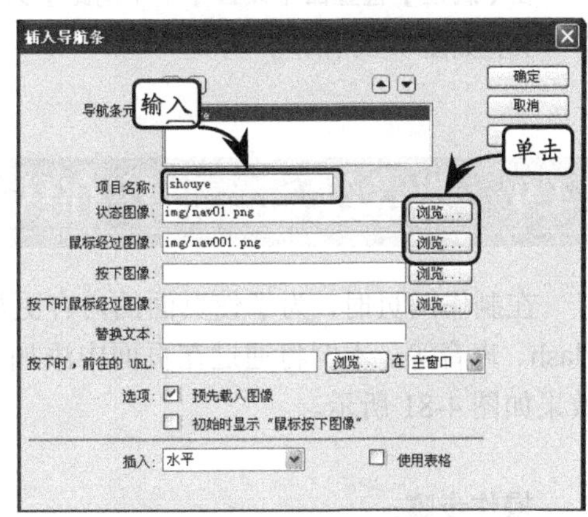

图 4-77 插入鼠标经过图像

4 在【替换文本】文本框中输入“新闻首页”，

在【按下时，前往的 URL】文本框中输入“#”，如图 4-78 所示。

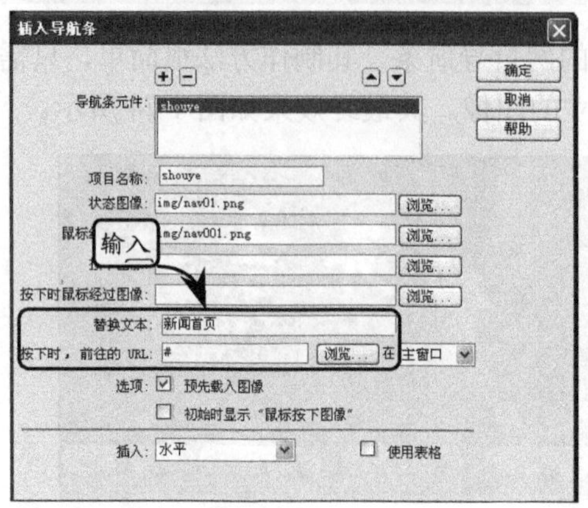

图 4-78　为按钮添加提示文字

技　巧

单击【按下时，前往的 URL】右侧的【浏览】按钮，在弹出的对话框中可以直接选择所要链接的文件。

5　单击【插入导航条】最顶部的【添加项】按钮，在显示的界面中添加第二个导航条元件。然后按照上面的步骤，继续添加其他的导航条元件，如图 4-79 所示。

6　当所有导航条元件添加完成以后，单击【确定】按钮。然后，选择【首页】按钮的图像，在【属性】检查器中设置【水平间距】为 13，如图 4-80 所示。

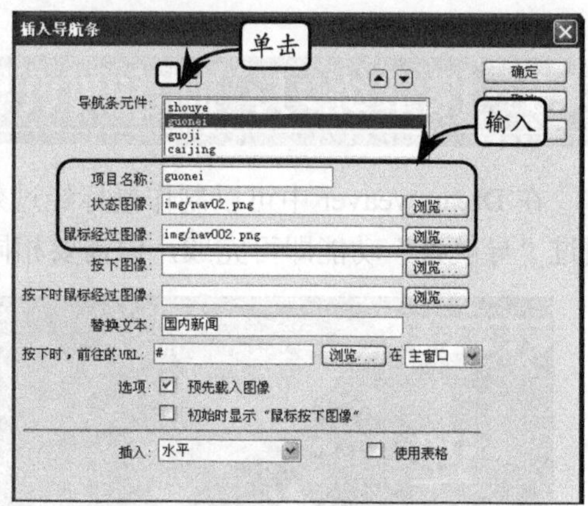

图 4-79　添加导航条元件

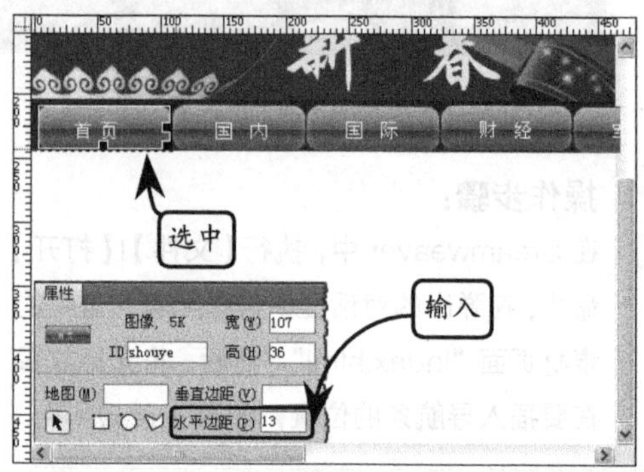

图 4-80　设置按钮图像的水平距离

提　示

分别为【国际】、【军事】、【娱乐】按钮设置【水平间距】为 13。

7　设置完成以后，按 Ctrl+S 快捷键保存文档，按 F12 键预览页面效果，如图 4-74 所示。当鼠标经过按钮时，显示不同按钮效果。

4.9　课堂练习：制作在线电影页面

在制作网页时，为了使页面的内容更加丰富，通常会添加一些多媒体元素，如视频、Flash、声音等。本例将通过在页面中添加 FLV 文件来实现在线电影播放的功能，其总体效果如图 4-81 所示。

操作步骤：

1　在 Dreamweaver 中，执行【文件】|【打开】命令，在弹出的对话框中打开配套光盘中的素材页面“index.html”，如图 4-82 所示。

2　将光标放置在要插入多媒体的位置，然后，在【插入】面板中单击【媒体】按钮左侧的下拉三角按钮，在弹出的菜单中执行 FLV 命令，如图 4-83 所示。

图 4-81 在线电影页面

图 4-82 打开素材页面

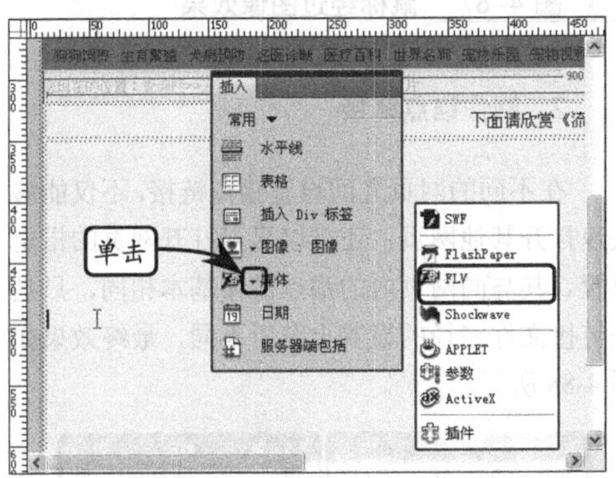

图 4-83 执行 FLV 命令

3 在打开的【插入 FLV】对话框中，单击 URL 文本框右侧的【浏览】按钮，在弹出的对话框中选择“radio.flv”文件，如图 4-84 所示。

4 在【插入 FLV】对话框中，设置【宽度】为 500；【高度】为 270，并选中【自动播放】复选框，如图 4-85 所示。

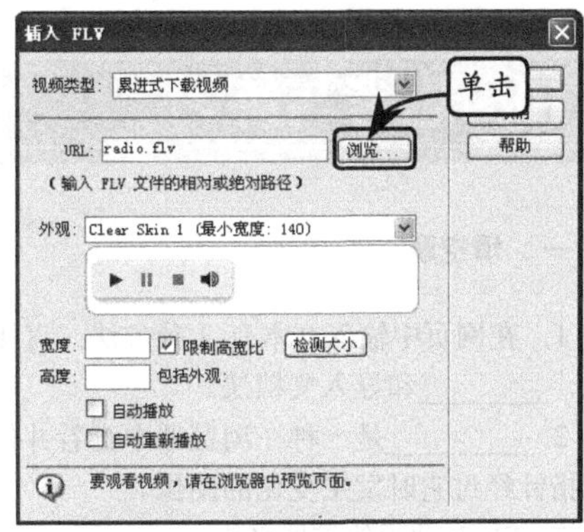

图 4-84 打开 FLV 视频

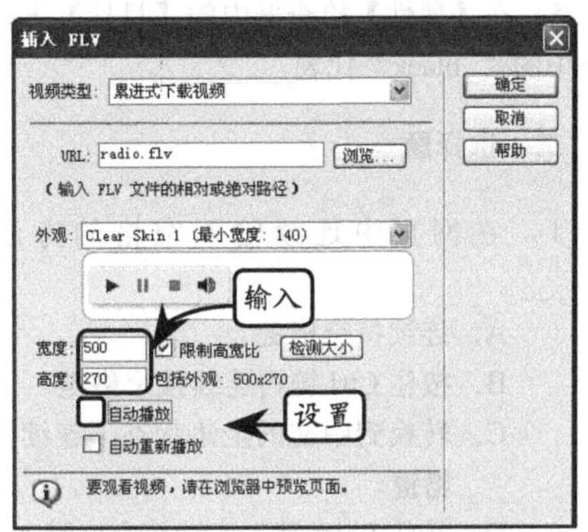

图 4-85 设置 FLV 的宽和高

提 示

单击【检测大小】按钮，可以自动检测视频的大小；在弹出的【插入 FLV】对话框中可以根据自己的需要选择视频【外观】的样式。

5 设置完成后，单击【确定】按钮即可将 FLV 视频插入到网页文档中，如图 4-86 所示。

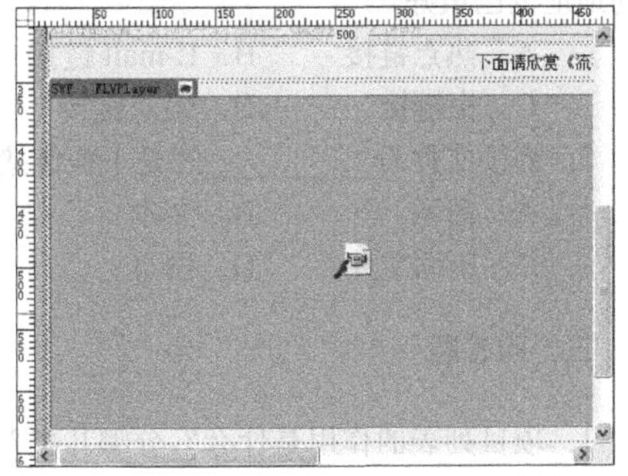

图 4-86 插入 FLV 视频

6 按 Ctrl+S 快捷键保存文档，然后，按 F12 键预览页面效果，如图 4-81 所示。

4.10 思考与练习

一、填空题

1．在网页中输入文本有 3 种方法：直接输入法、________和导入文档法。

2．________是一种在浏览器中查看并使用鼠标指针经过它时发生变化的图像。

3．Flash 动画的扩展名为________。

4．超级链接的载体是________和图像。

5．在【属性】检查器中的【目标】下拉列表框中的“_black”代表________。

二、选择题

1．在网页中连续输入空格的方法是________。

A．连续按空格键
B．按住 Ctrl 键再连续按空格键
C．转换到中文的全角状态下连续按空格键
D．按住 Shift 键再连续按空格键

2．如果不想在段落间留有空行，可以按________快捷键。

A．Enter　　B．Ctrl＋Enter
C．Alt＋Enter　　D．Shift＋Enter

3．________能够制作出包含 4 种状态的按钮。

A．背景图像　　B．鼠标经过图像
C．导航条　　D．占位图像

4．________会弹出邮件发送程序，联系人的地址也已填好。

A．热点链接　　B．E-mail 链接
C．空链接　　D．锚点链接

5．链接文件为________的是下载链接。

A．图像　　B．文本
C．压缩文件　　D．网页

三、问答题

1．项目列表的作用是什么？分哪几类？各有什么特点？

2．叙述交互式图像的概念，并简述在 Dreamweaver 中插入交互式图像的操作步骤。

3．创建导航条的前提条件是什么？

4．如何插入透明 Flash 动画？

5．使用什么方法能够在同一幅图像中添加多个超级链接？

四、上机练习

1．制作鼠标经过图像

只要准备两幅尺寸相同的图像，就可以通过执行 Dreamweaver 中的【插入】|【图像】|【鼠标经过图像】命令，在网页中插入具有鼠标经过效果的动画图片，如图 4-87 所示。

图 4-87　鼠标经过图像效果

2．制作锚点链接

在不同的网页之间设置锚点链接，不仅能够快速打开其他网页，还可以显示打开网页的指定位置。其与同网页内的锚点链接基本相同，只是在链接文件路径的设置上有所不同，最终效果如图 4-88 所示。

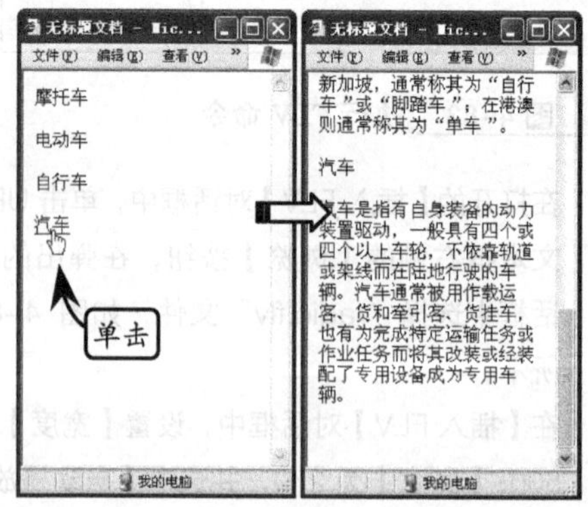

图 4-88　不同网页之间的锚点链接

第 5 章

网页传统设计

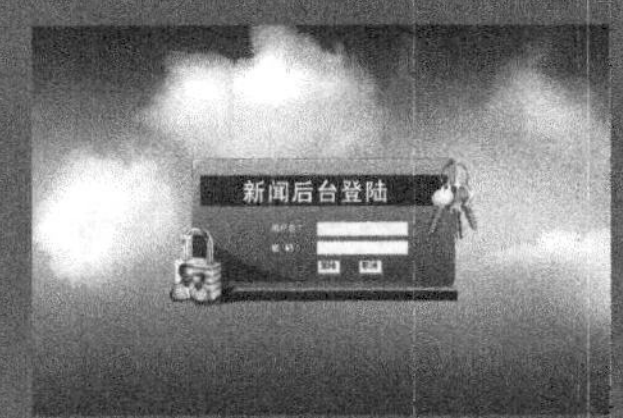

前面章节所介绍的各种网页元素在网页中的插入，均是直接插入的，这时生成的网页中的文本或者图像会随着 IE 浏览器窗口的放大或者缩小而变化，这使得网页处于不稳定的状态。要想改变这种情况，最简单的方法就是使用表格。表格不仅能够控制网页在 IE 浏览器窗口中的位置，还可以控制网页元素在网页中的显示位置，这样无论 IE 浏览器窗口如何变化，其中的网页都会保持默认的状态。

对于风格统一的网站来说，在建立时模板网页的使用能够简化建站过程，并且方便统一修改。而各种网页元素需要一个统一的管理方式。Dreamweaver 提供了一种管理网页元素的途径，那就是【资源】面板。

该章将详细介绍表格的创建与设置，模板网页的创建、编辑与应用，以及【资源】面板中网页元素的管理与应用。

本章学习要点：

- 创建表格
- 编辑表格
- 资源管理器
- 库元素
- 模板网页

5.1 表格建立

在 Dreamweaver 中，表格除了具有归纳的作用外，还具有定位与组合作用，因此能够将定位在网页中任何想要显示的区域中。所以说，网页设计就是从创建表格开始的，而表格的创建可以为后来的网页设计奠定基础。

5.1.1 创建各种表格

较复杂的网页并不是由一个表格组成的，而是有多个表格，甚至表格中还包括表格，也就是嵌套表格。嵌套表格，顾名思义就是在表格中再插入表格。这样一来，由总表格负责整体的排版，由嵌套表格负责各个子栏目的排版，并插入到总表格的相应位置，各司其职，互不冲突。

1. 插入表格

在网页中插入表格的方法非常简单，在【插入】面板中，单击【常用】选项卡中的【表格】按钮，在弹出的【表格】对话框中设置相应的参数，即可插入表格，如图 5-1 所示，其中，对话框中的各个选项及作用如表 5-1 所示。

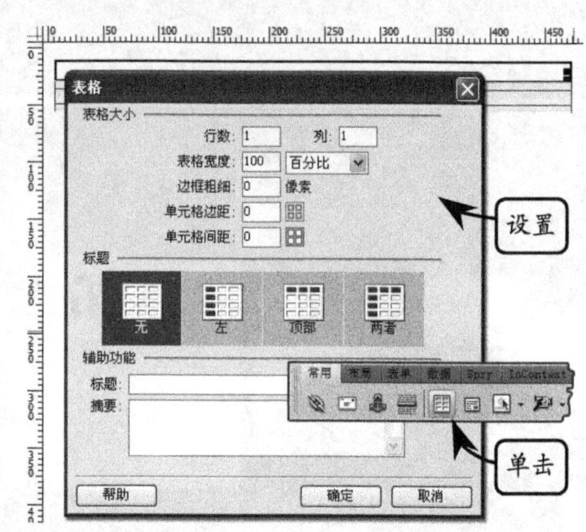

图 5-1 插入表格 1

表 5-1 【表格】对话框中的各个选项及作用

选　项	作　用
行数	用于确定表格的行数
列数	用于确定表格的列数
表格宽度	以像素或者百分比为单位确定表格的宽度
边框粗细	以像素为单位指定表格边框的宽度
单元格边距	指定单元格边框和单元格内容之间的像素数，如果不希望显示边框时，设置为“0”像素
单元格间距	指定相邻的单元格之间的像素数
无	对表不启用列或行标题，默认情况下此项被选中
左侧	将表的第一列作为标题列，便于为每一行输入一个标题
顶部	将表的第一行作为标题行，便于为每一列输入一个标题
两者	在表中输入列标题和行标题
标题	指定在表格外显示的标题
对齐标题	指定表格标题相对于表格的显示位置，采用默认方式
摘要	用于说明表格

在【表格】对话框中设置不同的选项，会得到不同的表格，图 5-2 所示的是 3 行 3

列，【表格宽度】为“300”像素。

提 示

当表格宽度的单位为百分比时，表格宽度会随着 IE 浏览器窗口的改变而变化；当表格宽度的单位为像素时，表格宽度是固定，不会随着 IE 浏览器窗口的改变而变化。

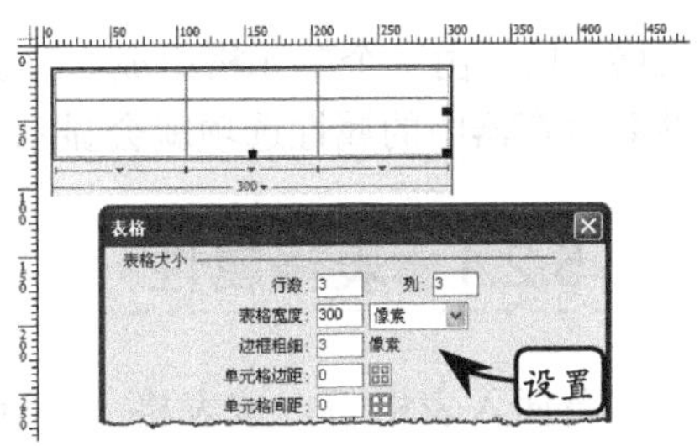

图 5-2 插入表格 2

2. 插入嵌套表格

要想插入嵌套表格，首先要插入表格，然后将光标放置在表格中，使用插入表格的方法插入嵌套表格即可，如图 5-3 所示。

注 意

在设置总表格和嵌套表格宽度的时候需要注意，总表格设置的是网页整体的排版，为了使之在不同分辨率的显示器下能保持统一的外观，总表格的宽度一般使用像素值；而为了使嵌套表格的宽度不和总表格发生冲突，嵌套表格一般使用百分比设置宽度。

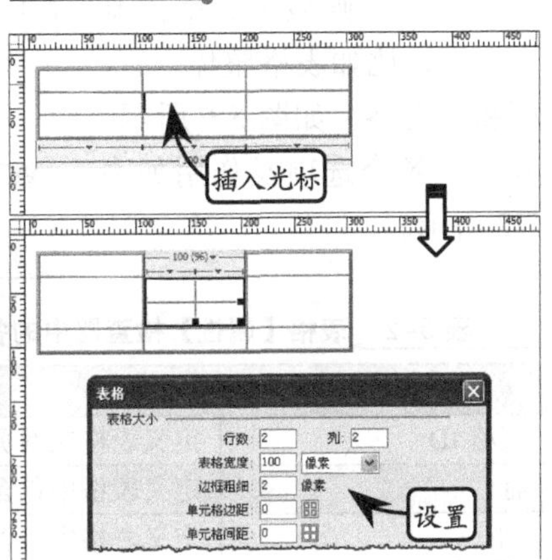

图 5-3 插入嵌套表格

5.1.2 在表格中插入网页元素

为了使网页中的元素能够有序地、按照要求显示在 IE 浏览器窗口中，在插入文本或者图像之前，插入表格是最好的解决方法。在表格中插入文本或者图像的方法与直接在网页中插入的方法基本相同，只是在插入之前，需要将光标放置在表格中。

1. 在表格中输入文本

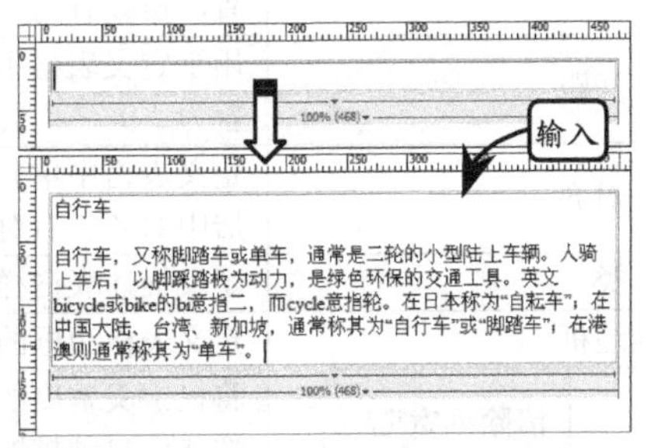

图 5-4 在表格中输入文本

在输入文本之前，首先插入一个 1 行 1 列的表格，然后将光标放置在表格中，即可输入文本，如图 5-4 所示。输入文本时表格的宽度没有发生变化，而高度由于文本的输入发生变化。

2. 在表格中插入图像

图像的插入与文本输入的操作顺序相同，都是先插入表格，将光标放置在表格中，按照图像插入的方法在表格中插入图像，如图 5-5 所示。

图 5-5 在表格中插入图像

5.2 设置表格属性

表格是由单元格组成的，即使是一个最简单的表格，也是由一个单元格组成。而表格与单元格的属性完全不同，选择不同的对象，【属性】检查器中的属性选项就会显示不同的选项参数。

5.2.1 表格属性

当插入表格后，该表格同时被选中。而在【属性】检查器中，则显示表格的基本属性，比如表格整体、行、列和单元格，如图 5-6 所示。其中，各个选项及作用如表 5-2 所示。

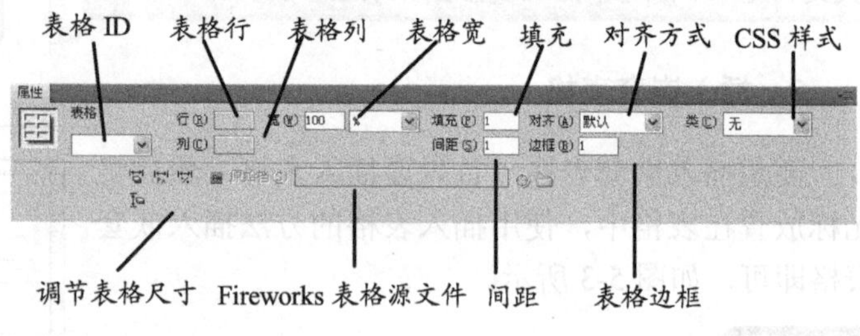

图 5-6 表格属性

表 5-2 表格【属性】检查器中的各个选项及作用

选　项		作　用
表格 ID		定义表格在网页文档中唯一的编号标识
行		定义表格中包含的单元格横行数量
列		定义表格中包含的单元格纵列数量
宽		用于定义表格的宽度，单位为像素或百分比
填充		用于定义表格边框与其中各单元格之间的距离，单位为像素。如不需要此设置，可设置为“0”
间距		用于定义表格中各单元格之间的距离，单位为像素。如不需要此设置，可设置为“0”
对齐		定义表格中单元格内容的对齐方式，默认为两端对齐。用户可设定为左对齐、居中对齐、右对齐等
类		定义描述表格样式的 CSS 类名称
边框		定义表格边框的宽度。如不需要表格显示宽度，可将其设置为“0”
表格尺寸	清除列宽	将已定义宽度的表格宽度清除，转换为无宽度定义的表格，使表格随内容的增加而自动扩展宽度
	清除行高	将已定义行高的表格行高清除，转换为无行高定义的表格，使表格随内容的增加而自动扩展行高
	将表格宽度转换成像素	将以百分比为单位的表格宽度转换为以像素为单位的表格宽度
	将表格宽度转换成百分比	将以像素为单位的表格宽度转换为以百分比为单位的表格宽度
Fireworks 表格源文件		如在设计表格时使用了 Fireworks 源文件作为表格的样式设置，则可通过此项目管理 Fireworks 的表格设置，并将其应用到表格中

通过【表格】对话框创建表格，只能设置表格的部分属性，至于表格的其他属性，例如对齐方式等，还需要在【属性】检查器中设置，图 5-7 所示的是表格属性更改后的效果。

在【属性】检查器中，还有可以直接设置表格的各个按钮，这些按钮可以在设置表格宽度或者高度之间转换。选中【宽】为 200 像素的表格，在【属性】检查器中单击【清除列宽】按钮，即可将表格的宽度清除，如图 5-8 所示。

注 意

在早期的 Dreamweaver 版本中，支持通过【属性】检查器设置表格的背景颜色、背景图像以及表格内容中文本的各种样式。然而这种设置制作出来的网页并不符合 Web 标准化的要求。因此，Dreamweaver CS4 已将这些功能去除，用户可以直接通过 CSS 样式定义表格的这些属性。

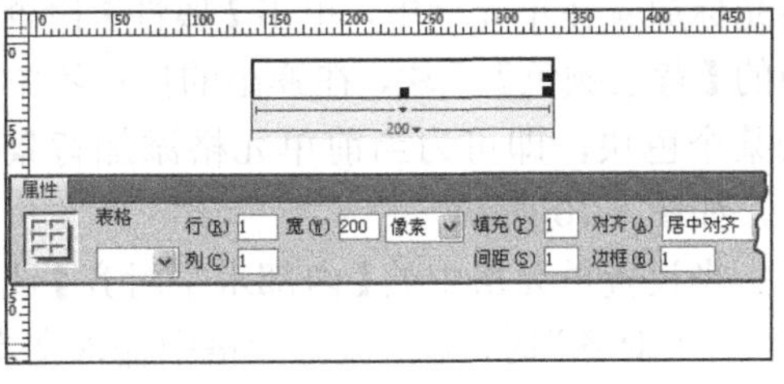

图 5-7 更改表格属性

5.2.2 单元格属性

一个最简单的表格包括一个单元格、一行与一列，可将光标放置在表格中时，其实是将光标放置在单元格中，也就是选中了单元格。这时【属性】检查器中显示的是单元格的属性，如图 5-9 所示，其中各个选项及作用如表 5-3 所示。

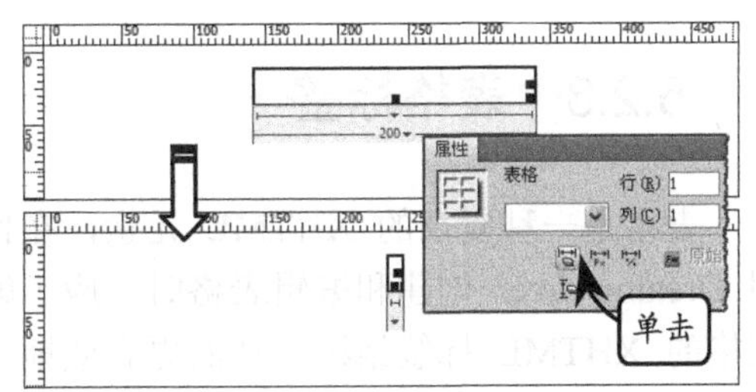

图 5-8 清除表格列宽

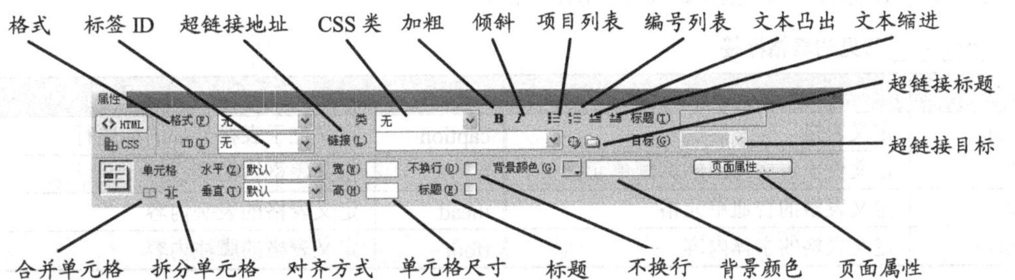

图 5-9 单元格属性

表 5-3 单元格【属性】检查器中的各个选项及作用

选 项	作 用
合并所选单元格，使用跨度	将所选的多个同行或同列单元格合并为一个单元格
拆分单元格为行或列	将已选择的位于多行或多列中的独立单元格拆分为多个单元格
水平	定义单元格中内容的水平对齐方式
垂直	定义单元格中内容的垂直对齐方式
宽	定义单元格的宽度
高	定义单元格的高度
不换行	选中该选项时单元格中的内容将不自动换行，单元格的宽度也将随内容的增加而扩展
标题	选中该选项目时，则将普通的单元格转换为标题单元格，单元格内的文本加粗并水平居中显示
背景颜色	单击该项目的颜色拾取器，可选择颜色并将颜色应用到单元格背景中

在单元格中能够设置其背景颜色，方法是将光标放置在单元格中，单击【属性】检查器中的【背景颜色】色块，在弹出的拾色器中单击某个色块，即可为当前单元格添加背景颜色，如图 5-10 所示。

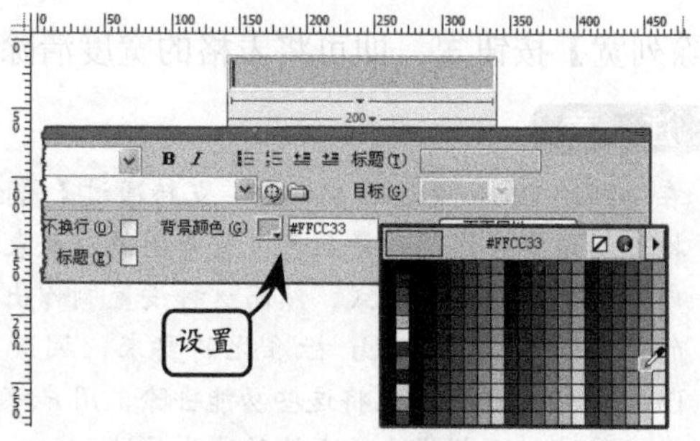

图 5–10 设置单元格属性

当设置单元格中的【内部水平对齐】选项为“居中对齐”时，无论在单元格中输入文本，还是插入图像，其位置均显示在单元格内部中间区域，如图 5-11 所示。

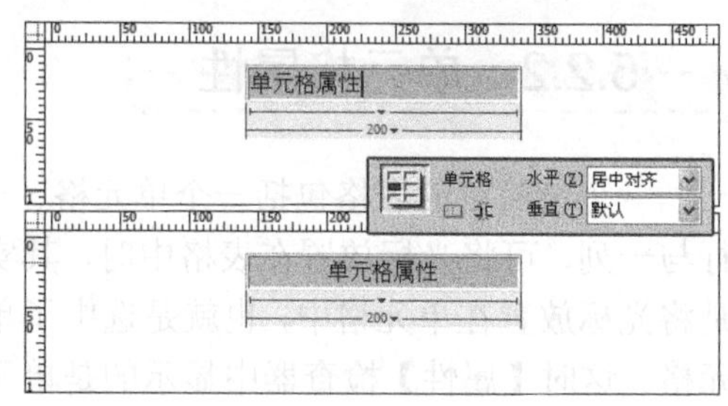

图 5–11 设置对齐方式

5.2.3 表格标签

表格是一种复杂的 XHTML 元素，在使用 Dreamweaver 创建和编辑表格时，应了解表格的 XHTML 标签结构，从而更有效地控制和使用表格。一个 XHTML 表格通常由多种嵌套的 XHTML 标签组成。在表格中，常见的 XHTML 标签主要包括如表 5-4 所示几种。

表 5–4 常见的表格标签

标　签	作　用	标　签	作　用
table	定义表格	caption	定义位于表格外部的标题行
th	定义位于表格内部的标题单元格	tr	定义表格内的表格行
td	定义表格的普通单元格	thead	定义表格的表头内容
tbody	定义表格的主体内容	tfoot	定义表格的脚注内容

在表格中，“<td>”表格单元格标签必须嵌套在“<tr>”表格行标签之内，而“<tr>”表格行标签也只能嵌套在“<table>”表格标签之内。例如，一个包含空格的 1 行 1 列的表格，其结构如下所示。

```
<table>
  <tr>
    <td> </td>
  </tr>
</table>
```

在上面的代码中，“ ”是一个转义符，表示在网页中显示一个全角空格。“<td>”表格单元格标签被包含在“<tr>”表格行标签中。

如果要表示位于同一行中的多个单元格，则可将这些“<td>”单元格标签放在同一个“<tr>”表格行标签中。例如，一个 1 行 4 列的表格，其结构如下所示。

```
<table>
  <tr>
    <td> </td>
```

```
    <td> </td>
    <td> </td>
    <td> </td>
  </tr>
</table>
```

在表格中，还允许添加用于表示标题单元格的“<th>”标签。其用法与“<td>”单元格标签类似。例如，一个同时包含标题单元格与普通单元格的2行2列的表格，其构如下所示。

```
<table>
  <tr>
    <th> </th><th> </th>
  </tr>
  <tr>
    <td> </td><td> </td>
  </tr>
</table>
```

“<caption>”标签的作用是添加一个独立的行来描述表格的标题内容。与“<th>”标题单元格标签不同，“<caption>”标签中的内容将显示于表格的外部，且不需要嵌套在“<tr>”表格行标签中，如下所示。

```
<table>
<caption> </caption>
<tr>
  <th> </th>
  <th> </th>
  <th> </th>
</tr>
<tr>
  <td> </td>
  <td> </td>
  <td> </td>
</tr>
</table>
```

除了table、tr、th和td等标签外，表格还允许使用头部描述标签“thead”、主体描述标签“tbody”以及尾行描述标签“tfoot”等嵌套在“tr”标签以外，对表格的内容进行划分，方便用户定义其样式属性。例如，一个包含1行表头、1行表格主体以及1行表格尾行描述的2列表格，代码如下所示。

```
<table>
  <thead>
    <tr>
      <th> </th><th> </th>
    </tr>
```

```
    </thead>
    <tfoot>
      <tr>
        <td> </td><td> </td>
      </tr>
    </tfoot>
    <tbody>
      <tr>
        <td> </td><td> </td>
      </tr>
    </tbody>
  </table>
```

"thead"、"tbody"以及"tfoot"标签属于隐含在网页代码中的标签，其在网页浏览器中是无法显示出来的，只能用于表格样式的分类定义，辅助用户通过CSS样式的包含选择方法，实现复杂的表格样式设置。

注 意

在使用thead、tbody和tfoot这3个隐含标签时，必须3个一起使用，不能将其分开。同时，其使用必须按照thead、tfoot和tbody的顺序进行。虽然tfoot数据在tbody之前，但在网页显示时，tfoot是显示于tbody之后的。所有浏览器都支持这3种标签的使用。

5.3 编辑表格

由于Dreamweaver是一个可视化操作的软件，所以表格的属性除了能够在【属性】检查器中设置外，还能够通过鼠标进行改变属性，并且进行某些【属性】检查器无法完成的操作，比如选中表格、复制与粘贴单元格等。

5.3.1 选中表格元素

在设置表格属性时发现，将光标放置在表格中，【属性】检查器中显示的是单元格属性，而不是表格属性，这说明选中的是单元格，而不是表格。创建一个表格，既包含其本身，还包含单元格、行与列元素，而这些元素的选择方法各不相同。

1. 选中表格

创建一个4行4列的表格后，要选中该表格，只要将鼠标移到表格的上边框或者下边框处，当指针变成如图5-12所示的形状时，单击即可。

如果将鼠标移到表格的右边框或者内部单元格的边框处，当指针变成如图5-13所示的形状时单击，也可以选中表格。

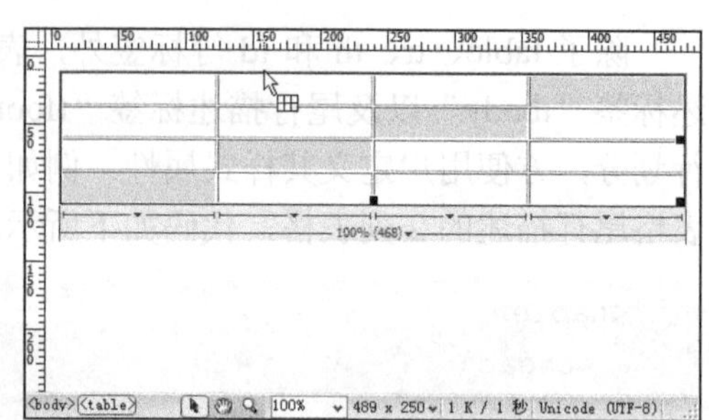

图5-12 单击上边框选中表格

还有一种选中表格的方法是，将光标放置在任何一个单元格中，执行【修改】|【表格】|【选择表格】命令，选中表格，如图 5-14 所示。

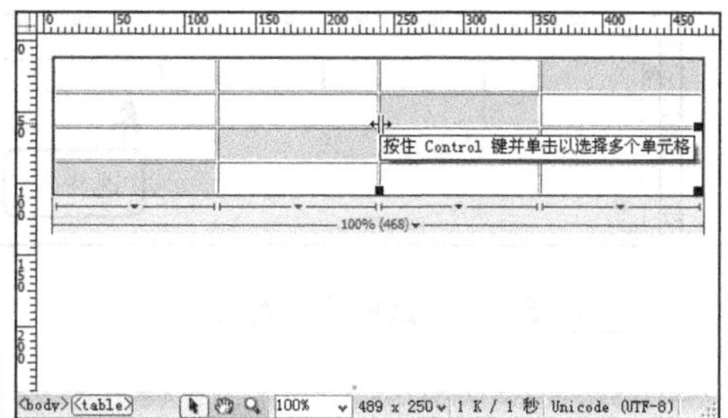

图 5-13 单击单元格边框选中表格

注 意

将光标放置在任意单元格后，如果想通过 Ctrl + A 快捷键来选中表格，必须连续按两次快捷键，因为第一次按快捷键 Ctrl + A 选中的是光标所在的单元格。

最后一种选中表格的方法是，将光标放置在任何一个单元格中，单击状态栏中标签选择器上的【<table>】标签即可，如图 5-15 所示。

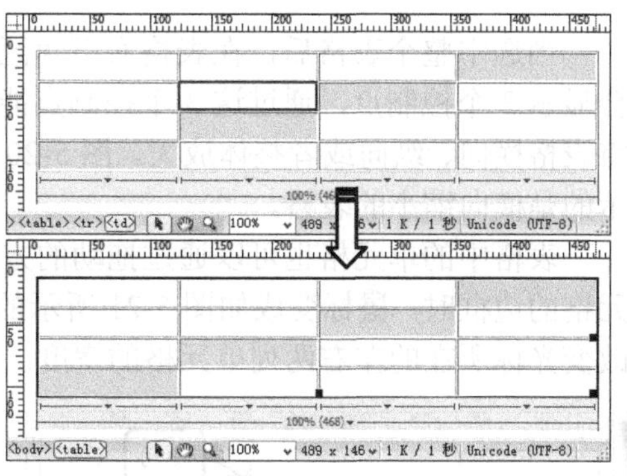
图 5-14 执行命令选中表格

2. 选中单元格

前面已经介绍过，选中单个单元格的方法就是将光标放置在该单元格内部。如果要选中多个连续的单元格，将鼠标置于单元格中，沿任意方向拖动即可，如图 5-16 所示。

将鼠标置于任意单元格中，按住 Ctrl 键的同时单击其他单元格，可以选中不连续的单元格，如图 5-17 所示。

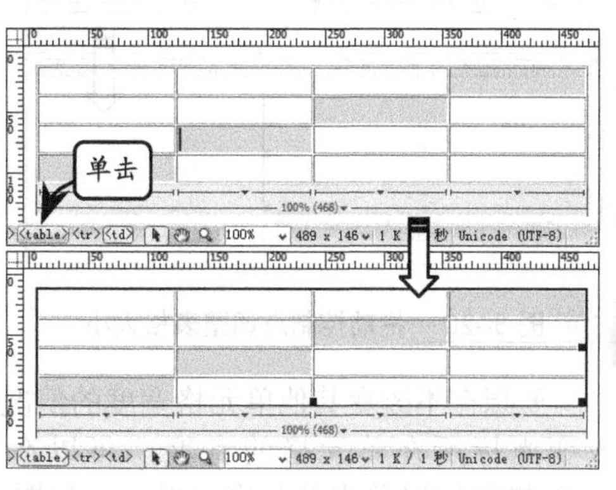

图 5-15 使用标签选择器选中表格

3. 选中行或者列

选中表格中的行或者列，就是选中一行中所有连续的单元格或者一列中所有连续的单元格。此时需要将鼠标指针移到行的左端或者列的上端，当指针变为如图 5-18 所示的黑色箭头时，单击鼠标，即可选中整行或整列。

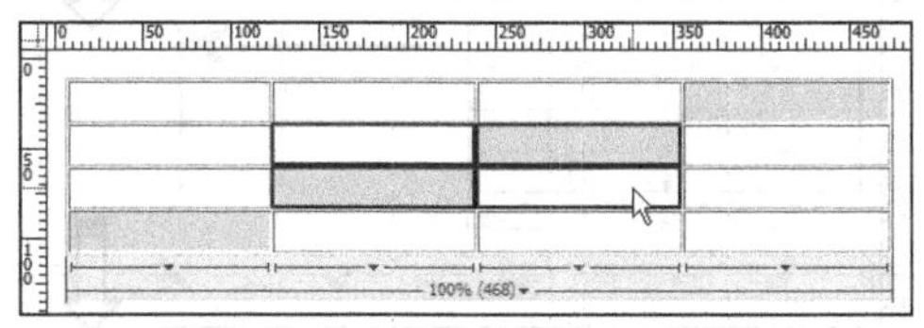
图 5-16 选中多个连续的单元格

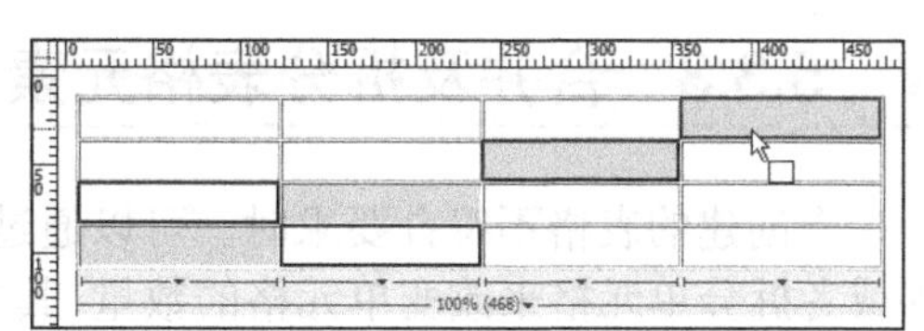
图 5-17 选中多个不连续的单元格

选中整列单元格还有一种方法，就是单击表格下面的绿色的向下箭头，在弹出的下拉列表中选择【选择列】选项即可，如图 5-19 所示。

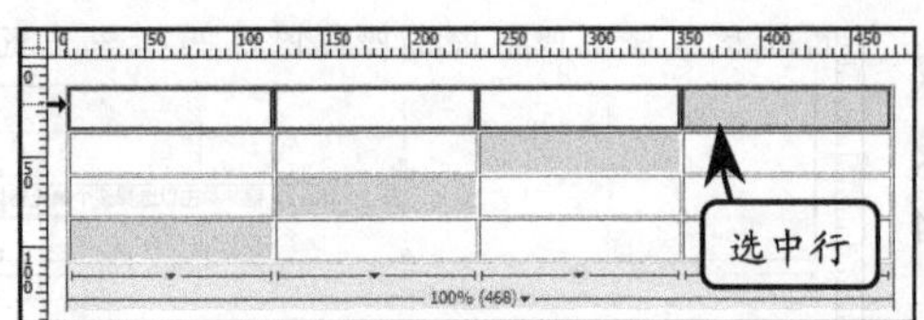

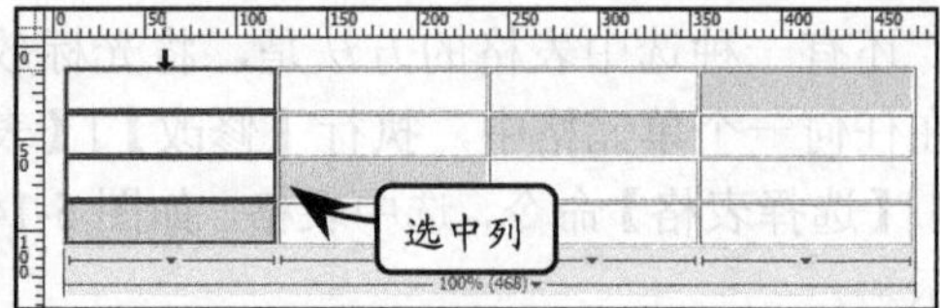

图 5-18 选中行或者列

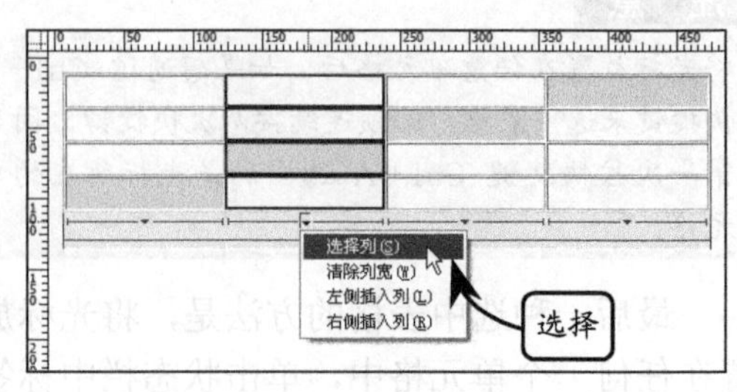

图 5-19 通过下拉列表选中整列

5.3.2 调整表格大小

当选中整个表格后，在表格右下角区域会显示 3 个控制点，通过这 3 个控制点能够将表格横向、纵向或者整体放大。图 5-20 显示的是横向缩小的表格。

表格中的单元格也可以通过拖动的方式来改变其宽度。方法是：将光标指向内部单元格的边框时，鼠标变成如图 5-21 所示的形状，单击并且向左或者向右拖动鼠标，可以改变光标所在的左右两列单元格的宽度。

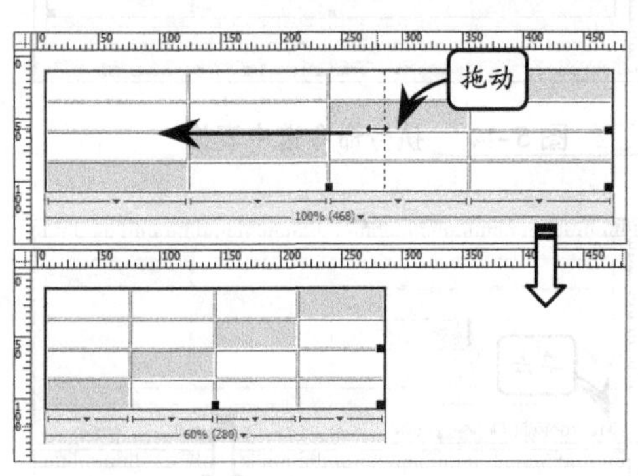

图 5-20 拖动控制点调整表格大小

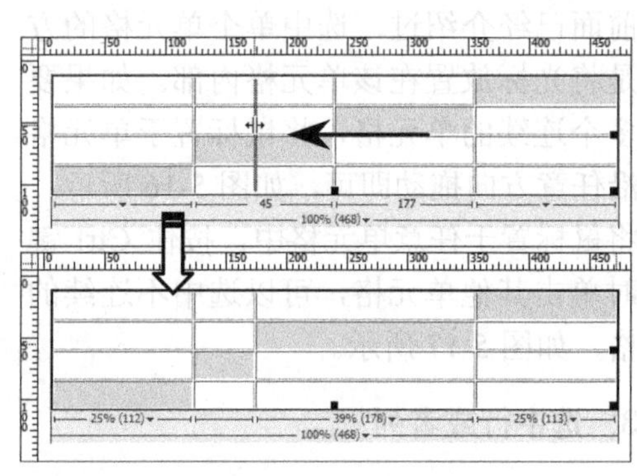

图 5-21 改变单元格的宽度

要想在不改变其他单元格宽度的情况下，改变光标所在单元格的宽度，可以在按住 Shift 键的同时单击并且拖动鼠标，如图 5-22 所示。

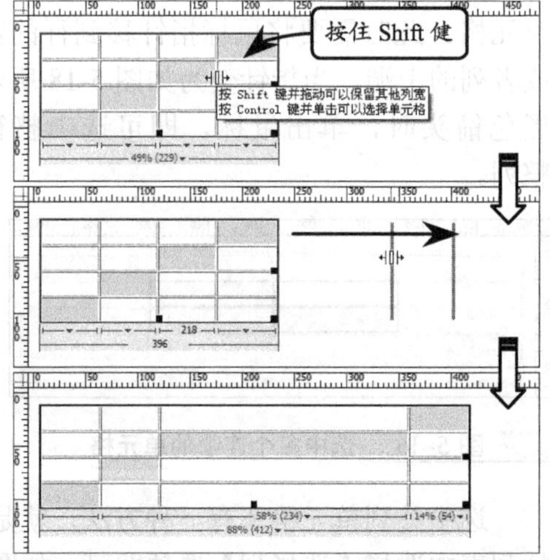

图 5-22 结合 Shift 键调整表格大小

5.3.3 合并及拆分表格元素

当创建的表格不符合要求时，可以通过合并或者拆分单元格来改变单元格的数量，其中，删除或者增加表格的行与列同样能够改变单元格的数量。

1. 删除和增加表格行与列

要想删除表格中的行，而不影响其他行中

的单元格，可以将光标放置在想要删除行的其中一个单元格中，然后执行【修改】|【表格】|【删除行】命令（快捷组合键 Ctrl＋Shift＋M），如图 5-23 所示，光标会自动移至与被删除行同列的单元格中。

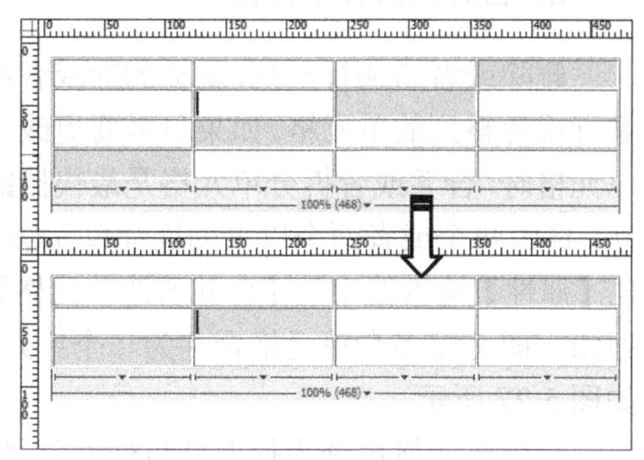

图 5-23　删除行

在不影响其他列的同时删除某一列的方法是，将光标放置在想要删除列的其中一个单元格中，然后执行【修改】|【表格】|【删除列】命令（快捷组合键 Ctrl＋Shift＋－），如图 5-24 所示。

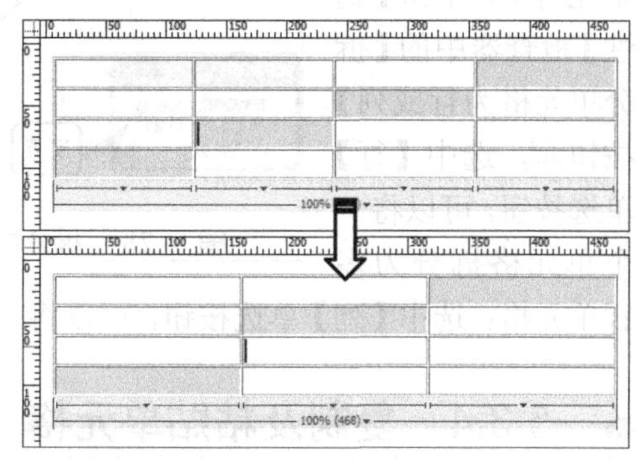

图 5-24　删除列

增加表格中的行或者列时，会遇到两者情况，一种是在行的上方（列的左侧）增加一行（一列）；另外一种是在行的下方（列的右侧）增加一行（一列）。在 Dreamweaver CS4 中为这两种情况提供了简单的操作方法，即在【布局】选项卡中分别提供了相应的按钮。

要想在某一行的上方或者下方增加一行时，首先将光标放置在该行的某个单元格中，在【插入】面板的【布局】选项卡中，单击【在上面插入行】按钮，在光标所在行的上方插入一行；或者单击【在下面插入行】按钮，在光标所在行的下方插入一行，如图 5-25 所示。

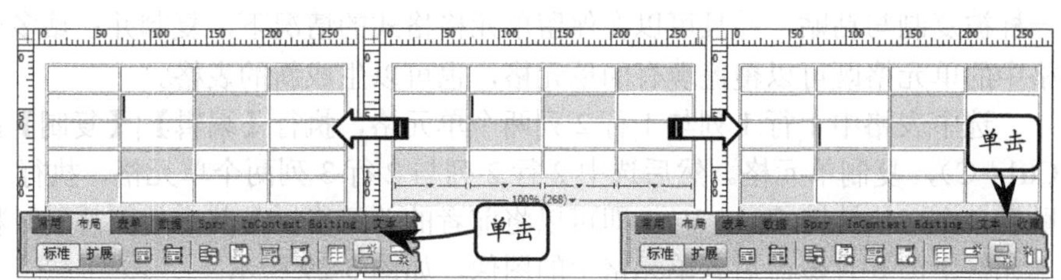

图 5-25　在上方或者下方插入行

要想在某一列的左侧或者右侧增加一列时，首先将光标放置在该列的某个单元格中，然后单击【布局】选项卡中的【在左边插入列】按钮，在光标所在列的左侧增加一列；或者单击【在右边插入列】按钮，在光标所在列的右侧增加一列，如图 5-26 所示。

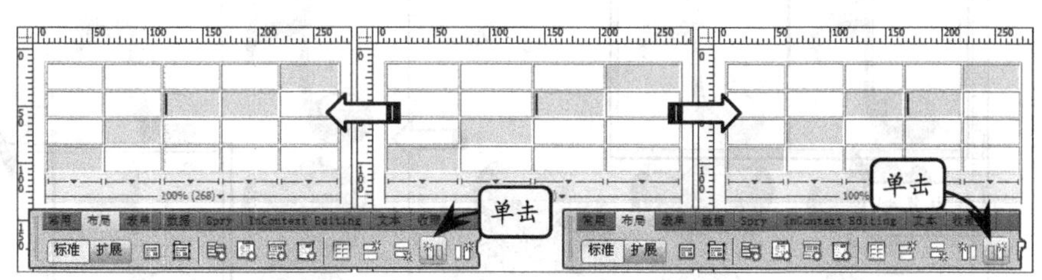

图 5-26　在左侧或者右侧插入列

2. 合并及拆分单元格

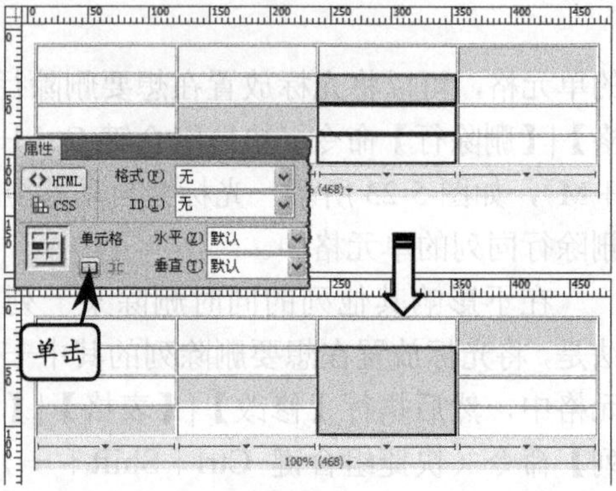

删除或者增加行与列，就会删除或者增加整行或者整列的单元格。如果只需要更改一个单元格时，合并或者拆分单元格是最快捷的方法。选中两个或者两个以上的连续单元格，单击【属性】检查器中的【合并所选单元格】按钮，即可将多个单元格合并为一个单元格，如图 5-27 所示。

图 5-27 合并单元格

拆分单元格也分为行拆分与列拆分。将光标放置在要拆分的单元格中，单击【属性】检查器中的【拆分单元格为行或列】按钮，选中【行】单选按钮，可以将一个单元格拆分为多行单元格；选中【列】单选按钮，可以将一个单元格拆分为多列单元格，如图 5-28 所示。

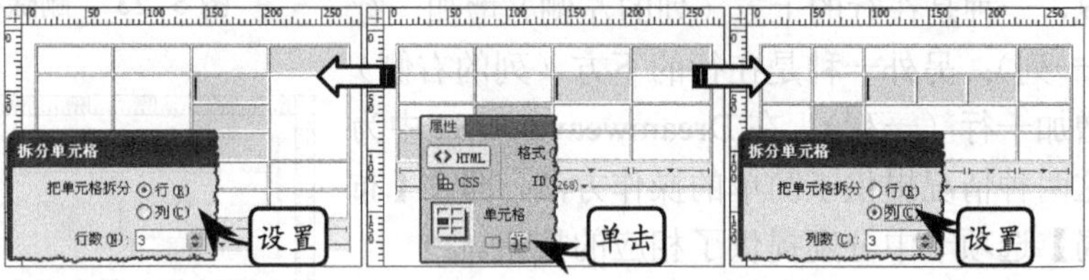

图 5-28 拆分单元格

5.3.4 复制及粘贴单元格

除了能够对表格中的单元格进行添加与删除等操作外，单元格还可以像文本、图片一样被复制与粘贴，并且可以在保留单元格格式的情况下，复制并粘贴多个单元格。表格中的单元格既可以覆盖现有的单元格，也可以生成新的表格。

选中表格中 1 行 1 列与 1 行 2 列两个单元格，执行【编辑】|【复制】命令（快捷键 Ctrl+C），复制单元格。然后选中 2 行 2 列与 2 行 3 列两个单元格，执行【编辑】|【粘贴】命令（快捷键 Ctrl+V），即可以将前者的单元格以及其中的图片同时粘贴到后者的单元格中，并且覆盖后者单元格中的图像，如图 5-29 所示。

图 5-29 在同一表格中复制粘贴单元格

如果将复制的单元格粘贴至原表格以外，所粘贴的行、列或者单元格就会作为一个新的表格出现，如图 5-30 所示。

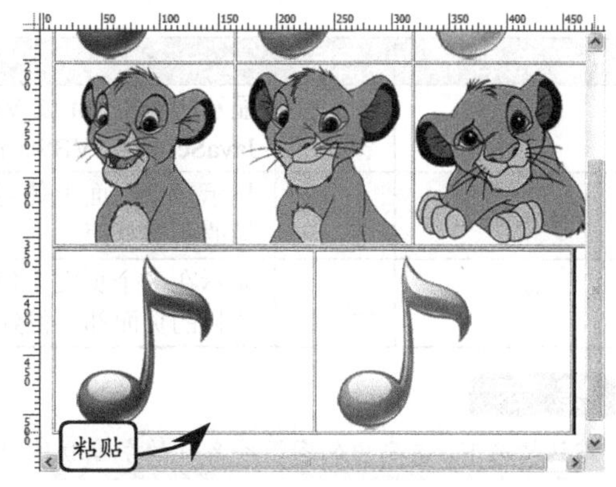

图 5-30　通过粘贴建立新表格

5.4　管理网页元素

建立网站经常会用到非常多的网页元素，比如图像与多媒体，以及建立的网页等，如何有效管理这些网页和网页元素成为一件令人头疼的事情。在 Dreamweaver 中有一种功能，即资源管理，使用该功能，设计者可以方便地管理站点的每一种资源。

5.4.1　认识和编辑资源

【资源】面板是用于组织站点资源的主要工具，它包括可重复使用的内容片段，比如库项目；在该面板中，可以跟踪和预览站点中存储的资源，比如图像、影片、颜色、脚本和链接；还可以直接拖动某个资源，将其插入到当前文档的某一页中。

1. 认识【资源】面板

执行【窗口】|【资源】命令（快捷键 F11），在【资源】面板中显示的是已经创建的站点内部文件，如图 5-31 所示。

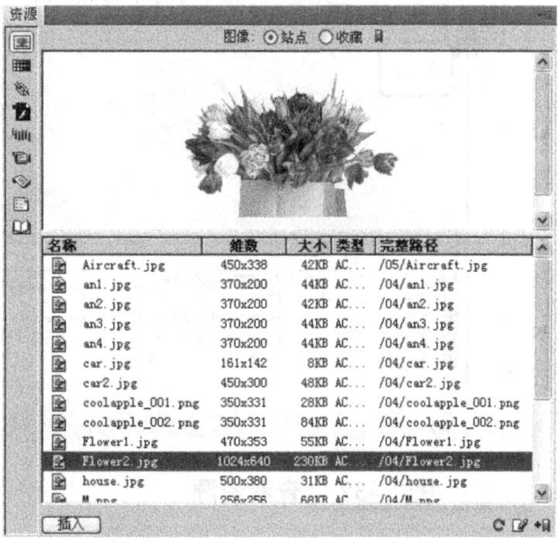

图 5-31　【资源】面板

【资源】面板有两种显示方式，一种是站点列表方式，在这种方式下，网站的所有资源都被分类显示；另一种是收藏夹方式，只显示设计者自定义在收藏夹中的资源。在面板左侧罗列了所有可以显示的元素，其名称与功能如表 5-5 所示。

表 5-5　【资源】面板中的元素类别名称与功能

元素名称	图标	功　能
图像		显示 GIF、JPEG 或 PNG 格式的图像文件
颜色		显示文档和样式表中使用的颜色，包括文本颜色、背景颜色和链接颜色
URL		显示当前站点文档中使用的外部链接，包括 FTP、gopher、HTTP、HTTPS、JavaScript、电子邮件（mail　to）以及本地文件（file://）链接
Flash		显示任何 Adobe Flash 版本的文件。该面板仅显示 SWF 文件（压缩的 Flash 文件），而不显示 FLA（Flash 源）文件
Shockwave		显示任何 Adobe Shockwave 版本的文件
影片		显示 QuickTime 或 MPEG 文件

续表

元素名称	图标	功能
脚本		显示 JavaScript 或 VBScript 文件。HTML 文件中的脚本（而不是独立的 JavaScript 或 VBScript 文件）不出现在该面板中
模板		显示多个页面上使用的主页面布局。修改模板时会自动修改附加到该模板的所有页面
库		显示在多个页面中使用的设计元素。当修改一个库项目时，所有包含该项目的页面都将得到更新

提 示

默认情况下，类别中的资源按名称的字母顺序列出，不过，也可以按类型或其他条件对其进行排序。

2. 在预览区域中查看资源

在默认情况下，【资源】面板中显示的是站点中的【图像】元素，要想查看其他元素中的某个文件，首先要单击该元素图标，然后在列表中单击该文件，即可在预览区域中显示。这里查看的是 Flash 元素中的 banner.swf 文件，如图 5-32 所示。

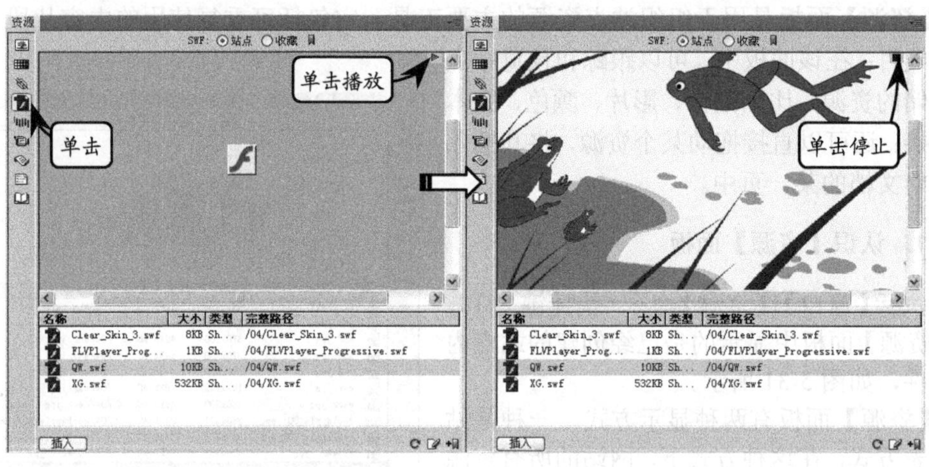

图 5-32 查看资源

提 示

当选择一个影片资源时，预览区域将显示一个图标。若要查看该影片，可以单击预览区域右上角的【播放】按钮。

5.4.2 使用收藏列表方式管理资源

在【资源】面板中，站点列表和收藏列表对资源的绝大多数操作是一样的。但是，有些比较特殊的任务只能在收藏列表中完成，这是因为【资源】面板中的站点列表一般显示的是站点中所有能识别的资源。对于一个大型站点来说，列表将会显得臃肿。因此，可以将经常使用的资源添加到收藏列表中，这样能够重点管理相关的资源。

1. 在【收藏】列表中添加资源

要向收藏列表中添加资源，首先要在站点列表中选择要添加的资源，然后单击【添加到收藏夹】按钮，资源自动添加到【收藏】列表中，如图 5-33 所示。

提 示

要想查看【收藏】列表中的资源，可以在【资源】面板中选择【收藏】选项切换到【收藏】列表。

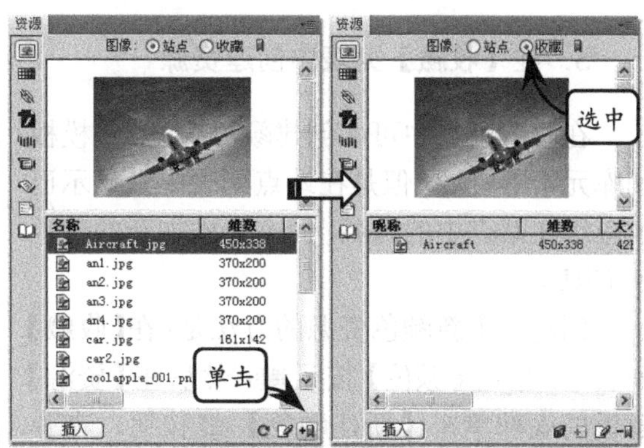

图 5-33 添加资源到【收藏】列表

2. 在【收藏】列表中管理资源

将资源添加到【收藏】列表中后，还可以为资源重新命名，别名将替代资源文件名或者资源值显示。方法是右击资源元素，执行【编辑别名】命令，输入文字后按 Enter 键即可完成，如图 5-34 所示。

技 巧

只有在收藏列表中才能给资源重新命名，站点列表中的资源是按照实际的名字显示的。

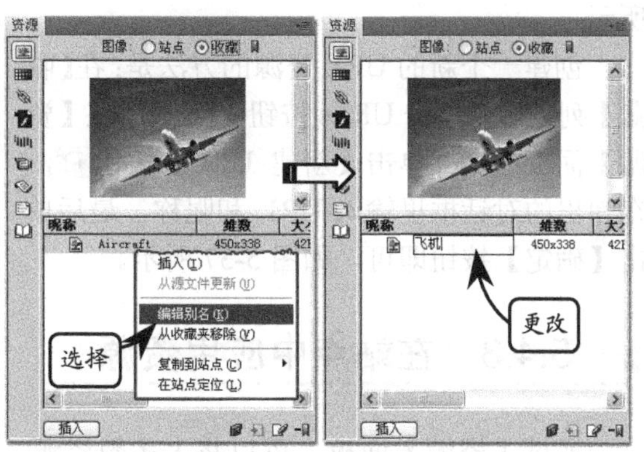

图 5-34 资源重命名

在【收藏】列表中，可以把一组具有相同属性的资源添加到一个收藏夹中。方法是在【收藏】列表中单击【新建收藏夹】按钮，然后为文件夹命名，接着将相应的资源拖放到该文件夹中，如图 5-35 所示。

提 示

把一个资源加入到收藏夹中并不改变资源文件在本地硬盘上的位置，而是为了方便查看与编辑。

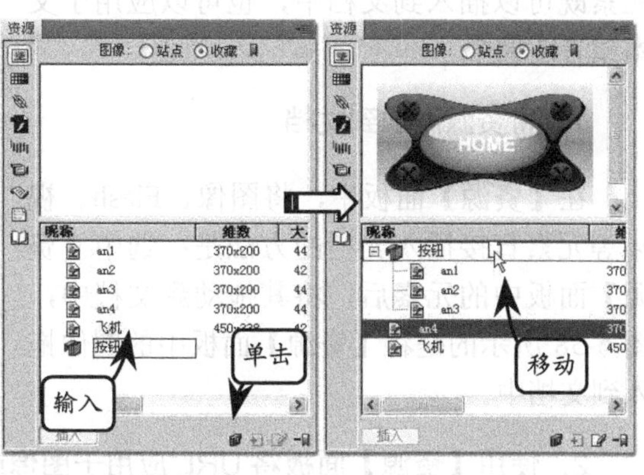

图 5-35 资源分类

如果要在【收藏】列表中删除一个已经无意义的资源，可以选中该资源，然后单击【资源】面板底部的【从收藏中删除】按钮，就可以将选定的资源从收藏列表中删除。

注 意

资源将从【收藏】列表中删除，但【站点】列表中仍会保留这些资源。如果删除某个【收藏夹】，则该文件夹及其包含的所有内容都会一同删除。

3. 在【收藏】列表中创建资源

在收藏列表中可以创建颜色、URL、模板和库元素等资源，但是在站点列表中只显示已经应用在站点中的资源，而不能添加新的颜色和 URL。

创建一个新颜色资源的方法是：在【收藏】列表中，单击【颜色】按钮，然后在【资源】面板的底部单击【新建颜色】按钮，在弹出的如图 5-36 所示的拾取板里选择颜色，如果需要还可以为颜色重新命名，如图 5-36 所示。

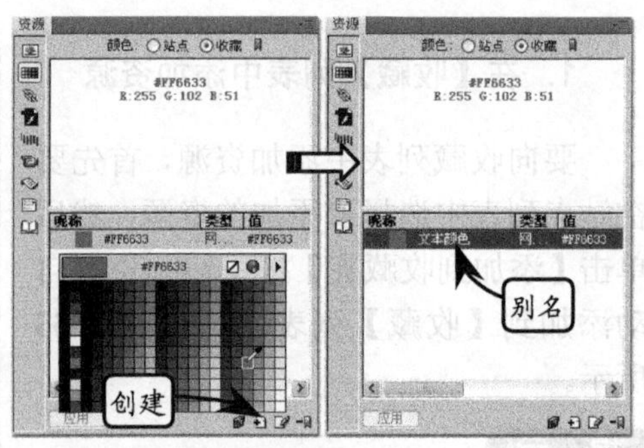

图 5-36 创建颜色

创建一个新的 URL 资源的方法是：在【收藏】列表中，单击 URLs 按钮，然后在【资源】面板的底部单击【新建 URL】按钮，在弹出的对话框里输入 URL 和昵称，最后单击【确定】按钮即可，如图 5-37 所示。

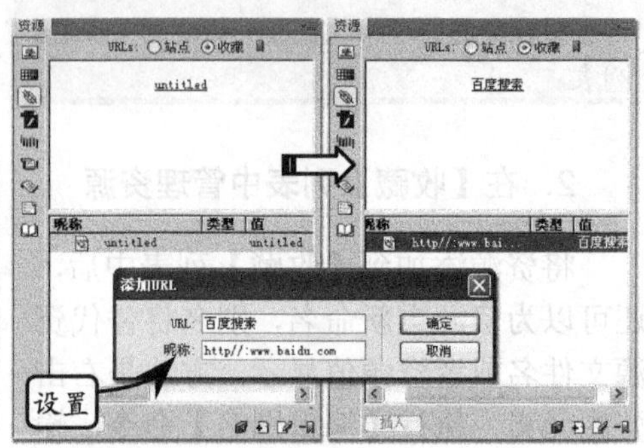

图 5-37 创建新的 URL 资源

5.4.3 在站点中应用资源

通过【资源】面板，可以将大多数资源直接插入到文档中，而资源中的颜色与 URL 元素既可以插入到文档中，也可以应用于文本或者图像中。

1. 将资源添加到文档

在【资源】面板中，将图像、Flash、视频等元素直接插入文档的方法是：选中【资源】面板中的元素后，将其拖动到文档中，图 5-38 所示的是将【资源】面板中的图像拖入到文档中。

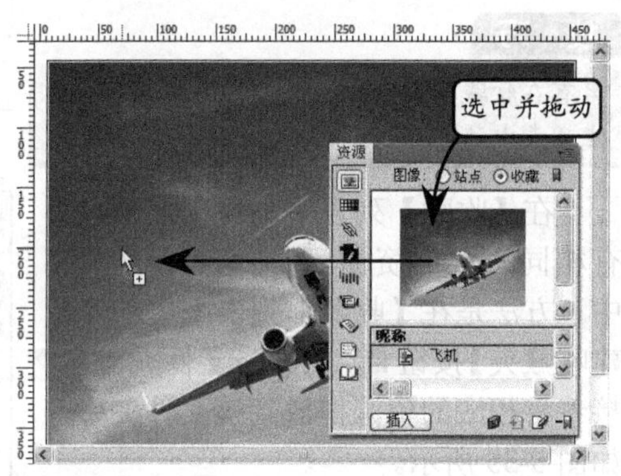

图 5-38 将图像添加到文档中

2. 使用【资源】面板将 URL 应用于图像或文本

【资源】面板中的 URL 同样可以应用于图像或者文本，只要选中文本后，再将【资源】面板中的 URL 元素选中，单击面板底部的【应用】按钮即可，如图 5-39 所示。

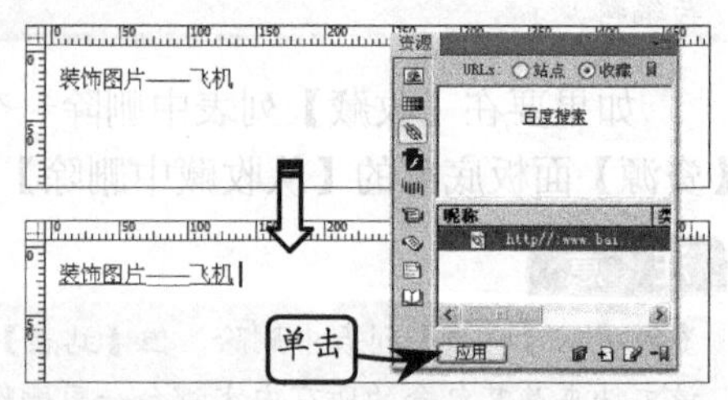

图 5-39 将 URL 应用于文本

将【资源】面板中的 URL 元素直接拖入空白文档中，或者选中 URL 元素，单击面板底部的【插入】按钮，均可以在文档中插入该链接，并且文本以该链接为名称显示在文档中，如图 5-40 所示。

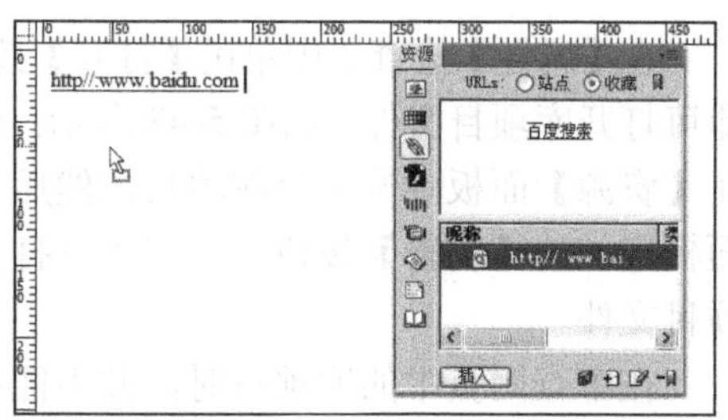

图 5-40　将 URL 直接插入文档中

5.4.4　库元素

任何【<BODY>】标签内的对象，比如文本、表格、表单、图像、插件和 ActiveX 等控件都可以作为库元素。当创建了一个库元素后，Dreamweaver 会在当前站点的根目录下自动创建一个库文件夹 Library，以后生成的库元素都将自动放在该文件夹内。

1. 基于选定内容创建库项目

如果想将现有网页文档中的某些元素创建为库项目，首先在文档中选中该元素，然后直接单击【新建库项目】按钮，即可创建库项目，如图 5-41 所示。

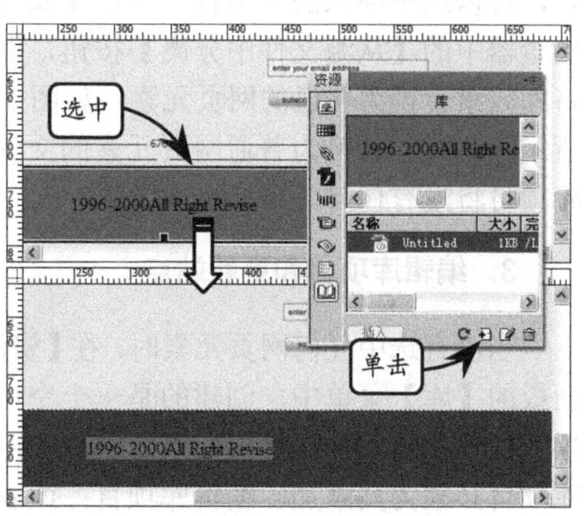

图 5-41　将网页元素转换为库项目

注　意

生成的库项目不能包含时间轴和样式表，因为这些元素的代码是 head 的一部分，而不是 body 的一部分。生成的库项目，将自动保存在根目录下的 Library 文件夹中。

2. 设置库属性

当将网页中的某个元素转换为库项目后，选中该库项目，【属性】检查器中显示的是该库项目的基本属性，如图 5-42 所示，其中的各选项及作用如表 5-6 所示。

图 5-42　库项目的【属性】检查器

表 5-6　库项目【属性】检查器中的选项及含义

选　项	含　义
src	显示与该元素相关联的库元素的文件名和路径
打开	单击该按钮，将打开库元素的源文件，可以进行编辑
从源文件中分离	单击该按钮，可以修改页面上高亮显示的元素，从而断开该元素和库元素之间的链接，但是断开后页面元素将不会随库元素的更新而更新，Dreamweaver 会弹出对话框提示是否进行该项操作
重新创建	单击此按钮，就会用当前选定的内容覆盖库中的已有元素，如果该库元素不存在、被重命名或修改了，使用这个按钮将会在【库】面板中重新创建一个库元素。如果在【库】面板中错误地删除了某个库元素，但使用了该库元素的页面仍然存在，则可以打开页面，选中库元素副本，然后单击此按钮，即可重新创建该库元素

在【属性】检查器中单击【打开】按钮，即可打开库项目文件，如图 5-43 所示；或者在【资源】面板中选中该库项目，然后单击面板底部的【编辑】按钮，同样可以打开库项目文件。

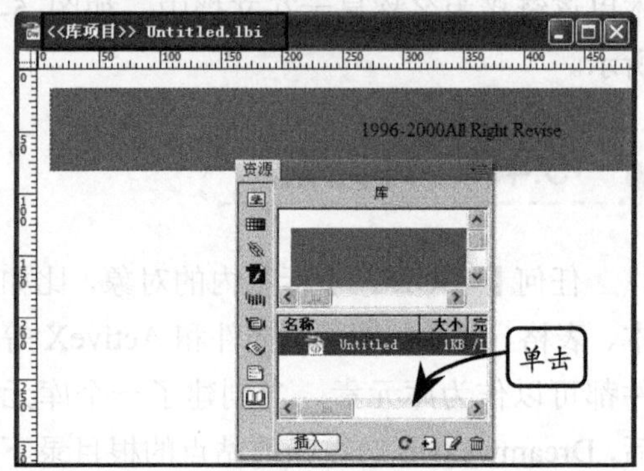

图 5-43 打开库项目文件

在审查网页中的库项目时，并不能在文档中直接编辑库项目。要想在文档中直接编辑，可以选中插入的库项目，单击【属性】检查器中的【从源文件中分离】按钮，即可将库元素转换为普通的网页元素，如图 5-44 所示。这时，转换为普通网页元素的文件与库项目将没有任何关系。

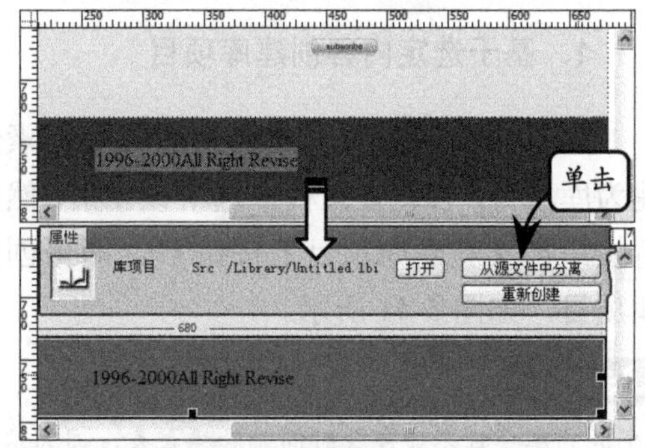

图 5-44 分离库项目

3. 编辑库项目和更新站点

当没有选中任何网页元素时，在【资源】面板的【库】菜单中，创建的是一个空白库项目，其中没有任何网页元素。要想应用该库项目必须为其添加、编辑库项目；或者将网页文档中的元素转换为库项目后，也可以再次编辑库项目，而更改后的库项目可以在所在网页文档中更新。

在【资源】面板中是无法编辑库项目的，要想编辑库项目首先要打开库项目文件，然后在该文件中进行相应的更改，例如更换图片、添加超级链接或者更改文本等，如图 5-45 所示。

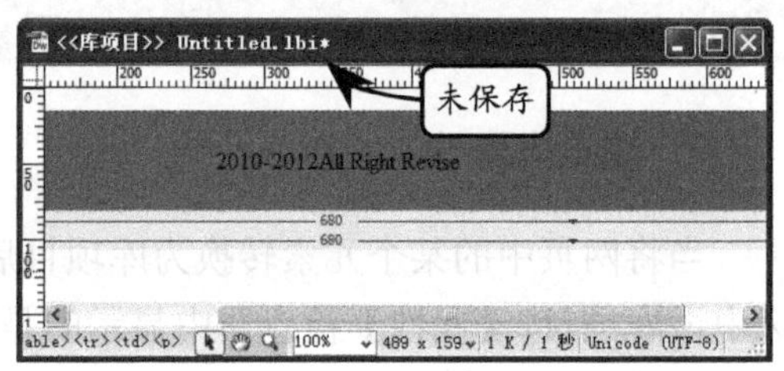

图 5-45 编辑库项目

当在库项目文档中的更改完成后，按快捷键 Ctrl+S 保存该文档时，会弹出【更新库项目】对话框，并且在列表中显示所有与该库项目相关的网页文件。如果单击【更新】按钮，那么 Dreamweaver 在保存文档的同时会弹出【更新页面】对话框，自动更新所有与之相关的网页文件，如图 5-46 所示。

如果单击【不更新】按钮，同样会保存该文档，只是不会更新文档。这时要想重新更新相关的网页文件，需要执行【修改】|【库】|【更新页面】命令，在弹出的【更新页面】对话框中单击【开始】按钮完成操作。

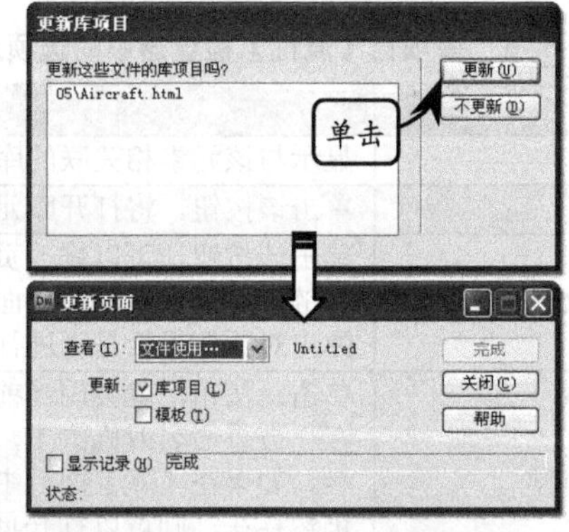

图 5-46 保存库项目文档并更新网页

5.5 模板网页

模板是一种特殊类型的文档，用于设计页面布局固定的网页，而基于模板创建的文档会继承模板的页面布局。这样在后期修改网页时，可以仅修改模板网页，而所有基于该模板创建的网页会同时被更新。

5.5.1 创建模板

模板实际上也是文档，它的扩展名是.dwt，存放在根目录的 Templates 文件夹中。模板文件夹并不是原来就有的，它是创建模板时自动生成的。在 Dreamweaver 中有两种建立模板的方法，一种是建立一个新的空白模板，另一种是将一个已经存在的网页另存为模板。

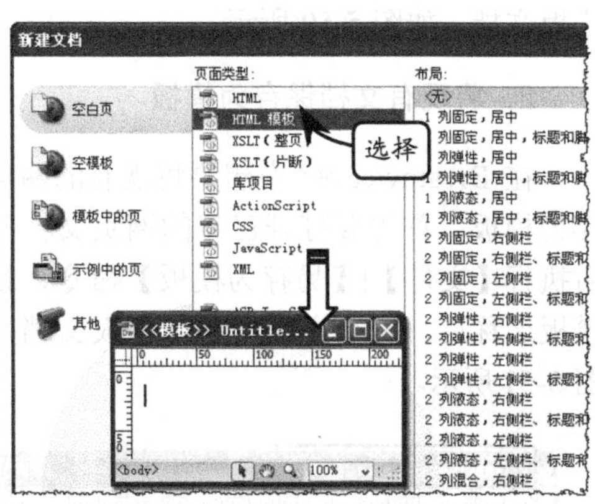

图 5-47 创建空白模板

1. 创建空白模板

在 Dreamweaver 中创建空白模板，与创建普通网页的方法相同，执行【文件】|【新建】命令，在【新建文档】对话框的【空白区】选项卡中，选择【页面类型】列表中的【HTML 模板】选项，即可创建一个空白模板，如图 5-47 所示。

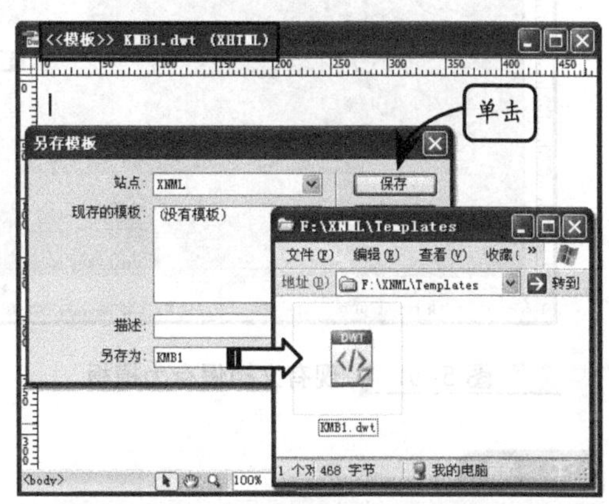

图 5-48 保存模板文档

接着按快捷键 Ctrl+S 保存该文档，由于该文档中没有任何可编辑区域，所以需要确定保存。然后在【另存模板】对话框的【另存为】文本框中输入模板名称，单击【确定】按钮即可将该模板文档保存在自动建立的 Templates 文件夹中，如图 5-48 所示。

提 示

不能将 Templates 文件夹移动到本地根文件夹之外，否则将引起在模板中的路径错误；此外，也不要将模板移动到 Templates 文件夹之外或者任何非模板文件之中。

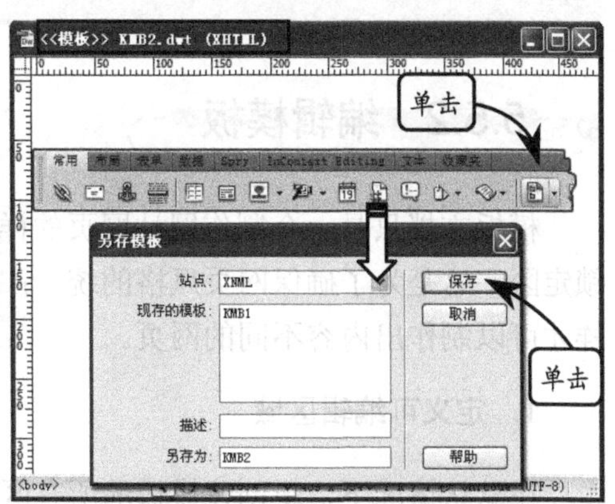

图 5-49 普通空白文档转换为模板文档

创建空白模板文档的第二种方法是，首先创建一个普通网页文档，然后单击【常用】选项卡中的【创建模板】按钮，在弹出的【另存模板】对话框中设置模板名称，即可将普通空白文档转换为模板文档，如图 5-49 所示。

创建空白模板的第三种方法是：通过【资源】面板完成的，在该面板的【模板】对话框中，单击【新建模板】按钮，新建一个名称为“KMB3”的空白模板。选中该模板文件后，单击【编辑】按钮，即可打开该模板文档，如图 5-50 所示。

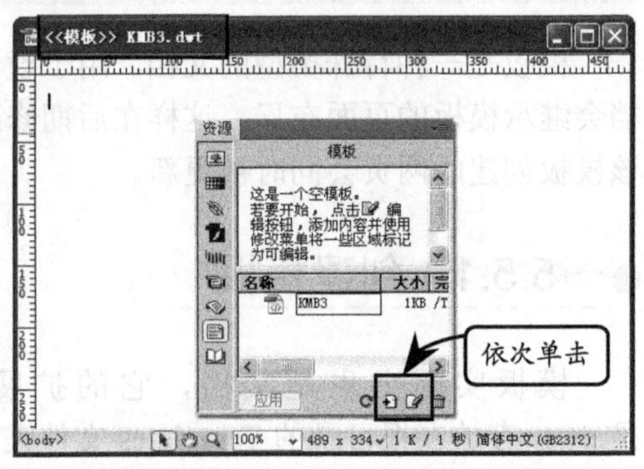

图 5-50 在【资源】面板中创建模板

2．将现有文档保存为模板

在 Dreamweaver 中想要将现有的网页另存为模板，首先要打开已有的网页文档，然后执行【文件】|【另存为模板】命令，设置模板名称后，网页文档转换为模板文档，如图 5-51 所示。

图 5-51 现有文档保存为模板

注 意

因为模板文档与原网页文档的存储位置不同，所以在另存模板时，还需要确定超级链接路径的正确与否。

5.5.2 编辑模板

模板文档只是一个制作网站网页的样板，所以模板中有些区域是不能编辑的，称为锁定区，这是为了确保网页风格的统一；有些区域则是可以编辑的，称为可编辑区，这样才可以制作出内容不同的网页。

1．定义可编辑区域

在默认情况下，新创建模板的所有区域都处于被锁定状态，因此，要使用模板，必须将模板中的某些区域设置为可编辑区域。要定义现有模板的可编辑区域，首先将光标放置在模板的空白区域，然后在【常用】选项卡中单击【可编辑区域】按钮，输入名称后单击【确定】按钮即可，如图5-52所示。

注　意

在插入任何模板区域类型之前，必须确定所在文档为模板文档。如果是普通网页文档，那么Dreamweaver会提示用户将该文档保存为模板文档。

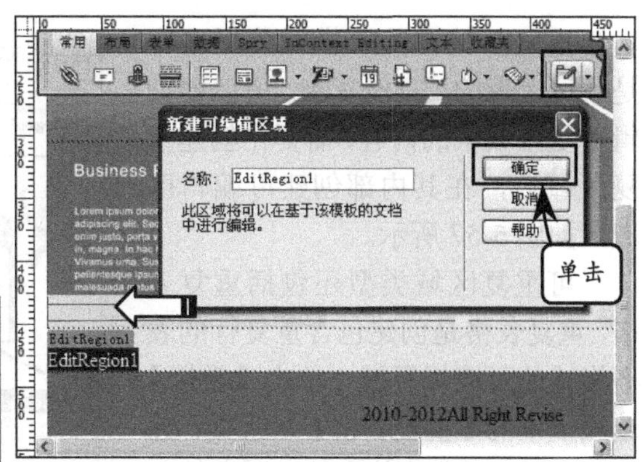

图 5-52　创建可编辑区域

除了可以在空白区域中创建可编辑区域外，还可以基于文档中的文本创建。方法是选中文本后，单击【可编辑区域】按钮，输入名称后单击【确定】按钮即可，如图5-53所示，这时，选中的文本显示在可编辑区域中。

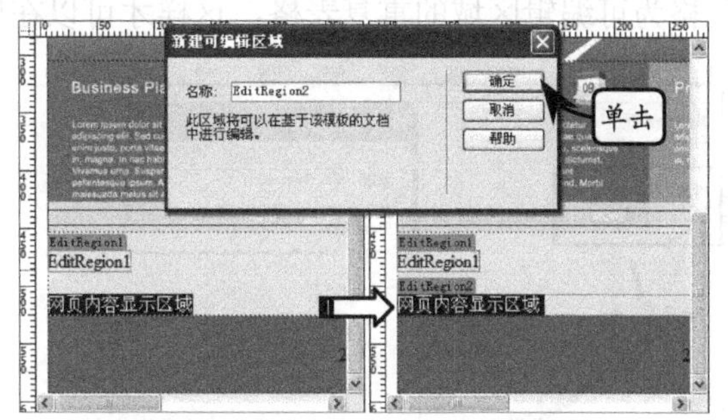

图 5-53　基于文本创建可编辑区域

创建可编辑区域后，选择该区域，然后在【属性】检查器的【名称】文本框中重新输入文字，即可更改可编辑区域的名称，如图5-54所示。但是注意在为可编辑区域重命名时，不能使用特殊字符。

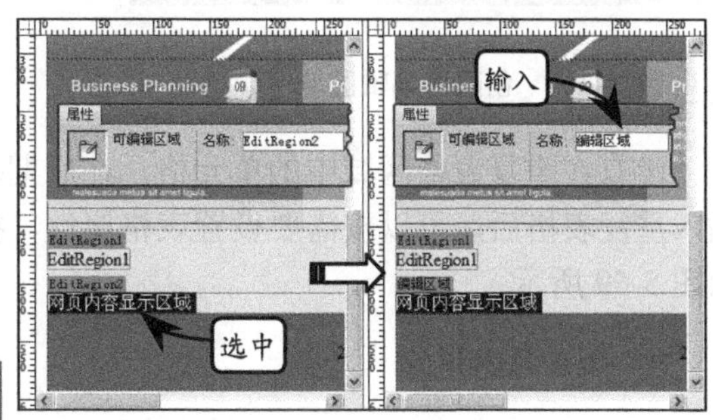

图 5-54　更改可编辑区域的名称

要想将可编辑区域再次锁定，可以右击【可编辑区域】标签，选择【模板】|【删除模板标记】命令，该区域就再次被锁定，如图5-55所示。

提　示

在Dreamweaver中对模板进行可编辑区域的内容定义时，既可以标记整个表格，也可以标记表格中的某个单元格作为可编辑区域，但是不能一次标记多个单元格。

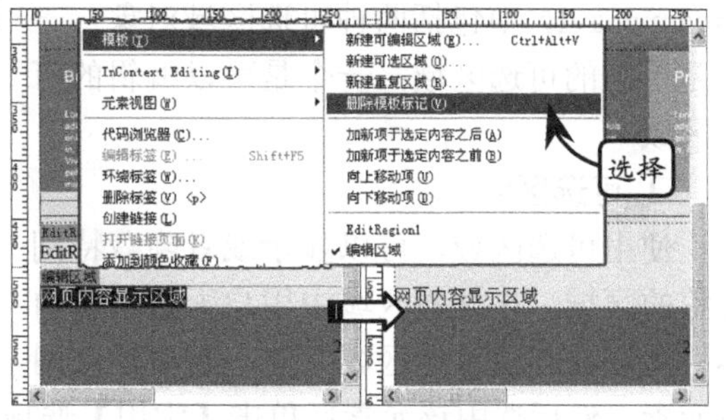

图 5-55　删除可编辑区域

2. 定义重复区域

重复区域是模板的一部分，可以在基于模板的页面中重制多次。重复区域通常与网页元素一起使用，所以要创建重复区域之前，首先要选中网页中的某个元素，然后单击【常用】选项卡中的【重复区域】按钮即可，如图5-56所示。

重复区域在基于模板的页面中是不可编辑的，只能复制。所以要编辑重复区域中的内容，需要在创建重复区域后，在其内部创建可编辑区域，如图 5-57 所示。

可重复区域类型还包括重复表格，重复表格是创建包含重复行的表格格式的可编辑区域。单击【常用】选项卡中的【重复表格】按钮，并设置【插入重复表格】对话框内的各参数，如图 5-58 所示，创建所有单元格为可编辑区域的重复表格，这样才可以在所有单元格中插入网页元素。

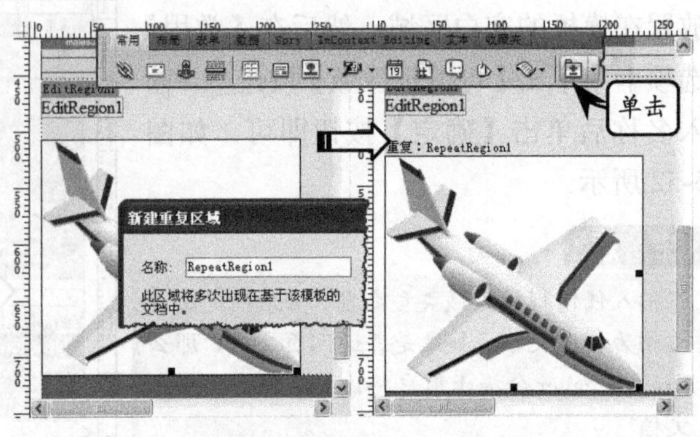

图 5-56　创建重复区域

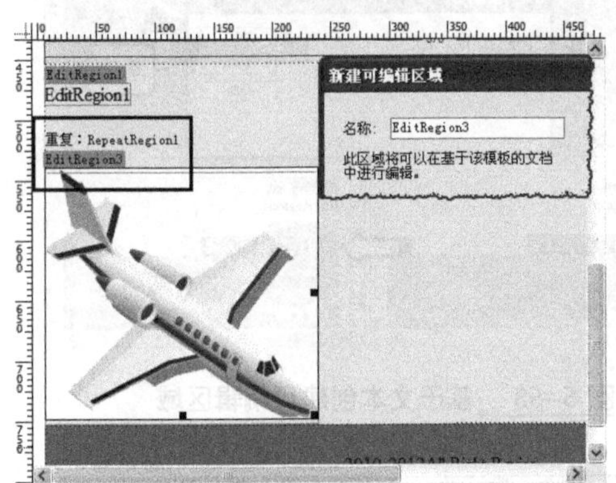

图 5-57　创建可编辑区域

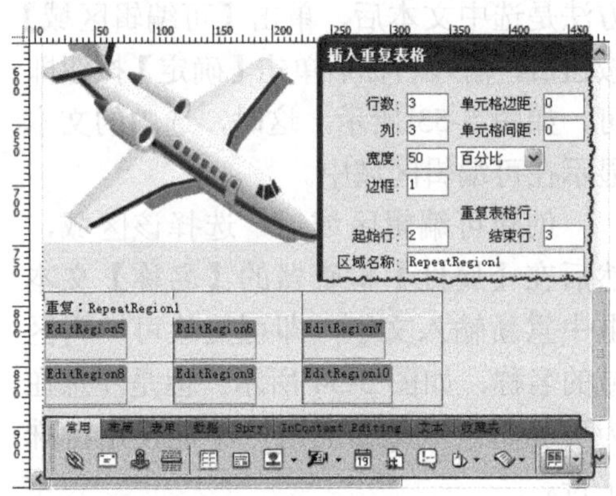

图 5-58　创建重复表格

没有在重复表格区域中的单元格，在后期基于模板的页面中是不可编辑的，所以在插入重复表格后，可以按需要设置表格属性、插入网页元素，使其后期操作更加简单，如图 5-59 所示。

3. 定义可选区域

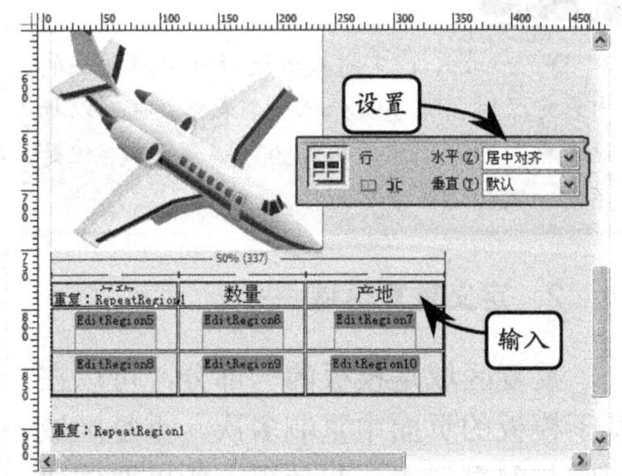

图 5-59　编辑重复表格

可选区域是模板中的区域，用户可将其设置为在基于模板的文档中显示或者隐藏。Dreamweaver 中包括两种可选区域对象：一个是单纯的可选区域；一个是可以编辑的可选区域。

❑ **可选区域**

使用可选区域，可以显示或者隐藏特别标签的区域，在这些区域中用户无法编辑内容。所以在创建可选区域之前，需要插入网页元素，然后选中该元素后单击【常用】选项卡中的【可选区域】按钮即可完成可选区域的创建，如图 5-60 所示。

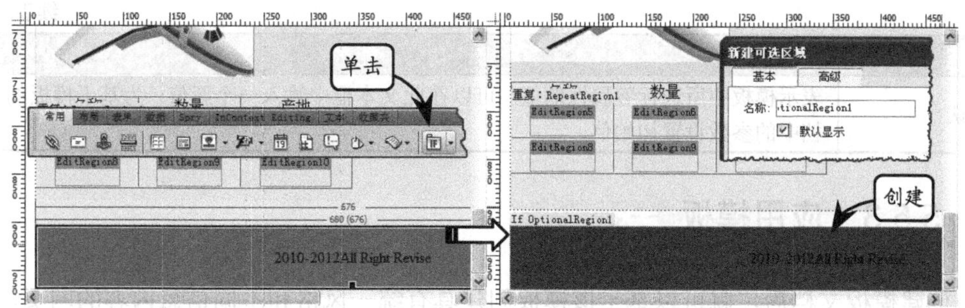

图 5-60 创建可选区域

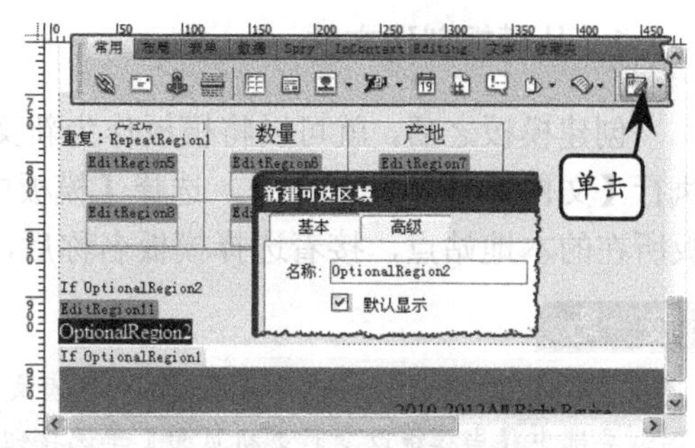

图 5-61 创建可编辑的可选区域

❑ **可编辑的可选区域**

使用可编辑的可选区域，可以设置是否显示或者隐藏该区域，并且还可以编辑该区域中的内容。因为是可以编辑的区域，所以可以在空白区域中创建。直接单击【常用】选项卡中的【可编辑的可选区域】按钮，即可创建可编辑的可选区域，如图 5-61 所示。

4. 定义可编辑标签属性

可编辑标签属性是指在根据模板创建的文档中可以修改的指定的标签属性，例如在模板文档中已经设置了背景颜色，但仍允许为创建的页面设置不同的背景颜色。执行【修改】|【模板】|【令属性可编辑】命令，在【可编辑标签属性】对话框中设置要更改的标签属性即可，如图 5-62 所示。其中【可编辑标签属性】对话框中的各个选项及功能如表 5-7 所示。

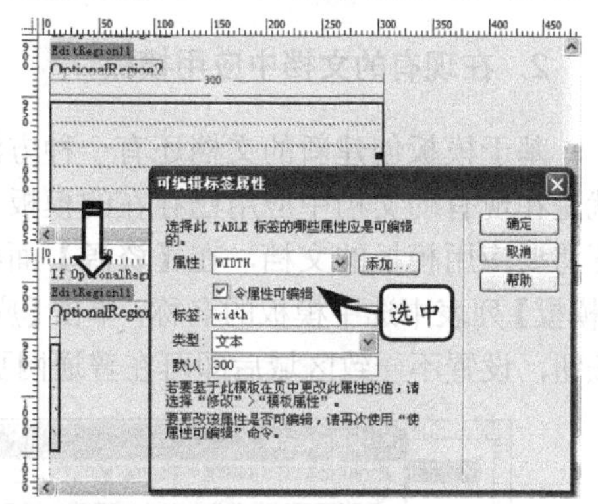

图 5-62 执行【令属性可编辑】命令

表 5-7 【可编辑标签属性】对话框中的主要参数与功能

选　项	功　能
属性	可以在下拉菜单中选择想要使其可编辑的属性，如果该属性没有列在【属性】下拉菜单中，可以单击【添加】按钮，然后在打开的对话框中输入想要添加的属性的名称，再单击【确定】按扭
令属性可编辑	确保此项被启用，否则无法使用可编辑标签属性
标签	此文本框用来输入属性的唯一名称。这里需要填写易于记住含义的名称
类型	在此下拉菜单中选择该属性所允许具有的值的类型。若要让用户为属性输入文本值，可以选择“文本”；若要让用户可编辑元素的链接，可以选择“URL”；若要使模板用户可以键入数值以更新属性，例如更改图像的高度，或者表格的高宽和单元格的高宽，可以选择“数字”；或者选择“颜色”；“真/假”极少使用

选　项	功　能
默认	表示模板中所选标签属性的值。可以在此文本框中输入一个新值，为基于模板的文档中的参数设置初始值

5.5.3 应用模板

创建模板文档后，就可以基于该模板创建具有统一风格和不同信息内容的网页，制作的网页还可以从模板文档中分离，形成独立的网页文档。

1. 从模板创建文件

创建模板之后，就可以将模板作为新文档的基础，创建带有模板的新网页。方法是：执行【文件】|【新建】命令，选择【模板中的页】选项，然后在【站点】列表中选择模板所在的本地站点，接着选择模板名称后，单击【创建】按钮，如图 5-63 所示。

技　巧

通过【新建文档】对话框创建基于模板的网页文档时，要选中【当模板改变时更新页面】单选按钮，否则更改模板文档后，该网页文档将不被更新。

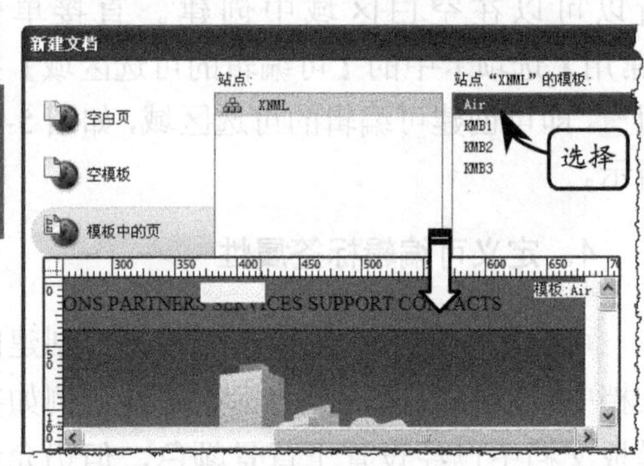

图 5-63 基于模板创建网页

2. 在现有的文档中应用模板

基于模板创建新的文档还有一种方法，就是在现有的文档中应用已存在的模板。打开将要应用模板的文档，在【资源】面板的【模板】列表中选中模板的名称，单击【应用】按钮，设置不一致区域后即可在普通网页文档中应用模板，如图 5-64 所示。

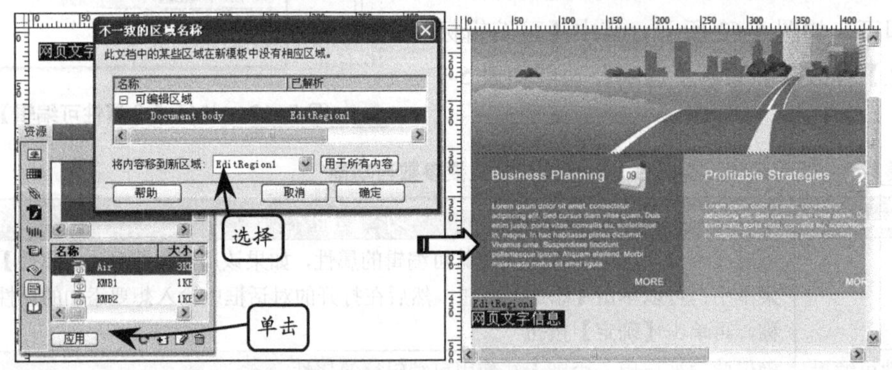

图 5-64 在现有网页中应用模板

提　示

在基于模板创建的文档中，既可以使用模板中的样式表和行为，也可以自己创建样式表和行为。

3. 从模板中分离文档

若要更改基于模板的文档的锁定区域，必须将该文档从模板中分离。将文档分离之后，整个文档都将变为可编辑的，并且成为一个普通的文档，不再存在与任何模板的关联。要想将一个文档从模板中分离，可以打开该基于模板的文档，执行【修改】|【模板】|【从模板中分离】命令。模板文档被分离前后的效果，如图 5-65 所示。

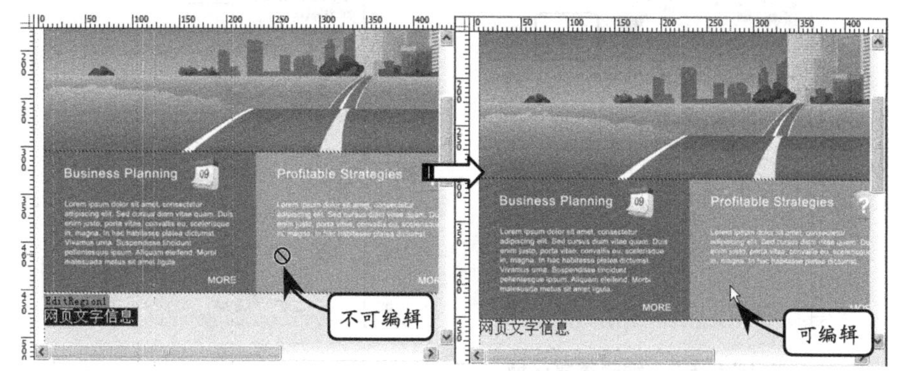

图 5-65 文档分离前后的显示

4. 编辑区域类型

基于模板创建网页后，就要根据模板中创建的区域类型来编辑该网页文档，使创建的网页文档能够展示不同的信息。

❑ 编辑可编辑区域

模板中的可编辑区域的作用是控制在基于模板的页面中可以编辑哪些区域，在可编辑区域中，可以插入任何网页元素。方法是：将可编辑区域中的文字删除后，单击【常用】选项卡中的【表格】按钮，在可编辑区域中插入一个 4 行 3 列表格，并且设置其属性；然后单击【图像】按钮在单元格中插入图像；在相应的单元格中输入文本。插入不同的网页元素后的效果如图 5-66 所示。

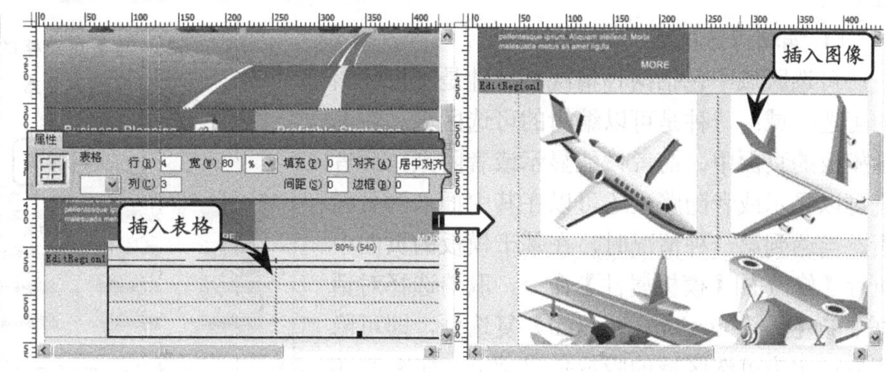

图 5-66 插入网页元素

技 巧

在可编辑区域中不仅能够插入表格、图像与文本网页元素，还可以添加超级链接、视频等网页元素。

❑ 编辑重复区域

单纯的重复区域在基于模板的页面中是不可以编辑其内部内容的，但是可以重复复制重复区域中的内部内容。当基于模板创建网页文档后，在【重复区域】标签右侧出现编辑按钮，通过单击【加号】按钮，复制其中的图像，如图 5-67 所示。

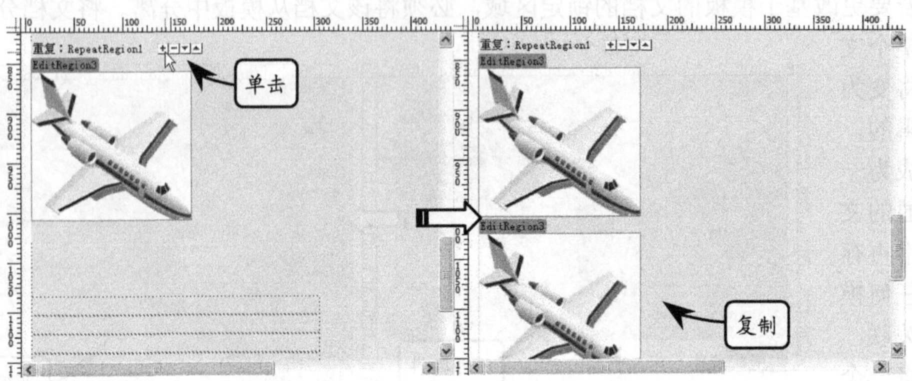

图 5-67 编辑重复区域

而重复表格既可以重复复制，也可以在其中插入网页元素，但是操作必须是在重复表格中的可编辑区域中进行。当创建部分单元格为重复表格后，基于该模板创建的网页中，在重复区域中只有可编辑的单元格，在其中输入如图 5-68 所示文字信息。

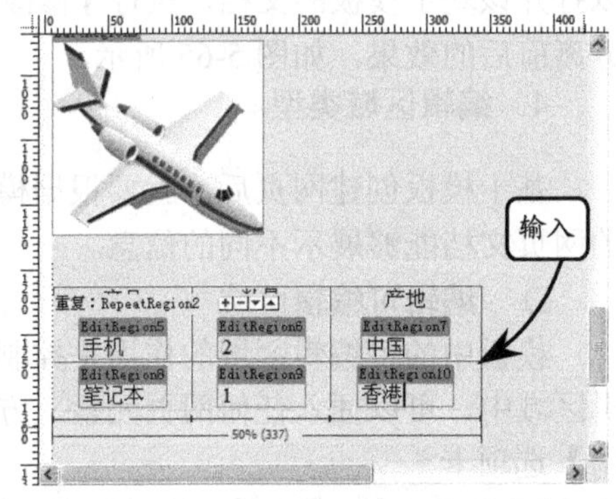

图 5-68 在重复表格的可编辑区域中输入文本

然后单击重复表格标签右侧的【加号】按钮，在表格最下方复制可编辑的单元格，继续输入文本信息，如图 5-69 所示。依此类推，就可以创建数据表。

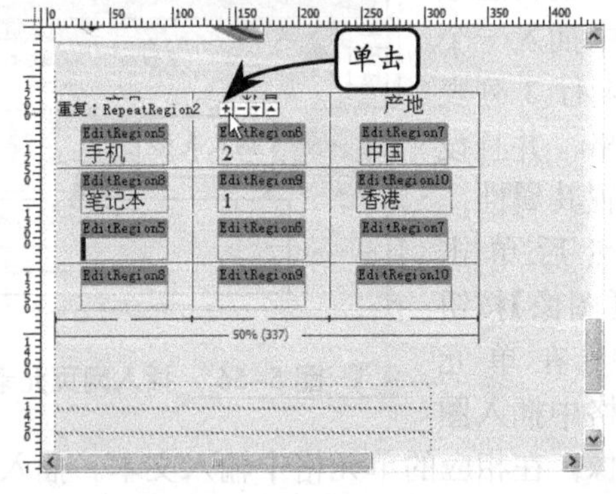

图 5-69 复制单元格

❑ 编辑可选区域

可选区域中包括两种情况：一种是不可编辑的可选区域；一种是可以编辑的可选区域。在基于模板的页面中，前者只能显示或者隐藏，后者既可以显示或者隐藏，还可以在其中插入网页元素。当遇到第一种情况时，在基于模板的页面中执行【修改】|【模板属性】命令，取消选择对话框中的【显示 OptionalRegionl】复选框，即可隐藏被设定为可选区域的版权信息部分，如图 5-70 所示。

在模板中创建可编辑的可选区域后，基于模板创建的页面中只显示可编辑区域。在其中可以插入任何网页元素，如图 5-71 所示。

这时执行【修改】|【模板属性】命令，在弹出的对话框中，选择可编辑的可选区域名称后，取消选中【显示 OptionalRegionl】复选框，页面中可编辑区域则被隐藏，如图 5-72 所示。

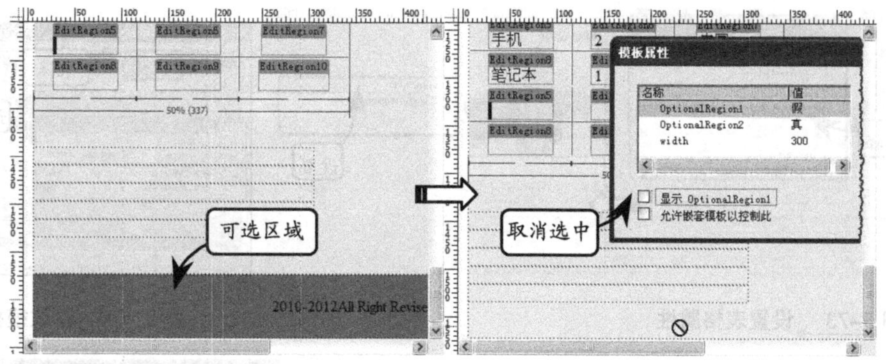

图 5-70　隐藏版权信息部分

❑ 设置属性可编辑

【令属性可编辑】命令的作用是在基于模板的页面中设置已经存在的元素属性。当在模板中设置的是元素属性中的“宽度”时，在基于模板的页面中执行【修改】|【模板属性】命令，只能设置相同的属性选项，如图 5-73 所示的是更改表格的宽度。

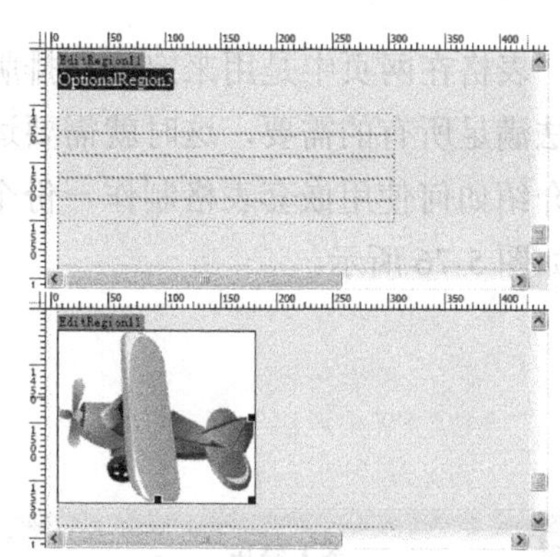

图 5-71　在可选区域的可编辑区域中插入网页元素

5. 修改模板并更新站点

使用模板创建网站，除了可以快速地制作出风格统一的网页外，还可以批量更新网站。也就是说当更改模板文档中的部分网页元素后，保存模板文档的同时可以更新所有基于该模板创建的网页文档。

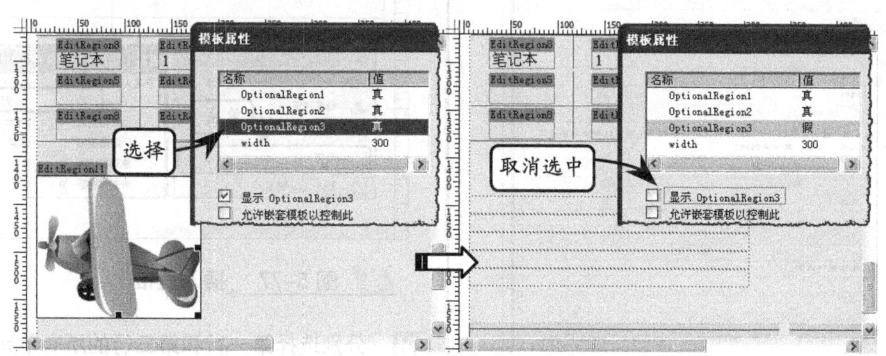

图 5-72　执行【模板属性】命令

基于模板创建所有的网页后，要想更改锁定区域中的元素，就需要打开模板文档进行编辑。这里演示的是在模板文档中为导航栏目添加超级链接，如图 5-74 所示。

编辑完模板文档后，按快捷键 Ctrl+S 保存该文档，会弹出【更新模板文件】对话框。如果单击【更新】按钮，Dreamweaver 会弹出【更新页面】对话框自动更新所有与之关联的网页文档，如图 5-75 所示。

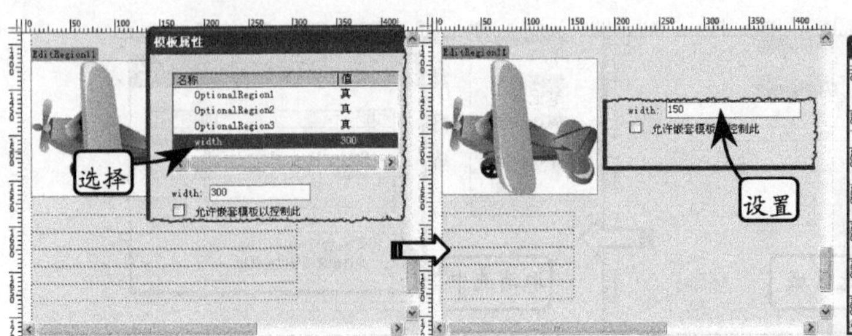

图 5-73 设置表格属性

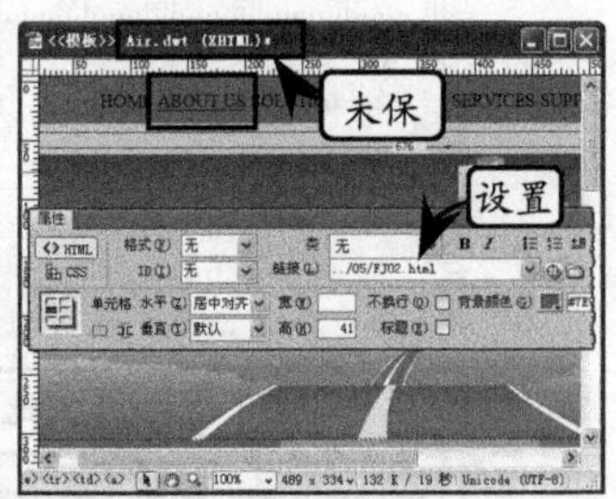

图 5-74 修改模板文档

5.6 课堂练习：简历设计

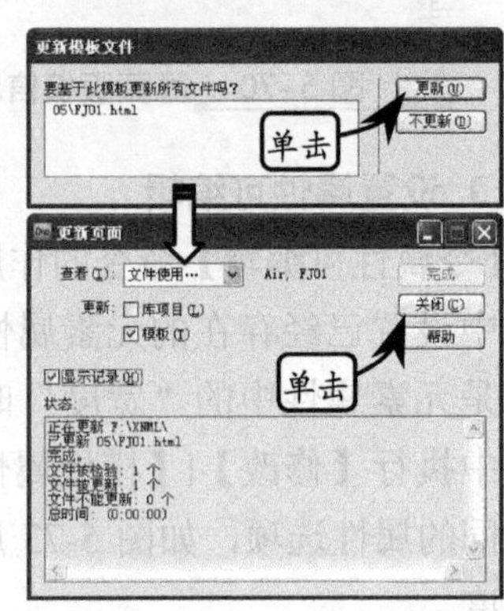

图 5-75 保存并更新文档

表格在网页中是用来定位和排版的，有时一个表格无法满足所有的需要，这时就需要运用嵌套表格。本练习介绍如何使用嵌套表格制作一份个人简历，其整体效果如图 5-76 所示。

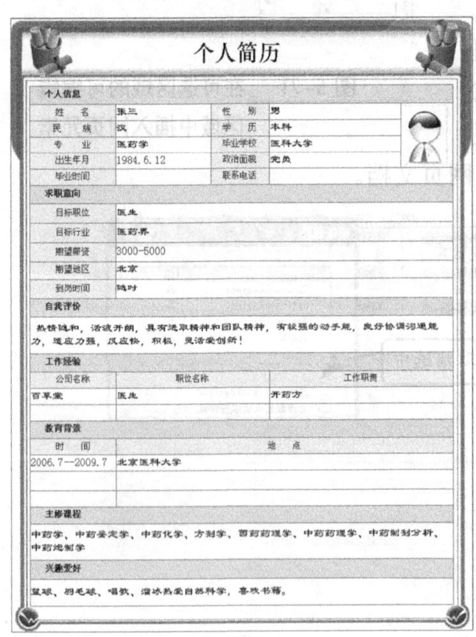

图 5-76 个人简历

操作步骤：

1 新建文档，设置【标题】为“个人简历”，并且将其保存。在文档中单击【插入】面板中的【表格】按钮，在弹出的【表格】对话框中，添加一个 3 行×3 列、【宽度】为“872 像素”的表格，如图 5-77 所示。

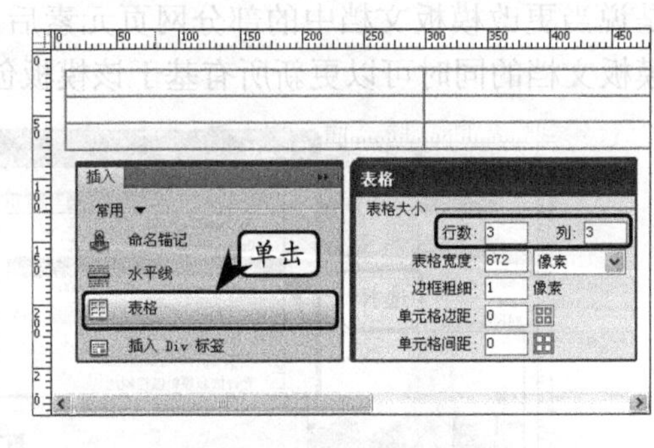

图 5-77 插入表格

2 分别选择第一行和第三行的所有单元格，单击【属性】检查器中的【合并单元格】按钮，将单元格进行合并，如图 5-78 所示。

3 单击【插入】面板中【图像】按钮右侧的下三角按钮，在弹出的【选择图像源文件】对话框中依次选择图像“top.gif”、“left.gif”、“right.gif”和“foot.gif”，并放到相应的位置，调整单元格的大小，如图 5-79 所示。

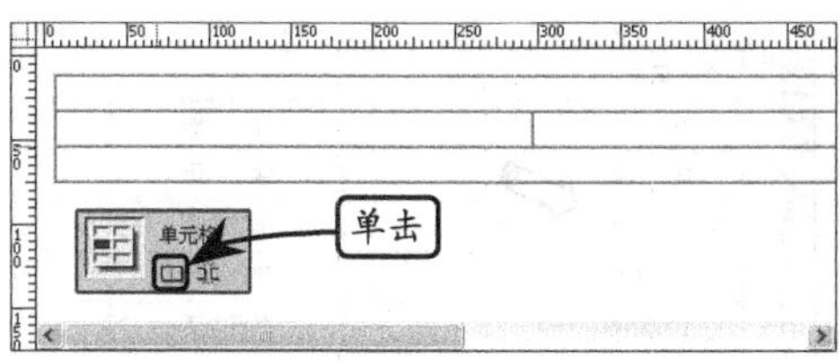

图 5-78 合并单元格

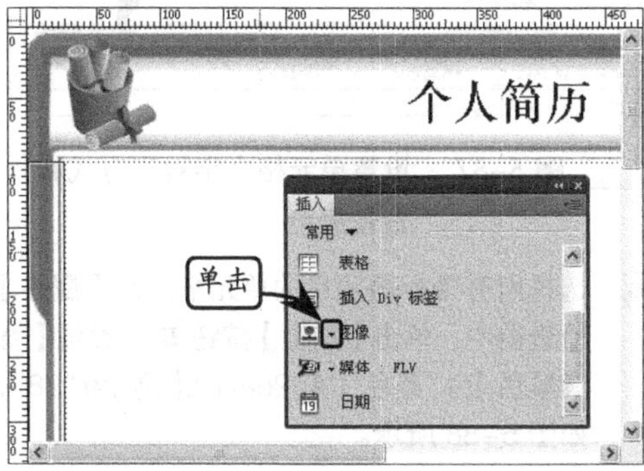

图 5-79 插入图像

4 将光标置于第 2 行第 2 列的单元格中，插入一个 27 行×5 列的嵌套表格，并设置【宽度】为“688 像素”，调整表格高度以适应最大边框，如图 5-80 所示。

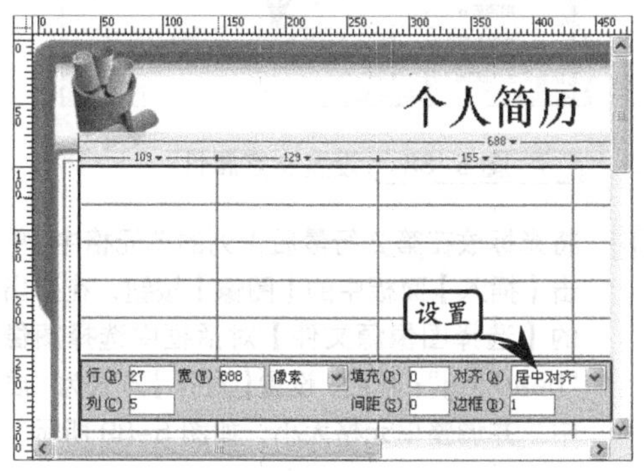

图 5-80 插入嵌套表格

5 打开【CSS 样式】面板，单击【新建 CSS 规则】按钮，在【新建 CSS 规则】对话框中设置【选择器名称】为“tbg”；然后，在【tbg 的 CSS 规则定义】对话框中选择【背景】选项，设置 Background-color 为“蓝色”（#4bacc6）；在【属性】检查器中，设置【类】为“tbg”，如图 5-81 所示。

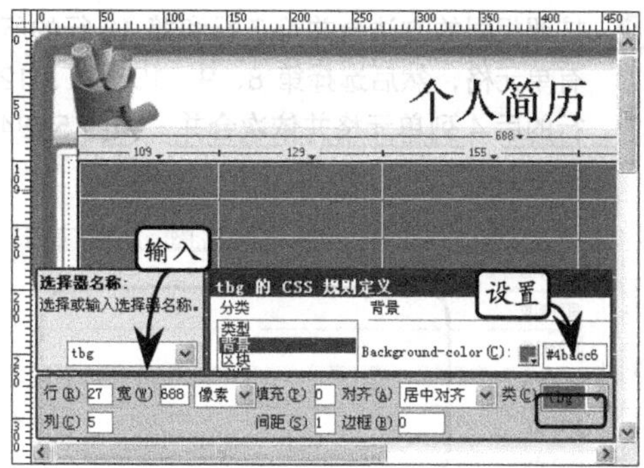

图 5-81 为表格加背景颜色

6 选择所有单元格，在【属性】检查器中，设置【背景颜色】为“白色”（#ffffff），制作细线边框表格，如图 5-82 所示。

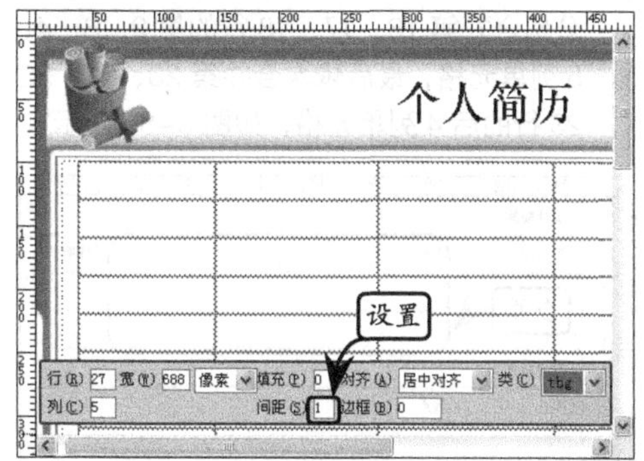

图 5-82 制作细线表格

7 选择第 1 行，同时按住 Ctrl 键选择第 2、3、4、5 行的最后 1 列和第 6 行的后两列单元格，在【属性】检查器中单击【合并单元格】按钮，并在相应的地方输入文字，如图 5-83 所示。

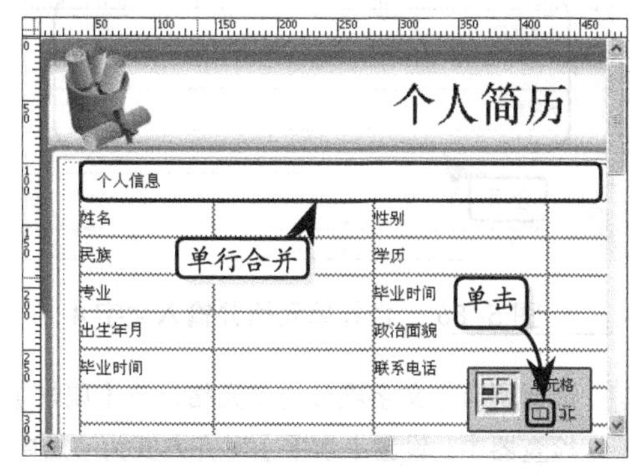

图 5-83 合并单元格并添加文字 1

8 按照相同的方法合并第 7 行和第 13 行的所有单元格，然后选择第 8、9、10、11、12 行的后 4 列单元格并依次合并，如图 5-84 所示。

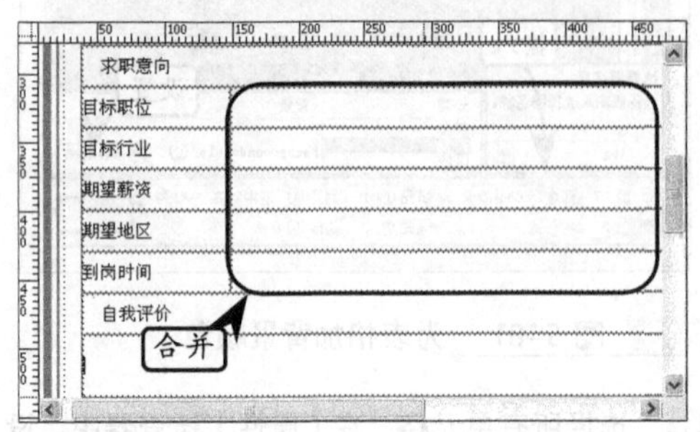

图 5-84 合并单元格并添加文字 2

9 合并第 15 行和第 19 行的所有单元格，然后分别合并第 16、17、18 行的第 2、3、4、5 列单元格，最后依次合并第 20、21、22、23 行的后 4 列单元格，如图 5-85 所示。

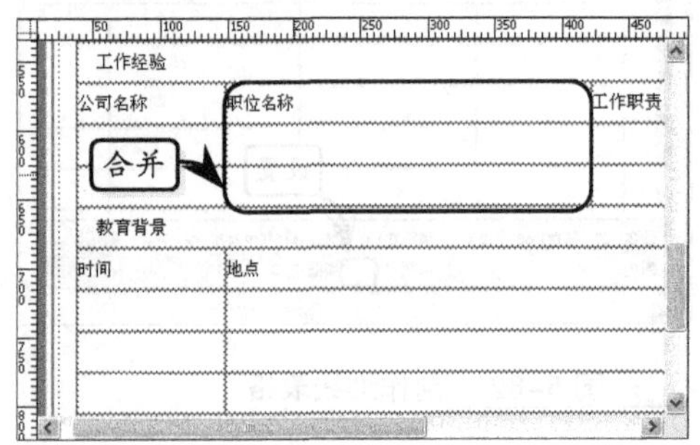

图 5-85 合并单元格并添加文字 3

10 合并第 24、25、26、27 行的所有单元格，并在第 24、26 行单元格中输入文字，如图 5-86 所示。

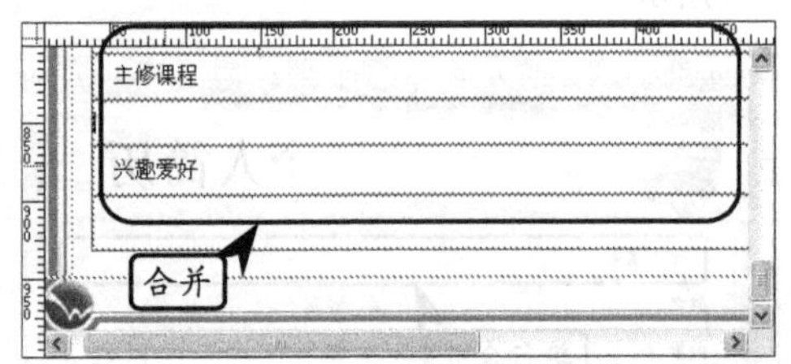

图 5-86 合并单元格并输入文字 4

11 选择所有带文字项目的单元格，在【属性】检查器中，设置【水平】对齐方式为“居中对齐”；【背景颜色】为“灰色”（#efefef），如图 5-87 所示。

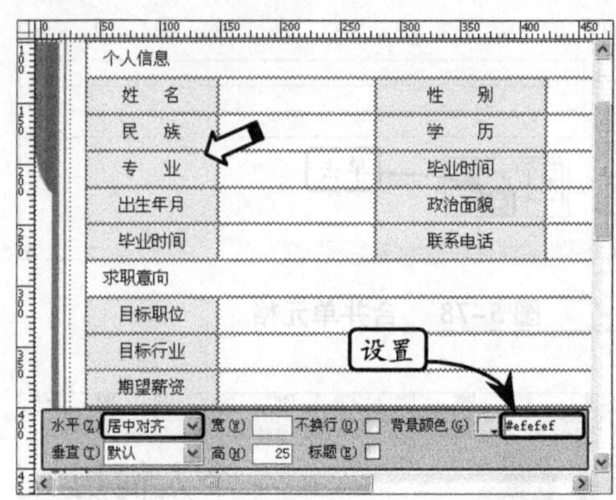

图 5-87 设置单元格文字对齐方式和背景颜色

12 选择所有带标题项目的单元格，在【属性】检查器中，单击【加粗】按钮 B，设置【背景颜色】为“蓝色”（#d2eaf1）；【高】为“28”，如图 5-88 所示。

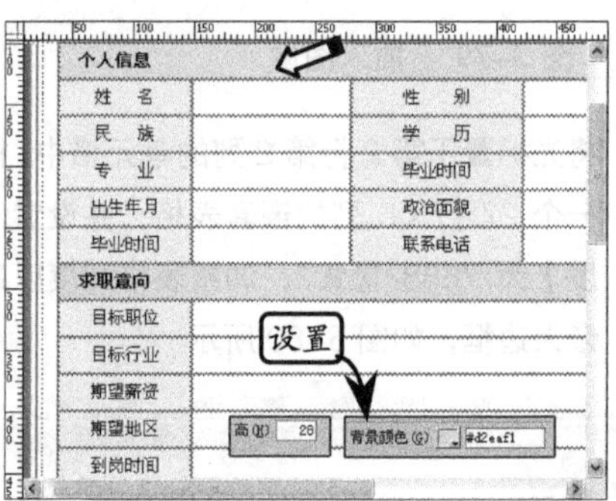

图 5-88 设置文字属性

13 将光标放在第 2 行最后 1 列的单元格中，单击【插入】面板中的【图像】按钮，在弹出的【选择图像源文件】对话框中选择图像“head.jpg”；然后，设置【对齐】方式为“居中”并调整单元格大小，如图 5-89 所示。

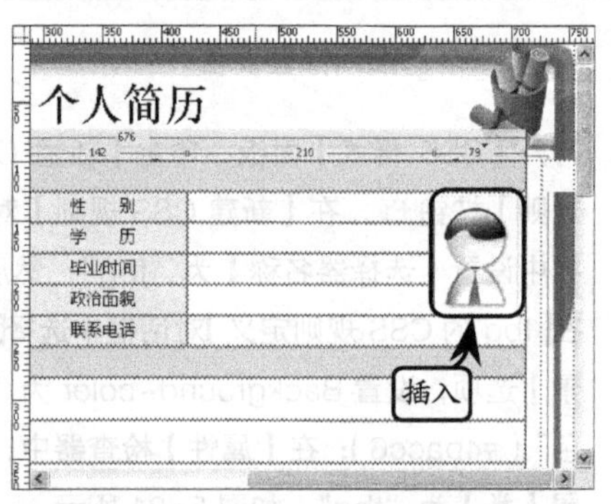

图 5-89 插入头像图片

5.7 课堂练习：制作主页

表格不但可以布局网页的结构，还可以将页面中的内容以列表的形式显示出来。本练习灵活地运用嵌套表格，制作一个个人主页，其整体效果如图 5-90 所示。

图 5-90 个人主页

操作步骤：

1 新建文档，设置【标题】为“我的主页”，并将其保存。在文档中单击【插入】面板中的【表格】按钮，在弹出的【表格】对话框中，创建一个 2 行×4 列、【宽度】为“1003 像素”的表格，如图 5-91 所示。

2 合并第 1 行单元格；将光标置于第一行，单击【插入】面板中的【图像】按钮，在弹出的【选择图像源文件】对话框中选择图像“top.jpg”，如图 5-92 所示。

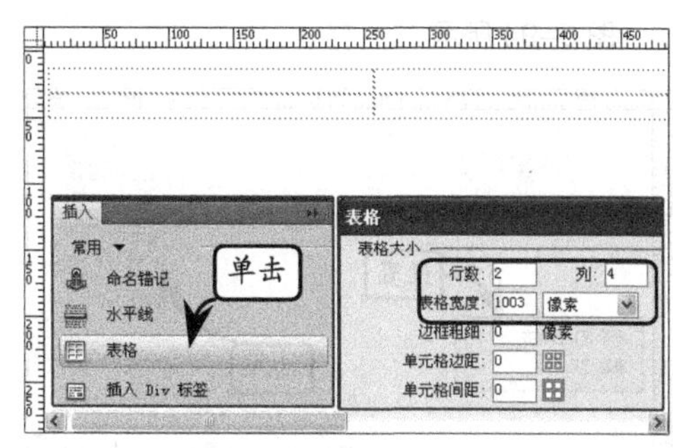

图 5-91 创建表格

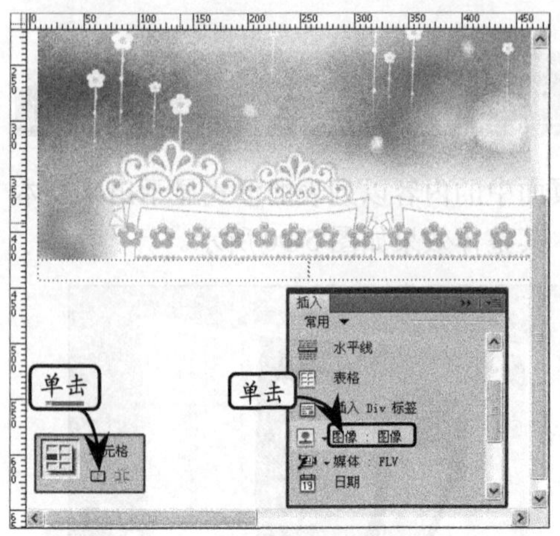

图 5-92 合并单元格并插入图片

3 将光标置于第 2 行第 1 列的单元格中，插入图像“left4.gif”，并在【属性】检查器中设置【垂直】对齐方式为“顶端”，如图 5-93 所示。

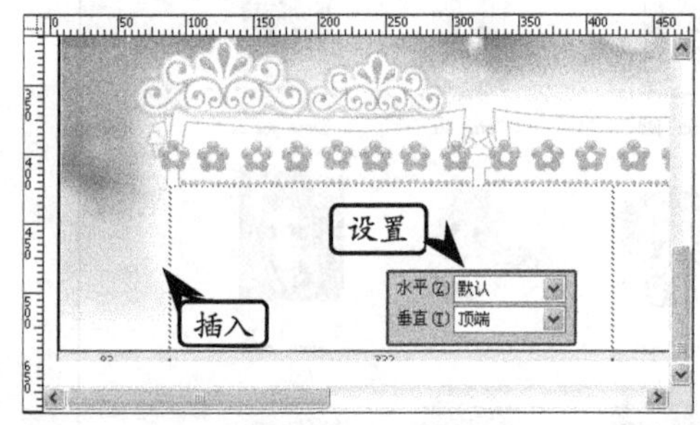

图 5-93 插入左侧图像

4 按相同的方法，将光标置于第 2 行第 4 列的单元格中，插入图像“right2.gif”，并在【属性】检查器中设置【水平】对齐方式为“右对齐”和【垂直】对齐方式为“顶端”，如图 5-94 所示。

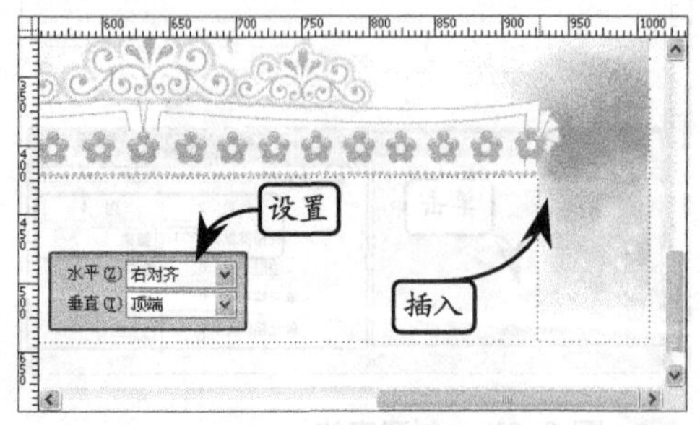

图 5-94 插入右侧图像

5 将光标置于第 2 行第 2 列的单元格中，插入一个 11 行×1 列的嵌套表格，并设置【宽度】为“224 像素”；【间距】为“5”，如图 5-95 所示。

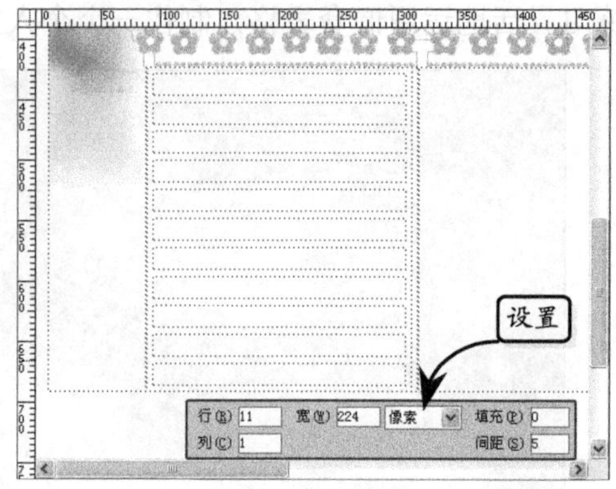

图 5-95 插入嵌套表格

6 在【CSS 样式】面板中单击【新建 CSS 规则】按钮，在弹出的对话框中输入【选择器名称】为“tdbg”，然后，在【tdbg 的 CSS 规则定义】对话框中选择【背景】选项，设置【Background-image】为“left2.gif”；将光标放在插入图像的单元格中，在【属性】检查器中设置【类】为“tdbg”，如图 5-96 所示。

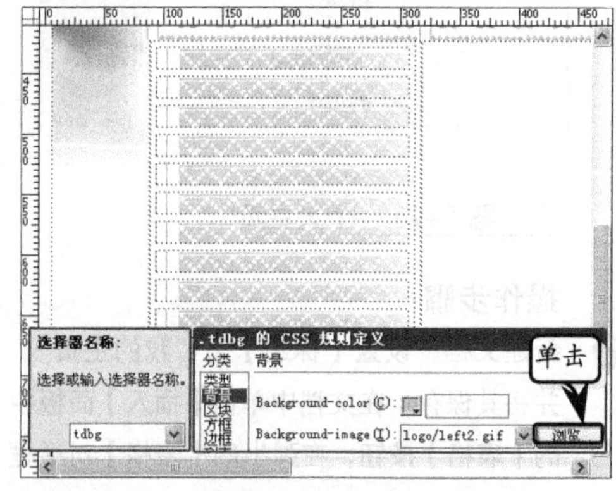

图 5-96 插入单元格背景图像

7 选择单元格，在【属性】检查器中设置【宽】为“214”和【高】为“38”，并输入文字；设置【水平】对齐方式为“居中对齐”，如图 5-97 所示。

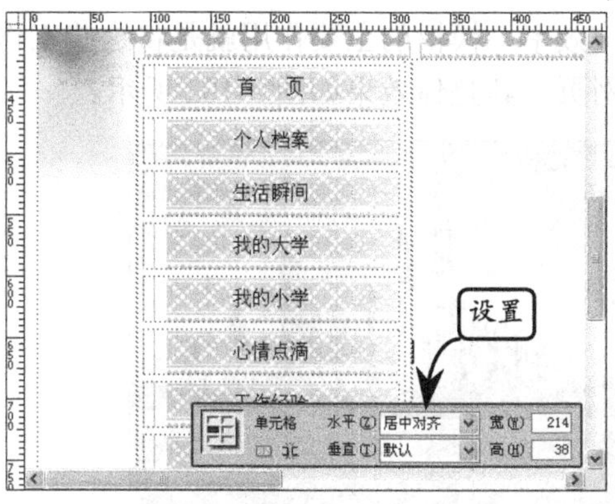

图 5-97 设置字体

8 按相同的方法，将光标置于第 2 行第 3 列的单元格中，输入“首页—>我的好友”；插入一个 6 行×4 列的嵌套表格，并设置【宽度】为“598 像素”；【间距】为“10”，如图 5-98 所示。

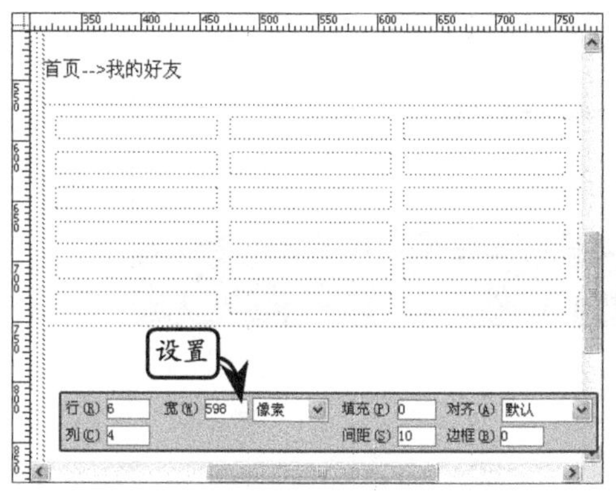

图 5-98 插入嵌套表格

9 在嵌套的表格中设置第 1 行单元格【宽】为“140”，第 1、3、5 行第 1 列的单元格【高】为“100”，如图 5-99 所示。

10 将光标置于第 1 行第 1 列的单元格中，插入图像“s_akiba.gif”；在第 2 行第 1 列的单元格中输入文本“Aorls me”；然后，设置这两行的【水平】对齐方式为“居中对齐”。设置后的效果如图 5-100 所示。

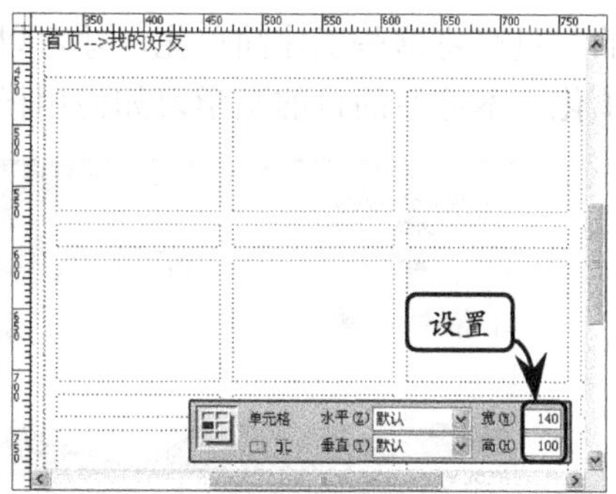

图 5-99 设置单元格

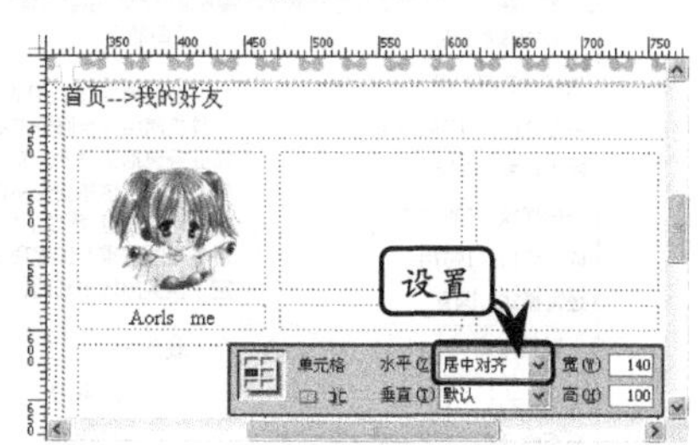

图 5-100 添加图像和文本

11 按相同的方法，依次在表格的其他单元格中插入图像和文本；然后，选择文字“首页—>我的好友”，在【属性】检查器中，单击【粗体】按钮**B**，如图 5-101 所示。

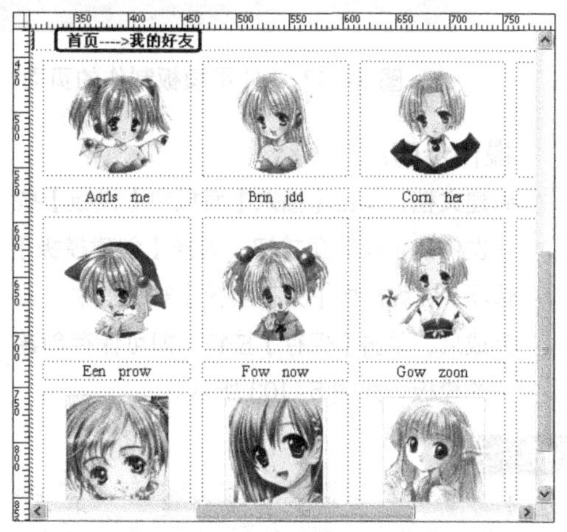

图 5-101 插入所有图像和信息

5.8 课堂练习：使用模板制作网页

在制作网站的过程中会有大量的重复性操作，比如各个网页的布局大体一致，如果每个网页都要制作一次，并且在更新的时候每个页面都要更新一次的话，工作量是非常大的。只有将这些工作简单化，才可以提高工作效率，模板的主要作用就是将这些工作简单化。本练习的目的是学习如何用模板制作网页，其整体效果如图 5-102 所示。

图 5-102 使用模板制作的页面

操作步骤：

1 新建文档，单击【插入】面板中【模板】按钮左侧的下拉三角按钮，选择【创建模板】选项，在弹出的【另存模板】对话框中设置完成后，单击【保存】按钮，即可保存创建好的模板，如图 5-103 所示。

提 示

这时站点文件夹里会自动创建一个名为"Templates"的文件夹，新建的模板将保存在里面，其文件扩展名为.dwt。

2 在网页中插入一个 4 行×1 列、【宽】为"880 像素"的表格，在【属性】检查器中设置【对齐】方式为"居中对齐"，如图 5-104 所示。

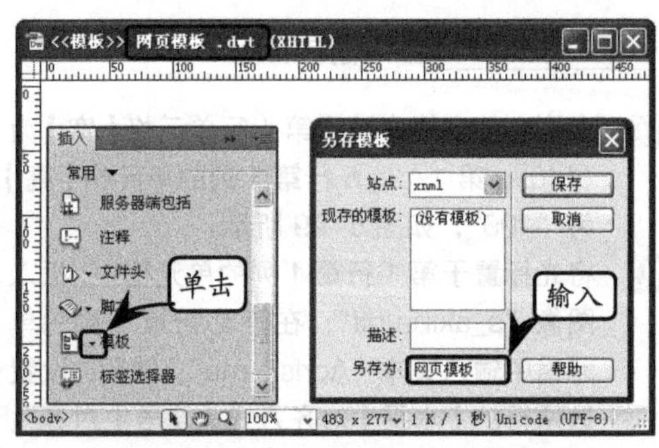

图 5-103 创建模板

3 将光标置于第 1 行的单元格中，单击【插入】面板中的【图像】按钮，在弹出的【插入图像源文件】对话框中，选择图像"top.jpg"，如图 5-105 所示。

图 5-104 插入表格并设置对齐方式

图 5-105 插入图像

4 将光标置于第 2 行的单元格中，设置【属性】检查器中【背景颜色】为“绿色”(#9dcf53)；【高】为“45”，然后，单击【插入】面板中的【导航条】按钮，在弹出的【插入导航条】对话框中，依次单击【状态图像】和【鼠标经过图像】右侧的【浏览】按钮，选择相应的图像，如图 5-106 所示。

图 5-106 添加导航条

5 单击【确定】按钮后调整图像的距离：选择“公司简介”图像，在【属性】检查器中设置【水平间距】为“3”，如图 5-107 所示。

图 5-107 设置导航条

提 示

分别给图像“产品展示”、“荣誉证书”、“联系我们”设置【水平间距】为“3”。

6 将光标置于第 3 行的单元格中，在【插入】面板中单击【可编辑区域】按钮 ，弹出一个【新建可编辑区域】对话框，单击【确定】按钮，并在【属性】检查器中设置单元格【高】为“200”；【垂直】对齐方式为“顶端”，如图 5-108 所示。

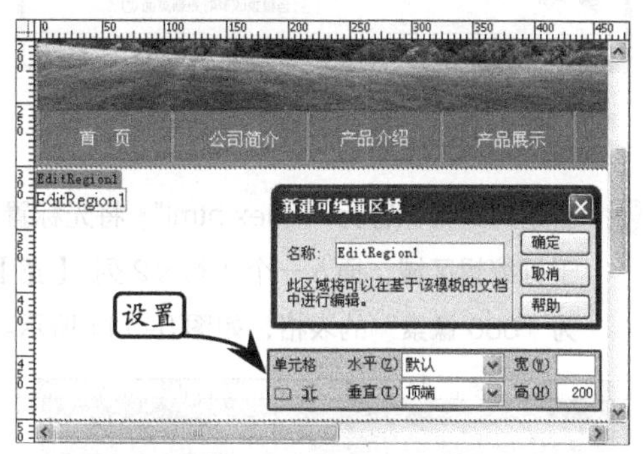

图 5-108 插入可编辑区域

7 将光标置于第 4 行的单元格中，在【属性】检查器中设置【背景颜色】为“绿色”(#9dcf53)；【高】为“80”，并输入文本，设置【水平】对齐方式为“居中对齐”，如

图 5-109 所示。

图 5-109 添加背景颜色

提 示

通过上面的几个步骤，模板页面已经完成，然后，就可以套用模板制作网页了。

8 执行【文件】|【新建】命令，在弹出的【新建文档】对话框中选择【模板中的页】选项，选择第 2 栏【站点“XNML”的模板】中的【网页模板】选项，如图 5-110 所示。

图 5-110 使用模板

9 新建的文档保存为“Index.html”；将光标置于可编辑区域，插入一个 1 行×2 列、【宽】为“880 像素”的表格，如图 5-111 所示。

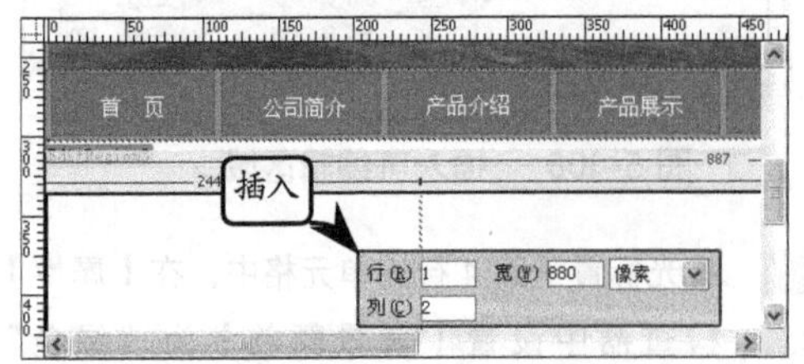

图 5-111 在可编辑区域插入表格

10 在第 1 列单元格中，嵌套一个 4 行×1 列、【宽】为“200”的表格，设置【背景颜色】为“绿色”（#9bbb59）；第 1、3 行单元格的【背景颜色】为“浅绿色”（#e6eed5）；第 2、4 行单元格的背景颜色为灰色（#f9f9f9）；【间距】为“1”；【垂直】对齐方式为“顶端”，输入相应的文本，如图 5-112 所示。

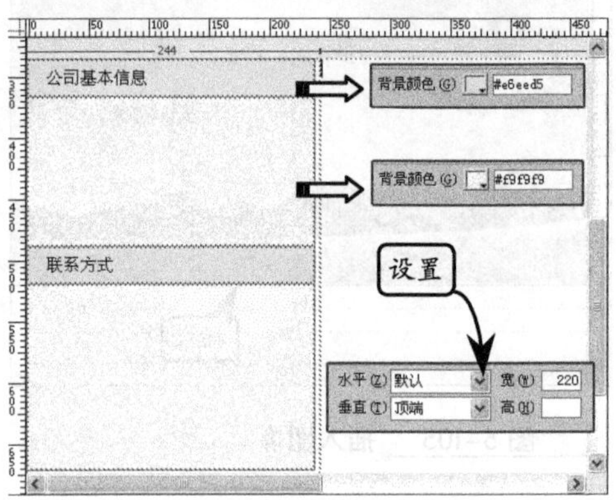

图 5-112 插入嵌套表格 1

11 在第 2 行嵌套一个 6 行×2 列的表格，在第 4 行嵌套一个 5 行×2 列的表格，设置单元格的【填充】为“6”，并输入文本，如图 5-113 所示。

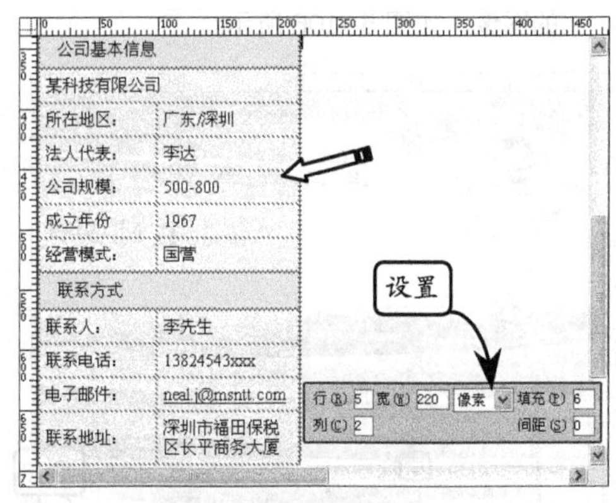

图 5-113 插入嵌套表格 2

12 按相同的方法，在第 2 列的单元格中，嵌套一个 4 行×1 列、【宽】为“600 像素”的表格，在【属性】检查器中设置【对齐】方式为“右对齐”；将光标置于第 1、3 行的单元格，设置【背景颜色】为“绿色”

（#e6eed5），并输入文本，如图 5-114 所示。

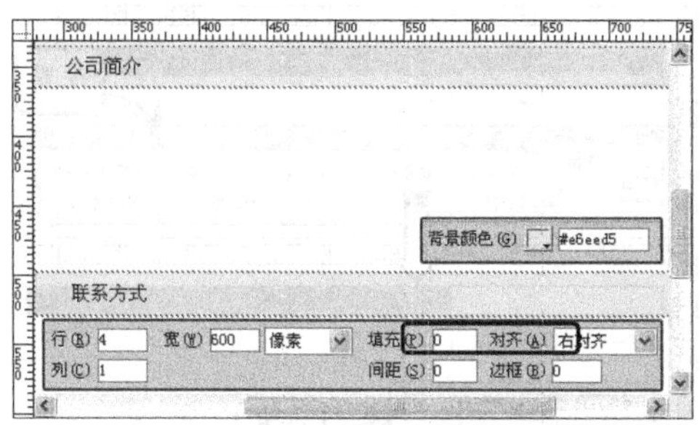

图 5-114 插入嵌套表格 3

13 将光标置于第 2 行，输入相应的文本；然后，将光标置于第 4 行，嵌套一个 9 行×2 列的表格，如图 5-115 所示。

14 将光标置于嵌套表格的第 1、3、5、7、9 行，设置【背景颜色】为“灰色”（#f9f9f9），并在相应的位置输入文本，如图 5-116 所示。

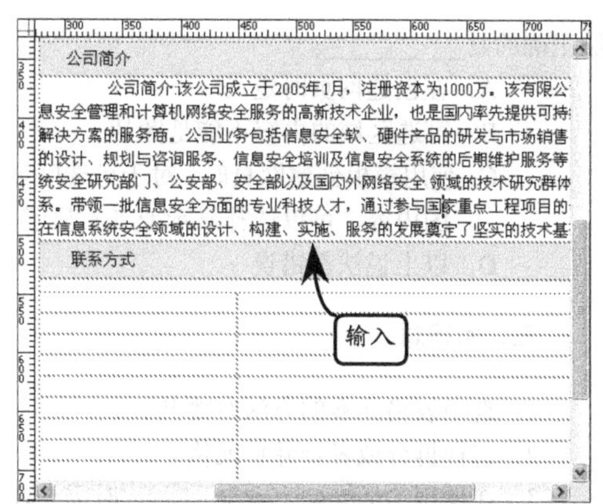

图 5-115 输入文本并嵌套表格

图 5-116 设置背景颜色

5.9 思考与练习

一、填空题

1. 在【表格】对话框中，【表格宽度】有两种可选择的单位，一种是百分比，另一种是________。

2. 在【标准】模式中创建表格，可以单击【常用】选项卡中的【________】按钮。

3. 当保存一个新模板时，系统会自动地将该模板以________为后缀名存入本地站点根目录下的 Templates 文件夹里，该文件夹是在第一次保存站点模板时，由 Dreamweaver 自动创建的。

4. 在模板中可以插入两种重复区：重复区域和________。

5. ________是用于组织站点资源的主要工具，可以跟踪和预览站点中存储的资源。

二、选择题

1. 在 Dreamweaver 中，表格的主要作用是________。

A. 组织数据

B. 表现图片

C. 实现网页的精确排版和定位

D. 设计新的页面

2. 要想合并单元格，首先选中要合并的单元格，然后单击【属性】检查器中的【合并所选单元格】按钮________。

A.

B.

C.

D.

3. 在选择多个单元格时，按住________键可以选择不连续单元格。

A. Shift　　B. Ctrl

C. Alt　　D. Enter

4. 当编辑模板自身时，以下说法正确的是________。

A. 只能修改可编辑区域中的内容

B. 只能修改锁定区域的内容

C. 可编辑区域中的内容和锁定区域的内容都可以修改

D. 可编辑区域中的内容和锁定区域的内容都不能修改

5. 在创建模板时，下面关于可选区域的说法正确的是________。

A. 在创建网页时定义

B. 可选区域的内容不能是图片

C. 使用模板创建网页时，对于可选区域的内容，可以选择显示或者不显示

D. 以上说法都错误

三、问答题

1. 选中表格元素的方法有哪几种？

2. 怎样拆分或者合并单元格？

3. 在使用 Dreamweaver 拼接图片时需要注意哪些问题？

4. 创建模板有哪几种方式？

5. 要想将基于模板创建的网页与该模板分离，应如何操作？

四、上机练习

1. 创建一个细线表格

虽然在表格的【属性】检查器中无法设置表格的背景颜色，但是能够通过设置单元格的背景颜色来控制表格背景颜色的显示效果。这里通过设置表格和嵌套表格的属性选项，创建具有细线效果的表格。

方法是：在空白文档中创建一个 1 行 3 列的表格，并且在【属性】检查器中设置表格的基本选项；然后将光标放置在单元格中，设置单元格【背景颜色】为"黑色"，如图 5-117 所示。

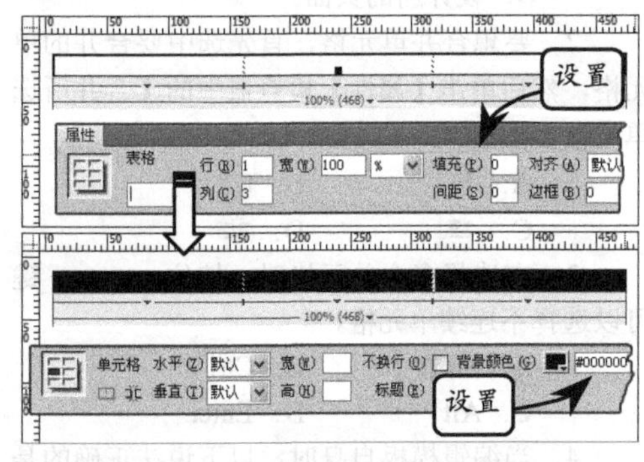

图 5-117 设置表格与单元格属性

接着在 1 行 1 列的单元格中创建一个 1 行 1 列的嵌套表格，并设置表格【间距】为"1 像素"；然后将光标放置在嵌套表格的单元格中，设置【背景颜色】为"白色"，如图 5-118 所示。

将嵌套表格选中并复制后，分别在其他单元格中进行粘贴；选中中间的嵌套表格，设置【间距】为"0 像素"。保存文档后，按 F12 键预览效果，即完成了细线表格的制作，如图 5-119 所示。

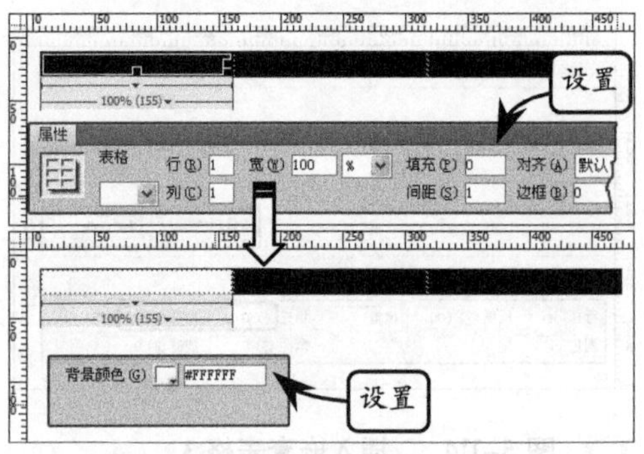

图 5-118 创建嵌套表格

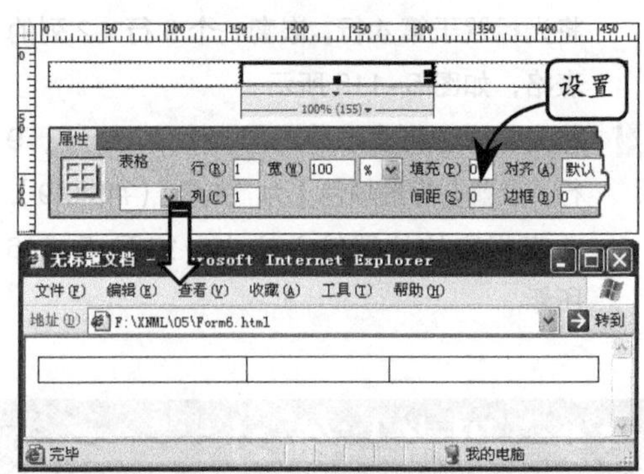

图 5-119 细线表格效果

2. 在【资料】面板中创建一个空白模板

在 Dreamweaver 中创建模板的方法有多种，其中一个就是在【资源】面板中创建。方法是：切换到【模板】界面，单击【新建模板】按钮，新建并且设置新模板的名称，然后单击【编辑】按钮即可打开该模板文档进行编辑，如图 5-120 所示。

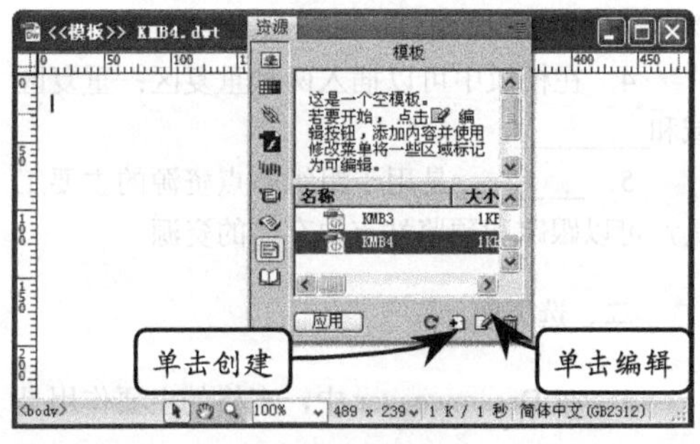

图 5-120 创建空白模板

第 6 章

设计框架网页

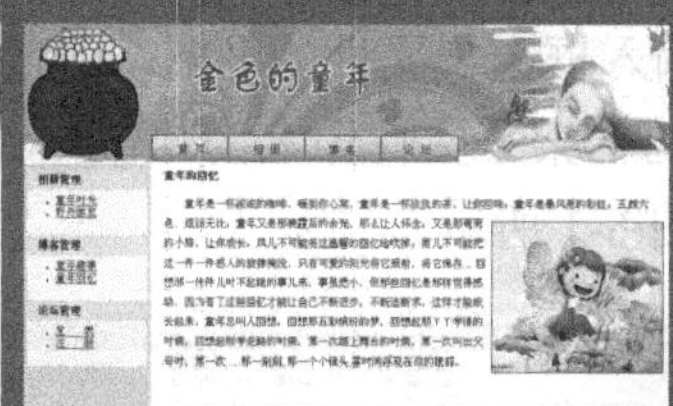

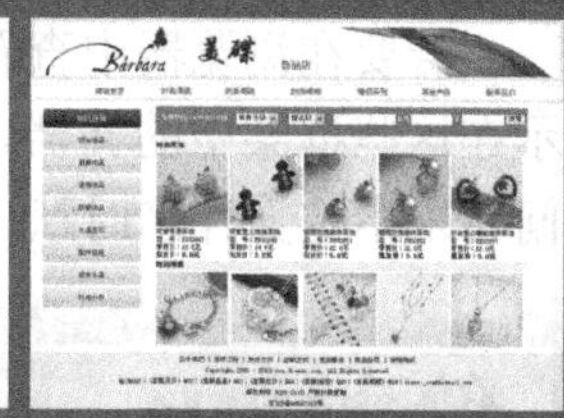

框架网页设计是 Web 页的设计方式之一，它可以将 Web 浏览器窗口分为不同的可滚动的区域，这些区域可独立地显示几个 Web 页。

目前，框架网页多数用在网站后面的界面中，可以通过左侧的栏目导航，在右则显示不同的设置数据页面，除此之外，还有 Iframe 内嵌框架的方式，而这种方式多用于前台的主页，它可将主页不同的功能版块分割成不同的单个文件，便于修改网页的内容。

本章学习要点：

- 创建框架
- 编辑框架集
- 设置框架的属性
- 内嵌框架应用

6.1 框架网页

框架的作用是将一个浏览器窗口划分为多个区域、每个区域都可以显示不同的 HTML 文档。使用框架的最常见情况就是，一个框架显示包含导航菜单的文档，而另一个框架显示包含内容的文档。

6.1.1 框架网页概述

很多用户可能将网页中的框架看成是一个文件，但实际上文档不是架框的一部分，而框架是存放文档的容器。

1．框架集

框架集是 HTML 文件，它定义一组框架的布局和属性，包括框架的数目、大小、位置以及最初在每个框架中显示的页面的 URL。

若要在浏览器中查看一组框架，需要输入框架集文件的 URL，浏览器随后打开要显示在这些框架中的文档。通常将一个站点的框架集文件命名为“index.html”，以便当访问者未指定文件名时默认显示该文件，如图 6-1 所示。

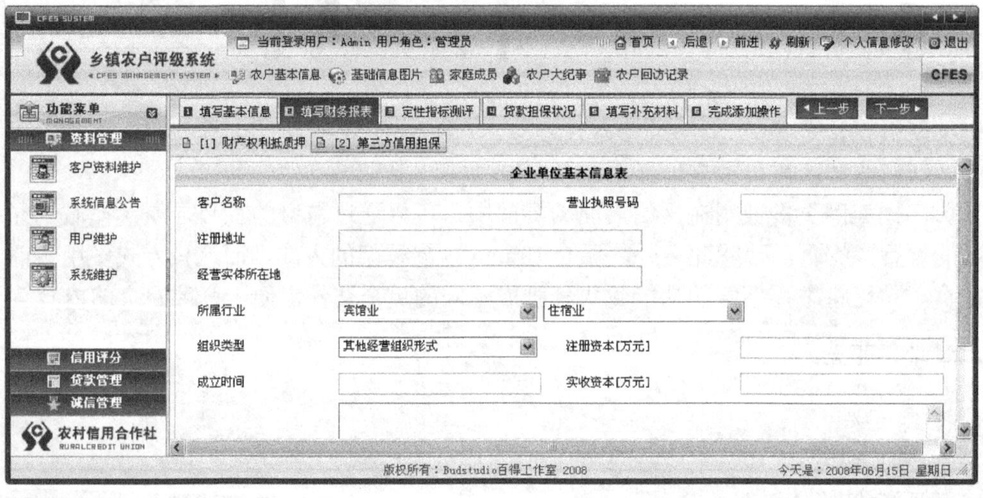

图 6-1 框架页

当浏览者浏览上面的网页时，在顶部框架中显示的文档是永远不更改的；侧面的框架导航条中包含链接，单击其中某一链接可以更改主要内容框架的内容，但侧面框架本身的内容保持不变。当访问者单击左侧的某个链接时，会在右侧的主内容框架中显示相应的文档。

框架集文件本身不包含要在浏览器中显示的 HTML 内容，但“no frames”部分除外；框架集文件只是向浏览器提供应如何显示一组框架，以及在这些框架中应显示文档的相关信息。

2. 框架集的优势

框架的最常见的用途就是页面导航。一组框架通常包括一个含有导航条的框架和另一个要显示主要内容页面的框架。

在许多情况下，创建没有框架的 Web 页也可以达到一组框架所能达到的效果。例如，如果想让导航条显示在页面的左侧，则既可以用一组框架代替页面，也可以只是在站点中的每一页上创建该导航条。

虽然，框架不被作为网页设计的主要技术，但有时使用框架设计网页还是比其他技术有优越性。下面来了解一下框架的优、缺点。

框架主要有以下优点。

- ❑ 不需要为每个页面重新加载与导航相关的图形。
- ❑ 每个框架都具有自己的滚动条。

框架主要有以下缺点。

- ❑ 可能难以实现不同框架中各元素的精确图形对齐。
- ❑ 对导航进行测试可能很耗时间。

3. 嵌套的框架集

在另一个框架集中的框架集称为嵌套框架集，一个框架集文件可以包含多个嵌套的框架集。大多数使用框架的 Web 页实际上都使用嵌套的框架，并且在 Dreamweaver 中，大多数预定义的框架集也使用嵌套。如果在一组框架里，不同行或不同列中有不同数目的框架，则要求使用嵌套的框架集。

提 示

Dreamweaver 会根据需要自动嵌套框架集。如果在 Dreamweaver 中使用框架拆分工具，则不需要考虑哪些框架将被嵌套、哪些框架不被嵌套这样的细节。

有两种方法可在 HTML 中嵌套框架集：内部框架集可以与外部框架集在同一文件中定义，也可以在不同的文件中单独定义。Dreamweaver 中每个预定义的框架集均在同一文件中定义。这两种类型的嵌套均产生相同的视觉效果，如果没有看到代码，很难判断使用的是哪种类型的嵌套。

在 Dreamweaver 中使用外部框架集文件的最常见方法是：使用【在框架中打开】命令在框架内打开一个框架集文件，这可能导致设置链接目标时出现问题，通常最简单的方法是在单个文件中定义所有的框架集。

6.1.2 创建各种框架

在 Dreamweaver 中有两种创建框架集的方法：既可以从若干预定义的框架集中选择，也可以自己设计框架集。

1. 创建框架集

在 Dreamweaver 中，创建框架集是非常简单的。新建普通文档后，单击【插入】面板中的【框架】按钮右侧的下拉三角按钮，并选择【顶部和嵌套的左侧框架】选项；然后，在弹出的【框架标签辅助功能属性】对话框中，修改框架的名称，并单击【确定】按钮，即可创建如图 6-2 所示的框架集。

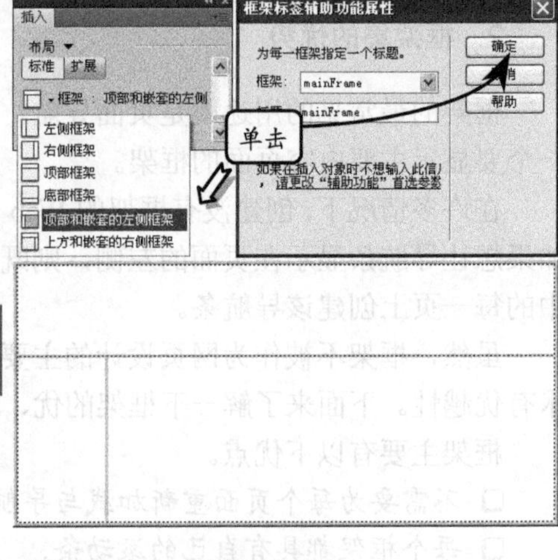

图 6-2 创建框架集 1

提 示

在框架下拉列表中包括 13 种布局框架集，选择任何一个均可以创建框架集。

还可以在文档中执行【文件】|【新建】命令，选择【示例中的页】选项，在【示例文件夹】列表中选择【框架页】选项，然后在右侧选择一种布局框架即可创建相应的框架集，如图 6-3 所示。

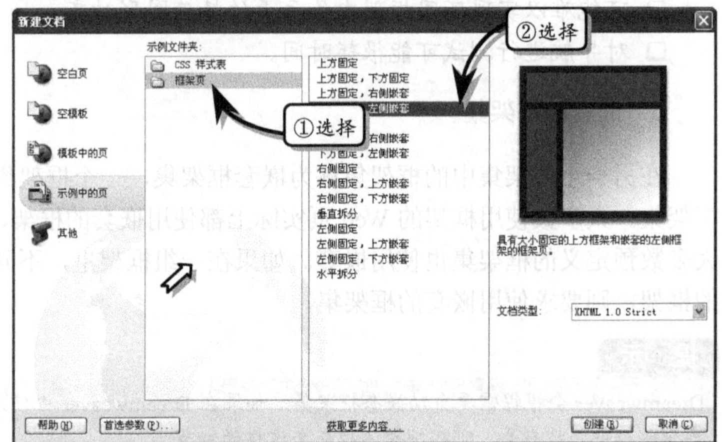

图 6-3 创建框架集 2

2．创建嵌套框架集

将光标置于框架集的顶部，单击【框架】按钮右侧的下拉三角按钮，然后在列表中选择一种框架布局方式，则该框架集就是嵌套框架集，如图 6-4 所示。

3．创建浮动框架

要想在一个 HTML 网页的局部显示另外一个 HTML 网页，就需要用到浮动框架。浮动框架是一个 HTML 网页在另外一个 HTML 网页中显示的容器。浮动框架既可以在空白页面中创建，也可以在表格中创建。

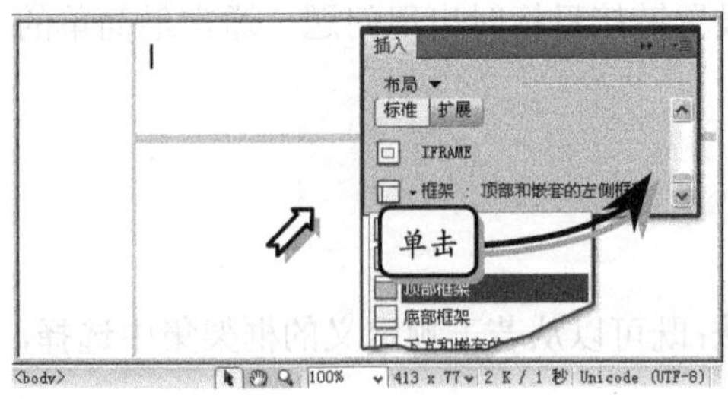

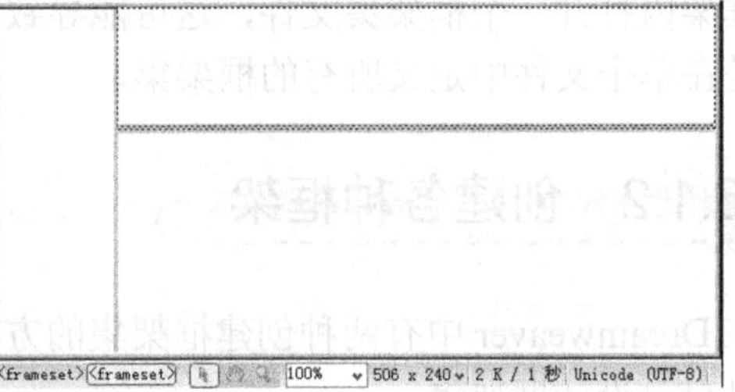

图 6-4 创建嵌套框架集

在【设计】视图中，单击【插入】面板中的 IFRAME 按钮，这时将在【拆分】视图中插入浮动框架代码，如图 6-5 所示。

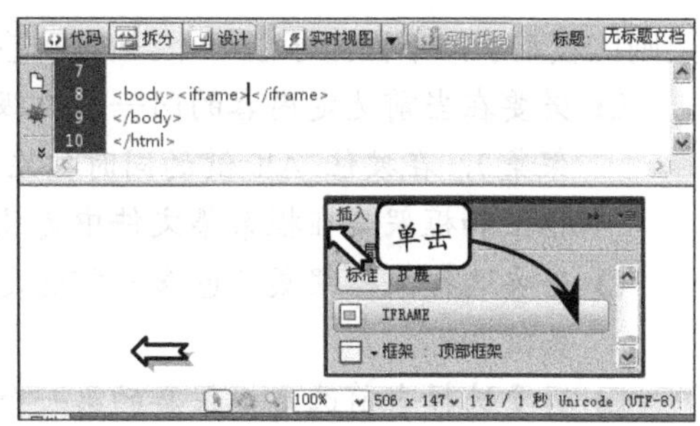

图 6-5 创建浮动框架

6.1.3 编辑框架集

【框架】面板提供框架集内各框架的可视化表示形式，它能够显示框架集的层次结构，而这种层次结构在【文档】窗口中的显示则不够直观。

在【框架】面板中，环绕每个框架集的边框非常粗；而环绕每个框架的是较细的灰线，并且每个框架由框架名称标识。

1. 在面板中选择框架

首先，执行【窗口】|【框架】命令，弹出【框架】面板。若要选择框架，可以在【框架】面板中单击框架部分，如图 6-6 所示。

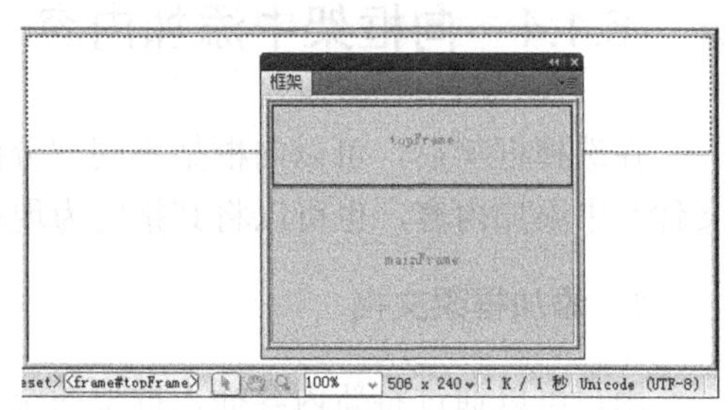

图 6-6 选择框架

若要选择框架集，则要单击环绕框架集的边框。

2. 选择布局框架

在【设计】视图中，若要选择框架，可以在按住 Shift+Alt 快捷键的同时，单击框架内部；若要选择框架集，单击框架集的内部框架边框即可，如图 6-7 所示。

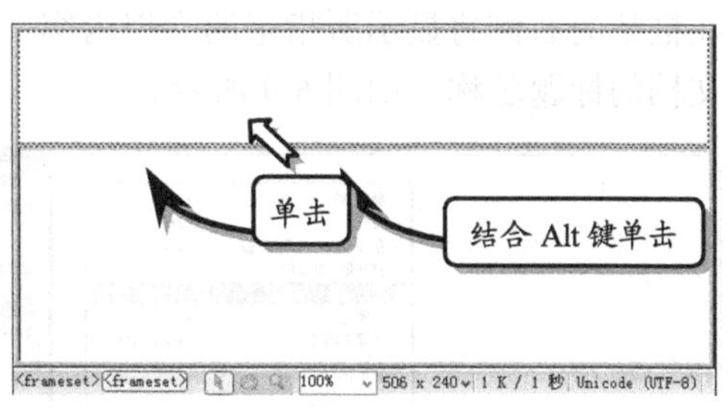

图 6-7 选中框架

当光标指向两个框架之间时，单击后同样可以在【框架】面板中选中整个框架集，如图 6-8 所示。

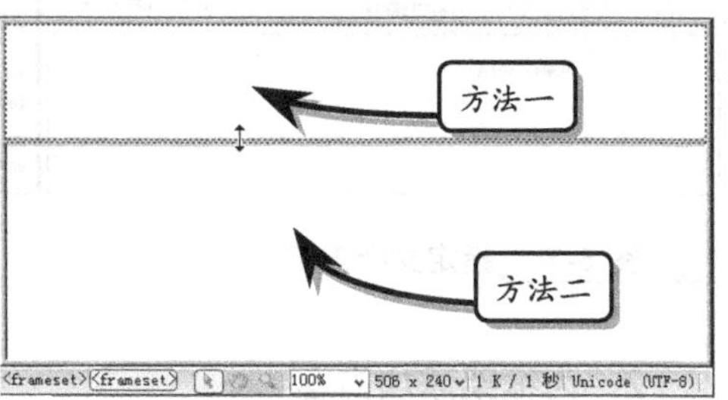

图 6-8 选择框架集

提 示

在【文档】窗口的【设计】视图中选定一个框架后，其边框以虚线显示；在选定了一个框架集后，该框架集内各框架的所有边框都以淡颜色的虚线显示。

注 意

有多种不同的操作要求用户必须选择框架，但将插入点放置在框架内显示的文档中并不等于选择了一个框架。

3. 选择不同的框架

在单个框架中，可以很容易地选择不同部分的内容；但在框架集中，选择不同的框架则比较难了，下面来了解一下，如何选择多个嵌套的框架集。

- 若要在当前选定内容的同一层次级别上选择下一框架（框架集）或前一框架（框架集），在按住 Alt 键的同时按左箭头键或右箭头键即可。使用这些键可以按照框架和框架集在框架集文件中定义的顺序依次选择这些框架和框架集。
- 若要选择父框架集（包含当前选定内容的框架集），在按住 Alt 键的同时按上箭头键即可。
- 若要选择当前选定框架集的第一个子框架或框架集（按在框架集文件中定义顺序中的第一个），按住 Alt 键的同时按下箭头键即可。

6.1.4 向框架中添加内容

在选择框架后，可以向框架不同部分的文件（框架中的每一个部分都是一个独立的文件）中添加内容，也可以将其指定为现在文件。

1. 添加框架文档

用户可以通过将新内容插入框架的空文档中，或通过在框架中打开现有文档，来指定框架的初始内容。例如，将插入点放在框架中，执行【文件】|【在框架中打开】命令，在弹出的【选择 HTML 文件】对话框中，选择需要指定的文件，并单击【确定】按钮。在框架的右侧将显示所指定的文档内容，并且当用户选择框架右侧的文档时，将显示该文档的标题名称，如图 6-9 所示。

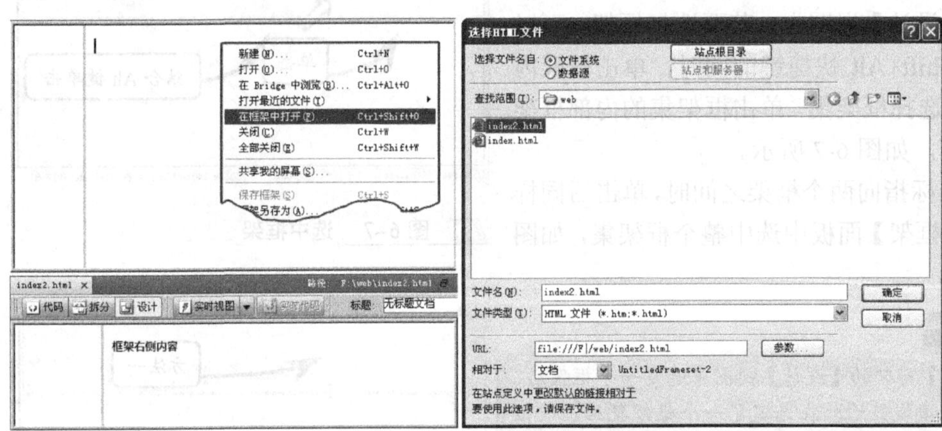

图 6-9 指定文档内容

2. 为框架添加内容

无论是框架还是框架集，均是显示 HTML 网页的容器。网页元素则要在框架网页中添加，其操作方法与普通网页的操作方法相同，同样也可以在其中插入表格、文本、图像、多媒体等。

将光标放置在框架内部，直接输入文字内容，或者是把其他文档中的内容直接复制并粘贴过来，即可在框架内输入文本，如图 6-10 所示。

如果是添加图像，将光标放置在要添加图像的框架中，单击【插入】面板中的【图像】按钮，并选择【图像】选项。然后，在弹出的【选择图像源文件】对话框中，选择需要插入的图像，并单击【确定】按钮，如图 6-11 所示。

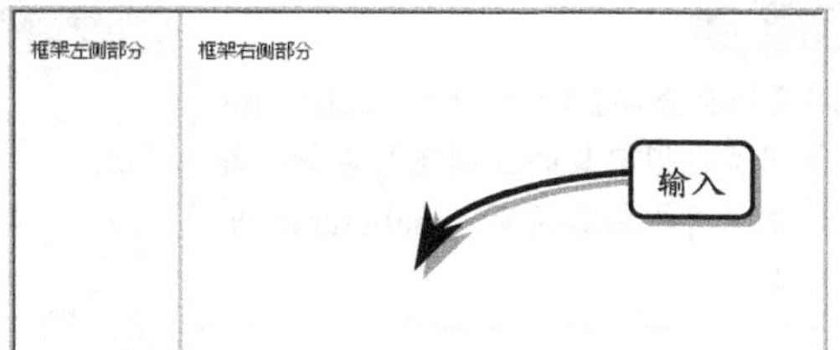

图 6-10 在框架中输入文本

6.1.5 保存框架集

如果一个站点在浏览器中显示为包含两个框架的单个页面，则它实际上至少由三个 HTML 文档组成：框架集文件以及两个文档，这两个文档包含最初在这些框架内显示的内容。在 Dreamweaver 中设计使用框架集的页面时，必须保存所有文件，该页面才能在浏览器中正常显示。

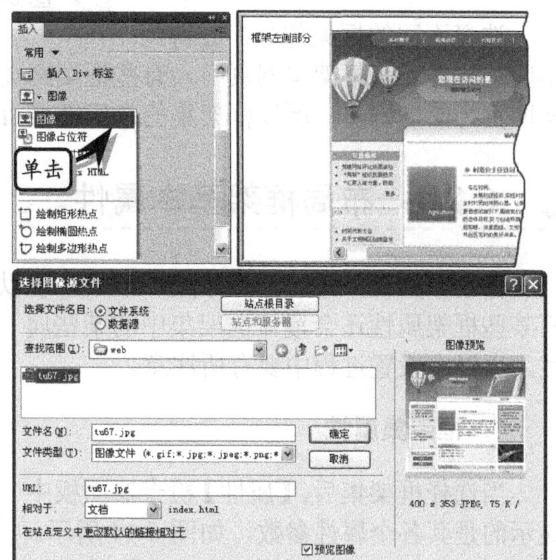

图 6-11 在框架中插入图像

1. 保存框架集

在浏览器中预览框架集前，必须保存框架集文件以及要在框架中显示的所有文档。既可以单独保存每个框架集文件和带框架的文档，也可以同时保存框架集文件和框架中出现的所有文档。

选中整个框架集后，执行【文件】|【保存框架页】命令，在弹出的【另存为】对话框中，输入文件名，并单击【保存】按钮即可完成框架集的保存，如图 6-12 所示。

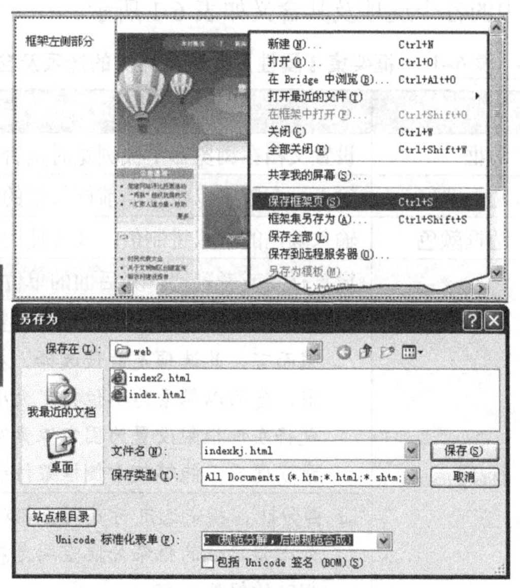

图 6-12 保存框架集网页

提 示

因为只保存了框架集网页，没有保存框架网页，所以框架集网页中的框架网页将无法显示。

如果执行【保存全部】命令，那么会按照框架集、右框架、左框架的顺序依次保存，如图 6-13 所示。

2. 保存嵌套框架集

如果创建的是嵌套框架集，那么是按照框架集、嵌套框架集中的框架网页、框架集中的框架网页的顺序依次保存的。

注 意

执行【保存全部】命令，无论 mailFrame 框架网页在框架集的左侧还是右侧，都将优先保存框架集网页、mailFrame 框架网页。

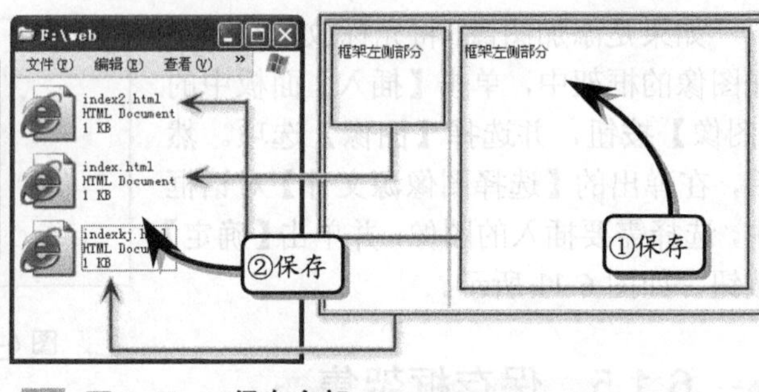

图 6-13 保存全部

6.2 框架属性

选择不同的框架部分，会得到不同的属性。而框架集网页中，有些框架网页为固定网页，而框架集中的 mailFrame 框架网页为活动网页，所以框架集的超级链接目标与普通网页会有所不同。

6.2.1 布局框架基本属性

由于布局框架中包括框架集和框架，所以在设置其属性时其操作方法也不尽相同。而某些框架属性还会覆盖框架集中的某些属性，所以在设置过程中要有所注意。

1. 框架集属性

当选择框架集后，【属性】检查器面板中显示的是其各个属性参数，如图 6-14 所示。在该面板中，可以设置框架大小和框架之间的边框效果。其中框架集【属性】检查器面板中的各个选项及其含义如表 6-1 所示。

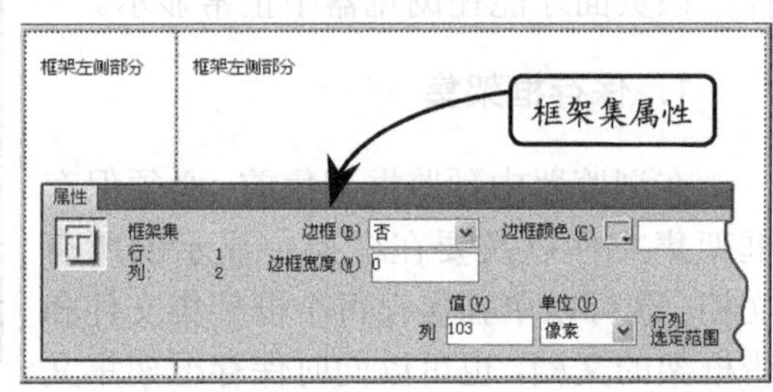

图 6-14 框架集【属性】面板

表 6-1 框架集【属性】检查器面板的选项及含义

选项名称	选项含义
边框	设置文档在浏览器中被浏览时是否显示框架边框
边框宽度	输入一个数字以指定当前框架集的边框宽度，输入“0”，指定为无边框
边框颜色	输入颜色的十六进制值，或者使用拾色器为边框选择颜色
行/列	设置行高或者列宽，其后面的单位可以选择像素、百分比和相对
	❑ **像素** 将选定行或列的大小设置为一个绝对值。对于应始终保持相同大小的框架而言，此选项是最佳选择。在为以百分比或相对值指定大小的框架分配空间前，先为以像素为单位指定大小的框架分配空间。设置框架大小的最常用方法是将左侧框架设置为固定像素宽度，将右侧框架设置为相对大小，这样分配像素宽度后，能够使右侧框架伸展以占据所有剩余空间
	❑ **百分比** 指定选定行或列应相对于其框架集的总宽度或总高度的百分比。以百分比为单位的框架分配空间是在以像素为单位的框架之后，但在将单位设置为相对的框架之前
	❑ **相对** 指定在为像素和百分比框架分配空间后，为选定行或列分配其余可用空间：剩余空间在大小设置为相对的框架中按比例划分

在【属性】检查器面板中，设置显示该框架集的边框，左侧框架网页宽度为“200像素”，其余参数如图 6-15 所示，得到的显示效果与默认效果所有不同。

2．框架属性

结合 Alt 键选中某个框架后，在【属性】检查器面板中会显示相应的属性参数，比如框架名称、边框、边界等，如图 6-16 所示。其中框架属性的选项及含义如表 6-2 所示。

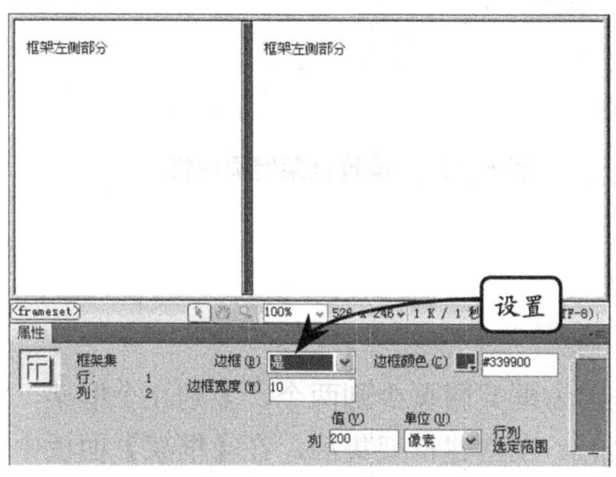

图 6-15 设置框架集属性

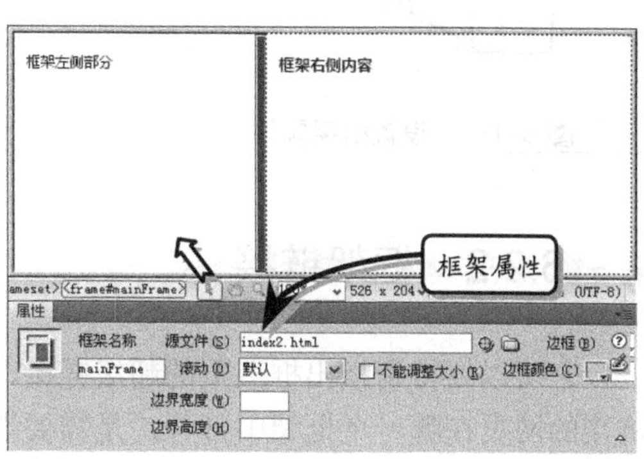

图 6-16 框架属性

表 6-2 框架【属性】检查器面板的选项及含义

选项名称	选项含义
框架名称	在此输入框架名，将被超链接和脚本引用。框架名称必须是一个以字母开头的单词，允许使用下划线，但不能使用横杠（-）、句号（.）和空格，以及 JavaScript 的保留字（例如 top 或 navigator）
源文件	用来指定在当前框架中打开的源文件。可以直接输入文件名或者单击文件夹图标，浏览并选择一个文件
滚动	单击其中文本框后的向下箭头，可以选择“是”、“否”、“自动”和“默认”来决定显示滚动条和不显示滚动条，其中的“自动”为当没有足够的空间来显示当前框架的内容时自动显示滚动条；“默认”为采用浏览器的默认值
不能调整大小	选中此复选框，可以防止用户浏览时因拖动框架边框而改变当前框架的大小
边框	决定当前框架是否显示边框，有 3 种选择：是、否和默认。大多数浏览器默认为是，可以覆盖框架集的边框设置
边框颜色	设置与当前框架相邻的所有边框的颜色，此项选择覆盖框架集的边框颜色设置
边界宽度	以像素为单位设置左、右边距
边界高度	以像素为单位设置上、下边距

在框架【属性】检查器面板中，设置该框架显示滚动条，以及网页元素在框架中的显示位置，效果如图 6-17 所示。

将光标放置在框架中，【属性】检查器面板中显示的不是框架属性，而是普通网页的基本属性，也就是文本的基本属性与页面属性。所以框架网页的设置方法与普通网页相同，比如网页的背景颜色就是在【页面属性】对话框中设置的，如图 6-18 所示。

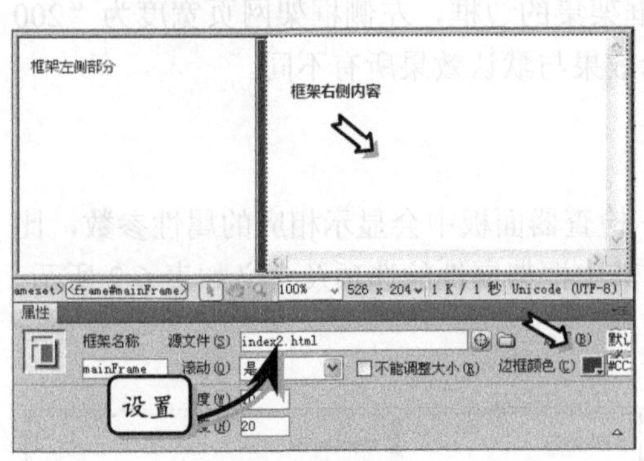

图 6-17 设置框架属性

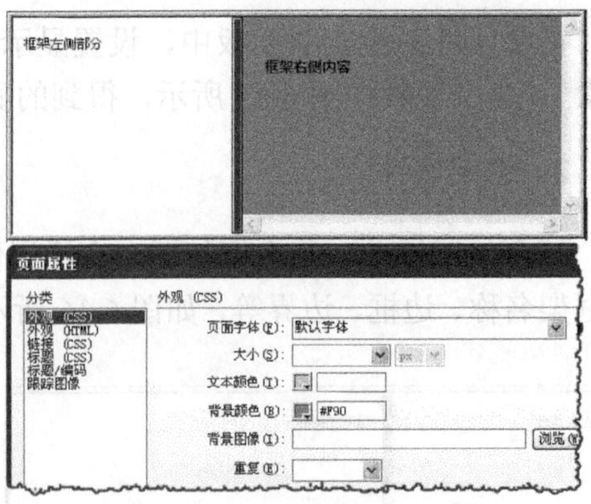

图 6-18 设置框架网页属性

6.2.2 框架链接

之所以要特别指出框架页的超级链接，是因为框架网页少则两个，多则几个框架，链接的网页在哪一个框架中打开，是需要设定的。在创建框架集后，在【框架】面板中会显示每个框架网页的默认名称，如图 6-19 所示。

这时为网页元素添加超级后，在【属性】检查器面板的【目标】下拉列表中会显示所有可以显示的链接网页窗口，如图 6-20 所示，其中各项含义如表 6-3 所示。

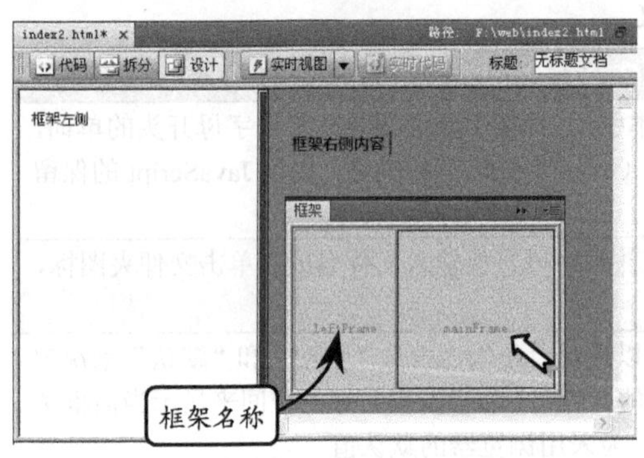

图 6-19 框架名称

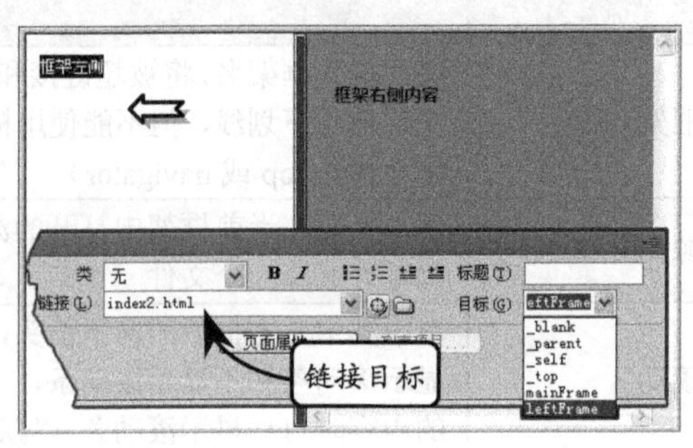

图 6-20 链接目标

表 6-3 框架中链接的目标选项及含义

选　　项	含　　义
_blank:	在新窗口中打开链接
_parent:	在当前框架的父框架结构中打开链接
_self:	在框架内部打开链接
_top:	在浏览器窗口中打开链接，取消所有的框架结构
mainFrame:	在 mainFrame 框架中打开网页
leftFrame:	在 leftFrame 框架中打开网页

例如，在左侧框架网页中设置文本的超级链接为外部链接，然后在【属性】检查器面板的【目标】下拉列表中，选择mainFrame选项。保存文档后按F12键预览时，单击左侧链接文本后，右侧网页则更换为链接网页，如图6-21所示。

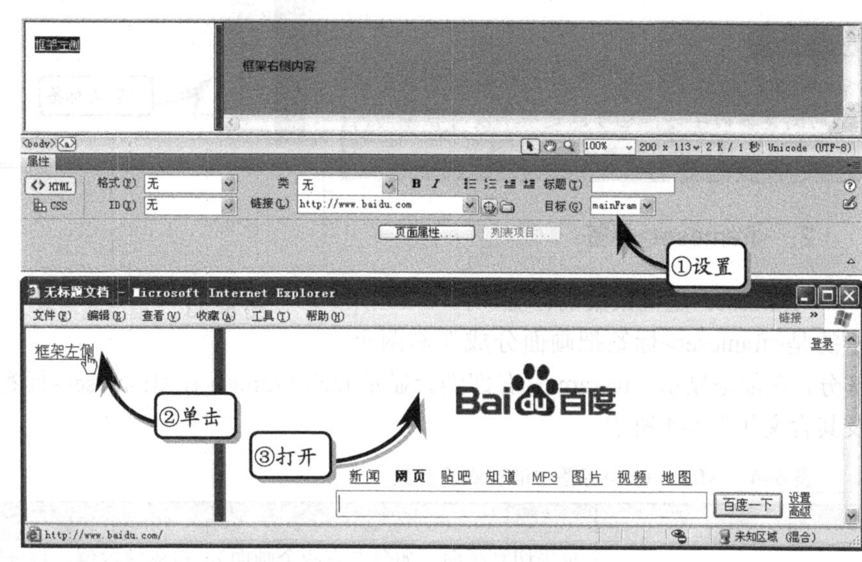

图 6-21 设置框架链接

6.2.3 框架标签

创建框架集后，在【代码】视图中，选择单个框架与选择框架集的代码是不同的，因为页面所有的框架标签需要放在一个 HTML 文档中，这个档案只记录该框架如何分割，而不会显示任何资料。

在布局框架代码中，<frameset>为框架集标签，<frame>为框架标签，<noframes>为浏览器不支持框架时的标签，以及脱离框架集的浮动框架标签<iframe>。

1. <noframes>标签

当浏览者使用的浏览器版本过低，不支持框架功能时，用户看到的将是一片空白。使用<noframes>这个标签可以避免这种情况，当浏览者的浏览器看不到框架时，就会看到<noframes>与</noframes>之间的内容，而不是一片空白。

创建任何框架集后选中该框架集，在【代码】视图中会有<noframes>标签，只要在这个标签内部的<body>与</body>之间输入文本即可，如图6-22所示。这样当浏览器支持框架时，不会理会<noframes>标签中的内容；如果浏览器不支持框架，不明的标签被略过，<noframes>标签的内容便被解读

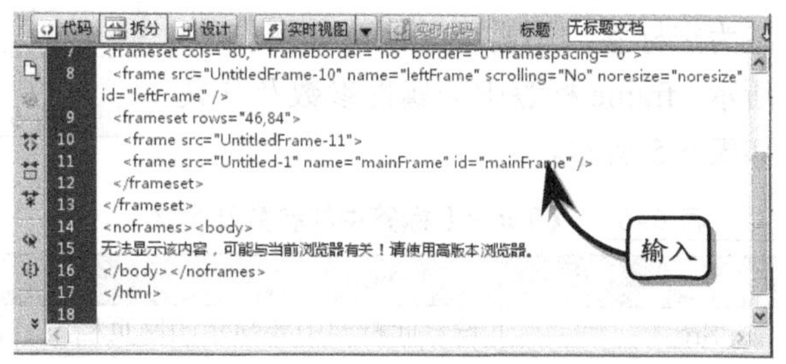

图 6-22 设置<noframes>标签中的内容

出来，所以文字被显示。

技　巧

<noframes>标签中的内容可以是提醒浏览者采用新的浏览器的字句，也可以是一个没有框架的网页，或者切换到没有框架的版本的链接。

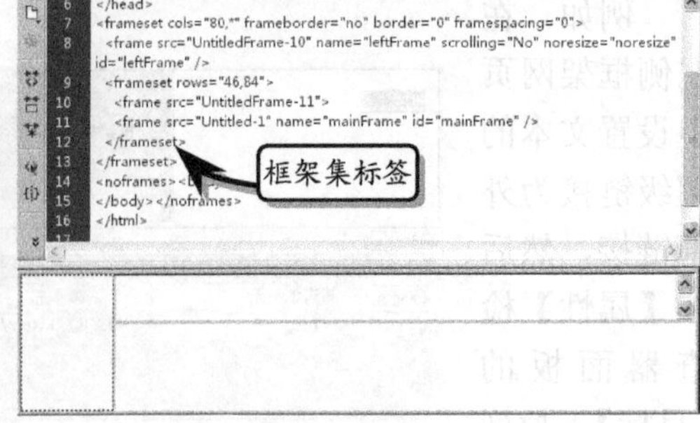

图 6-23　框架集标签

2. <frameset>标签

<frameset>是框架集的标签，图 6-23 所示的是<frameset>标签把画面分成左右两个部分，左部是显示 leftFrame，右部则会显示 mainFrame。在<frameset>标签中包含的参数及其含义如表 6-4 所示。

表 6-4　<frameset>标签中的参数及含义

参　数	含　义
rows	水平切割画面（如分左右两个画面），接受整数值、百分数，*则代表占用剩余的空间。数值的个数代表分成的视窗数目且以逗号分隔
cols	这是垂直切割画面，将画面左右分开，数值设定同上
framespacing	表示框架与框架间保留的空白的距离
frameborder	设定框架的边框，有 no 和 yes 两个选项，no 表示不要边框，yes 表示要显示边框
border	设定框架的边框厚度，以 pixels 为单位
borercolor	设定框架的边框颜色

提　示

<frameset>标签与【属性】面板中的各个属性参数是相对应的，所以各属性参数既可以在【属性】面板中设置，也可以在【代码】视图中设置。

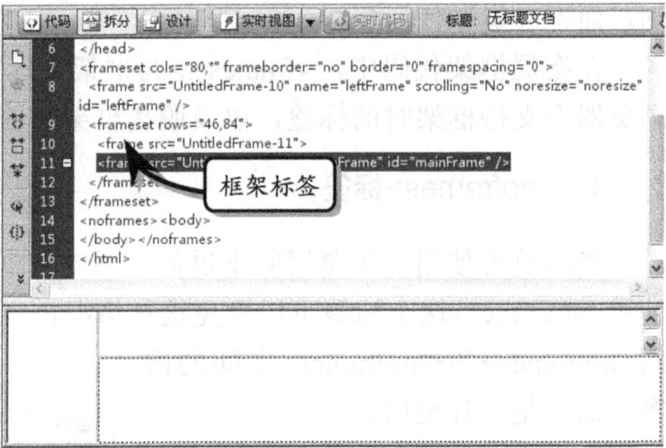

图 6-24　框架标签

3. <frame>标签

<frame>标签为单个框架标签，是包含在 frameset 标签中的，并且该标签为空标签，不需要关闭，如图 6-24 所示。frame 标签中的属性参数及含义如表 6-5 所示。

表 6-5　【frame】标签中的参数及含义

参　数	含　义
Src	设定此框架中要显示的网页档案名称，每个框架一定要对应一个网页档案
name	框架名称
scrolling	“auto”设定是否要显示卷轴，yes 表示要显示卷轴，no 表示无论如何都不要显示卷轴，auto 表示视情况而定

续表

参数	含义
noresize	设定不让使用者改变这个框架的大小，如没有设定此参数，使用者可随意地拉动框架改变其大小
marginhight	表示框架高度部分边缘所保留的空间
marginwidth	表示框架宽度部分边缘所保留的空间

6.3 内嵌框架 Iframe

Iframe 元素也就是文档中的文档，和浮动的框架（frame）相似。使用 frames 集合可以读写 Iframe 内包含的元素。

6.3.1 关于 Iframe

浮动框架（iframe）又被称做嵌入帧，是一种特殊的框架结构，它可以像层一样插入到普通的 XHTML 网页中，并且可以自由地移动位置。可以将其理解为一种可在网页中浮动的框架。

1. 浮动框架概述

在网页中使用普通的框架，必须将 XHTML 的 DTD 文档类型设置为框架型，并且将框架的代码写在网页主题内容元素之外，因此，限制较多。而浮动框架是一种灵活的框架，是一种块状对象，其与层（div）的属性非常类似，所有普通块状对象的属性都可以应用在浮动框架中。当然，浮动框架的标签也必须遵循 XHTML 的规则，例如，必须闭合等。在网页中使用浮动框架，其代码如下所示。

```
<iframe src="index.html" id="newframe"></iframe>
```

浮动框架可以使用所有块状对象可以使用的 CSS 属性以及 XHTML 属性。IE 5.5 以上版本的浏览器已开始支持透明的浮动框架。只需将浮动框架的 allowTransparency 属性设置为“true”，并将嵌入的文档背景颜色设置为“allowTransparency”，即可将框架设置为透明。

注 意

在使用浮动框架时需要注意，该标签仅在微软的 IE 4.0 以上版本的浏览器中被支持，并且该标签仅仅是一个 HTML 标签，而非 XHTML 标签。因此在使用浮动框架时，网页文档的 DTD 类型不能是 Strict（严格型）。在 XHTML 1.1 中并不支持浮动框架。

2. 插入浮动框架

在 Dreamweaver 中，可以在打开网页后执行【插入】|HTML|【框架】|IFRAME 命令，在指定的位置插入浮动框架，如图 6-25 所示。

在【代码】视图中选择相应的位置，直接输入“<iframe></iframe>”标签，同样可

图 6-27 金色的童年网站效果图

操作步骤：

1 执行【文件】|【新建】命令，在弹出的【新建文档】对话框中，选择【示例中的页】选项。然后，选择【示例文件夹】列表中的【框架页】，并在【示例页】列表中选择【上方固定，左侧嵌套】选项，如图 6-28 所示。

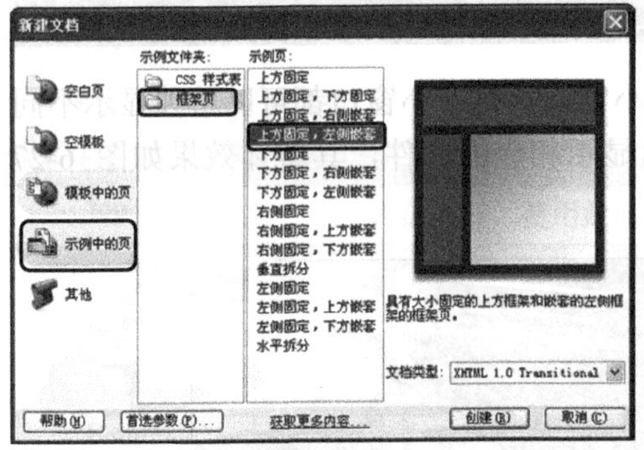

图 6-28 新建框架页

2 在文档中，将框架集保存为“frameset.html”；上方的页面保存为“top.html”；左侧的页面保存为“left.html”；右侧的页面保存为“right.html”，如图 6-29 所示。

提 示

为了能看清楚页面，在【属性】检查器中设置框架集【边框】为“是”，制作完成后可以改为“否”。

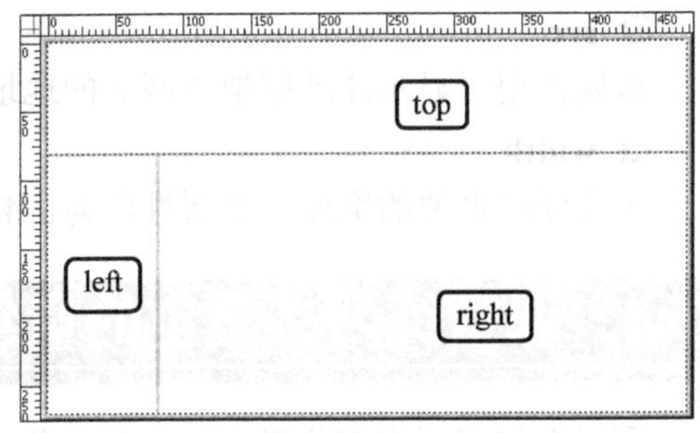

图 6-29 框架集页面

3 将光标置于“top.html”页面中，单击【插入】面板中的【图像】按钮，在弹出的【选择图像源文件】中选择图像“top.jpg”，如图 6-30 所示。

图 6-30 设置“top.html”页面

提 示

单击【属性】检查器中的【页面属性】按钮 页面属性...，在弹出的【页面属性】对话框中设置左边距、右边距、上边距和下边距为“0px”。

4 将光标置于“left.html”页面中，单击【属性】检查器中的【页面属性】按钮，在弹出的【页面属性】对话框中设置【背景颜色】为“橙色”（#fed498）。然后，单击【插入】面板中的【表格】按钮，插入一个6行×1列、【宽】为“190”的表格，如图6-31所示。

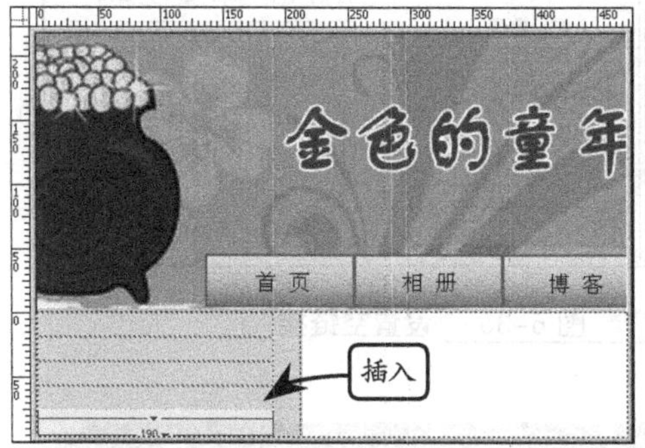

图 6-31 设置“left.html”页面

5 选择左侧插入的表格，在【属性】检查器中设置【填充】为“6”；【对齐】方式为“居中对齐”。设置第1、3、5行单元格【背景颜色】为“淡红色”（#fedcc1），设置第2、4、6行单元格【背景颜色】为“粉红色”（#fff3eb），并输入文本，如图6-32所示。

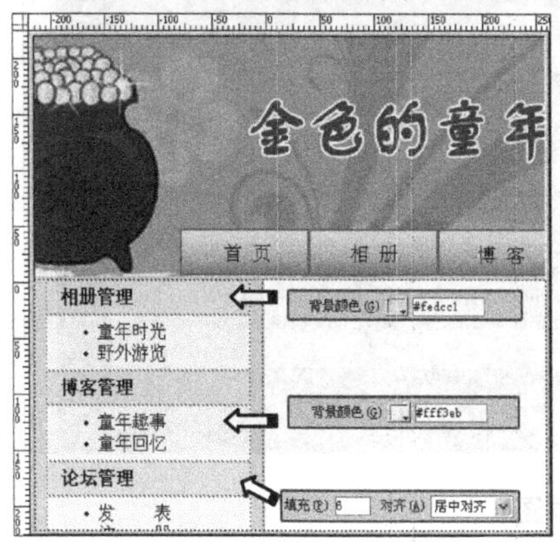

图 6-32 设置表格

提 示

在表格中设置第1、3、5行单元格中的文字为“粗体”，设置第2、4、6行单元格中的文字为“项目列表”，然后设置文字大小为“16px”。

6 将光标置于“right.html”页面中，输入文本并插入“girl.jpg”图像。单击图像，在【属性】检查器中，设置【垂直边距】和【水平边距】为“10”；【对齐】方式为“右对齐”，并设置“童年的回忆”文字【格式】为“标题2”，如图6-33所示。

图 6-33 设置“right.html”页面

提 示

设置文字【大小】为“16px”；【左边距】和【右边距】分别为“20px”；【上边距】和【下边距】分别为“10px”。

7 分别选择“left.html”页面中的“童年时光”、“童年趣事”文本，在【属性】检查器中单击【链接】文本框右侧的【浏览文件】按钮，选择配套光盘中所给的素材“photo.html”页面，设置【目标】为“mainFrame”，如图6-34所示。

图 6-34 设置链接页面 1

8 按同样的方法，分别选择“left.html”页面中的“野外游览”、“童年回忆”文本，在【属性】检查器中单击【链接】文本框右侧的【浏览文件】按钮，选择“right.html”页面，并设置【目标】为“mainFrame”，如图 6-35 所示。

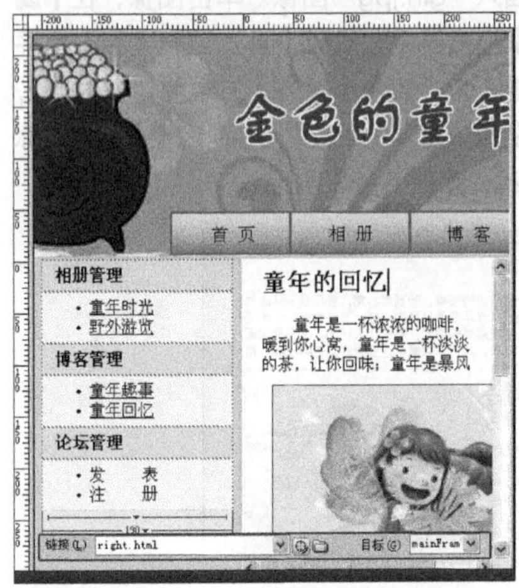

图 6-35 设置链接页面 2

9 分别选择“left.html”页面中的“发表”、“注册”文本，在【属性】检查器的【链接】文本框中输入“#”，如图 6-36 所示。

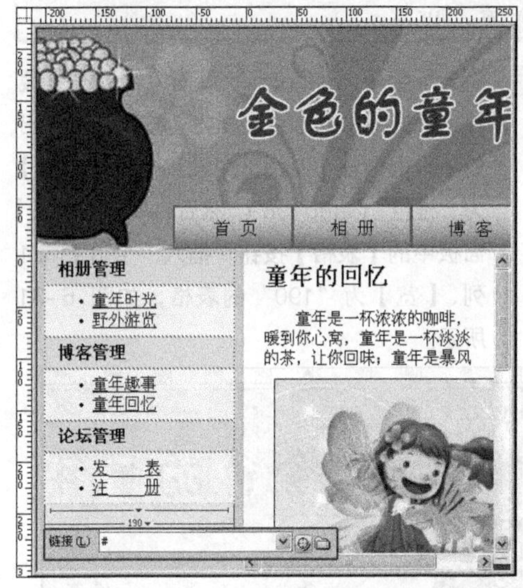

图 6-36 设置空链接

6.5 课堂练习：宠物之家网页

在网页制作的过程中，有时要在某个固定并有限的区域中可以显示较多的信息，可以使用浮动框架页面来实现，浮动框架既可以在网页中插入，也可以在表格中插入。本练习将学习创建浮动框架页面，其整体效果如图 6-37 所示。

图 6-37 浮动框架页面效果图

操作步骤：

1 新建文档，保存文档为“index.html”，在【属性】检查器中单击【页面属性】按钮，在弹出的【页面属性】对话框中，设置 Background-color 为“灰色”（#CCC），如图 6-38 所示。

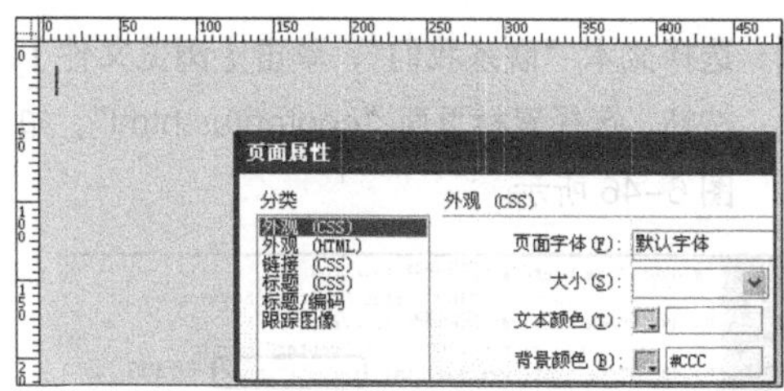

图 6-38 设置背景颜色

2 插入一个 1 行 × 1 列、【宽】为"800 像素"的表格，在【属性】检查器中设置【填充】为"40"；【对齐】方式为"居中对齐"；【背景颜色】为"深灰色"(#666666)，如图 6-39 所示。

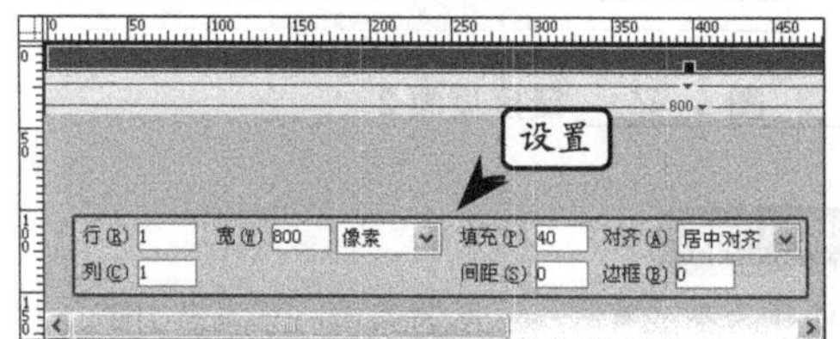

图 6-39 插入表格

3 按相同的方法，将光标置于单元格中，然后插入一个 4 行 × 2 列、【宽】为"712 像素"的表格，并在【属性】检查器中设置【间距】为"5"，【对齐】方式为"居中对齐"，如图 6-40 所示。

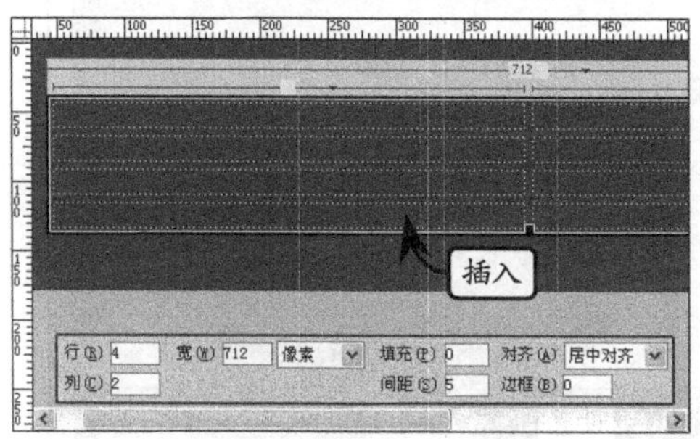

图 6-40 嵌套表格

4 合并第 1 行的单元格，并将光标置于第 1 行的单元格中，插入图像"title.jpg"，如图 6-41 所示。

5 合并第 2 行的单元格，将光标置于单元格中并插入一个 1 行 × 6 列的表格，然后在【属性】检查器中设置单元格的【宽】为"100"；【高】为"35"；【水平】对齐方式为"居中对齐"；【背景颜色】为"绿色"(#7d9a17)，并输入文本，如图 6-42 所示。

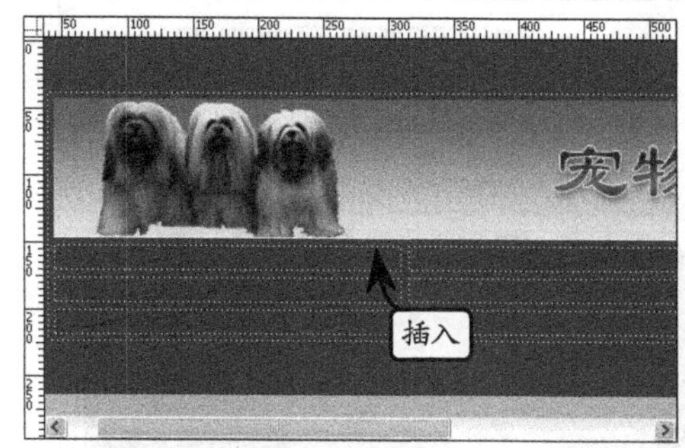

图 6-41 插入图像

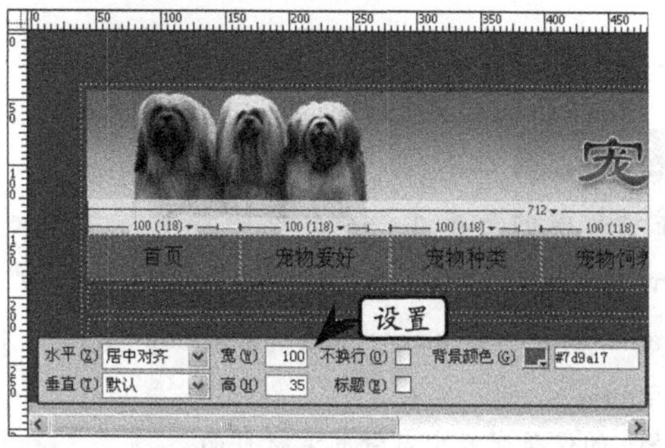

图 6-42 制作导航条

6 将光标置于第 3 行第 1 列中，单击【插入】面板中【布局】列表下的 IFRAME 按钮，进入【拆分】模式，如图 6-43 所示。

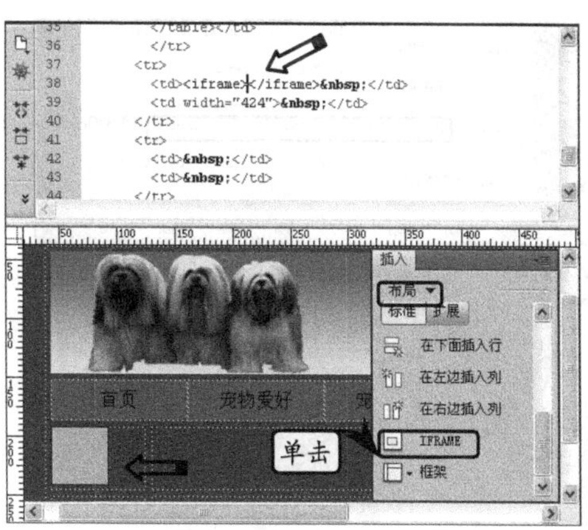

图 6-43 插入浮动框架页面

7 在【代码】模式中给 iframe 元素添加 src、width、height、frameborder、scrolling、name 等属性，设置浮动框架，如图 6-44 所示。

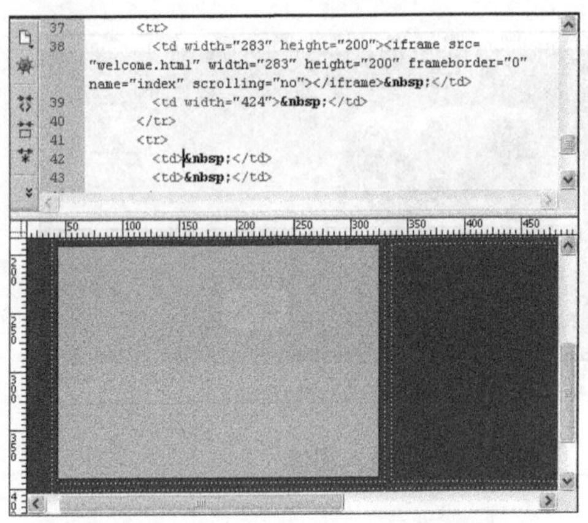

图 6-44 设置浮动框架属性

提 示

浮动框架的基本属性参数代码如下：<iframe src="welcome.html" width="283" height="200" frame border="0" name="index" scrolling="no"> </iframe>
Src 的值是光盘中自带的素材页面。

8 按同样的方法，也可以链接导航条，选择文本"关于我们"，单击【链接】文本框右侧的【浏览文件】按钮，选择"welcome.html"页面，如图 6-45 所示。

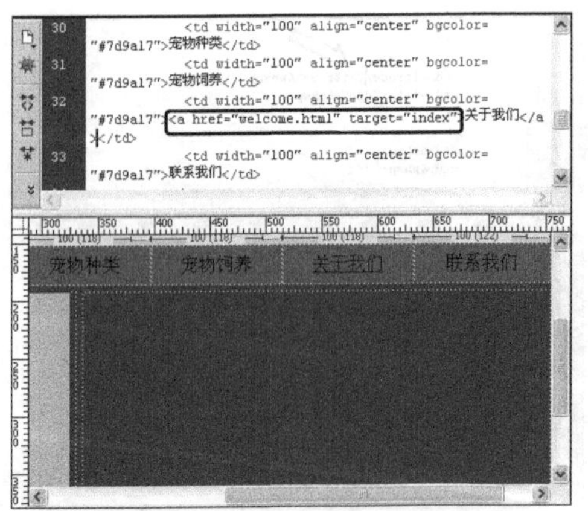

图 6-45 链接页面 1

9 选择文本"联系我们"，单击【浏览文件】按钮，选择素材页面"contentus.html"，如图 6-46 所示。

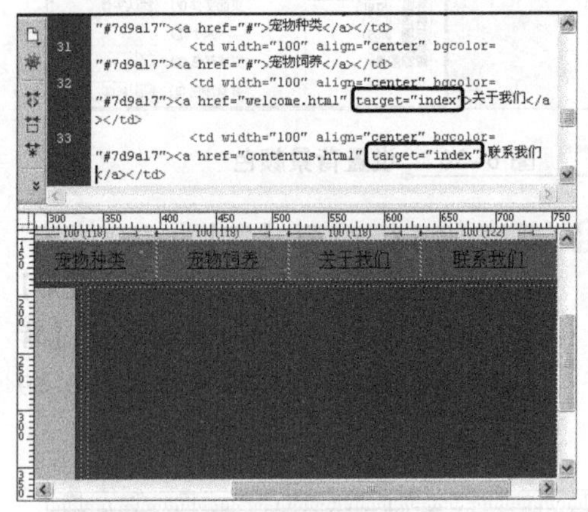

图 6-46 链接页面 2

提 示

选择文本"首页"、"宠物爱好"、"宠物种类"、"宠物饲养"，在【链接】文本框中输入"#"。

10 将光标置于第 3 行第 2 列的单元格中，插入图像"beijixiong.jpg"，并设置单元格【垂直】对齐方式为"顶端"；【宽】为"420"；【高】为"204"，如图 6-47 所示。

图 6-47 插入图像

11 合并第 4 行的单元格，将光标置于单元格中，插入一个 3 行×3 列的表格。然后，合并第 1、3 行的单元格，并设置第 1、2 行的单元格【背景颜色】为"绿色"(#boae75)，如图 6-48 所示。

图 6-48 插入表格

12 在第 1 行的单元格插入图像“gallery.jpg”，分别在第 2 行第 1、2 列插入图像“bai.jpg”、“bao.jpg”，在第 2 行第 3 列和第 3 行的单元格中添加文本，然后设置第 3 行文本【水平】对齐方式为“居中对齐”，如图 6-49 所示。

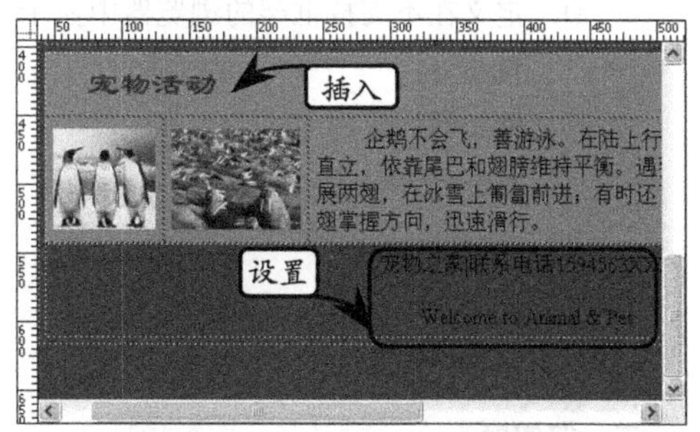

图 6-49 设置单元格及文本

6.6 思考与练习

一、填空题

1. __________是 HTML 文件，它定义一组框架的布局和属性，包括框架的数目、大小、位置以及最初在每个框架中显示的页面的 URL。

2. 框架的最常见用途就是导航。一组框架通常包括一个含有导航条的框架和__________。

3. 向框架中添加图像时，将光标放置在要添加内容的框架中，单击【__________】面板中的【图像】按钮，并选择【图像】选项。

4. 框架网页由__________和框架两个部分组成。

5. 如果创建一个上、中、下的框架集，那么要保存__________个网页。

6. 选择框架集【属性】面板中【边框】下拉列表中的__________选项后，才可以设置【边框颜色】。

二、选择题

1. 框架不是网页设计的主要技术，但在设计网页时，有时使用框架比其他技术有优越性。下列不属于框架的优点的是_________。

A. 不需要为每个页面重新加载与导航相关的图形

B. 每个框架都具有自己的滚动条

C. 可能难以实现不同框架中各元素的精确图形对齐

D. 对导航进行测试可能很耗时间

2. 选择多个嵌套框架集的方法不正确定的是__________。

A. 若要在当前选定内容的同一层次级别上选择下一框架集或前一框架集，在按住 Alt 键的同时按左箭头键或右箭头键

B. 若要选择父框架集（包含当前选定内容的框架集），在按住 Alt 键的同时按上箭头键

C. 若要选择当前选定框架集的第一个子框架或框架集，按住 Alt 键的同时按下箭头键

D. 在【框架】面板中，单击两个框架中间的虚线

3. 执行【文件】|【__________】命令，可以保存所有框架集文件和框架文件。

A. 另存为新文件 B. 保存框架集

C. 保存框架 D. 保存全部

4．HTML 代码<noframes></noframes>表示________。

A．定义一个窗框内的行数

B．定义一个窗框内的列数

C．定义一个窗框内的单一窗或窗区域

D．定义在不支持框架的浏览器中显示的提示

5．浮动框架的标签是________。

A．<NOFRAMES>

B．<NOFRAMES>

C．<IFRAME>

D．<FRAME>

三、简答题

1．什么是框架？

2．什么是框架集？

3．什么是浮动框架？

四、上机练习

1．通过框架制作后台页面

很多网站后台的管理页面都使用框架进行设计。这样可以避免多个页面同时弹出，并且各功能模块比较明确，如图 6-50 所示。

图 6-50　后台管理页面

2．创建一个浮动框架网页

使用浮动框架可以在有限的空间内显示更多的信息，这样可以保持网页布局的统一。创建浮动框架后，需要在【代码】视图中设置其基本属性，这样才能正确地显示框架中的信息，如图 6-51 所示。

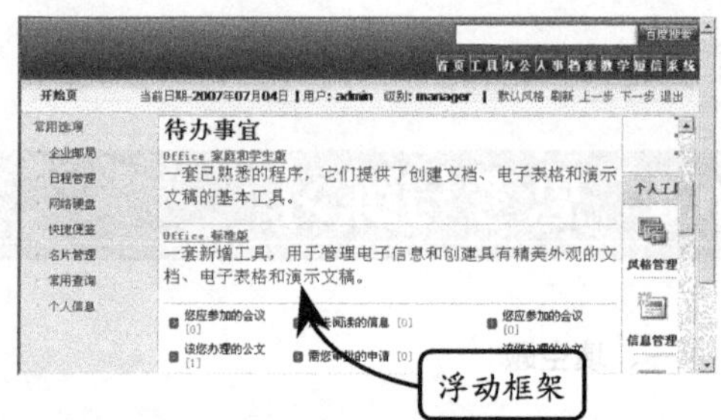

图 6-51　浮动框架网页

第 7 章

网页交互应用

随着互联网技术的发展，网页可以借助各种先进的前台脚本技术，实现丰富的用户交互应用。几乎所有的浏览器都支持用户通过 JavaScript 等脚本语言编写各种交互式的应用程序，以响应网页浏览者的各种即时操作。

Dreamweaver CS4 也紧跟网页交互的趋势，推出了基于网页容器的各种交互行为，通过内置的脚本代码帮助用户快速建立交互响应。除此之外，Dreamweaver CS4 还内置了 JavaScript Spry 框架，帮助用户制作各种带有动态效果的网页对象。

本章将结合 AP Div 元素、网页行为以及 Dreamweaver 内置的 Spry 框架，介绍 Dreamweaver 实现交互行为的方法。

本章学习要点：

- 创建 AP Div 元素
- 自定义 AP Div 元素
- 添加网页行为
- 设置网页行为属性
- 应用 Spry 框架

除此之外，用户也可以按住 Alt 键，然后在已插入的 AP Div 元素内部绘制另外一个 AP Div 元素。此时，在第一个 AP Div 元素的左上角将出现一个 AP Div 元素锚点，形成嵌套 AP Div 元素。

切换到【代码】视图后，即可查看这两个 AP Div 元素的相互关系，如下所示。

```
<div id="apDiv1">
  <div id="apDiv2"></div>
</div>
```

7.1.3 AP Div 元素的基本操作

作为一种重要的布局元素，Dreamweaver CS4 提供了一个专门的【AP 元素】面板以控制和操作各种 AP Div 元素，包括选择 AP Div 元素、设置其显示/隐藏、设置 AP Div 元素的重叠等。

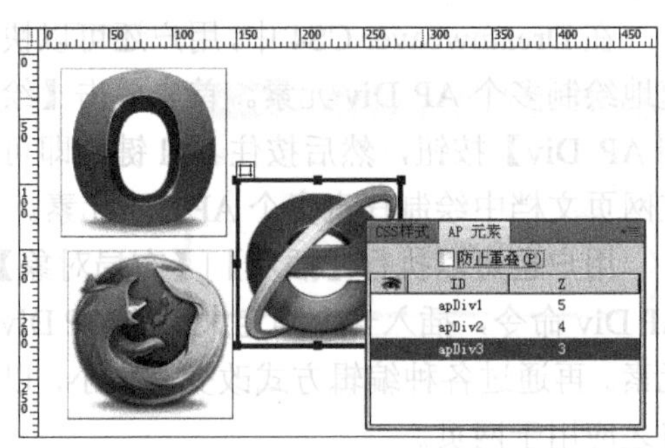

图 7-4 选择 AP Div 元素

1. 选择 AP Div 元素

在网页设计中，用户经常需要选择位于网页中的各种 AP Div 元素，包括被其他 AP Div 元素覆盖的以及隐藏的 AP Div 元素等。此时，用户可以通过【AP 元素】面板中提供的列表进行选择。单击面板中的项目，即可选择与该项目同名的 AP Div 元素，如图 7-4 所示。

在【AP 元素】面板中，用户还可以按住 Shift 键，依次单击需要选择的多个 AP Div 元素，然后进行各种操作，如图 7-5 所示。

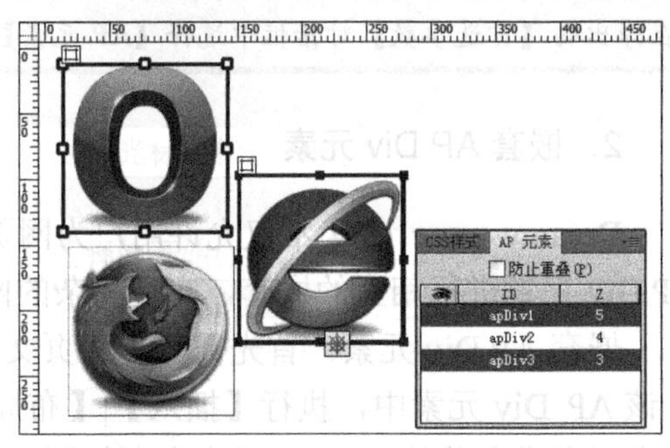

图 7-5 选择多个 AP Div 元素

2. 显示/隐藏 AP Div 元素

在【AP 元素】面板中，用户可以通过简单的操作，设置 AP Div 元素的显示或隐藏属性。首先通过【AP 元素】面板选中相应的 AP Div 元素，然后即可单击该元素最左侧的空白位置，当显示为“闭眼”的图标后，即可隐藏该 AP Div，如图 7-6 所示。

除了隐藏 AP Div 元素以外，【AP 元素】面板还可以显示已被隐藏的 AP Div 元素。选中带有“闭眼”图标的 AP Div 元素，然后单击“闭眼”图标，其将变为“睁眼”图标，即可将 AP Div 元素显示出来，如图 7-7 所示。

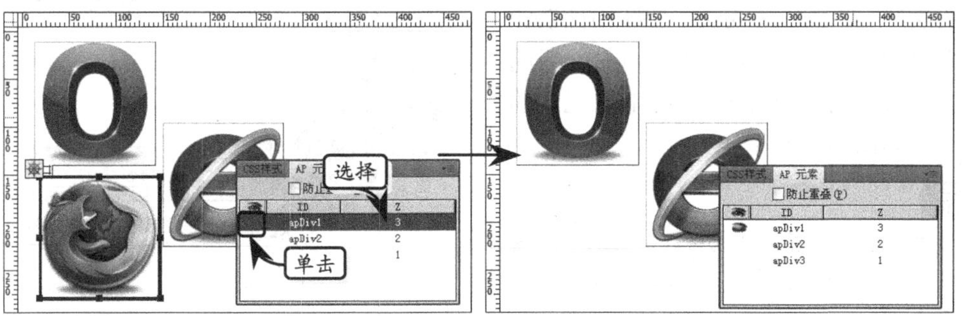

图 7-6 隐藏 AP Div 元素

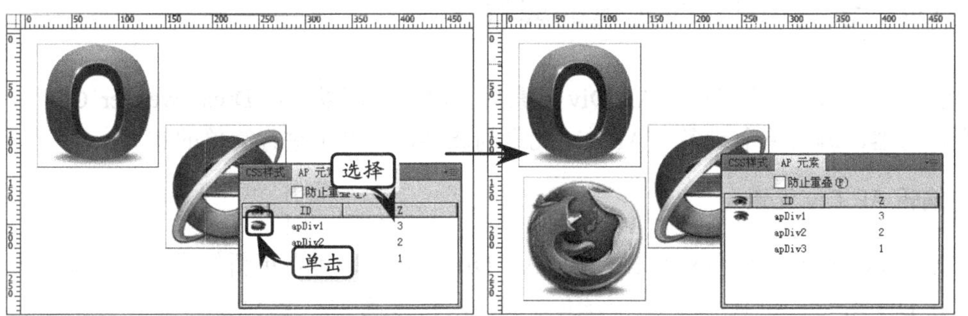

图 7-7 显示已隐藏的 AP Div 元素

提　示

虽然在【属性】检查器中也能定义 AP Div 元素的显示和隐藏等属性，但是通常隐藏的 AP Div 元素是不会显示在【设计】视图中的，因此如需要将已隐藏的 AP Div 元素显示出来，只能通过【AP 元素】面板进行操作。

3. 防止 AP Div 元素重叠

由于 AP Div 元素是一种可以自由分布在网页任意位置的布局元素，因此在为网页文档添加 AP Div 元素时，需要防止多个 AP Div 元素之间的重叠现象。此时，就需要通过 Dreamweaver CS4 中的【AP 元素】面板，设置其【防止重叠】属性，如图 7-8 所示。

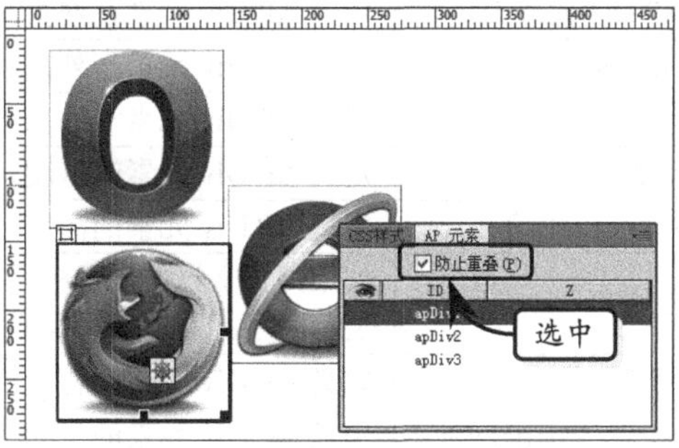

在选择了【防止重叠】复选框之后，无论如何拖曳各种 AP Div 元素，都无法使其重叠排放。

图 7-8 防止重叠设置

4. 修改 AP Div 元素的层叠顺序

在【AP 元素】面板中，用户还可以修改各 AP Div 元素之间的层叠顺序，从而更改其显示的次序。在 Dreamweaver CS4 中的【AP 元素】面板中选择 AP Div 元素，单击其后的数字，修改数字的值即可更改 AP Div 元素的层叠顺序，如图 7-9 所示。

提 示

用户也可以通过【属性】检查器修改 AP Div 元素的层叠顺序，其效果与通过【AP 元素】面板修改的结果完全相同

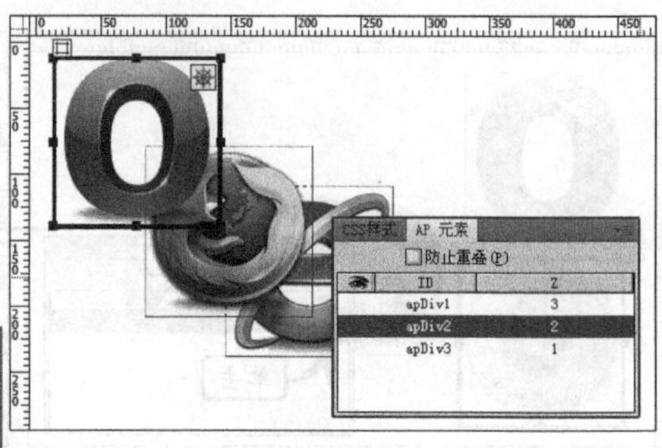

图 7-9 修改层叠顺序

7.1.4 设置 AP Div 元素的属性

使用 Dreamweaver 绘制各种 AP Div 元素后，用户还可以通过 Dreamweaver CS4 的【属性】检查器，编辑单个或多个 AP Div 元素的属性，为网页进行简单的布局。

1. 编辑 AP Div 元素

在 Dreamweaver 中选择网页文档内的 AP Div 元素，即可在更新的【属性】检查器中设置 AP Div 元素的各种属性，如图 7-10 所示。

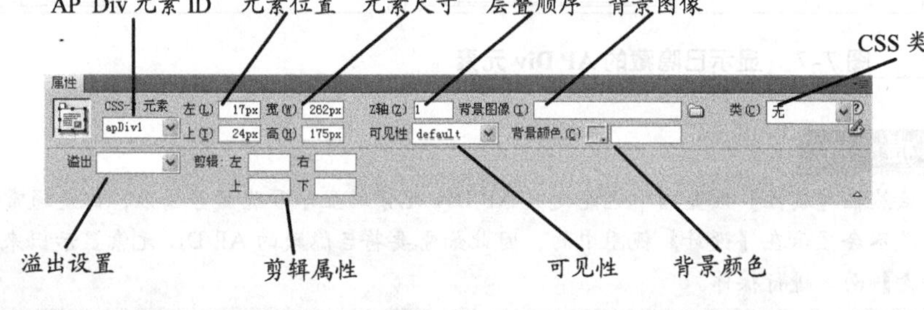

图 7-10 AP Div 元素的属性

在 AP Div 元素的【属性】检查器中各属性及其作用如表 7-2 所示。

表 7-2 AP Div 元素的属性及其作用

属性		作用
AP Div 元素 ID		定义 AP Div 元素在网页文档中唯一的标识
元素位置	左	定义 AP Div 元素与外部容器左侧边框之间的距离
	上	定义 AP Div 元素与外部容器顶部边框之间的距离
元素尺寸	宽	定义 AP Div 元素的宽度
	高	定义 AP Div 元素的高度
Z 轴		如果网页文档中包含多个 AP Div 元素，则该属性用于定义这些 AP Div 之间的层叠顺序。其中 0 为最底层，999 为最高层
背景图像		定义 AP Div 元素的背景图像的 URL 地址
可见性	default	定义 AP Div 元素的可见性属性执行默认值
	inherit	定义 AP Div 元素的可见性继承其父元素（IE 浏览器无效）
	visible	定义 AP Div 元素在任何情况下可见
	hidden	定义 AP Div 元素在任何情况下不可见
背景颜色		定义 AP Div 元素的背景颜色

续表

属性		作用
溢出	visible	定义 AP Div 元素在任何情况下都显示超出其尺寸的内容
	hidden	定义 AP Div 元素在任何情况下都隐藏超出其尺寸的内容
	scroll	定义 AP Div 元素始终显示滚动条，通过滚动条显示溢出的内容
	auto	定义 AP Div 元素由浏览器决定是否显示滚动条
剪辑	左	在 AP Div 元素左侧剪切的部分内容宽度
	右	在 AP Div 元素右侧剪切的部分内容宽度
	上	在 AP Div 元素顶部剪切的部分内容宽度
	下	在 AP Div 元素底部剪切的部分内容宽度

与普通的 Div 标签相比，AP Div 元素具有更强的可定制性，用户无须专门编写或定义样式的 CSS 代码，通过可视化操作，即可方便地设置其位置、大小、背景颜色以及背景图像等样式属性。

例如，可以利用 AP Div 元素可在网页中自由浮动的特点，制作各种用脚本控制的动画等，如图 7-11 所示。

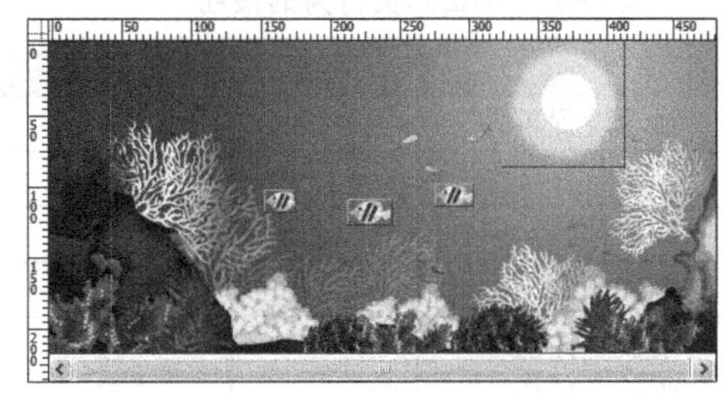

图 7-11 网页中的 AP Div 元素

2. 编辑多个 AP Div 元素

Dreamweaver 不仅可以编辑独立的 AP Div 元素，还可以同时编辑多个 AP Div 元素的属性。当选择两个或更多 AP Div 元素时，【属性】面板会显示文本的属性以及全部 AP Div 元素属性的一个子集，更改该子集的属性，可以更改全部选中的 AP Div 元素的属性，如图 7-12 所示。

图 7-12 选中多个 AP Div 元素

多个 AP Div 元素【属性】面板中的 AP 元素属性选项与单个 AP Div 元素的相同，只是前者【属性】面板中的【标签】选项是用于定义 AP Div 元素的 HTML 标签的；而在多个 AP Div 元素的【属性】面板中，可以同时更改选中的多个 AP Div 元素的属性。

7.2 网页行为

行为是 Dreamweaver CS4 中一项重要的功能。通过该功能，用户无须编写 JavaScript 脚本代码，即可通过界面操作选择相关类型的行为，并设置触发该行为的事件以及目标，实现网页的各种交互应用。

7.2.1 标签检查器面板与行为

Dreamweaver CS4 允许用户通过内置的【标签检查器】面板，添加或管理 Dreamweaver 的各种内置行为。在 Dreamweaver 中执行【窗口】|【行为】命令，即可打开【标签检查器】面板中的【行为】选项卡，查看当前网页中已添加的行为，如图 7-13 所示。

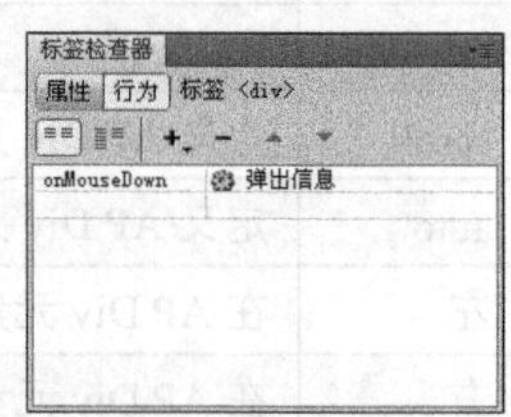

图 7-13 【行为】选项卡

在【行为】选项卡中，可以显示当前选择的标签名称，同时还提供了 6 个按钮，帮助用户编辑网页中的行为，如表 7-3 所示。

表 7-3 编辑网页行为的按钮

名　称	图　标	功　能
显示设置事件		显示添加到当前文档的事件
显示所有事件		显示所有添加的行为事件
添加行为		单击弹出行为菜单中的选项添加行为
删除事件		从当前行为列表中删除选中的行为
增加事件值		动作项向前移，改变执行顺序
降低事件值		动作项向后移，改变执行顺序

单击【添加行为】按钮后，用户即可在弹出的菜单中选择相关的网页行为，设置各种属性并将其添加到网页中。

在按钮下方的列表显示了当前标签已经添加的所有行为，以及触发这些行为的事件类型。对于网页中已存在的各种行为，用户可以通过【删除事件】按钮将其删除。如网页内同时存在多个行为，用户可以通过【增加事件值】按钮和【降低事件值】按钮，改变这些行为在网页中执行的次序。

用户双击某行为的名称，可以对行为本身进行编辑。除此之外，用户也可以单击触发行为的事件，在弹出的列表中更改事件的类型，如图 7-14 所示。

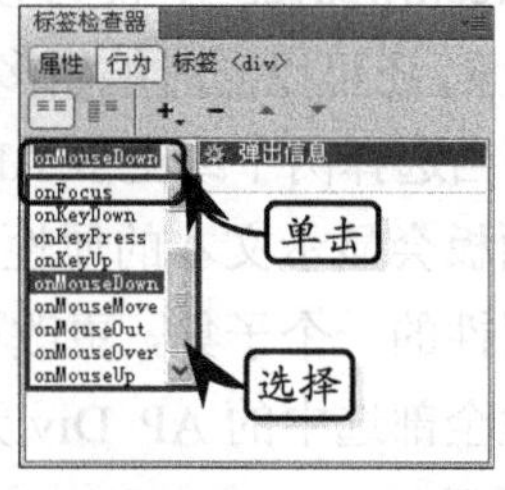

图 7-14 修改事件类型

7.2.2 线条工条

文本信息行为是与文本相关的各种行为，例如设置容器文本、设置状态栏文本等，通过 Dreamweaver CS4 内置的各种 JavaScript 脚本，用户可以方便地添加和更改各种 XHTML 容器、网页浏览器状态栏等内部文本的内容。

1. 设置容器文本

容器是网页中包含内容的标签的统称，典型的容器包括各种定义 ID 属性的表格、层、框架、段落等块状标签。在应用容器文本的交互行为后，可根据指定的事件触发交互，将容器中已有的内容替换为更新的内容。

在设置容器文本之前，首先应创建一个容器。例如，在网页中创建一个 ID 属性为“simpleExample”的 Div 层，作为文本的容器；然后，在【标签检查器】面板的【行为】选项卡中单击【添加行为】按钮 +，执行【设置文本】|【设置容器的文本】命令；在弹出的【设置容器的文本】对话框中，输入【新建 HTML】中的文本内容；在单击【确定】按钮后，即可在行为列表左侧设置触发行为的事件，如图 7-15 所示。

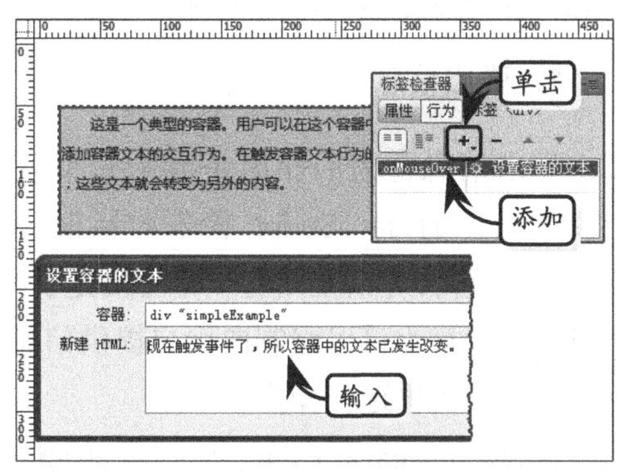

图 7-15 设置容器文本

提 示

如果页面中同时存在多个 AP Div 元素，则需要在【容器】下拉列表中选择目标 AP Div 元素，然后才能输入替换的文本。

2. 设置状态栏文本

状态栏是在浏览器窗口的底部，用于显示当前网页的打开状态、鼠标所滑过的网页对象 URL 地址等情况的一种特殊的浏览器工具栏。

Dreamweaver CS4 提供了可视化的方法帮助用户在状态栏中添加文本内容，以使网页更加丰富多彩。在 Dreamweaver 中选中【body】标签，在【标签检查器】面板的【行为】选项卡中单击【添加行为】按钮 +，执行【设置文本】|【设置状态栏文本】命令，在弹出的【设置状态栏文本】对话框中输入文本，然后单击【确定】按钮，在行为列表左侧设置触发行为的事件即可完成操作，如图 7-16 所示。

状态栏文本的行为通常以“onLoad 事件”的方式触发，这样，在网页被浏览器打开时，即可显示状态栏的文本。当然，用户也可以通过其他类型的网页对象以及相关的事件调用状态栏文本。

图 7-16 设置状态栏文本

提 示

虽然在 JavaScript 脚本和 XHTML DOM 中提供了更改状态栏文本的接口，但并非所有的网页浏览器都支持状态栏文本。例如 Opera 等浏览器往往将状态栏隐藏起来，导致该行为效果无法显示。

7.2.3 窗口信息行为

窗口交互行为也是一种重要的网页交互行为，是与浏览器窗口、浏览器对话框相关的各种网页交互行为。在 Dreamweaver CS4 预置的行为中，网页交互行为主要包括弹出信息和打开浏览器窗口两种窗口交互行为。

1. 弹出信息

弹出消息行为的作用是显示一个包含指定文本消息的 JavaScript 警告对话框。因为 JavaScript 警告对话框只有一个【确定】按钮，所以使用此行为可以强制向用户提供信息，但不能为用户提供选择操作。

在 Dreamweaver CS4 中单击网页的【body】标签，然后在【标签检查器】面板中打开【行为】选项卡，单击【添加行为】按钮 ，执行【弹出信息】命令，在弹出的【弹出信息】对话框中输入【消息】内容，并返回【行为】选项卡，设置行为的触发事件为“onLoad”，如图 7-17 所示。

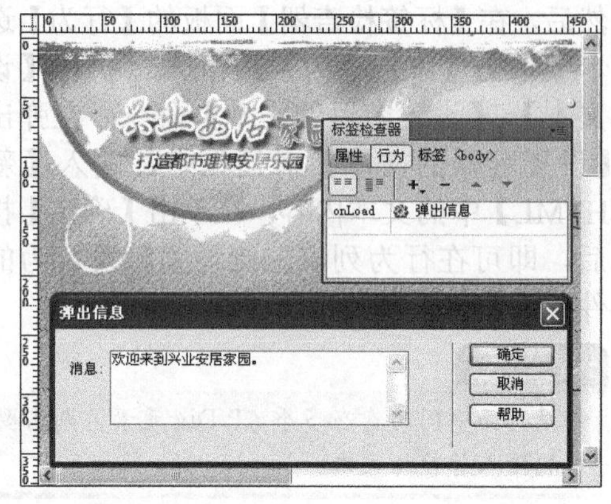

图 7-17 输入弹出信息内容

提 示

虽然弹出信息的行为可以迅速集中用户的注意力，但其带有一定的强制性，因此过多的使用往往会给用户留下较差的印象，因此在网页设计时应尽量避免使用。

2. 打开浏览器窗口

与弹出信息行为类似，打开浏览器窗口也是一种重要的网页行为，其可以在行为触发时为当前网页打开一个新的网页窗口，并在窗口中显示其他网页文档的内容。打开浏览器窗口的行为在网页设计中被使用的几率非常高，很多网页都通过打开浏览器窗口的行为插入各种广告。

在 Dreamweaver CS4 中，用户可以方便地为网页各种对象添加打开浏览器窗口的行为。其使用的方式与弹出信息行为类似。首先单击网页的【body】标签，然后在【标签检查器】面板中打开【行为】选项卡，单击【添加行为】按钮，执行【打开浏览器窗口】命令，打开【打开浏览器窗口】对话框，如图 7-18 所示。

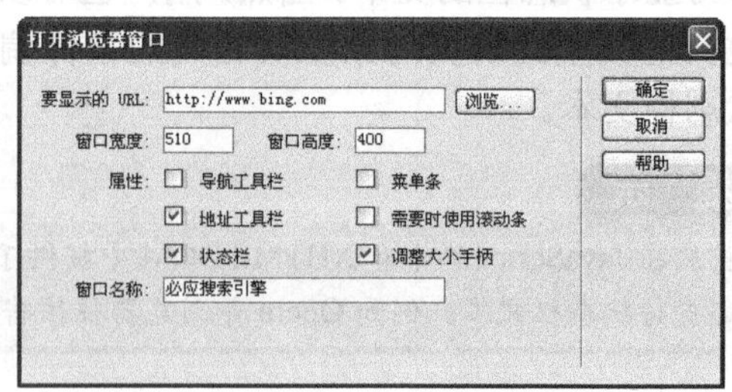

图 7-18 【打开浏览器窗口】对话框

在【打开浏览器窗口】对话框中，用户可以方便地设置弹出窗口的各种属性，如表 7-4 所示。

表 7-4 【打开浏览器窗口】的各属性及其作用

属　　性		作　　用
要显示的 URL		输入网页文档的 URL 地址，包括文档的路径和文件名，或者单击【浏览】按钮，选择网页文档
窗口宽度		以像素为单位指定新窗口的宽度
窗口高度		以像素为单位指定新窗口的高度
属性	导航工具栏	浏览器上显示后退、前进、主页和刷新等标准按钮的工具栏
	菜单条	启用此项，将在新窗口中显示菜单条
	地址工具栏	启用此项，将在新窗口中显示地址栏
	需要时使用滚动条	启用此项，在页面的内容超过窗口大小时，浏览器会显示滚动条
	状态栏	启用此项，将在浏览器窗口底部显示状态栏
	调整大小手柄	选中此项，可以调整窗口大小
窗口名称		为新窗口命名

提　示

在网页技术发展的早期，弹出窗口的行为曾经是最重要的网页广告形式之一。然而如今绝大多数网页浏览器都自带有屏蔽弹出窗口行为的功能，因此很多用户不再使用弹出窗口，而是以其他方式来替代。

7.2.4 图像效果行为

图像是网页中最明显且最容易让用户理解的内容。在 Dreamweaver CS4 中，提供了一些使图像更具有动感的行为，即 Dreamweaver 图像交互行为。Dreamweaver 的图像交互行为主要包括交换图像行为、导航栏图像行为。

1. 交换图像

交换图像功能是指将某一个网页图像转换为其他网页图像的行为功能。在之前的章节中介绍的鼠标经过图像的功能，其实就是一种交换图像功能。

Dreamweaver 行为中的交换图像行为比鼠标经过图像的功能更加强大。它不仅能够制作鼠标经过图像，还可以使图像交换的行为响应任意一种网页浏览器支持的事件，包括各种焦点事件、键盘事件、鼠标事件等。

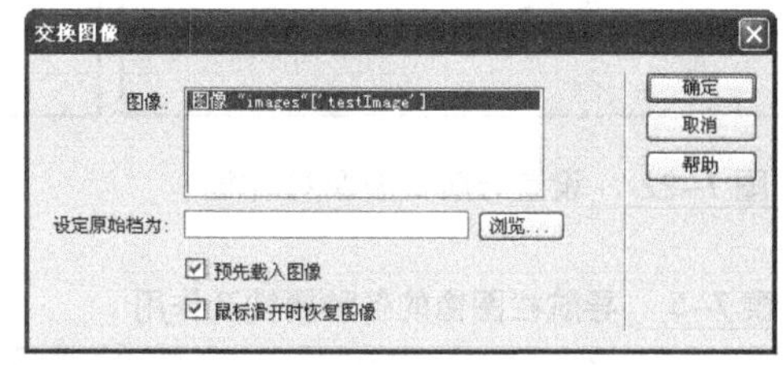

图 7-19 【交换图像】对话框

在 Dreamweaver 中新建网页文档，然后插入一个任意的网页图像，并在【属性】检查器中设置网页图像的 ID 属性，选中图像后，在【标签检查器】面板的【行为】选项卡中单击【添加行为】按钮 +，执行【交换图像】命令，打开【交换图像】对话框，如图 7-19 所示。

提　示

在【交换图像】对话框中，如选中了【预先载入图像】复选框，则当浏览器打开网页时，会先下载图像；否则，浏览器只能在用户触发交换行为时下载图像。

在对话框中选择当前网页中已插入的图像，然后单击【浏览】按钮，选择交换的图像，并单击【确定】按钮，完成交换图像行为的设置，如图 7-20 所示。

图 7-20 添加交换图像事件

2. 导航栏图像

导航条是网页中相当常见的版块。使用 Dreamweaver CS4 的行为功能，可以制作出复杂的、集成鼠标单击事件的导航条栏目。在 Dreamweaver 中首先插入导航栏中的各种按钮图像，在【属性】检查器中分别为各按钮图像添加 ID 属性，如图 7-21 所示。

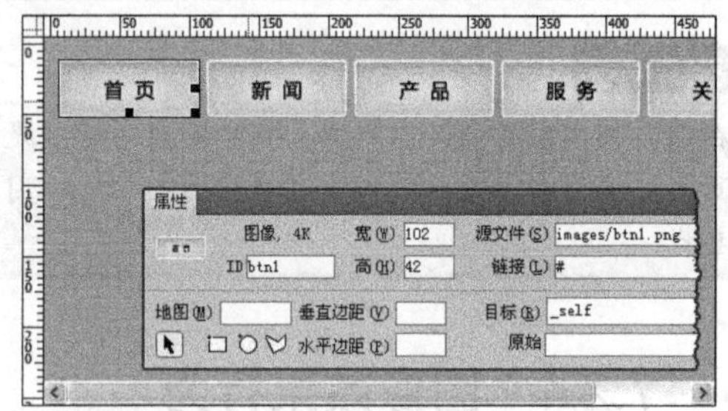

图 7-21 设置图像的 ID 属性

然后选中任意一个按钮，在【标签检查器】面板的【行为】选项卡中单击【添加行为】按钮，执行【设置导航栏图像】命令，打开【设置导航栏图像】对话框，如图 7-22 所示。

在【设置导航栏图像】对话框中，包含【基本】和【高级】两个选项卡，其中【基本】选项卡中可设置当前选择的导航栏按钮的属性，而【高级】选项卡则可设置当按钮被按下时，其他各按钮的显示效果，两个选项卡中各属性及作用如表 7-5 所示。

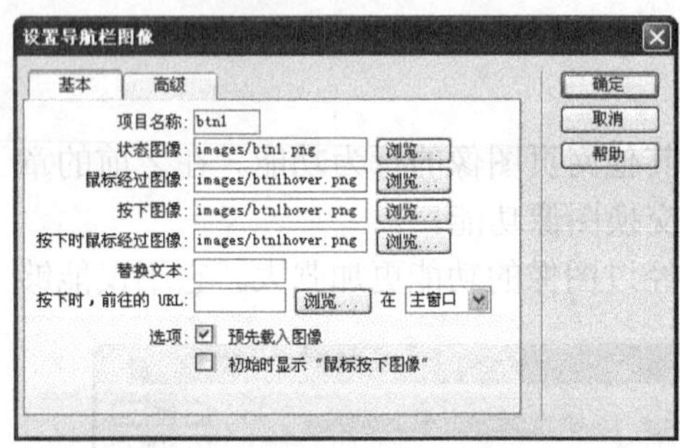

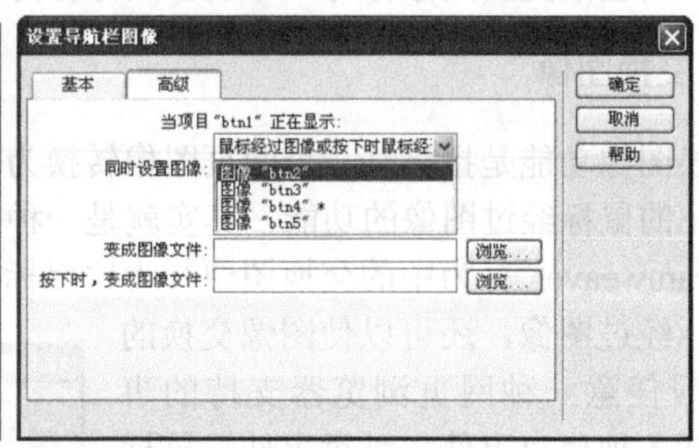

图 7-22 设置导航栏图像对话框

表 7-5 导航栏图像的各种属性及作用

属 性 名	作 用
项目名称	当前选择的按钮 ID 属性
状态图像	当前选择的按钮图像的 URL 地址
鼠标经过图像	定义当鼠标经过该按钮时显示的按钮图像的 URL 地址
按下图像	定义当鼠标按下按钮时显示的按钮图像的 URL 地址
按下时鼠标经过图像	定义当鼠标按下按钮后再经过该按钮时显示的按钮图像的 URL 地址
替换文本	定义当鼠标经过该按钮时显示的工具提示文本
按下时，前往的 URL	定义当鼠标按下该按钮后，打开的网页文档的 URL 地址

续表

属性名		作用
选项	预先载入图像	定义在网页加载时下载按钮各种状态显示的图像
	初始时显示“鼠标按下图像”	定义在网页加载时显示鼠标按下状态的图像
项目显示状态	鼠标经过图像或按下时鼠标经过图像	选中该选项，则可设置鼠标经过与鼠标按下按钮时，其他按钮显示的图像内容
	按下图像	选中该选项，可设置鼠标按下按钮时，其他各按钮显示的图像内容
同时设置图像		显示当前导航栏中各按钮图像的 ID 列表，供用户进行选择以设置效果

在为各导航栏按钮添加【设置导航栏图像】的行为后，选中按钮即可在【行为】面板中查看其添加的行为列表，主要包括 onClick、onMouseOut 以及 onMouseHover 等。

提 示

如果在【基本】选项卡中只设置【鼠标经过图像】选项，那么该【设置导航栏图像】的行为与【鼠标经过图像】命令具有相同的效果。

7.2.5 效果行为

效果行为的作用是为网页中的各种图像、AP Div 元素等添加特殊的动画效果，从而使网页更具动感。Dreamweaver 预置了 7 种基本的效果行为，可以对这些网页元素进行各种带有渐进式的属性修改。

1. 增大/收缩行为

增大/收缩效果行为的作用是渐进式地动态改变网页图像的尺寸，以制作特殊的动画效果。为网页元素添加【增大/收缩】的行为，应首先选中已添加的图像，然后在【属性】检查器中设置图像的 ID 属性，如图 7-23 所示。

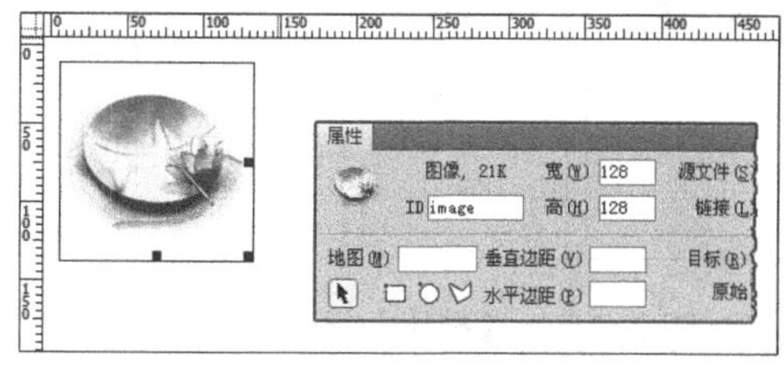

图 7-23 设置图像的 ID 属性

然后，在【标签检查器】面板的【行为】选项卡中单击【添加行为】按钮，执行【效果】|【增大/收缩】命令，打开【增大/收缩】对话框，如图 7-24 所示。

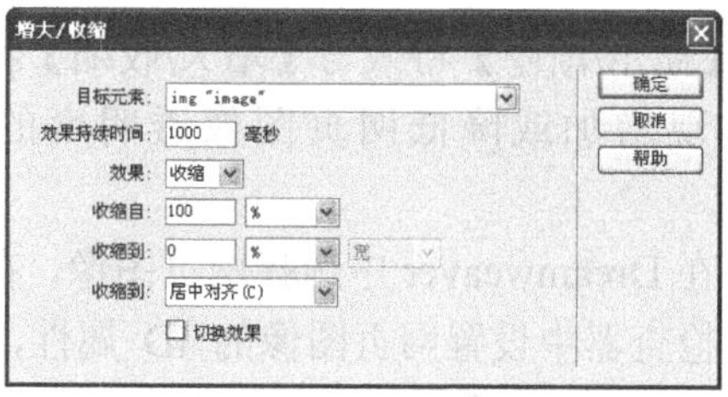

图 7-24 添加【增大/收缩】行为

【增大/收缩】对话框中包含了关于图像缩放特效的各种属性设置，如表 7-6 所示。

表 7-6　设置【增大/收缩】属性

属性		作用
目标元素		选择添加缩放行为的网页图像
效果持续时间		定义网页图像增大或收缩动画的持续时间，单位为毫秒
效果	收缩	选中该选项，则可为网页图像添加收缩的特效
	增大	选中该选项，则可为网页图像添加增大的特效
收缩自/增大自		设置网页图像在进行缩放变化时的初始百分比或像素大小
收缩到/增大到		设置网页图像在进行缩放变化后的百分比或像素大小
收缩到/增大到	左上角	设置网页图像以图像的左上角为缩放的中心点，向右侧、下方进行缩放
	居中对齐	设置网页图像以图像的中心为缩放的中心点，向四周进行缩放
切换效果		选中该选项，则可为图像缩放增加切换效果

2. 挤压行为

挤压特效也是一种针对图像进行缩放的效果。其与【增大/收缩】特效的区别在于，用户无法直接设置收缩图像的起始尺寸、结束尺寸以及收缩所花费的时间。在为图像添加【挤压】特效后，图像会以指定的速度缩小直至完全消失。

在 Dreamweaver 中选择图像，然后在【标签检查器】面板的【行为】选项卡中单击【添加行为】按钮，执行【效果】|【挤压】命令，为图像添加挤压的特效。其特效效果如图 7-25 所示。

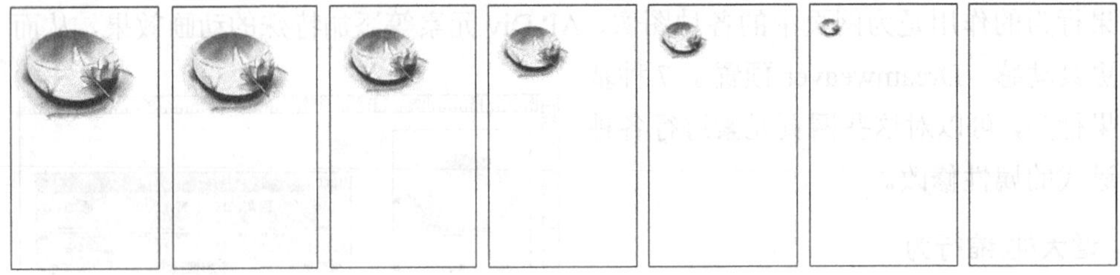

图 7-25　【挤压】行为的特效

3. 显示/渐隐行为

【显示/渐隐】特效与【增大/收缩】特效类似，都可以通过相应的对话框进行添加，以实现增加或降低网页图像透明度的动画效果。

在 Dreamweaver 中选择网页图像，在【属性】检查器中设置网页图像的 ID 属性，然后在【标签检查器】面板的【行为】选项卡中单击【添加行为】按钮，执行【效果】|【显示/渐隐】命令，打开【显示/渐隐】对话框，如图 7-26 所示。

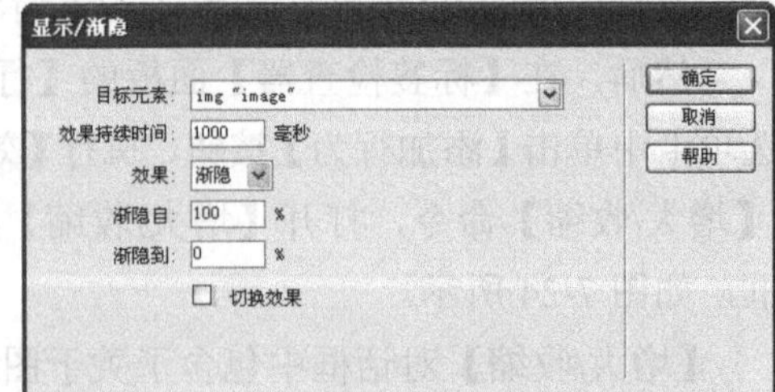

图 7-26　设置【显示/渐隐】属性

【显示/渐隐】对话框中，涵盖了设置【显示或渐隐】属性的各种属性项目，如表 7-7 所示。

表 7-7　设置【显示/渐隐】属性

属　性		作　用
目标元素		选择添加缩放行为的网页图像
效果持续时间		定义网页图像增大或收缩动画的持续时间，单位为毫秒
效果	渐隐	选中该选项，则可为网页图像添加渐隐的特效
	显示	选中该选项，则可为网页图像添加显示的特效
显示自/渐隐自		设置网页图像在进行显示或渐隐变化时的初始百分比或像素大小
显示到/渐隐到		设置网页图像在进行显示或渐隐变化后的百分比或像素大小
切换效果		选中该选项，则可为图像的显示/渐隐增加切换效果

4. 晃动行为

晃动特效的设置方式与挤压类似，在这类特效中，用户都不需要设置任何相关的属性，直接为图像添加行为即可。

在 Dreamweaver 中选中网页图像，在【属性】检查器中设置网页图像的 ID 属性，然后在【标签检查器】面板的【行为】选项卡中单击【添加行为】按钮，执行【效果】|【晃动】命令，打开【晃动】对话框，设置【晃动】行为所增加的目标元素，如图 7-27 所示。

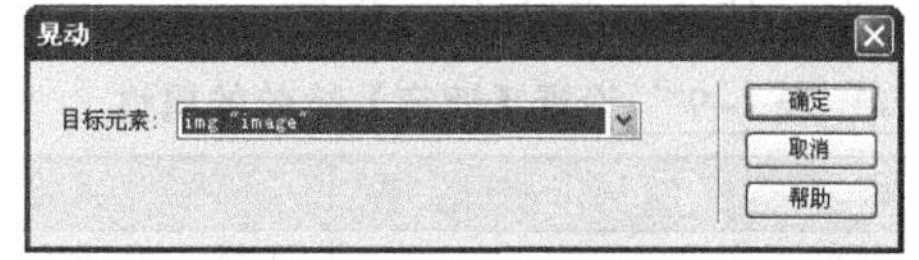

图 7-27　设置【晃动】的目标元素

5. 滑动行为

滑动特效也是一种重要的 Dreamweaver 行为，其可以控制网页中的图像从上方坠落到下方，或从下方上升到上方。与之前几种关于图像的效果行为的区别在于，滑动的特效不能直接应用于网页的图像，只能应用到带有 ID 属性的层中。

在 Dreamweaver 中先插入一个 Div 标签，为 Div 标签设置 ID 属性，然后在标签中插入层，并在层中插入图像；选择 Div 标签，然后在【标签检查器】面板的【行为】选项卡中单击【添加行为】按钮，执行【效果】|【滑动】命令，打开【滑动】对话框，如图 7-28 所示。

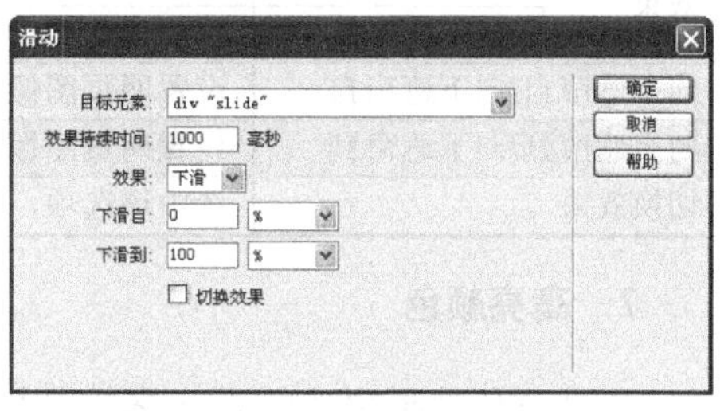

图 7-28　添加【滑动】特效

在【滑动】对话框中设置的属性与【显示/渐隐】对话框中的设置项目类似，如表 7-8 所示。

表 7-8　设置【滑动】属性

属　性	作　用
目标元素	选择添加滑动行为的网页图像
效果持续时间	定义网页图像下滑或上滑动画的持续时间，单位为毫秒

续表

属性		作用
效果	下滑	选中该选项，则可为网页图像添加下滑的特效
	上滑	选中该选项，则可为网页图像添加上滑的特效
下滑自/上滑自		设置网页图像在进行下滑或上滑变化时的初始百分比或像素大小
下滑到/上滑到		设置网页图像在进行下滑或上滑变化后的百分比或像素大小
切换效果		选中该选项，则可为图像滑动增加切换效果

6. 遮帘行为

遮帘效果的作用是为图像添加一个遮罩，从图像的上方或下方逐渐移动，直至将图像完全遮盖。与滑动的效果类似，遮帘效果也必须应用在带有 ID 属性的 Div 标签内。

在 Dreamweaver 中先插入一个 Div 标签，为 Div 标签设置 ID 属性，然后在标签中插入层，并在层中插入图像；选择 Div 标签，然后在【标签检查器】面板的【行为】选项卡中单击【添加行为】按钮，执行【效果】|【遮帘】命令，打开【遮帘】对话框，如图 7-29 所示。

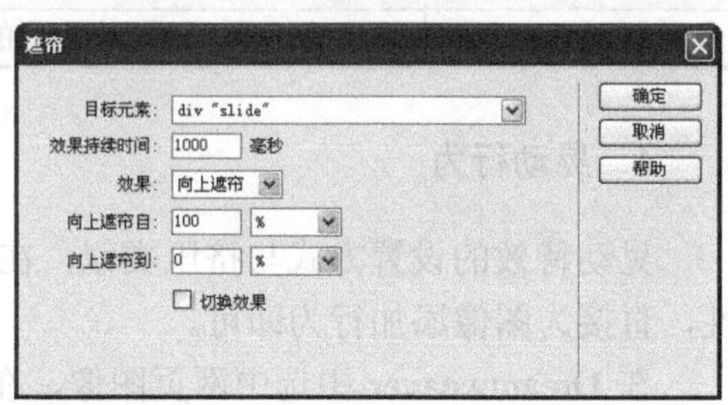

图 7-29 设置【遮帘】特效

【遮帘】特效的设置方式与【滑动】特效类似。在【遮帘】对话框中，用户可以方便地设置遮帘的各种效果，如表 7-9 所示。

表 7-9 设置【遮帘】特效的属性

属性		作用
目标元素		选择添加遮帘行为的网页图像
效果持续时间		定义网页图像向上遮帘或向下遮帘动画的持续时间，单位为毫秒
效果	向上遮帘	选中该选项，则可为网页图像添加向上遮帘的特效
	向下遮帘	选中该选项，则可为网页图像添加向下遮帘的特效
向上遮帘自/向下遮帘自		设置网页图像在进行向上遮帘或向下遮帘变化时的百分比或像素大小
向上遮帘到/向下遮帘到		设置网页图像在进行向上遮帘或向下遮帘变化后的百分比或像素大小
切换效果		选中该选项，则可为图像遮帘行为增加切换效果

7. 高亮颜色

高亮颜色效果更改的是元素的背景颜色，一般用于表格与 AP Div 元素等可定义背景图像的网页容器。在为这些网页对象使用高亮颜色特效时，应尽量避免在其中插入尺寸较大的图像或视频等，以防止其遮罩住高亮颜色特效。

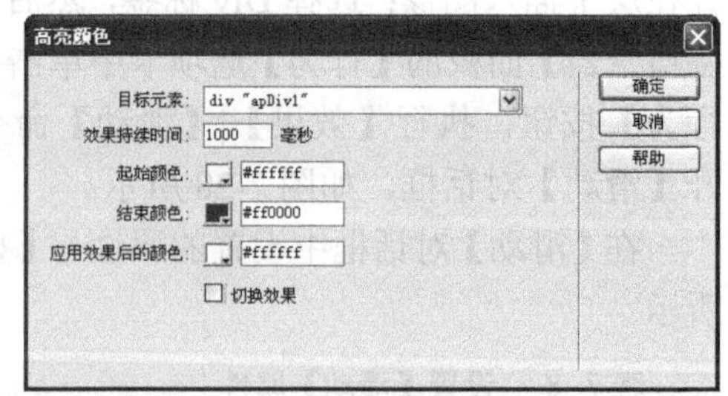

图 7-30 设置【高亮颜色】属性

在 Dreamweaver 中选中任意一个 AP Div 元素等容器，即可在【标签检查器】面板的【行为】选项卡中单击【添加行为】按钮，执行【效果】|【高亮颜色】命令，打开【高亮颜色】对话框，如图 7-30 所示。

在【高亮颜色】的对话框中，用户可以方便地设置各种背景颜色变化的属性，如表7-10 所示。

表 7-10 设置【高亮颜色】属性

属　性	作　用
目标元素	选择添加高亮颜色行为的网页容器标签
效果持续时间	定义网页容器标签的背景颜色变化的持续时间，单位为毫秒
起始颜色	设置网页容器标签在进行背景颜色变化之前初始的背景颜色
结束颜色	设置网页容器标签在进行背景颜色变化之后的背景颜色
应用效果后的颜色	设置网页容器标签在完成高亮颜色行为后返回的背景颜色
切换效果	选中该选项，则可为图像高亮颜色行为增加切换效果

7.3 Spry 框架

在设计网页时，用户除了可以为网页元素添加行为，实现与用户的交互以外，还可以通过 Dreamweaver 预置的 Spry 框架，建立各种菜单、导航和面板，实现与用户的交互。

Spry 框架是以 JavaScript 结合 XHTML 和 CSS 样式等技术开发的一种布局元素，是一种简单的网页交互的解决方案。使用 Spry 框架，用户可以方便地为网页添加各种菜单、导航以及面板等结构，以丰富网页内容。

7.3.1 Spry 菜单栏构件

Spry 菜单栏是一组可导航的菜单按钮，提供了水平和垂直两个方向的导航菜单样式，可在有限的网页页面中显示大量可导航的信息。在访问者将鼠标滑过该菜单栏上的按钮时，可显示该按钮下的子菜单。

使用 Dreamweaver CS4 创建空白网页文档，并将其保存在站点中。然后，单击【插入】面板 Spry 选项卡中的【Spry 菜单栏】按钮 Spry 菜单栏，在弹出的【Spry 菜单栏】对话框中选择所需的布局选项，即得到相应的菜单栏布局效果，如图 7-31 所示。

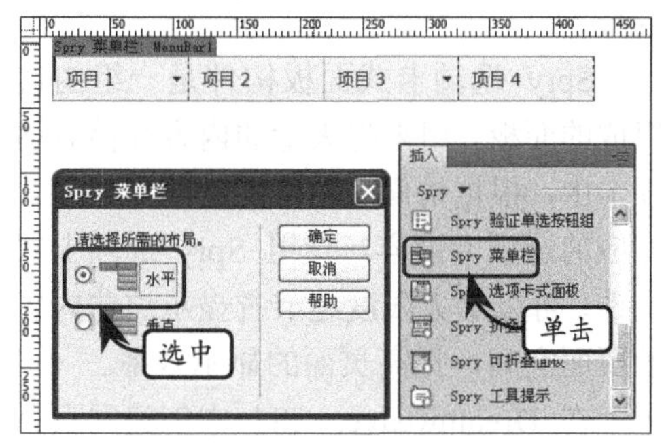

图 7-31 创建 Spry 菜单栏

提　示

Spry 框架中的每一个构件都与唯一的 CSS 和 JavaScript 文件相关联。CSS 文件中包含设置构件样式所需的全部信息，而 JavaScript 文件则赋予构件功能。当插入构件时，Dreamweaver 会自动将这些文字链接到所要显示的页面。

在完成 Spry 菜单栏构件的创建之后，Dreamweaver 允许用户通过【属性】检查器，设置 Spry 菜单栏构件的各种属性，如图 7-32 所示。

在 Spry 菜单栏构件的【属性】检查器中，用户可以方便地定义 Spry 菜单栏的各种属性，并添加、删除或编辑菜单栏中的各种项目，如表 7-11 所示。

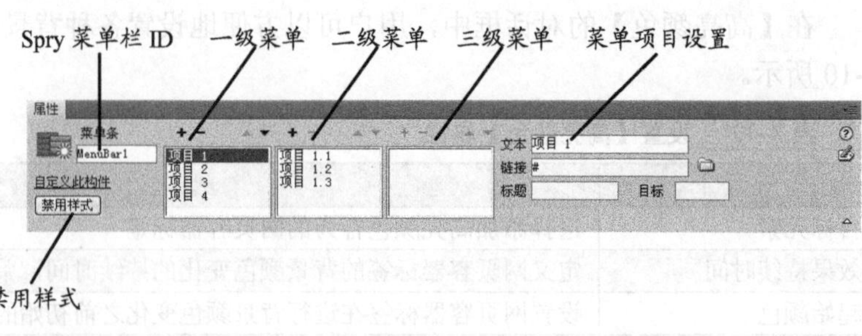

图 7-32 设置 Spry 菜单栏构件的属性

表 7-11 Spry 菜单栏的各种属性及作用

属　性		作　用
菜单条		Spry 菜单栏在网页中唯一的 ID 标识
编辑菜单项	添加菜单项+	在当前选择的菜单级别中添加新的菜单项目
	删除菜单项−	删除当前选择的菜单项目
	上移项▲	将当前选择的菜单项目上移一个位置
	下移项▼	将当前选择的菜单项目下移一个位置
文本		定义当前选择的菜单项目中显示的文本信息
链接		为当前选择的菜单项目添加超链接 URL 地址
标题		定义当鼠标滑过当前选择的菜单项目时显示的工具提示信息
目标		定义当前选择的菜单项目在打开新链接时的打开方式
禁用样式		禁用该 Spry 菜单栏所有已添加的 CSS 样式

7.3.2 Spry 选项卡式面板构件

Spry 选项卡式面板构件是一组由选项卡组成的面板，用来将大量的内容存储到多个选项卡中，根据访问者单击的选项卡标签，显示相应的选项卡内容。使用 Spry 选项卡式面板构件，可以最大限度地节省显示这些内容所需的页面空间，提高页面的显示效率。

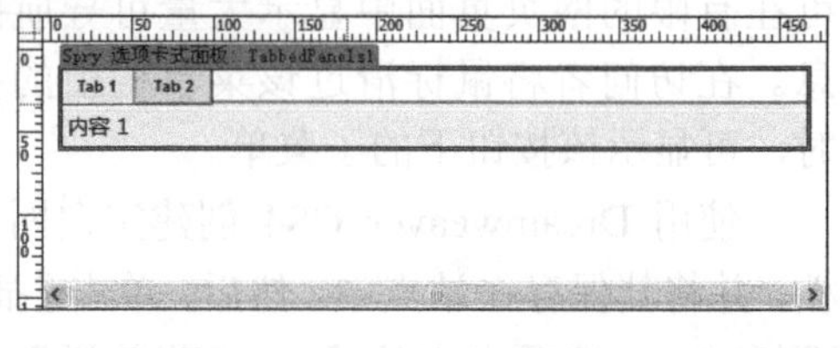

图 7-33 插入 Spry 选项卡式面板构件

在 Dreamweaver CS4 中创建网页并保存到站点中。然后，单击【插入】面板中的【Spry 选项式面板】按钮 Spry 选项卡式面板 ，在该位置插入一个 Spry 选项卡式面板构件，如图 7-33 所示。

单击选择 Spry 选项卡式面板构件，然后在【属性】检查器中设置该面板的各种属性，如图 7-34 所示。

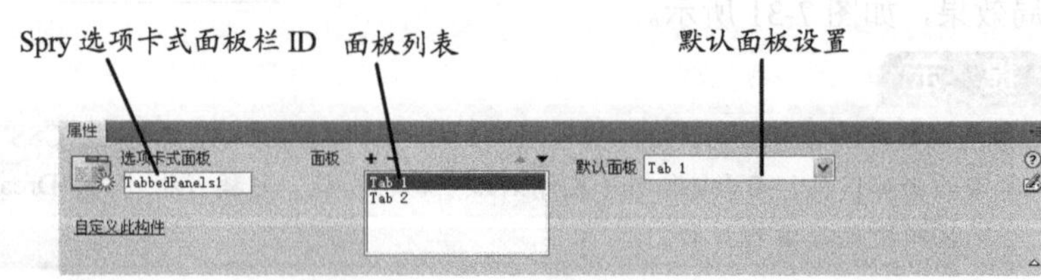

图 7-34 Spry 选项卡式面板构件属性

Spry 选项卡式面板的【属性】检查器主要包含 3 个方面的属性设置，如表 7-12 所示。

表 7-12　Spry 选项卡式面板的属性

属　性	作　用
选项卡式面板	定义 Spry 选项卡式面板在网页文档中唯一的 ID 标识
面板	显示和设置 Spry 选项卡式面板中的选项卡项目列表
默认面板	定义在网页文档中默认打开的 Spry 选项卡式面板中选项卡项目

编辑 Spry 选项卡式面板构件的方法与 Spry 菜单栏类似，用户可先选择【面板】列表中的各种项目，然后再分别单击【添加菜单项】按钮+、【删除菜单项】按钮-、【上移项】按钮▲以及【下移项】按钮▼等，编辑 Spry 选项卡式面板构件中的面板项目，并为选项卡式面板构件添加内容。

提　示

Spry 选项卡式面板在默认状态下，宽度为 100%，要想创建固定宽度的 Spry 面板，可以将其创建在固定表格或其他带有固定宽度的容器内即可。

7.3.3　Spry 折叠构件

Spry 折叠面板构件是一种可折叠的面板，其可以将大量的内容存储在一个紧凑的空间中。访问者可以通过选择面板上相应的选项来隐藏或者显示在折叠构件中的内容。Spry 折叠构件主要分为 Spry 可折叠面板构件以及 Spry 折叠式构件。

1. Spry 折叠式构件

与 Spry 选项卡构件不同，Spry 折叠式构件的选项卡并非按照横排的方式显示，而是以垂直的方式排列在折叠构件上。单击任意一个未打开的折叠构件，浏览器都会收缩隐藏其他构件，以伸展显示选中构件的内容。在折叠面板中，每次只能有一个内容面板处于打开且可见的状态。

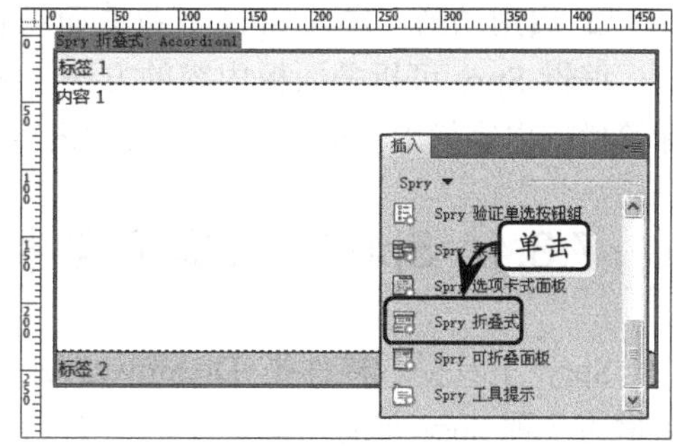

图 7-35　插入 Spry 折叠式构件

在 Dreamweaver CS4 中创建网页文档，将其保存到站点中后，单击【插入】面板中的【Spry 折叠式】按钮 Spry 折叠式 ，即可在该位置插入一个 Spry 折叠式构件，如图 7-35 所示。

选中已插入的 Spry 折叠式构件之后，即可在【属性】检查器中对其进行编辑，通过【面板】的列表菜单编辑 Spry 折叠式构件中的标签列表，如图 7-36 所示。

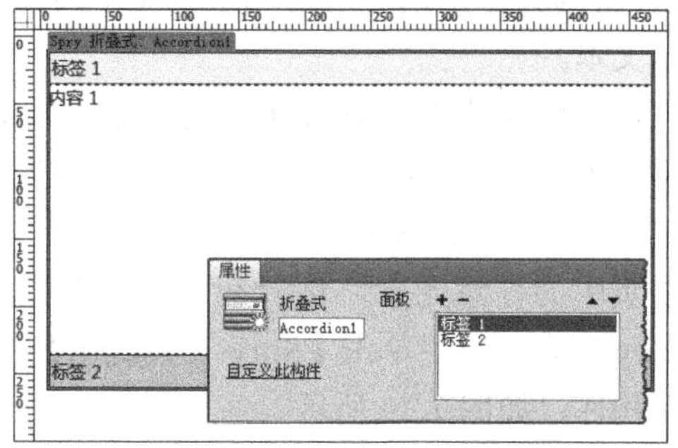

图 7-36　编辑 Spry 折叠式项目

2. Spry 可折叠面板构件

Spry 可折叠面板是一个可以将内容存储到紧凑的空间中的面板。选择相应选项即可隐藏或者显示可折叠面板中的内容。

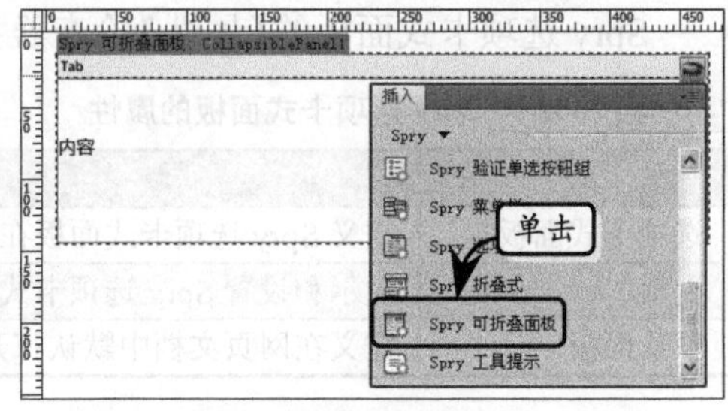

图 7-37 插入 Spry 可折叠面板构件

插入 Spry 可折叠面板的方式与插入 Spry 折叠式面板的方式类似，都需要用户先创建一个已保存的网页，然后单击【插入】面板中的【Spry 可折叠面板】按钮，在该位置插入一个 Spry 可折叠面板，如图 7-37 所示。

选中 Spry 可折叠面板后，在【属性】检查器中设置 Spry 可折叠面板的折叠方式，如图 7-38 所示。

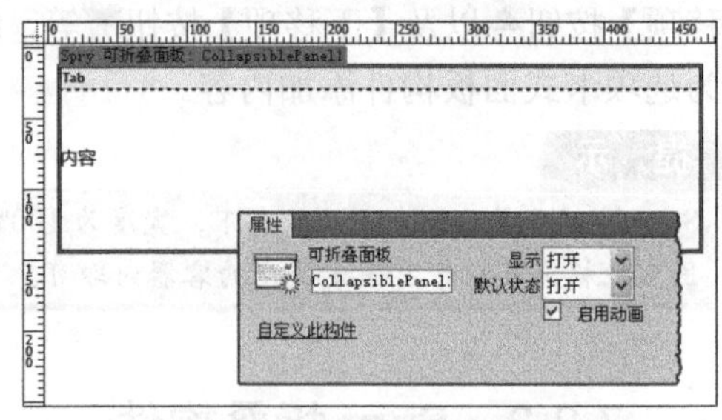

图 7-38 编辑可折叠面板构件

在 Spry 可折叠面板的【属性】检查器中，可设置 Spry 可折叠面板的显示方式等属性，如下所示。

- **可折叠面板** 定义 Spry 可折叠面板在网页文档中唯一的 ID 标识。
- **显示** 定义 Spry 可折叠面板在 Dreamweaver 中显示为打开或已关闭状态。
- **默认状态** 定义 Spry 可折叠面板在浏览器中默认显示为打开或已关闭状态。
- **启用动画** 定义 Spry 可折叠面板在打开或关闭时是否启用动画效果。

编辑 Spry 可折叠面板内容的方法与编辑 Spry 折叠式的方法类似，分别将光标置于标签栏或内容栏上，即可编辑相关的内容，制作自定义的 Spry 可折叠面板。

7.3.4 Spry 工具提示构件

Spry 工具提示构件是 Dreamweaver CS4 新增的一种 Spry 布局元素构件。使用该元素，用户可以在网页的任意位置选择一个网页元素，并为其添加鼠标滑过元素时显示的工具提示文本。

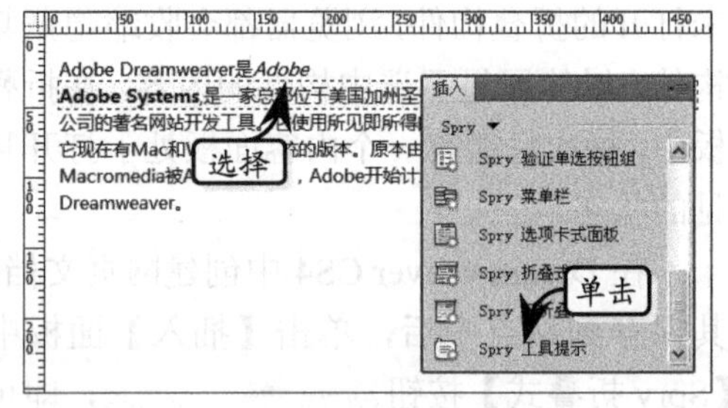

图 7-39 添加 Spry 工具提示

与插入其他 Spry 布局元素构件类似，在插入 Spry 工具提示构件时，同样需要先创建一个网页，并将网页保存在站点目录中。选择网页中的任意元素，然后在【插入】面板中 Spry 列表项目中单击【Spry 工具提示】按钮，为网页元素添加 Spry 工具提示构件，如图 7-39 所示。

在选择 Spry 工具提示构件后，用户可以在【属性】检查器中设置其各种属性，创建自定义的 Spry 工具提示信息，如图 7-40 所示。

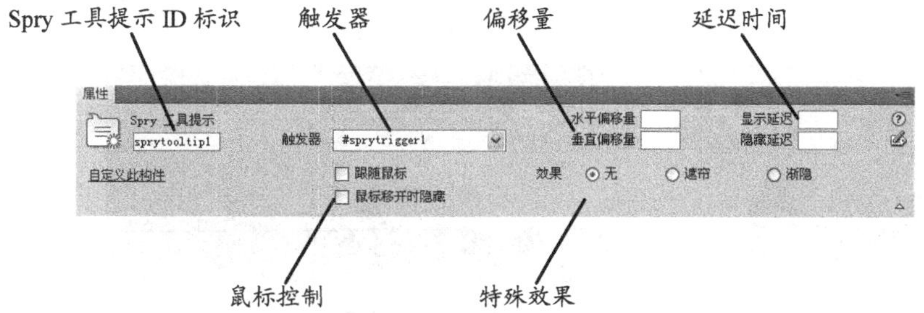

图 7-40　Spry 工具提示构件的属性

在 Spry 工具提示构件的【属性】检查器中，可设置 Spry 工具提示构件的各种交互属性，如表 7-13 所示。

表 7-13　设置 Spry 工具提示构件的属性

属性		作用
Spry 工具提示构件		定义 Spry 工具提示构件在网页文档中唯一的 ID 标识
触发器		定义触发 Spry 工具提示构件的网页标签 ID 标识
偏移量	水平偏移量	定义 Spry 工具提示构件与鼠标光标之间的水平距离，单位为像素
	垂直偏移量	定义 Spry 工具提示构件与鼠标光标之间的垂直距离，单位为像素
延迟时间	显示延迟	定义触发 Spry 工具提示构件后其由隐藏状态到开始显示之间的时间，单位为毫秒
	隐藏延迟	定义解除触发 Spry 工具提示构件后其由显示状态到开始隐藏之间的时间，单位为毫秒
鼠标控制	跟随鼠标	如选中该选项，则当触发 Spry 工具提示构件后，工具提示将一直跟随鼠标光标
	鼠标移开时隐藏	如选中该选项，则浏览器会在鼠标从触发的网页对象上移开时隐藏 Spry 工具提示构件
效果	无	定义 Spry 工具提示构件直接显示，不使用任何特效
	遮帘	定义 Spry 工具提示构件使用从上到下逐线的方式显示，同时使用从下到上逐线的方式隐藏
	渐隐	定义 Spry 工具提示构件使用透明度以从大到小的方式显示，同时使用透明度从小到大的方式隐藏

编辑 Spry 工具提示构件的方式与编辑 Spry 折叠面板的方式类似。将光标置于 Spry 工具提示构件栏内，即可修改其中的文本，更新 Spry 工具提示构件的内容。

7.4　课堂练习：多方面产品展示

在产品展示的网页中，如需要在不跳转页面的情况下从多个角度展示某一个产品，可以使用 Dreamweaver 内置的交换图像行为。交换图像行为可以在鼠标指向某个图像时，临时变换为其他图像，当鼠标移开后恢复原来的图像，其整体效果如图 7-41 所示。

图 7-41　多方面产品展示页面效果

操作步骤：

1 执行【文件】|【打开】命令，选择配套光盘中的“index.html”页面，在【文档】工具栏中设置【标题】为“多方面产品展示”，如图 7-42 所示。

图 7-42　设置网页标题

2 选择第 1 个计算机图像，按 Shift+F4 快捷键打开【行为】面板。然后，单击【添加行为】按钮，执行【交换图像】命令，如图 7-43 所示。

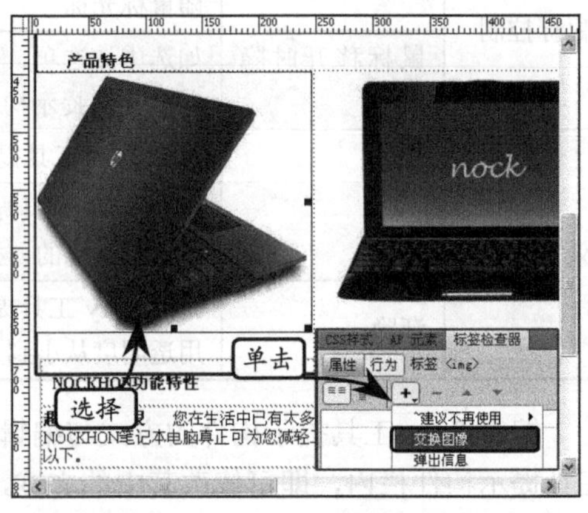

图 7-43　执行【交换图像】命令

> **提　示**
>
> 在【图像】列表中默认选择的是文档中选中的图像。

3 在弹出的【交换图像】对话框中，单击【设定原始档为】文本框右侧的【浏览】按钮，选择替换的图像“cp3.jpg”，如图 7-44 所示。

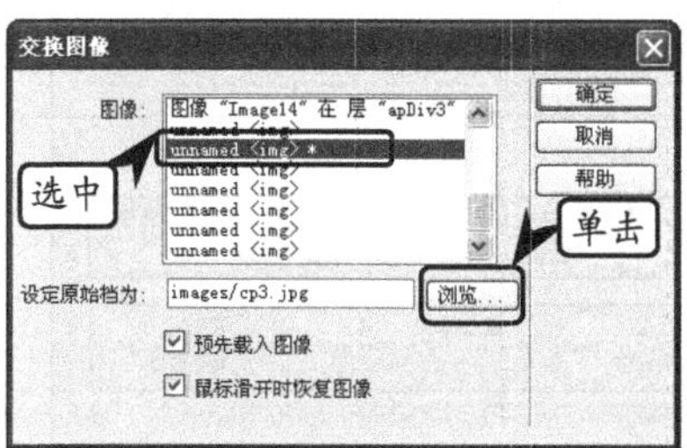

图 7-44 设置第一个交换图像

4 按相同的方法，在【设定原始档为】选项中选择图像“cp1.jpg”为第 2 个图像，并在【行为】面板中设置其参数，定义行为触发的事件，如图 7-45 所示。

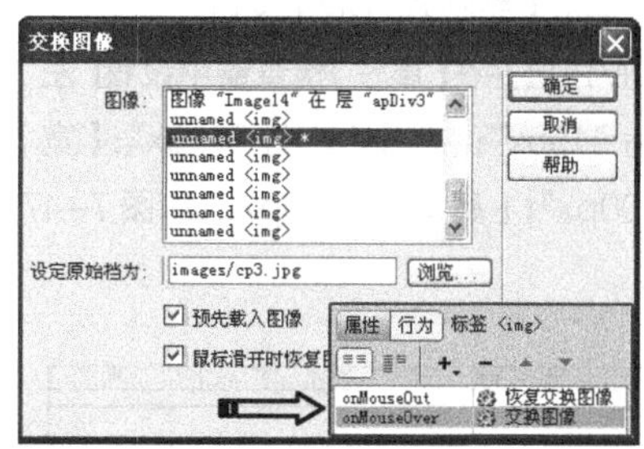

图 7-45 完成交换图像设置

5 完成命令后保存文档，按 F12 键打开 IE 浏览器窗口即可浏览交换图像的效果。

7.5 课堂练习：产品详细介绍

在设计产品网页时，往往会因为网页版面的限制，无法在页面中展示大量的产品信息。如需要展示更多的产品，可使用 Dreamweaver 行为中的【打开浏览器窗口】功能，在不影响产品展示页面的同时，打开简化的浏览器窗口，展示相关的介绍信息，其整体效果如图 7-46 所示。

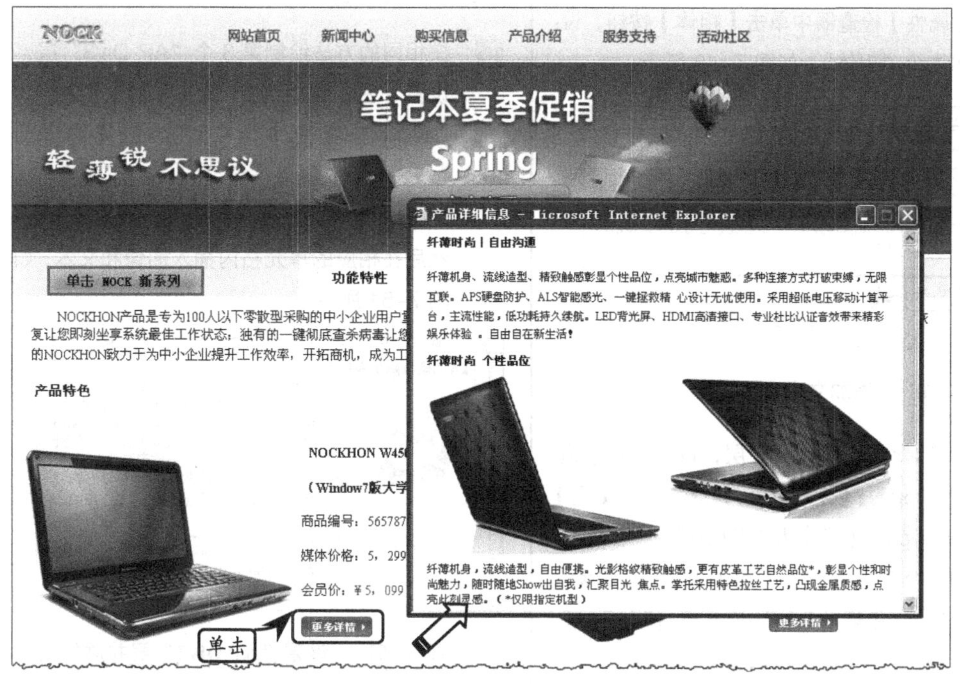

图 7-46 预览效果

操作步骤：

1 新建文档，打开【插入】面板选择【布局】选项，单击【绘制 AP Div】按钮，绘制一个“AP Div1”层并在【属性】检查器中设置【左】边距为“15px”;【上】边距为“10px”;【宽】为“500px”;【高】为“160px”,如图 7-47 所示。

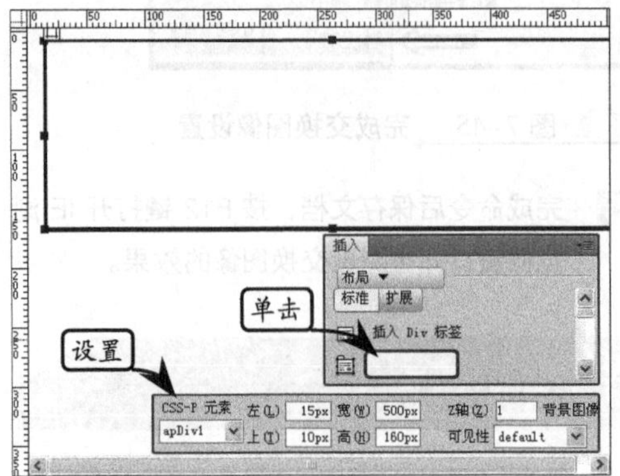

图 7-47　绘制 AP Div1 层

2 在绘制的“AP Div1”层中输入文本内容，并选择其中“纤薄时尚｜自由沟通”的文本，在【属性】检查器中单击【粗体】按钮，设置字体为“粗体”，如图 7-48 所示。

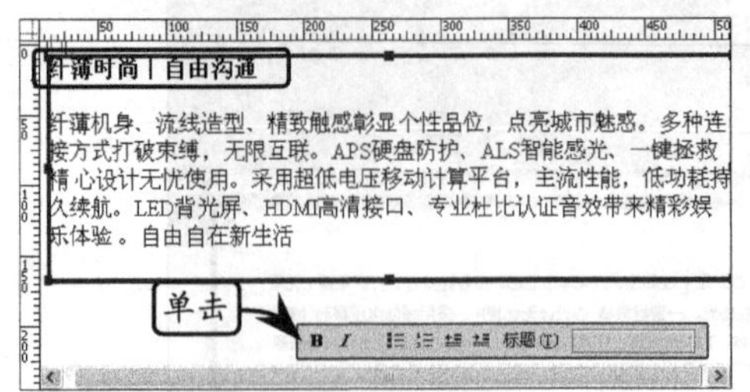

图 7-48　添加文本

3 绘制第 2 个“AP Div2”层，设置【左】边距为“15px”;【上】边距为“170px”;【宽】为“500px”;【高】为“300px”，并在里面添加一个 3 行×2 列、【宽】为“500 像素”的表格，合并第 1、3 行的单元格，如图 7-49 所示。

4 在第 1、3 行的单元格中输入文本，在第 2 行的单元格中插入“cp9.jpg”和“cp10.jpg”等图像，并调整单元格大小，如图 7-50 所示。

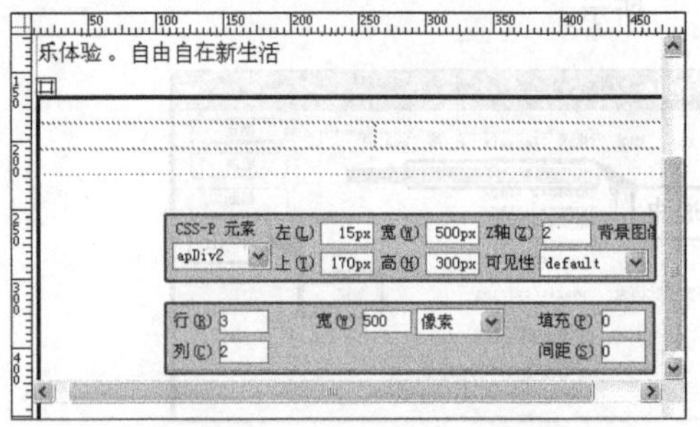

图 7-49　绘制 AP Div2 并插入表格

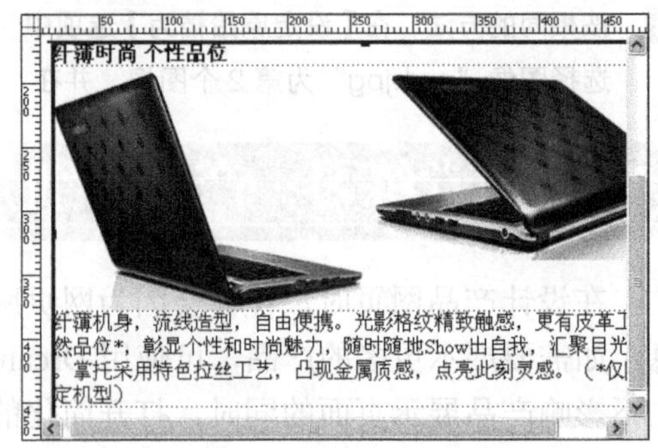

图 7-50　输入文本并添加图像

5 按相同的方法绘制第 3 个“AP Div3”层，设置【左】边距为“15px”;【上】边距为“470px”;【宽】为“500px”;【高】为“150px”，并插入一个 2 行×2 列、【宽】为“500 像素”的表格，合并第 1 行的单元格，然后在相应的单元格内插入图像和文本，如图 7-51 所示。

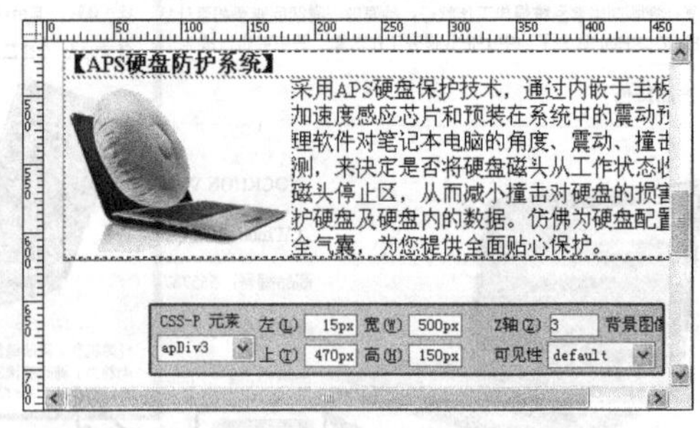

图 7-51　设置“AP Div3”层并添加文本

6 绘制第 4 个“AP Div4”层，设置【左】边距为“15px”;【上】边距为“620px”;【宽】

为“500px”；【高】为“120px”，并插入一个 2 行×2 列、【宽】为“500 像素”的表格，合并第 1 行的单元格，然后在相应的单元格内插入图像和文本，如图 7-52 所示。

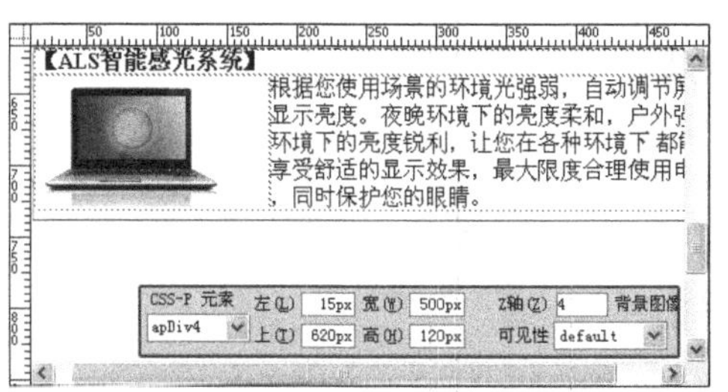

图 7-52 设置“AP Div4”层并添加文本

7 打开配套光盘中的“index.html”网页文档，在页面中选择图像“更多详情”。单击【行为】面板中的【添加行为】按钮，执行【打开浏览器窗口】命令，如图 7-53 所示。

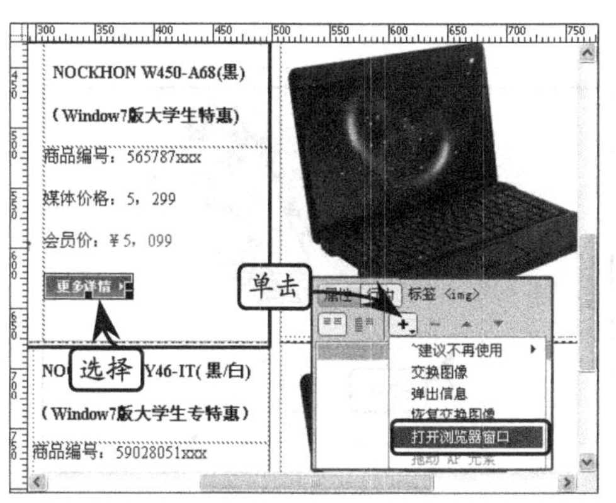

图 7-53 选择行为命令

8 在弹出的【打开浏览器窗口】对话框中，设置【要显示的 URL】为“content.html”；【窗口宽度】为“540”；【窗口高度】为“500”；选中【需要时使用滚动条】复选框，并设置【窗口名称】为“产品详细介绍”，如图 7-54 所示。

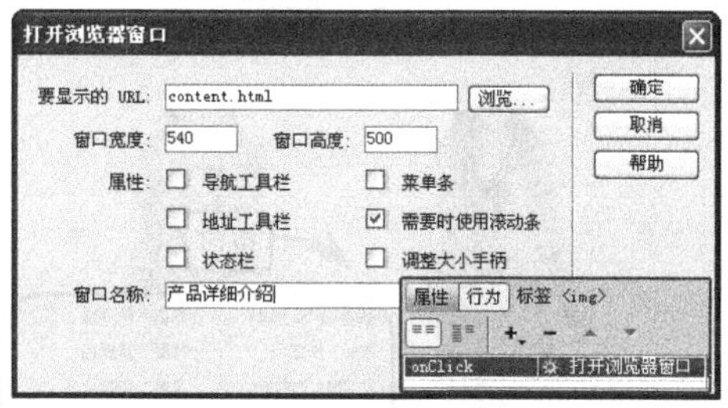

图 7-54 设置【打开浏览器窗口】1

9 按相同的方法，在素材页面上选择第 2 个图像“更多详情”。执行【打开浏览器窗口】命令，在弹出的【打开浏览器窗口】对话框中，设置【要显示的 URL】为“nock.html”；【窗口宽度】为“540”；【窗口高度】为“500”；选中【需要时使用滚动条】复选框；【窗口名称】为“产品详细介绍”，如图 7-55 所示。

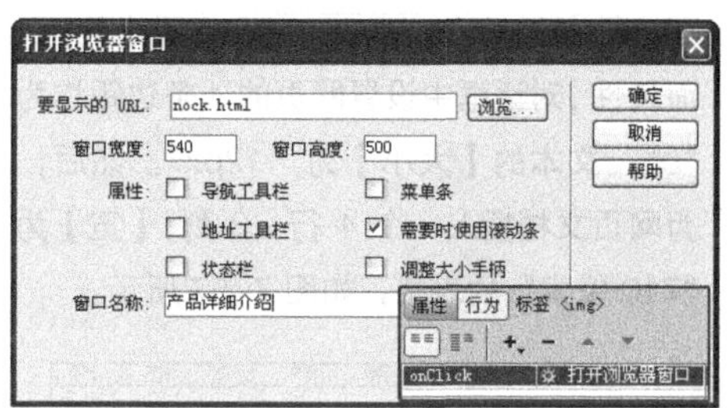

图 7-55 设置【打开浏览器窗口】2

10 至此，产品介绍窗口制作完成，保存文档，打开 IE 浏览器窗口浏览，在网页上单击“更多详情”图像，就可以打开固定窗口查看该产品的详细信息了。

7.6 课堂练习：可隐藏的产品信息

可隐藏的产品信息是一种跟随鼠标显示的效果。在设计网页时，用户可将信息放到 Spry 工具的提示内容中，这样，当鼠标指向产品时将显示这部分信息，而当鼠标移开时将隐藏这部分信息，其整体效果如图 7-56 所示。

图 7-56 预览 Spry 工具提示

操作步骤：

1 新建网页文档，在【属性】检查器中单击【页面属性】按钮 页面属性... ，在弹出的【页面属性】对话框中设置网页的 4 条边距均为“0”，文本的【大小】为“12px”。然后，为网页文档插入一个 4 行×3 列、【宽】为“710 像素”的表格，如图 7-57 所示。

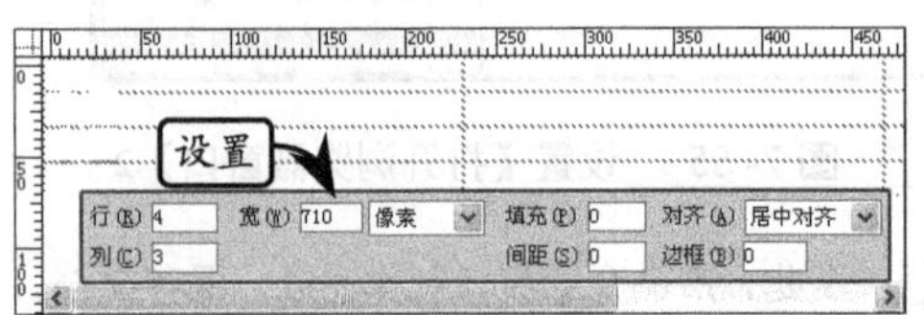

图 7-57 插入表格

2 合并表格第 1、3 行的单元格，将光标置于第 1 行的单元格中，插入图像“r1-c1.jpg”，在第 3 行中插入图像“r3_c1.jpg”，如图 7-58 所示。

3 合并第 2、3 行第 1 列的单元格和第 3 列单元格，并在【属性】检查器中设置这些单元格的【宽】为“8”，【背景颜色】为“粉红色”（#fcc9d0），如图 7-59 所示。

图 7-58 插入图像

图 7-59 设置单元格并添加背景颜色

4 将光标置于第 1 行的单元格中，插入“bbzs.jpg”图像，作为这些内容的标题，如图 7-60 所示。

图 7-60 插入图像

5 将光标置于第 2 行第 2 列的单元格中，插入一个 3 行×3 列、【宽】为“600 像素”的表格，并在【属性】检查器中设置【对齐】方式为“居中对齐”，如图 7-61 所示。

图 7-61 插入表格

6 将光标置于第 1 行第 1 列的单元格中，插入一个 3 行×1 列、【宽】为“200 像素”的表格，然后在这 3 行单元格中输入文本并插入图像，如图 7-62 所示。

图 7-62 插入图像和文本

7 按相同的方法依次在其他单元格中先插入一个 3 行×1 列、【宽】为“200 像素”的表格，然后再输入文本并插入图像。在【属性】检查器中设置【水平】方式为“居中对齐”，如图 7-63 所示。

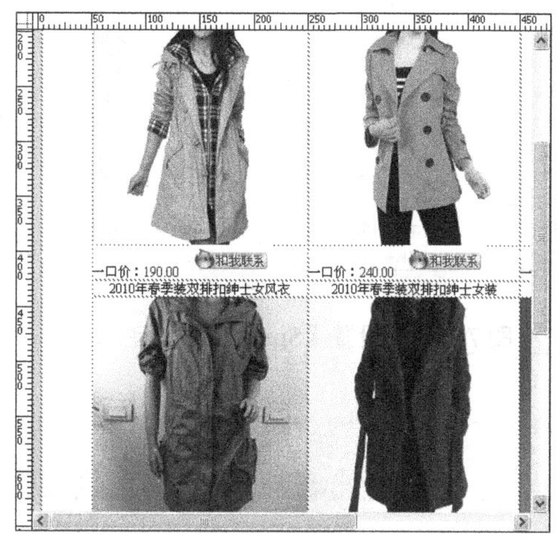

图 7-63 设置单元格

8 选择第 1 个图像，然后选择【插入】面板 Spry 选项中的【Spry 工具提示】选项，在文档最底部增加“Spry 工具提示”的浮动内容，如图 7-64 所示。

图 7-64 选择【Spry 工具提示】选项

9 在“Spry 工具提示”框中插入一个 5 行×2 列、【宽】为“260 像素”的表格，并在【属性】检查器中设置【背景颜色】为“灰色”（#efefef），【填充】为“5”，如图 7-65 所示。

10 在【属性】检查器中选中【跟随鼠标】复选

框，设置【效果】为“遮帘”，如图 7-66 所示。

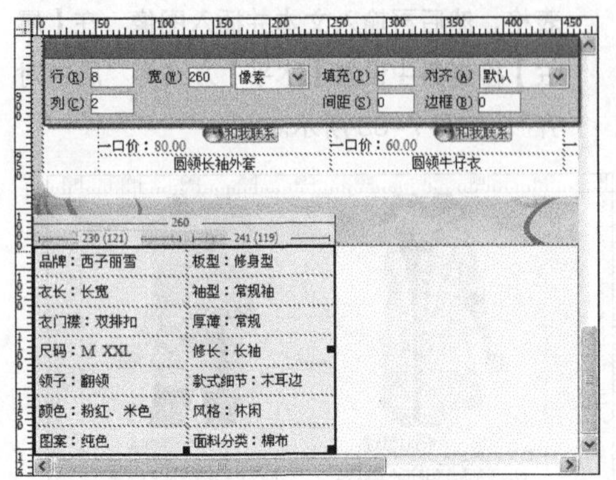

图 7-65　设置【Spry 工具提示】1

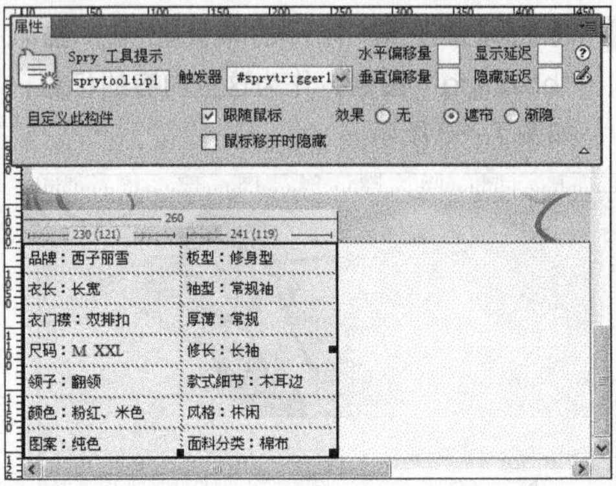

图 7-66　设置【Spry 工具提示】2

11　按相同的方法依次设置其他图片并保存，即可完成网页的制作。

7.7　思考与练习

一、填空题

1．在 AP Div 元素中，用户可以定制其_________、_________以及_________等属性，以实现网页的布局。

2. 在 Dreamweaver 内置的各种交互行为中，_________和_________这两种行为可以方便地向各种网页容器或浏览器状态栏内添加文本内容。

3．_________是在浏览器窗口底部，显示当前网页打开状态以及_________等情况的一种特殊工具栏。

4．使用 Spry 菜单栏可以在紧凑的空间中显示大量_________，并使访问者无需深入浏览即可了解网站提供的内容。

5．Spry 折叠面板分为两种：一种是多个面板的_________，一种是只有一个面板的_________。

6．在为网页的元素添加 Spry 工具提示时，可设置其_________、_________、_________、_________以及_________等属性。

二、选择题

1．以下_______不是 AP Div 元素的特点。

A．可以设置显示或隐藏

B．可以自由设置其位置

C．无法重叠

D．可以自由设置其尺寸

2．要设置浏览器状态栏内的文本，应使用以下_______行为。

A．设置容器文本

B．设置框架文本

C．设置文本域文字

D．设置状态栏文本

3．在设置弹出窗口时，应使用以下_______行为。

A．打开浏览器窗口

B．设置框架文本

C．弹出信息

D．设置容器文本

4. 导航栏图像行为与_______插入的对象十分类似。

A．插入按钮

B．插入图像

C．插入鼠标经过图像

D．插入导航条

5. 以下_______行为特效不能被直接应用到图像类网页对象中。

A．增大/收缩　　B．挤压

C．晃动　　D．遮帘

6．在高亮颜色的行为中，用户无法设置_______颜色。

A．起始颜色

B．结束颜色

C．应用效果后的颜色

D．背景颜色

7．以下________布局元素是 Dreamweaver CS4 新增的。

A．Spry 菜单栏

B．Spry 工具提示

C．Spry 可折叠面板

D．Spry 选项卡式面板

8．如果需要在用户鼠标滑过某个网页标签元素时，显示特定的信息，可以使用_______框架。

A．Spry 菜单栏

B．Spry 工具提示

C．Spry 可折叠面板

D．Spry 选项卡式面板

9．_______框架无法显示分类目的信息。

A．Spry 菜单栏

B．Spry 可折叠面板

C．Spry 选项卡式面板

D．Spry 折叠式

三、简答题

1．简述 AP Div 元素的特点及其在网页中的用途。

2．简述【AP 元素】面板都有哪些功能。

3．如何修改行为触发的事件？

4．如何创建固定宽度的 Spry 选项卡式面板构件？

5．Spry 框架都有哪些？其作用是什么？

四、上机练习

1．检查插件行为

使用【检查插件】行为可以检查访问者的浏览器是否安装了指定的插件，并根据检查结果跳转到不同的网页。例如，想让安装有 Shockwave 插件的浏览者跳转到 index.html 页面，而让未安装该插件的浏览者跳转到 error.html 页面。

在【标签检查器】面板的【行为】选项卡中单击【添加行为】按钮，执行【检查插件】命令，在弹出的对话框中选择或输入插件名称，然后设置不同的检查结果所跳转的 URL 地址即可，如图 7-67 所示。

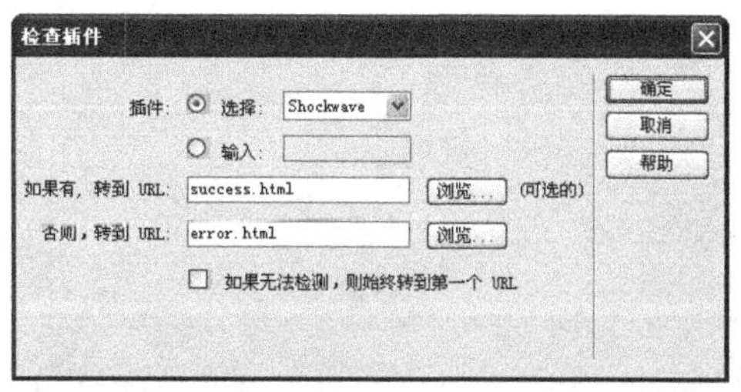

图 7-67 设置检查插件后的跳转页

2．检查标签属性

在 Dreamweaver 中，允许用户通过【标签检查器】面板管理当前所选标签的属性。在【标签检查器】面板中，用户可以单击【显示列表视图】按钮，定义当前标签的属性以字母顺序列表的方式显示，如图 7-68 所示。

图 7-68 显示列表视图

同时，也可以再次单击【显示类别视图】按钮，切换回默认的类别视图显示方式。

第 8 章 修饰网页元素

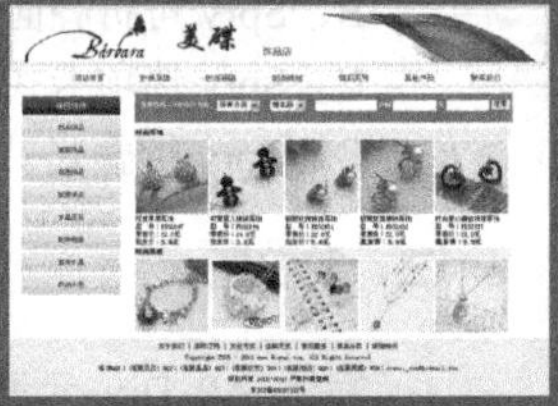

在设计和制作网页的过程中，使用 XHTML 超文本标记语言只能对网页中的各种元素进行最基本的格式处理，如果需要为网页应用更加丰富的样式，就需要用到一种全新的样式语言，即 CSS 样式表。

本章将系统地介绍 CSS 样式的语法、规则定义和布局方法，以及使用 Dreamweaver CS4 通过可视化的方式编辑 CSS 样式的技巧等内容。除此之外，本章还将介绍 CSS 的进阶用法，即 CSS 的各种滤镜功能，帮助用户为网页添加丰富的视觉效果。

本章学习要点：

- CSS 样式表基础
- 使用 CSS 样式表
- CSS 语法
- 编辑 CSS 样式
- CSS 滤镜

8.1 CSS 样式表基础

CSS 样式表是一种设计网页的重要工具，是 Web 标准化体系中最重要的组成部分之一。因此，只有了解了 CSS 样式表，才能制作出符合 Web 标准化的网页。

8.1.1 CSS 样式简介

CSS（Cascading Style Sheets，层叠样式表）是一种应用于网页的标记语言，其作用是为 HTML、XHTML 以及 XML 等标记语言提供样式描述。当网页浏览器读取 HTML、XHTML 或 XML 文档时，将同时加载相对应的 CSS 样式，即按照样式描述的格式显示网页内容。

根据 CSS 样式表存放的位置以及其应用的范围，可以将 CSS 样式表分为 3 种，即外部 CSS、内部 CSS 以及内联 CSS。

1. 外部 CSS

外部 CSS 是一种独立的 CSS 样式，它一般将 CSS 代码存放在一个独立的文本文件中，扩展名为“.css”。

这种外部的 CSS 文件与网页文档并没有什么直接的关系。如果需要通过这些文件来控制网页文档，则需要在网页文档中使用 link 标签将 CSS 代码导入。例如，使用 CSS 文档来定义一个网页的大小和边距，其代码如下所示。

```
@charset "gb2312";
/* CSS Document */
body {
  width : 1003px;
  margin : 0px;
  padding : 0px;
  font-size : 12px
}
```

将 CSS 代码保存为文件后，即可通过 link 标签将其导入到网页文档中。例如，CSS 代码的文件名为“main.css”，其代码如下所示。

```
<!DOCTYPE html PUBLIC "-//W3C//DTD XHTML 1.0 Transitional//EN" "http://
www.w3.org/TR/xhtml1/DTD/xhtml1-transitional.dtd">
<html xmlns="http://www.w3.org/1999/xhtml">
<head>
<meta http-equiv="Content-Type" content="text/html; charset=gb2312" />
<title>导入 CSS 文档</title>
<link href="main.css" rel="stylesheet" type="text/css" />
<!--导入名为 main.css 的 CSS 文档-->
</head>
<body>
```

```
</body>
</html>
```

在外部 CSS 文件中，通常需要在文件的头部创建 CSS 的文档声明，以定义 CSS 文档的一些基本属性。常用的文档声明包括 6 种，如表 8-1 所示。

表 8-1　CSS 文档的声明

声明类型	作　用	声明类型	作　用
@import	导入外部 CSS 文件	@fontdef	定义嵌入的字体定义文件
@charset	定义当前 CSS 文件的字符集	@page	定义页面的版式
@font-face	定义嵌入 XHTML 文档的字体	@media	定义设备类型

在多数 CSS 文档中，都会使用"@charset"声明文档所使用的字符集。除"@charset"声明以外，其他的声明多数可用 CSS 样式来替代。

2. 内部 CSS

内部 CSS 与内联 CSS 类似，都是将 CSS 代码放在 XHTML 文档中。但是内部样式并不是放在其设置的 XHTML 标签中，而是放在统一的 style 标签中。

这样做的好处是将整个页面中所有的 CSS 样式集中管理，以选择器为接口供网页浏览器调用。例如，使用内部 CSS 定义网页的宽度以及超链接的下划线等，其代码如下所示。

```
<!DOCTYPE html PUBLIC "-//W3C//DTD XHTML 1.0 Transitional//EN" "http://
www.w3.org/TR/xhtml1/DTD/xhtml1-transitional.dtd">
<html xmlns="http://www.w3.org/1999/xhtml">
<head>
<meta http-equiv="Content-Type" content="text/html; charset=gb2312" />
<title>测试网页文档</title>
<!--开始定义 CSS 文档-->
<style type="text/css">
<!--
body {
  width:1003px;
}
a {
  text-decoration:none;
}
-->
</style>
<!--内部 CSS 完成-->
</head>
<!--……………-->
```

提　示

虽然 XHTML 允许用户将 style 标签放在网页的任意位置，但在浏览器打开网页的过程中，其通常会以从上到下的顺序解析代码。因此，将 style 标签放置在网页的头部，可提前下载和解析 CSS 代码，提高样式显示的效率。

3. 内联 CSS

内联 CSS 是利用 XHTML 标签的 style 属性设置的 CSS 样式，又称嵌入式样式。

内联式 CSS 与 HTML 的描述性标签一样，只能定义某一个网页元素的样式，是一种过渡型的 CSS 使用方法，并不推荐在 XHTML 中使用。另外，内部 CSS 样式不需要使用选择器。例如，使用内联式 CSS 设置一个表格的宽度，其代码如下所示。

```
<table style="width:100px;">
  <tr>
    <td>宽度为 100px 的表格</td>
  </tr>
</table>
```

8.1.2 CSS 样式表语法

作为一种具有严格规范的数据表，CSS 样式表具有独特的语句结构体系。在使用 CSS 样式表修饰网页元素时，应首先了解 CSS 样式表的语法。

1. CSS 样式的书写格式

一条完整的 CSS 语句，通常由选择器、属性以及属性值组成，其代码如下所示。

```
selector{
  property:value
}
```

在上面的代码中，"selector" 表示 CSS 选择器或多个选择器的组合；"property" 表示选择器中的某一种属性；"value" 则表示这种属性的具体值。

提 示

一条 CSS 样式语句可以包含多个属性。浏览器将按照从上到下的顺序对这些属性进行解析。因此，当对某一个属性进行重复定义后，浏览器将按照最后一次定义的属性进行解析和显示。

在外部 CSS 以及内部 CSS 的语句中，必须包含选择器、属性以及属性值；由于内联式 CSS 样式本身是写在网页标签内的，因此不需要再添加选择器，只写入属性和属性值即可。

2. 属性值的使用

CSS 中的属性值主要分为 3 种，即数值、关键字以及特定意义的字符串。数值决定属性的程度；关键字决定属性的类型；特定意义的字符串往往用于引用外部的变量。

- **数值属性值的使用**

在以数值为属性值时，需要了解 CSS 中的数值与单位。在 CSS 样式中，除了数字 0、百分比以及颜色以外，所有的数字属性都应该带有具体的单位。CSS 的单位可以分为绝对单位和相对单位两种。

绝对单位是指在设计中使用的衡量物体是实际环境中长度、面积、大小等的单位。

在 CSS 样式表中可使用的绝对单位如表 8-2 所示。

表 8-2 CSS 样式表中的绝对单位

英文名称	中文名称	说　明
in	英寸	在设计中使用最广泛的长度单位
cm	厘米	在生活中使用最广泛的长度单位
mm	毫米	在研究领域使用较广泛的长度单位
pt	磅	在印刷领域使用非常广泛，也称点，其在 CSS 中主要用于表示字体的大小
pc	皮咔	在印刷领域经常使用，1 皮咔等于 12 磅，所以也称 12 点活字

相对单位的显示大小不是固定的。其所设置的对象受屏幕分辨率、屏幕可视区域、浏览器设置和相关元素的大小等多种因素的影响。在 CSS 中，W3C 规定可以使用的相对单位如表 8-3 所示。

表 8-3 CSS 样式表中的相对单位

英文名称	中文名称	说　明
em	大写 M 高度	根据当前字体的大写 M 高度值来确定的大小
ex	小写 x 高度	根据当前字体的小写 x 高度值来确定的大小
px	像素	显示器屏幕中最小的基本单位

在相对单位的使用中，当设置字体为“12px”时，1 个 em 就等于 12px。如果网页中未确定字体的大小值，则 em 的单位高度是根据浏览器默认的字体大小来确定的。在实际应用中，ex 单位的高度为 em 的二分之一。

例如，分别定义两个层，其中第 1 个层为父容器，以数字属性值为高度，而第 2 个层为子容器，以百分比为高度，其代码如下所示。

```
#parentContainer{
  height:300px
}
#childrenContainer{
  height:50%
}
```

❑ 关键字属性值的使用

CSS 样式中的各种属性值并非只能定义一些幅度或增量，还可以定义一些关键字属性值，来声明属性的性质。例如，定义文本内容的对齐方式，就需要使用到 left、right、center 等关键字属性值。

在使用关键字属性值时，需要注意所有关键字属性值中的字母都应是小写的。每一种使用关键字属性值的属性，都会有一些固定的属性值供用户挑选。关键字属性值的应用并不广泛。

❑ 字符串属性值的使用

在使用 CSS 样式定义某些特殊属性时，往往需要定义一些外部的变量作为属性的值，此时，就需要使用到字符串属性值。字符串属性值是一种特殊的属性值，典型的字符串属性值是各种字体的名称以及引用的外部文件的 URL 地址。

例如，定义网页中文本的字体为“微软雅黑字体”，其代码如下所示。

```
body{
  font-family : "微软雅黑";
}
```

3. 注释

与多数编程语言类似，用户也可以为 CSS 代码进行注释，但与同样用于网页的 XHTML 语言注释方式有所区别。CSS 代码的注释分为两种，即单行注释和多用途注释。

单行注释的作用是屏蔽浏览器对当前行内代码的解析，其方式是在每行 CSS 代码之前添加两个反斜杠“/”，其代码如下所示。

```
.content{
  //color:#999999;
  //font-family:"新宋体";
  font-size:14px;
}
```

多用途注释既可以在单行中使用，也可以在多行中使用。其方式是以斜杠“/”和星号“*”开头，以星号“*”和斜杠“/”结尾，其代码如下所示。

```
.text{
  font-family:"微软雅黑";
  /*font-size:12px;
  color:#ffcc00;*/
}
```

8.2 添加 CSS 样式

作为一款网页设计软件，Dreamweaver 提供了强大的编辑 CSS 样式的功能。使用 Dreamweaver CS4，用户既可以以可视化的方式编辑 CSS 样式，也可以通过输入代码的方式编写 CSS 代码。

8.2.1 【CSS 样式】面板

Dreamweaver CS4 提供的【CSS 样式】面板，可以帮助用户添加和删除当前网页的 CSS 样式。用户可以执行【窗口】|【CSS 样式】命令（或按 Shift+F11 快捷键），打开该面板。

该面板主要分为两个部分，包括所有规则部分和样式属性部分。所有规则部分的作用是显示当前网页中所有的 CSS 样式，而样式属性部分则列出了当前选择的 CSS 样式已定义的属性，如图 8-1 所示。

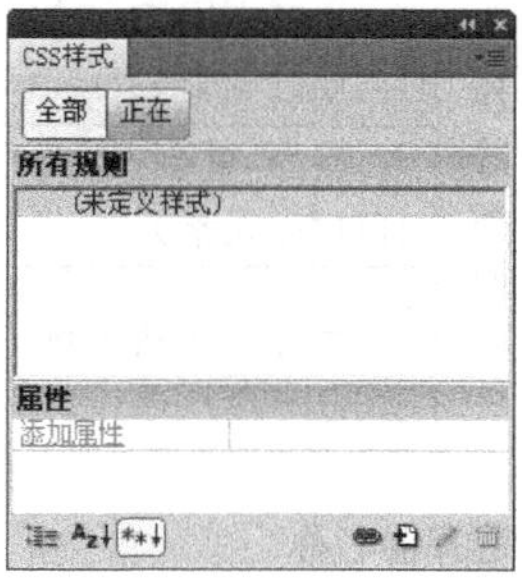

CSS样式
全部 正在
所有规则
(未定义样式)
属性
添加属性

图 8-1 【CSS 样式】面板

在制作网页的过程中，可以通过单击【CSS 样式】面板中的按钮，对网页中应用的 CSS 样式规则进行编辑操作。其中各个按钮的名称和功能如表 8-4 所示。

表 8-4 【CSS 样式】面板的按钮

按钮图标	名 称	功 能
全部	切换到所有（文档）模式	显示当前网页中所有的 CSS 规则
正在	切换到当前选择模式	显示当前选择的网页对象拥有的 CSS 规则
	显示类别视图	显示所有 CSS 样式的属性
	显示列表视图	显示当前选择的网页对象可使用的 CSS 规则
	只显示设置属性	显示当前选择的网页对象已使用的 CSS 规则
	附加样式表	为网页添加外部 CSS 样式链接
	新建 CSS 规则	为网页创建 CSS 样式
	编辑样式	编辑当前选择的 CSS 样式
	删除 CSS 规则	删除当前选择的 CSS 样式

8.2.2 新建 CSS 样式规则

Dreamweaver 允许用户为任何网页标签、类或 ID 等创建 CSS 规则。在【CSS 样式】面板中单击【新建 CSS 规则】按钮，即可打开【新建 CSS 规则】对话框，如图 8-2 所示。

在该对话框中，可以创建不同类型的 CSS 样式。对话框中的参数及作用如表 8-5 所示。

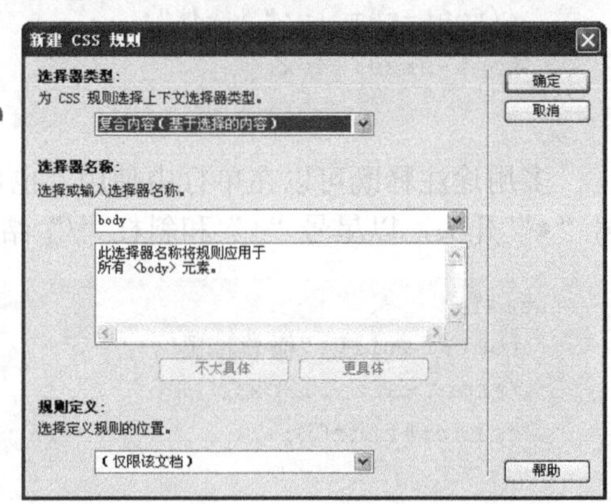

图 8-2 【新建 CSS 规则】对话框

表 8-5 【新建 CSS 规则】对话框中的属性及其作用

属性名		作 用
选择器类型	类（可应用于任何 HTML 元素）	创建一个类选择器。选择该选项，则选择器名称的列表将保留为空以待用户输入类的名称
	ID（仅应用于一个 HTML 元素）	创建一个 ID 选择器。选择该选项，则选择器名称的列表将保留为空以待用户输入 ID 的名称
	标签（重新定义 HTML 元素）	创建一个标签选择器。选择该选项，则选择器名称的列表中将显示所有 XHTML 标签，同时在下方的文本域中将提供标签的简单介绍
	复合内容（基于选择的内容）	创建一个应用选择方法或伪类、伪对象的选择器。选择该选项，则选择器名称的列表中将显示 body 标签及 4 种伪类选择器，同时在下方的文本域中将提供 body 标签的简单介绍
选择器名称		提供选择器名称的列表或输入文本域供用户选择或输入，随【选择器类型】的下拉列表而更新
规则定义	（仅限该文档）	创建一个内部的 CSS 样式规则
	（新建样式表文件）	创建一个外部的 CSS 样式规则

通过【新建 CSS 规则】对话框，用户可以方便地建立各种内部或外部的 CSS 样式规则。选择网页中的标签后，在【CSS 样式】面板中单击【新建 CSS 规则】按钮，弹出的【新建 CSS 规则】对话框将自动为用户提供一个名为【选择器名称】的文本框，提高用户建立 CSS 规则的效率。

8.2.3 附加 CSS 样式规则

使用 Dreamweaver，用户还可以方便地将外部的 CSS 文件链接到当前打开的 XHTML 文档中。在 Dreamweaver 中打开网页文档，然后执行【窗口】|【CSS 样式】命令，打开【CSS 样式】面板，在该面板中单击【附加样式表】按钮，即可打开【链接外部样式表】对话框。

在对话框中，用户可设置 CSS 文件的 URL 地址，以及添加的方式和 CSS 文件的媒体类型，如图 8-3 所示。

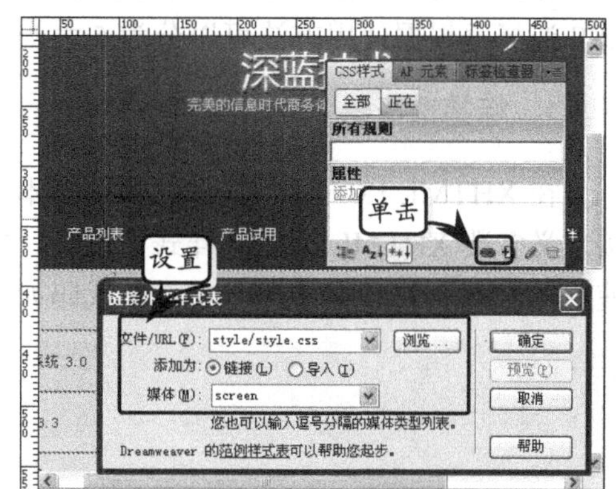

图 8-3 附加外部 CSS 样式规则

其中，【添加为】选项包含两个选项。当选中【链接】单选按钮时，Dreamweaver 会将外部的 CSS 文档通过 link 标签导入到网页中；当选中【导入】单选按钮时，Dreamweaver 则会将外部 CSS 文档中所有的内容复制到网页中，作为内部 CSS 样式。

【媒体】选项的作用是根据打开网页的设备类型，判断使用哪一个 CSS 文档。在 Dreamweaver 中，提供了 9 种媒体类型，如表 8-6 所示。

表 8-6 CSS 可应用的媒体类型

媒体类型	说 明	媒体类型	说 明
all	用于所有设备类型	projection	用于投影图像，如幻灯片
aural	用于语音和音乐合成器	screen	用于计算机显示器
braille	用于触觉反馈设备	tty	用于使用固定间距字符格的设备，如电传打字机和终端
handheld	用于小型或手提设备	tv	用于电视类设备
print	用于打印机		

用户可以通过【链接外部样式表】对话框为同一网页导入多个 CSS 样式规则文档，然后指定不同的媒体类型。这样，当用户以不同的设备访问网页时，将呈现不同的样式效果。

提 示

在【链接外部样式表】对话框中，用户还可以选中【导入】单选按钮，将外部的 CSS 样式文档中的样式代码导入到当前的网页中，并将其转换为内部 CSS 样式。

8.3 CSS 选择与属性

选择器是 CSS 样式表与网页文档中各种标签的接口。在为 CSS 样式表设置选择器后，网页浏览器即可根据这些选择器，将 CSS 样式表应用到网页文档的标签中。选择器以及选择器的使用方法是 CSS 样式表的基础。

8.3.1 CSS 选择器

CSS 选择器的名称允许使用包括字母、数字以及下划线，但不允许将数字放在选择器名称开头的第 1 位，也不允许选择器使用与 XHTML 标签重复的名字，以免出现混乱。CSS 选择器根据使用方法可以分为 5 大类。

1. 标签选择器

在 XHTML 1.0 中，共包括 94 种基本的标签。CSS 提供了标签选择器，允许用户直接定义多数 XHTML 标签的样式。例如，定义网页中所有无序列表的符号为空，可直接使用无序列表的标签选择器 ul，其代码如下所示。

```
ul{
  list-style:none;
}
```

注 意

使用标签选择器定义某个标签的样式后，在整个网页文档中，所用该类型的标签都会自动应用这一样式。CSS 在原则上不允许对同一标签的同一个属性进行重复定义，不过在实际操作中，将以最后一次定义的属性值为准。

2. 类选择器

在使用 CSS 定义网页样式时，经常需要对某一些不同的标签进行定义，使之呈现相同的样式。在实现这种功能时，就需要使用类选择器。类选择器可以把不同类型的网页标签归为一类，为其定义相同的样式，简化 CSS 代码。

在使用类选择器时，需要在类选择器的名称前加类符号“.”。而在调用类的样式时，则需要为 XHTML 标签添加 class 属性，并将类选择器的名称作为 class 属性的值。

注 意

在通过 class 属性调用类选择器时，不需要在属性值中添加类符号“.”，直接输入类选择器的名称即可。

例如，网页文档中有 3 个不同的标签，一个是层（div），一个是段落（p），还有一个是无序列表（ul）。如果使用标签选择器为这 3 个标签定义样式，使其中的文本变为红色，需要编写 3 条 CSS 代码，如下所示。

```
div{/*定义网页文档中所有层的样式*/
```

```
  color: #ff0000;
}
p{/*定义网页文档中所有段落的样式*/
  color: #ff0000;
}
ul{/*定义网页文档中所有无序列表的样式*/
  color: #ff0000;
}
```

使用类选择器，则可将以上 3 条 CSS 代码合并为一条，即用户只需要通过 1 条 CSS 语句即可完成其样式设置，代码如下所示。

```
.redText{
  color: #ff0000;
}
```

然后，即可为 div、p 和 ul 等标签添加 class 属性，将类选择器的样式应用到网页标签中，其代码如下所示。

```
<div class="redText">红色文本</div>
<p class="redText">红色文本</div>
<ul class="redText">
  <li>红色文本</li>
</ul>
```

一个类选择器可以对应文档中的多种标签或多个标签，实现 CSS 代码的可重用性。类选择器与标签选择器的区别如下。

- 与标签选择器相比，类选择器有更大的灵活性。使用类选择器，用户可指定某一个范围内的标签应用样式。
- 与类选择器相比，标签选择器操作简单，定义也更加方便。在使用标签选择器时，用户不需要为网页文档中的标签添加任何属性即可应用样式。

3．ID 选择器

ID 选择器也是一种 CSS 选择器。之前介绍的标签选择器和类选择器都是一种范围性的选择器，可设定多个标签的 CSS 样式。而 ID 选择器是只针对某一个标签的、唯一性的选择器。

在 XHTML 文档中，允许用户为任意一个标签设定 ID，并通过该 ID 定义 CSS 样式。但是，不允许两个标签使用相同的 ID。使用 ID 选择器，用户可更加精密地控制网页文档的样式。

在创建 ID 选择器时，需要为选择器名称使用 ID 符号“#”。在为 XHTML 标签调用 ID 选择器时，需要使用其 id 属性。

注 意

与调用类选择器的方式类似，在通过 id 属性调用 ID 选择器时，不需要在属性值中添加 ID 符号“#”，直接输入 ID 选择器的名称即可。

例如，通过 ID 选择器，分别定义某个无序列表中 3 个列表项的样式，代码如下所示。

```
#listLeft{
  float:left;
}
#listMiddle{
  float: inherit;
}
#listRight{
  float:right;
}
```

然后，用户可使用标签的 id 属性，将 CSS 样式应用到 3 个列表项中，代码如下所示。

```
<ul>
  <li id="listLeft">左侧列表</li>
  <li id="listMiddle">中部列表</li>
  <li id="listRight">右侧列表</li>
</ul>
```

技 巧

在编写 XHTML 文档的 CSS 样式时，通常在布局标签所使用的样式（这些样式通常不会重复）中使用 ID 选择器，而在内容标签所使用的样式（这些样式通常会多次重复）中使用类选择器。

4. 伪类选择器

之前介绍的 3 种选择器都是直接应用于网页标签的选择器。除了这些选择器外，CSS 还有另一类选择器，即伪选择器。与普通的选择器不同，伪选择器通常不能应用于某个可见的标签，只能应用于一些特殊标签的状态。其中，最常见的伪选择器就是伪类选择器。

在定义伪类选择器之前，首先必须声明定义的是哪一类网页元素，将这类网页元素的选择器写在伪类选择器之前，中间用冒号“：”隔开，代码如下所示。

```
selector:pseudo-class {property: value}
/*选择器：伪类｛属性：属性值；｝*/
```

CSS 2.1 标准共包括 7 种伪类选择器。目前 IE 及其他各种浏览器已支持其中的 4 种，如表 8-7 所示。

表 8-7 被浏览器支持的 4 种伪类选择器

伪类选择器	作　用	伪类选择器	作　用
:link	未被访问过的超链接	:active	被激活的超链接
:hover	鼠标滑过的超链接	:visited	已被访问过的超链接

例如，要去除网页中所有超链接在默认状态下的下划线，就需要使用到伪类选择器，代码如下所示。

```
a:link {
/*定义超链接文本的样式*/
text-decoration: none;
/*去除文本下划线*/
}
```

注　意

在 6.0 版本及之前的 IE 浏览器中，只允许为超链接定义伪类选择器。而在 7.0 及之后版本的 IE 浏览器中，开始允许用户为一些块状标签添加伪类选择器。
与其他类型的选择器不同，伪类选择器对大小写不敏感。在网页设计中，为将伪类选择器与其他选择器区分而经常将伪类选择器大写。

5. 伪对象选择器

伪对象选择器是另一种伪选择器，其主要作用是为某些特定的选择器添加效果。在 CSS 2.1 标准中，共包括 4 种伪对象选择器，在 IE 5.0 及之后的版本中，支持其中的两种，如表 8-8 所示。

表 8-8　被 IE 浏览器支持的伪对象选择器

伪对象选择器	作　用	伪对象选择器	作　用
:first-letter	定义选择器所控制的文本的第一个字或字母	:first-line	定义选择器所控制的文本的第一行

伪对象选择器的使用方式与伪类选择器类似，都需要先声明定义的是哪一类网页元素，将这类网页元素的选择器写在伪类选择器之前，中间用冒号“:”隔开。例如，定义某一个段落文本中的第 1 个字为“2em”，即可使用伪对象选择器，代码如下所示。

```
p{
  font-size: 12px;
}
p:first-letter{
  font-size: 2em;
}
```

8.3.2　选择的方法

选择方法是使用 CSS 选择器的方法。在一些特殊情况下，直接使用 CSS 选择器往往并不能方便而准确地表述某些元素的特征。使用 CSS 选择方法，可以通过对 id、类、标签、伪类和伪对象等多种选择器的组合，实现对一些复杂嵌套标签的精确定义。常用的选择方法包括通用选择、包含选择以及分组选择。

1. 通用选择

在使用 CSS 定义各种网页元素的样式时，除了直接设置选择器并应用选择方法外，还可以通过通配符，统一定义多种网页元素的样式。这种带有通配符的选择器使用方式，被称作通用选择方法。使用通用选择方法，用户可以方便地定义网页中所有元素的样式，代码如下所示。

```
* { property: value ; }
```

在上面的代码中，通配符星号“*”可以将网页中所有的元素标签替代。因此，设置星号“*”的样式属性，就是设置网页中所有标签的属性。例如，定义网页中所有标签的内联文本字体大小为“12px”，其代码如下所示。

```
* { font-size : 12 px ;}
```

同理，通配符也可以结合选择方法，定义某一个网页标签中嵌套的所有标签样式。例如，定义在 id 为 testDiv 的层中，所有文本的行高为 30px，其代码如下所示。

```
* { line-height : 30 px ; }
```

提 示

在使用通用选择方法时需要慎重，因为通用选择方法会影响所有的元素，尤其会改变浏览器预置的各种默认值，可能会影响整个网页的布局。通用选择方法的优先级是最低的，因此在为各种网页元素设置专有的样式后，即可取消通用选择方法的定义。

2. 包含选择

包含选择是一种被广泛应用于 Web 标准化网页中的选择方法，通常用于定义各种多层嵌套网页元素标签的样式，可根据网页元素标签的嵌套关系，帮助浏览器精确地查找该元素的位置。在使用包含选择方法时，需要将具有包含选择关系的各种标签按照指定的顺序写在选择器中，同时，以空格将这些选择器分开。例如，在网页中，有 3 个标签的嵌套关系的代码如下所示。

```
<tagName1>
  <tagName2>
    <tagName3>innerText.</tagName3>
  </tagName2>
</tagName1>
<tagName3>outerText</tagName3>
```

在上面的代码中，tagName1、tagName2 以及 tagName3 表示 3 种各不相同的网页标签。其中，tagName3 标签在网页中出现了 3 次。如果直接通过 tagName3 的标签选择器定义 innerText 文本的样式，则势必会影响外部 outerText 文本的样式。

因此，用户如果希望定义 innerText 的样式且不影响 tagName3 以外的文本样式，就可以通过包含选择方法进行定义，代码如下所示。

```
tagName1 tagName2 tagName3{ Property: value ; }
```

在上面的代码中，以包含选择的方式，定义了包含在 tagName1 和 tagName2 标签中的 tagName3 标签的 CSS 样式。同时，不影响 tagName1 标签外的 tagName3 标签的样式。

包含选择方法不仅可以将多个标签选择器组合起来使用，同时也适用于 id 选择器、类选择器等多种选择器。例如，在本节实例及之前章节的实例中，就使用了大量的包含选择方法，其代码如下所示。

```
#mainFrame #copyright #copyrightText {
  line-height:40px;
  color:#444652;
  text-align:center;
}
```

包含选择方法在各种 Web 标准化的网页中都得到了广泛的应用。使用包含选择方法，可以使 CSS 代码的结构更加清晰，同时使 CSS 代码的可维护性更强。在更改 CSS 代码时，用户只需要根据包含选择的各种标签，按照包含选择的顺序进行查找，即可方便地找到相关语义的代码并进行修改。

3. 分组选择

分组选择是一种用于同时定义多个相同 CSS 样式的标签时使用的一种选择方法。其可以通过一个选择器组，将组中包含的选择器定义为同样的样式。在定义这些选择器时，需要将这些选择器以逗号“,”隔开，其代码如下所示。

```
selector1 , selector2 { Property: value ; }
```

在上面的代码中，selector1 和 selector2 分别表示应用相同样式的两个选择器，而 Property 表示 CSS 样式属性，value 表示 CSS 样式属性的值。

在一个 CSS 的分组选择方式中，允许用户定义任意数量的选择器，例如，定义网页中 body 标签以及所有的段落、列表的行高均为“18px”，其代码如下所示。

```
body , p , ul , li , ol {
  line-height : 18px ;
}
```

在许多网页中，分组选择符通常用于定义一些特殊的标签或伪选择器。例如，在本节实例中，定义超链接的样式时，就将超链接在普通状态下以及已访问状态下的样式通过之前介绍过的包含选择，以及分组选择等两种方法，定义在同一条 CSS 规则中，其代码如下所示。

```
#mainFrame #newsBlock .blocks .newsList .newsListBlock ul li a:link ,
#mainFrame #newsBlock .blocks .newsList .newsListBlock ul li a:visited {
  font-size:12px;
  color:#444652;
  text-decoration:none;
}
```

在编写网页的 CSS 样式时，使用分组选择方法可以方便地定义多个 XHTML 元素标签的相同样式，提高代码的重用性。但是，分组选择方法不宜使用过多，否则将降低代码的可读性和结构性，使代码的判读相对困难。

8.3.3 定义 CSS 样式的属性

使用 Dreamweaver CS4，用户可以通过可视化的方式编辑网页标签的 CSS 样式规则，设置和定义各种样式。

创建 CSS 规则后，用户可以在 CSS 面板中浏览当前网页文档中的所有样式规则。选中任意一条规则，然后双击该规则或单击 CSS 面板中的【编辑样式表】按钮，打开【CSS 规则定义】对话框，编辑选中的 CSS 规则，如图 8-4 所示。

图 8-4 编辑 CSS 规则定义

【CSS 规则定义】对话框主要包括两个部分，即左侧的【分类】列表和右侧的【类型】设置部分。在【分类】列表中单击任意一个列表项目，都可即时更新【类型】设置部分的内容，如图 8-5 所示。

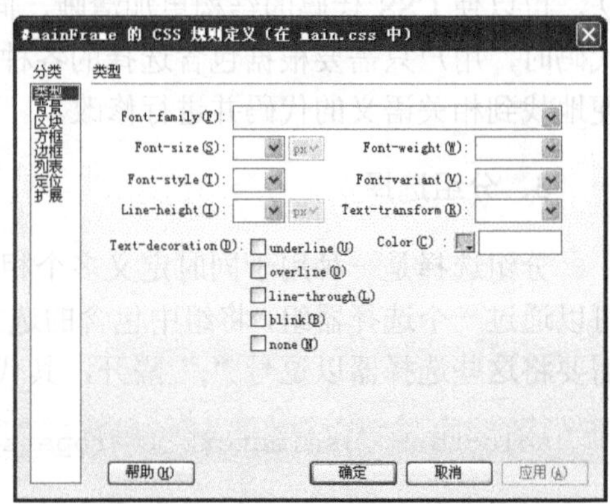

图 8-5 【CSS 规则定义】对话框

1. 文本样式的定义

打开【CSS 规则定义】对话框后，默认显示的是【类型】的列表项目。用户可通过该列表项目定义网页中文本的样式，如表 8-9 所示。

表 8-9 类型设置中的文本样式

属 性 名	作 用	属 性 名	作 用
Font-family	定义文本的字体类型	Font-weight	定义文本的粗细程度
Font-size	定义文本的字体大小	Font-variant	定义文本中所有小写字母为小型大写字母
Font-style	定义文本的字体样式	Text-transform	转换文本中的字母大小写状态
Line-height	定义段落文本的行高	Color	定义文本的颜色
Text-decoration	定义文本的描述方式		

在文本样式中，Text-decoration 属性包含了 5 种复选框，可分别定义文本的 5 种描述方式，各选项的作用如表 8-10 所示。

表 8-10 Text-decoration 属性的选项

选 项 名	作 用	选 项 名	作 用
underline	为文本添加下划线	overline	为文本添加上划线
line-through	为文本添加贯穿线	blink	为文本添加闪烁
none	消除之前选择的所有 Text-decoration 属性选项		

提 示

在为文本设置描述方式时，前 4 种描述方式可以同时使用，而如果选择了 none 选项，则将清除之前 4 种选项的效果。

2. 背景样式的定义

当用户在【CSS 规则定义】对话框中选择【分类】列表中的【背景】项目后，即可定义网页标签的背景等相关样式，如图 8-6 所示。

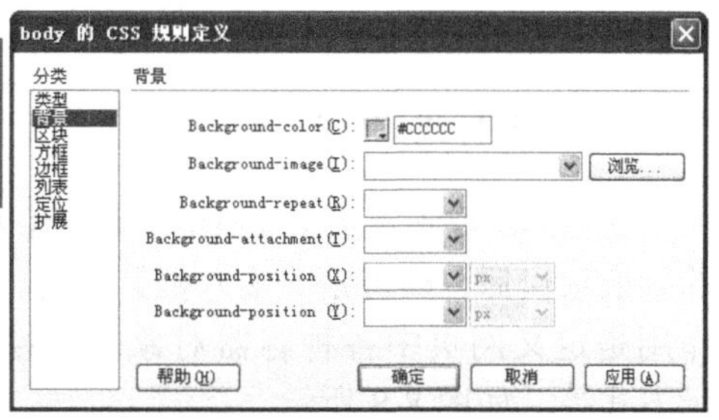

图 8-6 背景的相关样式定义

在该规则所在的列表对话框中，用户可设置网页容器对象的背景颜色、图像以及其重复的方式和位置等，其共包含 6 种基本属性，如表 8-11 所示。

表 8-11 背景设置中的样式

属 性 名	作 用	属 性 名	作 用
Background-color	定义网页容器对象的背景颜色	Background-attachment	定义网页容器对象的背景图像的滚动方式
Background-image	定义网页容器对象的背景图像	Background-position	定义网页容器对象的背景图像的水平坐标位置
Background-repeat	定义网页容器对象的背景图像的重复方式	Background-position	定义网页容器对象的背景图像的垂直坐标位置

例如，为网页标签添加一个背景图像，可以单击 Background-image 属性右侧的【浏览】按钮，然后选择背景图像，将其应用到网页标签中。

3. 区块样式的定义

在【CSS 规则定义】对话框中选择【区块】的列表项目，即可设置区块的相关规则。区块规则是一种重要的规则，其作用是定义文本段落及网页容器对象的各种属性，如图 8-7 所示。

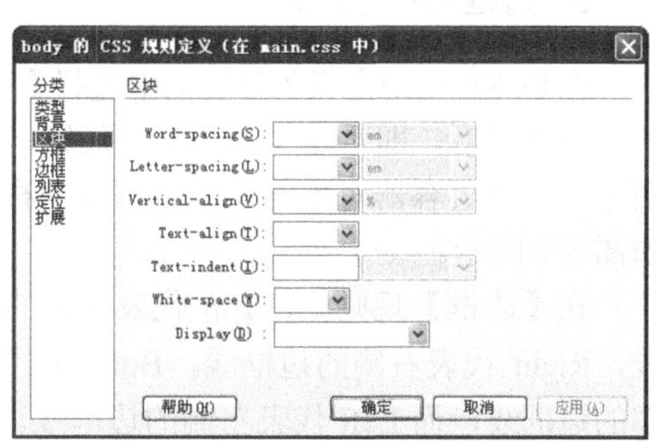

图 8-7 区块的相关规则

在【区块】规则中，用户可设置单词、字母之间插入的间隔宽度、垂直或水平对齐方式、段首缩进值以及空格字符的处理方式和网页容器对象的显示方式等，如表 8-12 所示。

表 8-12 区块设置中的样式

属 性 名	作 用	属 性 名	作 用
Word-spacing	定义段落中各单词之间插入的间隔	Text-indent	定义段落首行的文本缩进距离
Letter-spacing	定义段落中各字母之间插入的间隔	White-space	定义段落内空格字符的处理方式
Vertical-align	定义段落的垂直对齐方式	Display	定义网页容器对象的显示方式
Text-align	定义段落的水平对齐方式		

例如，需要设置网页标签中的文本对齐方式为“居中对齐”，可直接设置 Text-align 属性的值为“center”。

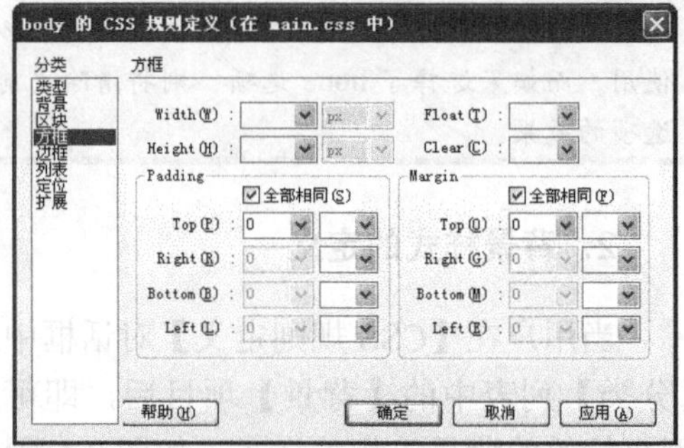

图 8-8 方框的相关规则

4. 方框样式的定义

在【CSS 规则定义】对话框中选择【方框】的列表项目后，即可定义【方框】规则。它的作用是定义网页中各种容器对象的属性和显示方式等，如图 8-8 所示。

在【方框】规则中，用户可设置网页容器对象的宽度、高度、浮动方式、禁止浮动方式，以及网页容器内部和外部的补丁等。根据这些属性，用户可方便地设置网页容器对象的位置，如表 8-13 所示。

表 8-13 设置方框的规则属性

属性名	作用	属性名	作用
Width	定义网页容器对象的宽度	Padding|Bottom	定义网页容器对象的底部内补丁
Height	定义网页容器对象的高度	Padding|Left	定义网页容器对象的左侧内补丁
Float	定义网页容器对象的浮动方式	Margin|Top	定义网页容器对象的顶部外补丁
Clear	定义网页容器对象的禁止浮动方式	Margin|Right	定义网页容器对象的右侧外补丁
Padding|Top	定义网页容器对象的顶部内补丁	Margin|Bottom	定义网页容器对象的底部外补丁
Padding|Right	定义网页容器对象的右侧内补丁	Margin |Left	定义网页容器对象的左侧外补丁

例如，在之前的章节中介绍过使用【页面属性】对话框设置网页的边距。选中网页的 body 标签后，通过方框规则设置 Margin | Top 等属性，同样可以实现自定义网页边距的效果。

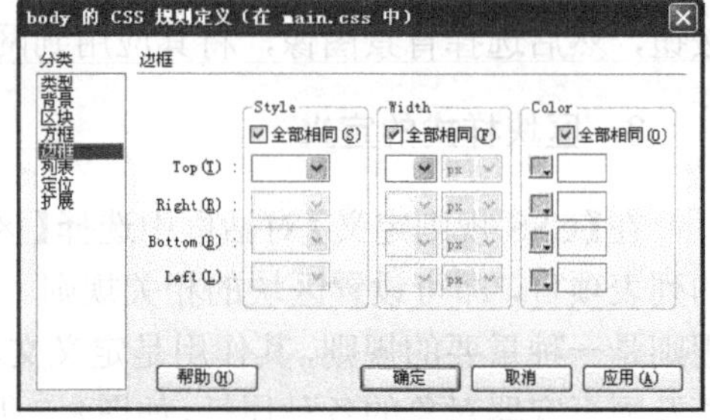

图 8-9 边框的相关规则

5. 边框样式的定义

在【CSS 规则定义】对话框中选择【边框】的列表项目后，即可定义【边框】规则。其作用是定义网页容器对象的 4 条边框线的样式，如图 8-9 所示。

在【边框】规则中，Top 代表顶部的边框线，Right 代表右侧的边框线，Bottom 代表底部的边框线，而 Left 代表左侧的边框线。如用户选中【全部相同】复选框，则 4 条边框线将被设置为相同的属性值，如表 8-14 所示。

表 8-14 设置边框的规则属性

属性名	作用	典型属性值及解释
Style	定义边框线的样式	none（默认值，无边框线）、dotted（点划线）、dashed（虚线）、solid（实线）、double（双实线）、groove（3D 凹槽）、ridge（3D 凸槽）、inset（3D 凹边）、outset（3D 凸边）
Width	定义边框线的宽度	由浮点数字和单位组成的长度值，默认值为“0”
Color	定义边框线的颜色	以 16 进制数字为基础的颜色值。可通过颜色拾取器进行选择

6. 列表样式的定义

【列表】规则的作用是定义网页中列表对象的各种相关属性，包括列表的项目符号类型、项目符号图像以及列表项目的定位方式等，如图 8-10 所示。

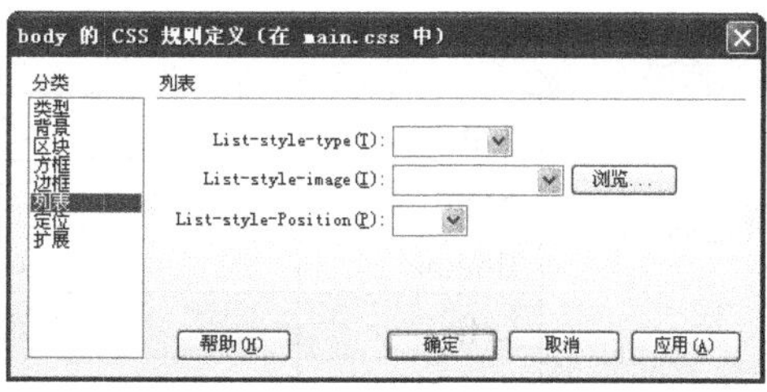

图 8-10 列表的相关规则

【列表】的各种属性设置包括设置列表的项目符号类型以及项目符号的位置等相关属性，如表 8-15 所示。

表 8-15 设置列表的规则属性

属 性 名	作 用	典型属性值及解释
List-style-type	定义列表的项目符号类型	disc（实心圆项目符号，默认值）、circle（空心圆项目符号）、square（矩形项目符号）、decimal（阿拉伯数字）、lower-roman（小写罗马数字）、upper-roman（大写罗马数字）、lower-alpha（小写英文字母）、upper-alpha（大写英文字母）以及 none（无项目列表符号）
List-style-image	自定义列表的项目符号图像	none（默认值，不指定图像作为项目列表符号），url（file）（指定路径和文件名的图像地址）
List-style-position	定义列表项目符号所在位置	outside（将列表项目符号放在列表之外，且环绕文本，不与符号对齐，默认值）、inside（将列表项目符号放在列表之内，且环绕文本根据标记对齐）

提 示

在 IE 浏览器中，如项目列表的左侧外补丁被设置为“0”，则不会显示任何项目列表的符号；只有左侧外补丁被设置为“30”以上，才可显示项目列表的符号。

7. 定位样式的定义

【定位】规则多用于 CSS 布局的网页，可设置各种 AP Div 元素、层的布局属性，如图 8-11 所示。

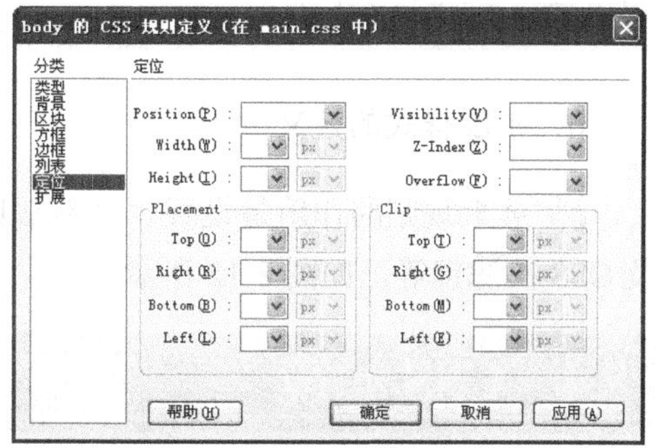

图 8-11 定位的相关规则

在【定位】规则中，Width 和 Height 两个属性与【方框】规则中的同名属性完全相同，Placement 属性用于设置 AP Div 元素的定位方式，Clip 属性用于设置 AP Div 元素的剪切方式，如表 8-16 所示。

表 8-16 设置定位的规则属性

属 性 名	作 用
Position	定义网页容器对象的定位方式
Visibility	定义网页容器对象的显示方式
Z-Index	定义网页容器对象的层叠顺序
Overflow	定义网页容器对象的溢出设置

续表

属 性 名		作 用
Placement	Top	定义网页容器对象与父容器的顶部距离
	Right	定义网页容器对象与父容器的右侧距离
	Bottom	定义网页容器对象与父容器的左侧距离
	Left	定义网页容器对象与父容器的底部距离
Clip	Top	定义网页容器对象顶部剪切的高度
	Right	定义网页容器对象右侧剪切的宽度
	Bottom	定义网页容器对象底部剪切的高度
	Left	定义网页容器对象左侧剪切的宽度

提 示

Placement 属性只有在 Position 属性被设置为 absolute、fixed 或 relative 时可用；而 Clip 属性则只有 Position 属性被设置为 absolute 时可用。

提 示

在 IE 6.0 及之前版本的浏览器中，position 属性不允许使用 fixed 属性值。该属性值只允许在 IE 7.0 及之后的浏览器中使用。另外，IE 浏览器还支持 overflow-x 和 overflow-y 这两个属性，分别用于定义水平溢出设置和垂直溢出设置，但这两种属性不被 Firefox 和 Opera 等浏览器支持，也不被 W3C 的标准认可，应尽量避免使用。

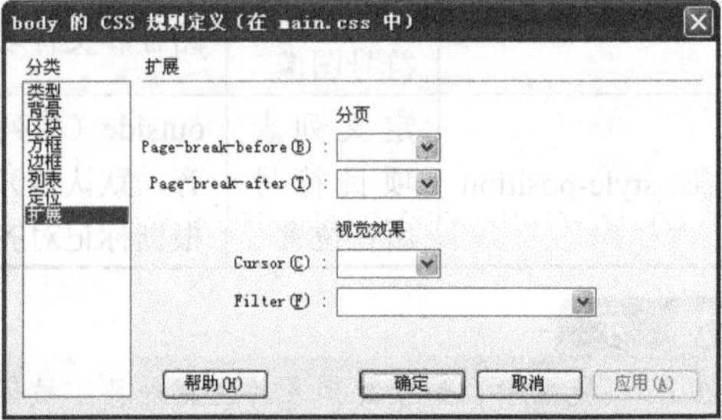

图 8-12　CSS 的相关扩展规则

8. 扩展样式的定义

【扩展】规则的作用是设置一些不常见的 CSS 规则属性，例如打印时的分页设置以及 CSS 的滤镜等，如图 8-12 所示。

8.4　CSS 滤镜

滤镜是平面设计中的术语。滤镜通常是图像处理软件的插件，用于处理图像或文本的各种特殊效果。CSS 和图像处理软件类似，也有滤镜功能。其滤镜功能也可以实现比较多的特殊效果，例如透明、灰度等效果。CSS 的滤镜通常可以分为三大类，即界面滤镜、静态滤镜和转换滤镜。

8.4.1　界面滤镜

界面滤镜主要的作用是处理网页容器标签的界面，为这些容器标签添加相关的特效。这一类滤镜有 Gradient 渐变滤镜和 AlphaImageLoader 透明背景滤镜两种。

1. Gradient 渐变滤镜

Gradient 渐变滤镜的作用是为网页的容器标签填充渐变颜色的背景色。这种色彩填充不会被应用到已有的背景色上。Gradient 渐变滤镜的属性如表 8-17 所示。

表 8-17 Gradient 滤镜的属性

属性	说明
Enabled	设置滤镜是否激活。其属性值为 true（默认值，激活滤镜）或者 false（不激活滤镜）
StartColorStr	滤镜的起始颜色，其属性值为#RRGGBB 或#αα RRGGBB。αα 为十六进制透明度
EndColorStr	滤镜的结束颜色，其属性值为#RRGGBB 或#αα RRGGBB。αα 为十六进制透明度
GradientType	设置滤镜的渐变方向，其属性值为 0（垂直渐变）或者 1（默认值，水平渐变）
StartColor	滤镜的起始颜色，具属性为整数值，取值范围为 0~4294967295，0 为透明，4294967295 为不透明白色
EndColor	滤镜的结束颜色，其属性为整数值，取值范围为 0~4294967295，0 为透明，4294967295 为不透明白色

例如，需要为 ID 为“table01”的表格添加水平渐变颜色，渐变颜色从“#ff0000”渐变到“#000000”，其代码如下所示。

```
#table01 {
  filter : progid:DXImageTransform.Microsoft.gradient(startColorStr=
  #FFFF0000,endColorStr=#00000000);
  /*为网页元素添加 Gradient 滤镜，起始颜色为“#FFFF0000”，结束颜色为“#00000000”*/
}
```

提 示

如使用了 StartColorStr，则必须使用 EndColorStr 结束渐变颜色。StartColorStr 和 StartColor 不可同时使用。

2. AlphaImageLoader 透明背景滤镜

AlphaImageLoader 透明背景滤镜的作用是为网页的标签容器提供背景图像，并设置这些背景图像的尺寸。AlphaImageLoader 的属性如表 8-18 所示。

表 8-18 AlphaImageLoader 滤镜的属性

属性	说明
enabled	设置滤镜是否激活。其属性值为 true（默认值，激活滤镜）或者 False（不激活滤镜）
sizingMethod	设置图像在网页的布局元素中显示的方式。其属性值有 3 种，即 Corp（剪切图像以适应布局元素尺寸）、Image（默认值，增大或减小布局元素尺寸以适应图像尺寸）、scale（缩放图像以适应网页元素尺寸）
src	必选项，设置图像的路径（可以是相对路径）

例如，需要对 ID 为“apDiv1”的层设置图像背景，其代码如下所示。

```
#apdiv1 {
```

```
filter : progid:DXImageTransform.Microsoft.AlphaImageLoader(src=
"images/rdl_ice.gif", sizingMethod="scale");
/*设置网页元素的背景图像以及其路径，并设置图像自动拉伸以适应网页元素的大小*/
}
```

8.4.2 静态滤镜

静态滤镜是CSS样式表中最常用的滤镜。静态滤镜的使用方法和普通的类属性相似，为网页的标签添加该滤镜即可直接产生效果。常用的静态路径如下所示。

1. Alpha 透明滤镜

Alpha 透明滤镜的作用是设置网页元素的透明度，以及透明度的变化趋势，其属性如表 8-19 所示。

表 8-19　Alpha 滤镜的属性

属　性	说　明
enabled	设置滤镜是否激活。其属性值为 true（默认值，激活滤镜）或者 False（不激活滤镜）
style	设置渐变透明的方式。其属性值为 0（默认值，无渐变，整体透明）、1（线性渐变透明度）、2（圆形放射渐变透明度）、3（矩形渐变透明度）
opacity	设置网页元素的整体透明度或渐变透明的起始透明度，其单位为百分比。默认值为 0，即完全透明；100 为完全不透明
finishOpacity	设置网页元素渐变透明的结束透明度（如果设置有渐变透明的话），其单位为百分比默认值为 0，即完全透明；100 为完全不透明
startX	设置渐变透明的起始点 X 坐标，其单位为百分比，默认值为 0
startY	设置渐变透明的起始点 Y 坐标，其单位为百分比，默认值为 0
finishX	设置渐变透明的结束点 X 坐标，其单位为百分比，默认值为 0
finishY	设置渐变透明的结束点 Y 坐标，其单位为百分比，默认值为 0

例如，设置所有网页中表格自左向右透明渐变，其代码如下所示。

```
table {
  filter: Alpha(Opacity=0, FinishOpacity=100, Style=1);
  /*设置网页元素的透明渐变方式为水平方向渐变，渐变的起始透明度为 0，结束透明度为
  100*/
}
```

技 巧

如果仅需要设置网页元素的整体透明度，则只需要设置 Opacity 一个属性即可。

2. Blur 模糊滤镜

Blur 模糊滤镜的作用主要是设置各种网页标签内容的模糊效果。该滤镜多用于网页文本和图像的处理，其属性如表 8-20 所示。

表 8-20 Blur 滤镜的属性

属性	说明
enabled	设置滤镜是否激活。其属性值为 true（默认值，激活滤镜）或者 false（不激活滤镜）
makeShadow	设置对象模糊时是否显示阴影。其属性值为 true（显示阴影）或者 false（不显示阴影）
pixelRadius	设置模糊效果的模糊值，其属性值为 1.0 到 100.0 的数值，默认值为 2.0
shadowOpacity	当设置 makeShadow 参数使网页元素显示出阴影时，可用 shadowOpacity 属性设置阴影的透明度。其属性值为 0.0 到 1.0 的数值，默认值为 7.5

3．Chorma 取色滤镜

Chorma 取色滤镜的作用是从网页图像元素中将所有与用户定义符合的色彩删除，使色彩所在位置为透明，其属性如表 8-21 所示。

表 8-21 Chroma 滤镜的属性

属性	说明
enabled	设置滤镜是否激活。其属性值为 true（默认值，激活滤镜）或者 false（不激活滤镜）
Color	该属性用于设置要透明的颜色值。其值为十六进制颜色#RRGGBB

例如，要将网页中所有图像的红色设置为透明，其代码如下所示。

```
img {
  filter: Chroma(Color=ff0000);
  /*将图像中所有“#ff0000”设置为透明*/
}
```

4．DropShadow 投影滤镜

DropShadow 投影滤镜的作用是设置网页标签的投影效果。其与 text-shadow 属性的区别在于，text-shadow 属性仅能设置文本，而 DropShadow 滤镜可以设置网页中的任何标签，其属性如表 8-22 所示。

表 8-22 DropShadow 滤镜的属性

属性	说明
enabled	设置滤镜是否激活。其属性值为 true（默认值，激活滤镜）或者 false（不激活滤镜）
Color	该属性用于设置投影的颜色。其值为十六进制颜色#RRGGBB
offX	设置阴影的横坐标偏移像素值，其属性值为整数，默认值为 5
offY	设置阴影的纵坐标偏移像素值，其属性值为整数，默认值为 5
positive	设置网页元素如包含透明区域，是否为透明区域建立阴影。其值为 true（建立透明区域的阴影）或者 false（建立不包括透明区域的阴影）

例如，为网页中的图像建立红色投影，其代码如下所示。

```
img {
  filter: DropShadow(Color=ff0000, OffX=1, OffY=1, Positive=false);
```

```
/*为网页元素设置投影，投影颜色为“#ff0000”，投影偏移为1像素，不建立透明区域的投影*/
}
```

5. FlipH 和 FlipV 翻转滤镜

这两个滤镜的用途和作用相似，都是用于翻转网页标签的。FlipH 滤镜的作用是以水平方向翻转网页标签，而 FlipV 的作用是以垂直方向翻转网页标签。

这两个滤镜的属性只有一种，即 enabled。用户可以通过 enabled 设置滤镜是否激活。例如，要设置网页中的段落文本水平翻转，其代码如下所示。

```
p {
  filter: FlipH;
  /*设置网页元素水平翻转*/
}
```

6. Glow 发光滤镜

Glow 发光滤镜的作用是制作发光效果。该滤镜通常用于网页容器标签内部的网页标签边缘。Glow 滤镜的属性如表 8-23 所示。

表 8-23　Glow 滤镜的属性

属　性	说　　明
enabled	设置滤镜是否激活。其属性值为 true（默认值，激活滤镜）或者 false（不激活滤镜）
Color	该属性用于设置发光的颜色。其值为十六进制颜色#RRGGBB，默认值为#FF0000
strength	整数值，设置滤镜的发光强度。其取值范围为 1～255 像素，默认值为 5

例如，设置表格中图像的发光效果，其代码如下所示。

```
table {
  filter: Glow(Color="#666666", Strength="10");
  /*设置发光颜色为“#666666”，发光强度为10像素*/
}
```

7. Gray 灰度滤镜

Gray 灰度滤镜通常用于渲染网页元素的灰度。例如，将整个网页渲染为灰色，其代码如下所示。

```
body {
  filter: Gray;
  /*为网页元素渲染灰度*/
}
```

为整个网页渲染灰度消耗系统资源非常大。因此如网页内容较多，应将网页分块渲染或者使用 BasicImage 滤镜（BasicImage 渲染网页灰度更节省系统资源）。使用 Gray 滤镜无法渲染网页中的视频与 Flash 动画。

8．BasicImage 基本图像滤镜

BasicImage 基本图像滤镜是一个相当强大的滤镜，它可以用于网页标签的色彩处理、图像旋转，以及设置对象内容的透明度，其属性如表 8-24 所示。

表 8-24　BasicImage 滤镜的属性

属　性	说　明
enabled	设置滤镜是否激活。其属性值为 true（默认值，激活滤镜）或者 false（不激活滤镜）
GrayScale	为网页元素渲染灰度滤镜，其属性值为 0（默认值，不渲染）或者 1（渲染为灰度）
Mirror	将网页元素反转，其属性值为 0（默认值，不反转）或者 1（反转网页元素）
opacity	设置网页元素的透明度，其属性值范围为 0～1.0，默认值为 1.0（不透明黑色）
Xray	设置网页元素为 X 光效果，其属性值为 0（默认值，不显示 X 光效果）或者 1（以 X 光效果显示）
Invert	设置网页元素为反相效果，其属性值为 0（默认值，不显示反相效果）或者 1（显示反相效果）
Mask	为网页元素添加遮罩，其属性值为 0（默认值，不添加遮罩）或者 1（添加遮罩）
MaskColor	设置遮罩颜色，其属性值为十六进制颜色 0xααRRGGBB 值，默认值为 0x00000000 不透明黑色
Rotation	设置网页元素的旋转方式，其属性值为 0（默认值，不旋转）、1（旋转 90 度）、2（旋转 180 度）或者 3（旋转 270 度）

例如，要使用 BasicImage 滤镜渲染网页灰度，其代码如下所示。

```
body {
  filter:progid:DXImageTransform.Microsoft.BasicImage (GrayScale=1);
  /*为网页元素渲染灰度*/
}
```

8.4.3　转换滤镜

这类滤镜和前面两类滤镜的使用方法不同，转换滤镜是作为 JavaScript 等脚本语言调用的对象而存在的。使用 JavaScript 等脚本语言，可以方便地应用这些滤镜制作动画。

这类滤镜通常用于两张或更多图像的转换，单独使用这类滤镜并无效果。在这里介绍一下 Dreamweaver 中可直接引用的两个转换滤镜。

1．BlendTrans 渐变滤镜

BlendTrans 渐变滤镜用于为转换的图像提供渐隐或渐显的效果，其属性如表 8-25 所示。

表 8-25　BlendTrans 滤镜的属性

属　性	说　明
enabled	设置滤镜是否激活。其属性值为 true（默认值，激活滤镜）或者 false（不激活滤镜）
duration	设置图像转换的时间，其单位为秒（浮点数），支持小数点后 4 位

例如，要为某个转换过程添加渐变效果，其代码如下所示。

```
#imgdiv {
  filter:BlendTrans(duration=5.0000);
  /*将层中的图像转换设置为渐隐式转换，转换时间为 5 秒*/
}
```

2. RevealTrans 图像转换滤镜

RevealTrans 图像转换滤镜提供了 24 种图像转换的效果。网上很多 JavaScript 或者 Flash 图像展示都是使用这个滤镜的。其属性如表 8-26 所示。

表 8-26　RevealTrans 滤镜的属性

属　性	说　明
enabled	设置滤镜是否激活。其属性值为 true（默认值，激活滤镜）或者 false（不激活滤镜）
duration	设置图像转换的时间，其单位为秒（浮点数），支持小数点后 4 位
transition	设置图像转换所用的方式，共 24 种，通过编号来调用

RevealTrans 滤镜提供的 24 种图像转换方式如表 8-27 所示。

表 8-27　24 种图像转换方式

编号	效　果	编号	效　果
0	矩形收缩转换	12	随机杂点干扰转换
1	矩形扩张转换	13	左右关门效果转换
2	圆形收缩转换	14	左右开门效果转换
3	圆形扩张转换	15	上下关门效果转换
4	向上擦除	16	上下开门效果转换
5	向下擦除	17	从右上角到左下角的锯齿边覆盖效果转换
6	向右擦除	18	从右下角到左上角的锯齿边覆盖效果转换
7	向左擦除	19	从左上角到右下角的锯齿边覆盖效果转换
8	纵向百叶窗转换	20	从左下角到右上角的锯齿边覆盖效果转换
9	横向百叶窗转换	21	随机横线条转换
10	国际象棋棋盘式横向转换	22	随机竖线条转换
11	国际象棋棋盘式纵向转换	23	随机使用上面可能的值转换

例如，要为图像转换过程添加随机的转换效果，其代码如下所示。

```
#imgdiv {
  filter : progid:DXImageTransform.Microsoft.RevealTrans ( duration=1,
  transition=23 ) ;
  /*设置图像转换的时间为 1 秒，转换效果为随机转换*/
}
```

8.5　课堂练习：修改网页特效

网页中的元素除了自身的属性外，还可以通过 CSS 样式为其添加其他效果，使其显示效果更加丰富。例如，设置网页文本的颜色和大小等，制作个性化的网页导航条和网页内容文本，如图 8-13 所示。

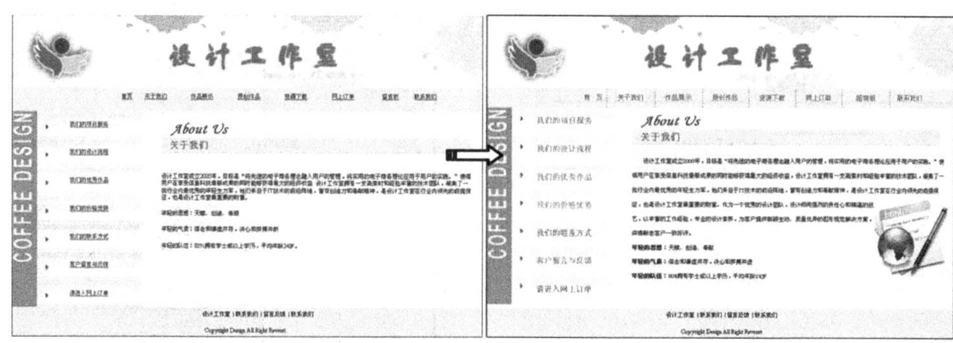

图 8-13　效果展示

操作步骤：

1　执行【文件】|【打开】命令，选择配套光盘中"default.html"页面，然后按 Shift+F11 快捷键打开【CSS 样式】面板，如图 8-14 所示。

图 8-14　打开【CSS 样式】面板

2　单击【CSS 样式】面板中的【新建 CSS 规则】按钮，在弹出的【新建 CSS 规则】对话框中，设置【选择器类型】为"类"；【选择器名称】为"a1"，如图 8-15 所示。

3　在弹出的【.a1 的 CSS 规则定义】对话框中设置 Font-family 为"楷体"；Font-size 为"14px"；Test-decoration 为"none"；Color 为"灰色"（#666），如图 8-16 所示。

4　将光标置于链接的文本上，然后在【标签选择器】上显示标签"a"，在显示的菜单中选择【设置类】为".a1"，如图 8-17 所示。

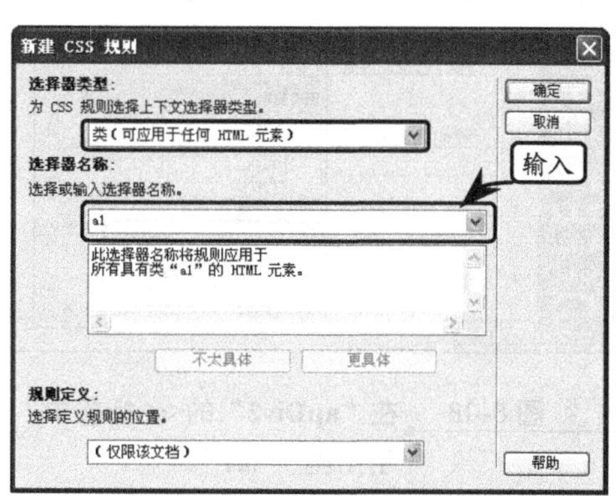

图 8-15　【新建 CSS 规则】对话框

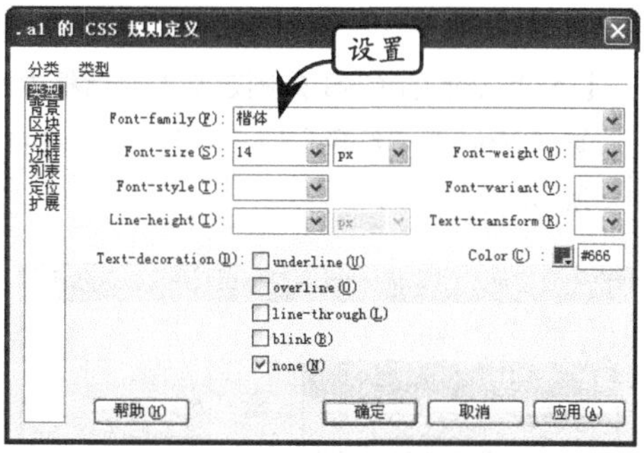

图 8-16　设置类的 CSS 规则定义

5　按相同的方法，将页面上"apDiv2"的"<a></a>"标签都引用".a1"的 CSS 样式，在【CSS 样式】面板中显示".a1"，如图 8-18 所示。

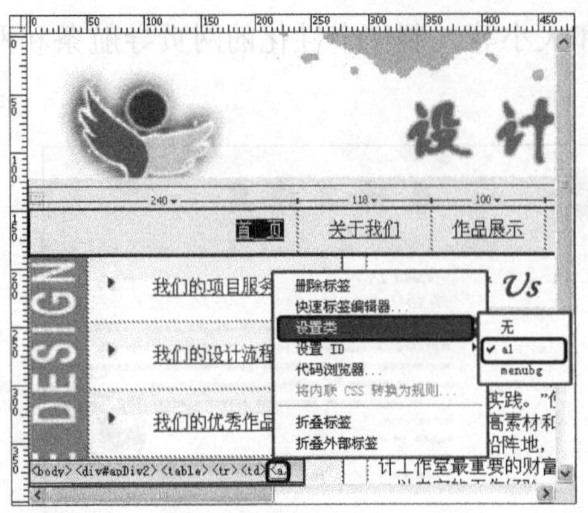

图 8-17 设置类"a1"

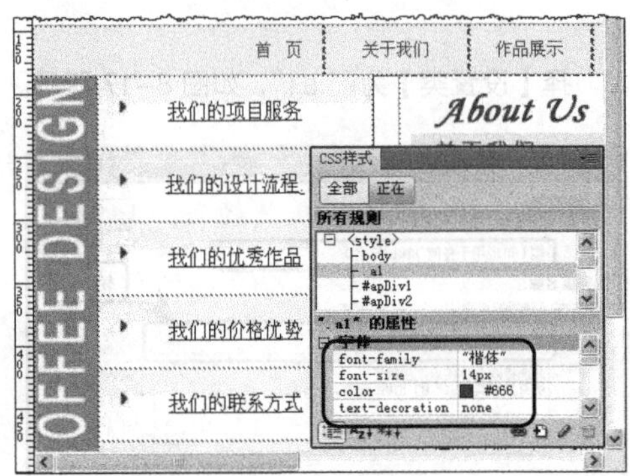

图 8-18 在"apDiv2"的<a>标签中引用类".a1"

6 单击【CSS 样式】面板中【新建 CSS 规则】按钮，在弹出的【新建 CSS 规则】对话框中，设置【选择器类型】为"复合内容"；【选择器名称】为"a1:hover"。在弹出的【.a1:hover 的 CSS 规则定义】对话框中设置 Color 为"红色"（#F00），如图 8-19 所示。

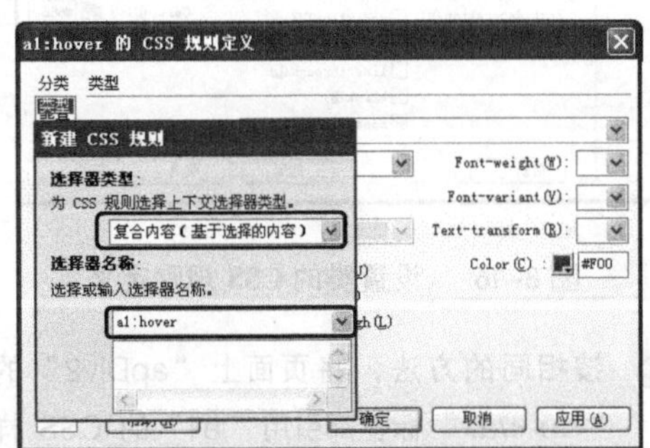

图 8-19 添加复合标签

7 添加一个".td1"类，设置单元格的右边框 Right 为"dashed"；Width 为"thin"；Color 为"灰色"（#666），如图 8-20 所示。

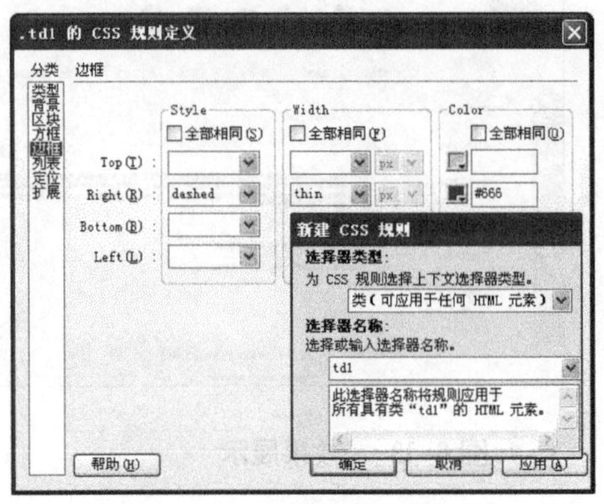

图 8-20 设置单元格边框

8 添加一个".a2"类并设置 Font-family 为"楷体"；Font-size 为"16px"；Text-decoration 为"none"；Color 为"绿色"（#6C6）。然后，在【属性】检查器中设置【类】为"a2"，如图 8-21 所示。

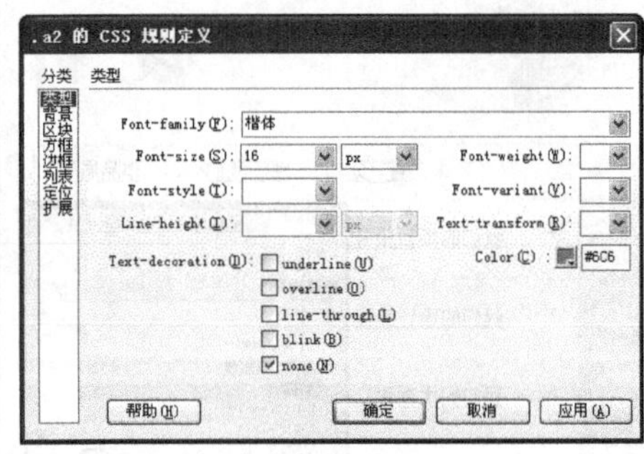

图 8-21 添加类

9 将光标置于"apDiv4"的第 1 个链接文本中，单击标签栏中的"<a>"标签引用".a2"类，如图 8-22 所示。

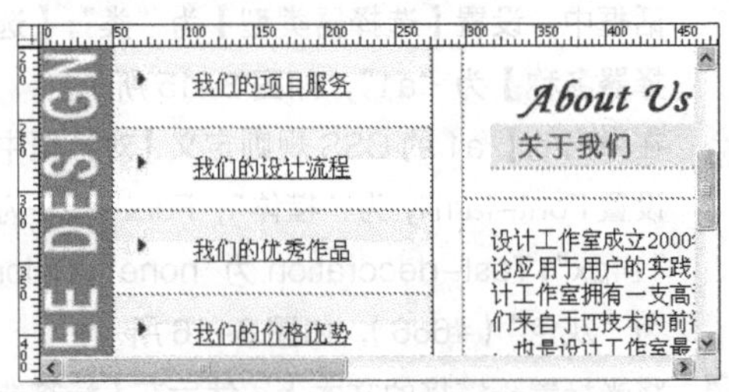

图 8-22 引用".a2"类

10 添加一个“a2:hover”复合类，设置 Color 为“黑色”(#000)，如图 8-23 所示。

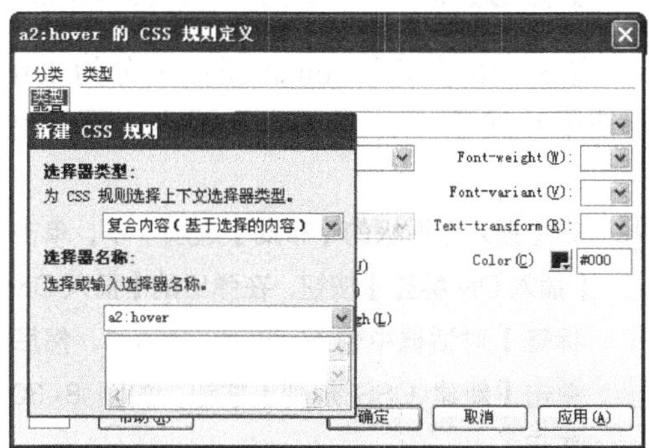

图 8-23 添加复合类

11 按相同的方法添加类，名称分别为“.a3”~“.a8”，这些类分别链接的颜色为“蓝色”(#3CF)、“橙色”(#F90)、“紫色”(#C9F)、“深蓝色”(#69F)、“桃红色”(#F6C)、“绿色”(#996)；然后依次创建复合类，设置 Color 为“黑色”(#000)如图 8-24 所示。

图 8-24 添加类和复合类

12 单击【CSS 样式】面板中【新建 CSS 规则】按钮，在弹出的【新建 CSS 规则】对话框中，设置【选择器类型】为“ID”；【选择器名称】为“bodyText”,如图 8-25 所示。

13 在弹出的【#bodyText 的 CSS 规则定义】对话框中设置【类型】选项中 Font-family 为“宋体”；Font-size 为“12px”；Line-height 为“30px”；在【区块】选项中设置 Text-align 为“left”；Text-index 为“2ems”，然后在标签栏选择“<tr>”标签插入 ID，如图 8-26 所示。

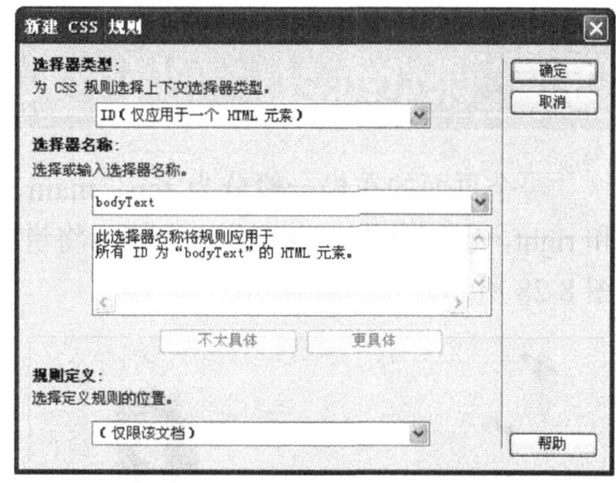

图 8-25 添加 ID 样式规则

图 8-26 设置 ID 属性

14 将光标置于文本中插入一个图像“341.gif”，在【属性】检查器中设置【对齐】方式为“右对齐”；然后选择【文本】设置为“粗体”，如图 8-27 所示。

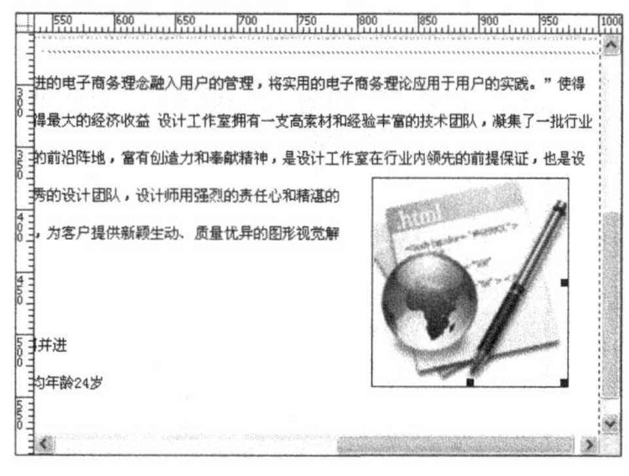

图 8-27 插入图像

8.6 课堂练习：布局个人博客页面

一个页面的布局一般分为 top、main、footer 这 3 个部分，在 mian 里面又分为 left 和 right，也可以进一步细分，本练习将讲解如何使用 CSS 和 Div 布局个人博客页面，如图 8-28 所示。

图 8-28 个人博客页面

操作步骤：

1 新建文档，在【页面属性】对话框中设置【大小】为“12px”；【文本颜色】为“红色”（#f46490）；选择【背景图像】为“background.jpg”；【重复】为“repeat”；左边距、右边距、上边距、下边距均为“0px”，如图 8-29 所示。

图 8-29 设置页面属性

2 在【插入】面板的【布局】选项卡中，单击【插入 Div 标签】按钮，在弹出的【插入 Div 标签】对话框中输入 ID 为“top“，然后单击【新建 CSS 规则】按钮，如图 8-30 所示。

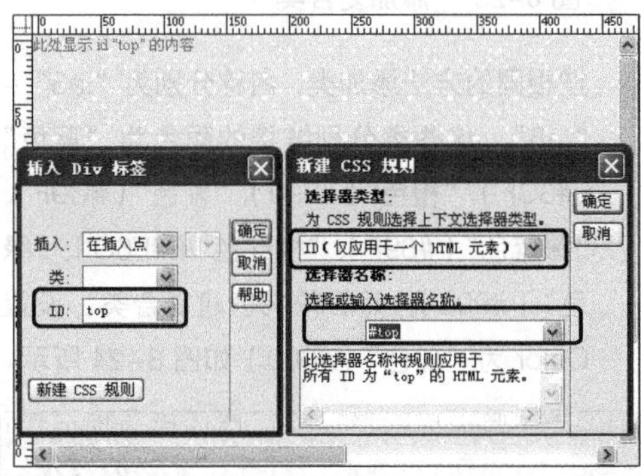

图 8-30 创建“#top”标签

3 在【#top 的 CSS 规则定义】对话框中，选择【方框】选项，并设置 width 为“864px”；height 为“408px”；margin-Top、margin-Bottom 为“0”；margin-Right、margin-Left 为“auto”，如图 8-31 所示。

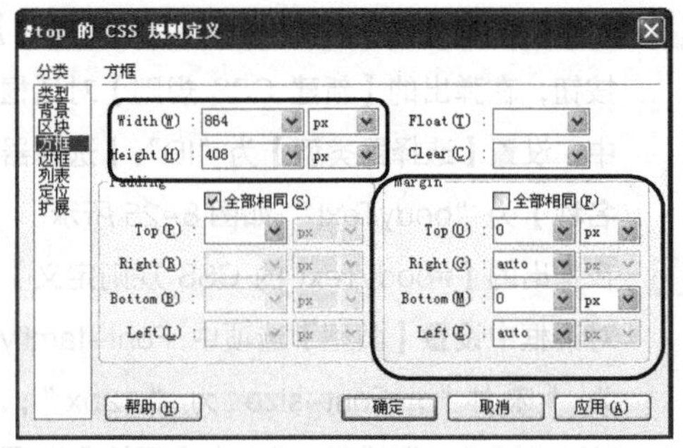

图 8-31 【#top 的 CSS 规则定义】对话框

4 单击【确定】按钮，把 Div 层中的文本删除。

然后，在该 Div 层中插入图像“top.gif”，如图 8-32 所示。

图 8-32 插入图像

5 创建 ID 为“nav”的 Div 层，在【#nav 的 CSS 规则定义】对话框中设置 height 为“30px”;【背景图像】为“nav.gif”; 其他设置与“#top”一样，如图 8-33 所示。

图 8-33 设置 ID 为“nav”的 Div 层

6 创建 ID 为“content”的 Div 层，在【#content 的 CSS 规则定义】对话框中设置 height 为“620px”;【背景图像】为“body.gif”; 其他设置与“#top”一样，如图 8-34 所示。

7 将光标置于 ID 为“content”的 Div 层中，创建 ID 为“left”的 Div 层，在【#left 的 CSS 规则定义】对话框中设置 Width 为“200px”; Float 为 left; Margin-left 为“45px”，如图 8-35 所示。

8 按相同的方法，创建 ID 为“right”的 Div 层，在【#right 的 CSS 规则定义】对话框中设置 Width 为“550px”; Float 为“right”; Margin-right 为“35px”，如图 8-36 所示。

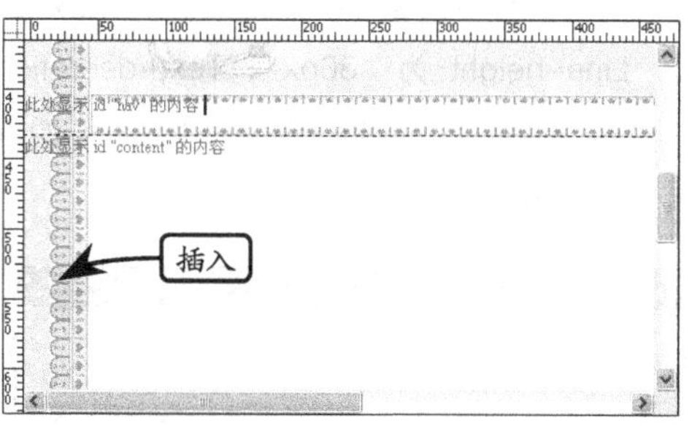

图 8-34 设置 ID 为“content”的 Div 层

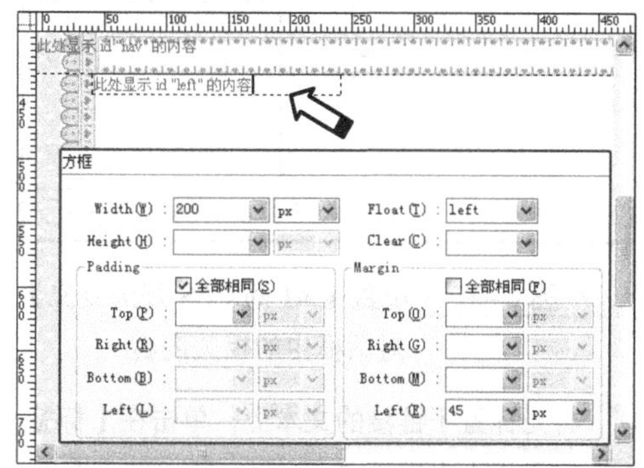

图 8-35 创建并设置 ID 为“left”的 Div 层

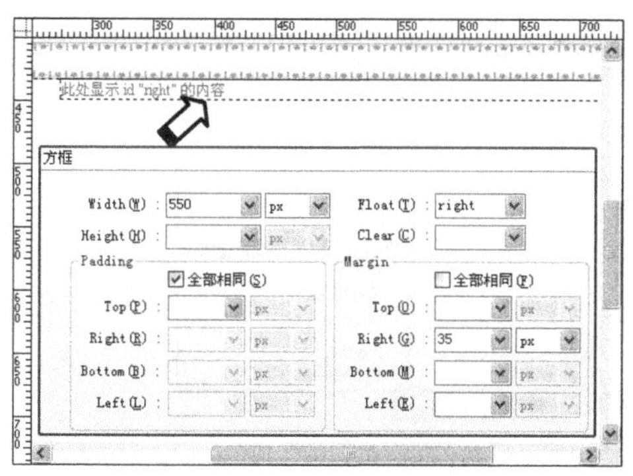

图 8-36 创建并设置 ID 为“right”的 Div 层。

提 示

这几个步骤基本上已经将网页布局好了，接下来要在这些 Div 中添加内容，最后再添加一个 ID 为“footer”的 Div 层。

9 将光标置于 ID 为“nav”的 Div 中，输入文本，并设置链接。然后，创建名称为“a1”的 CSS 规则，在【.a1 的 CSS 规则定义】的对话框中设置 Font-size 为“12px”；Line-height 为“30px”；Text-deoration 为“none”；Magin-left 为“50px”，如图 8-37 所示。

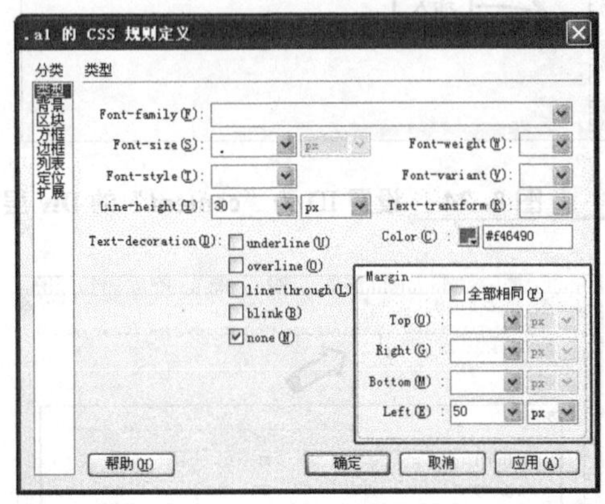

图 8-37 设置【.a1 的 CSS 规则定义】对话框中的相关内容

10 将光标置于链接的文本上，单击在【标签】显示栏中出现的“<a>”标签，设置【添加类】为“.a1”，以此类推，设置其他链接文本，如图 8-38 所示。

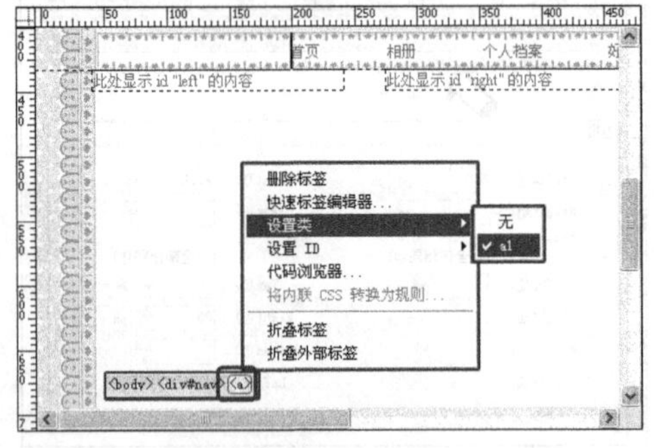

图 8-38 引用“.a1”类

提 示

创建一个复合类“.a1:hover”，在【.a1:hover 的 CSS 规则定义】中设置 Color 为“灰色”(#666)，这是鼠标经过链接时，文本的颜色变化。

11 删除 ID 为“left”的 Div 层中的内容，再插入一个类名称为“zb”的 Div 层，在【.zb 的 CSS 规则定义】对话框的【方框】选项中设置 Margin-top 为“5px”；【边框】选项中 Style 为“solid”；Width 为“1px”；Color 为“红色”(#f46490)；如图 8-39 所示。

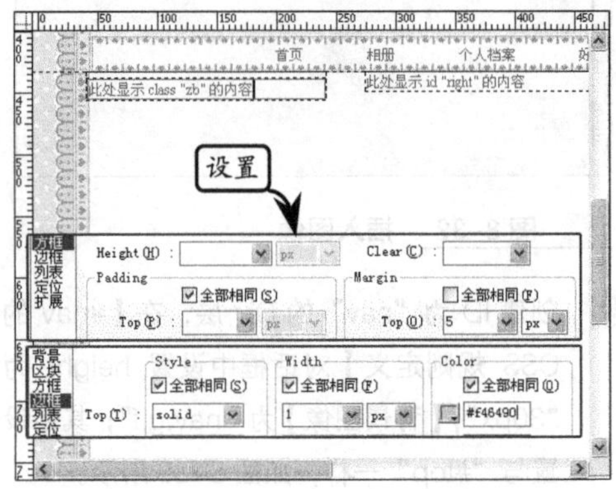

图 8-39 添加 Div 层

12 切换到【代码】模式中，在 ID 为“left”的 Div 层中，复制 3 个类为“zb”的 Div，效果如图 8-40 所示。

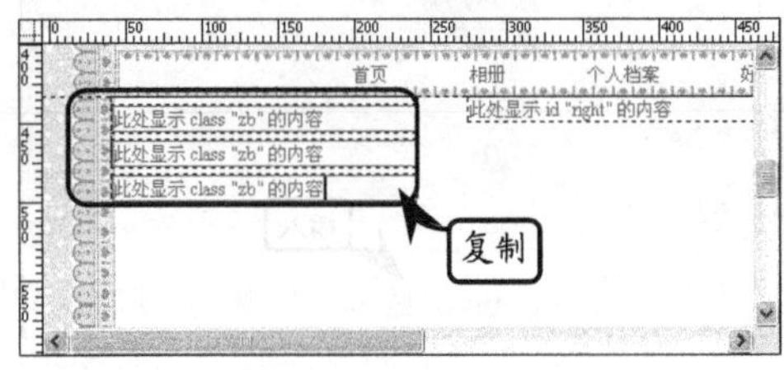

图 8-40 复制 Div 层

13 在第 1 个类名称为“zb”的 Div 中在插入一个 Div 层，其【类】名称为“.lt”；在【.lt 的 CSS 规则定义】对话框中设置 Text-algin 为“center”。然后切换到【代码】模式中，复制 7 个 Div，效果如图 8-41 所示。

14 在这些 Div 层中分别插入相应的图像及文本，以制作“个人资料”栏目，如图 8-42 所示。

15 按相同的方法，在第 2、3 个类名称为“zb”的 Div 层中分别创建 2 个类名称为“lt”的

Div 层，并在其相应的位置插入图像和文本，如图 8-43 所示。

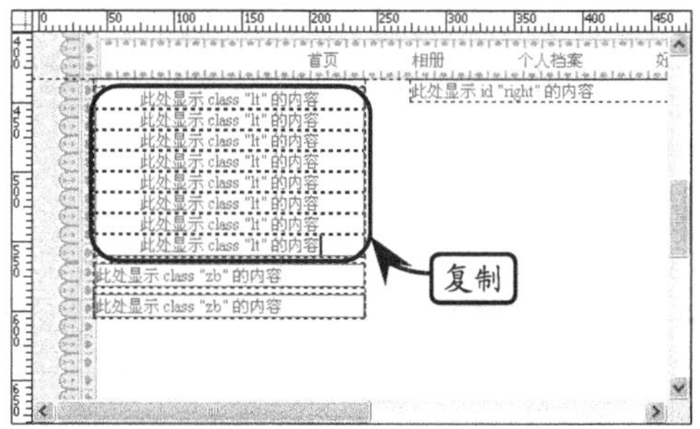

图 8-41 创建并复制 Div 层

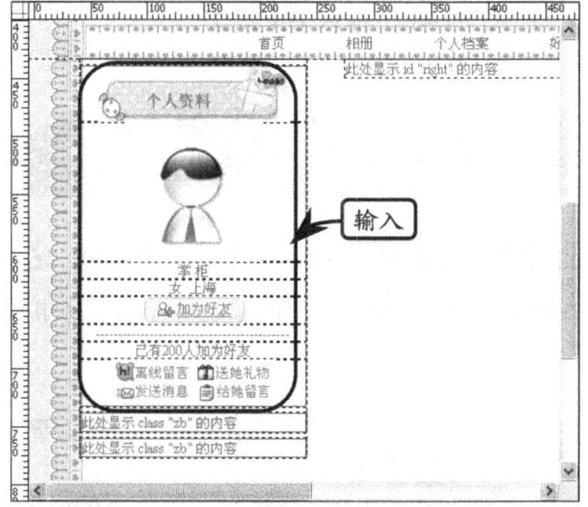

图 8-42 插入图像及文本

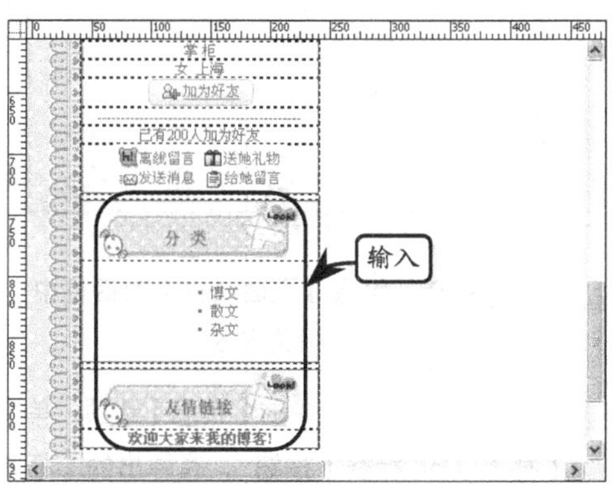

图 8-43 设置 Div 层样式 1

16 在 ID 为 "right" 的 Div 中，插入 ID 为 "yb1" 的 Div 层，然后插入图像，如图 8-44 所示。

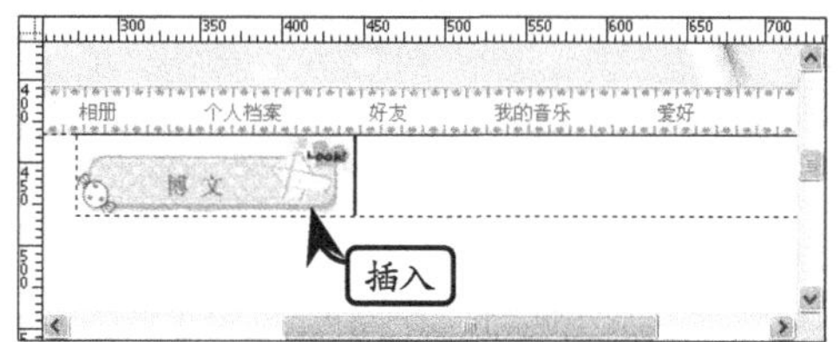

图 8-44 设置 Div 层样式 2

17 继续插入类名称为"yb2"的 Div 层，在【.yb2 的 CSS 规则定义】对话框中设置 line-height 为 "25px"。在该 Div 层中插入图像及文本。然后，在【属性】检查器中设置文本【格式】为"标题 1"，如图 8-45 所示。

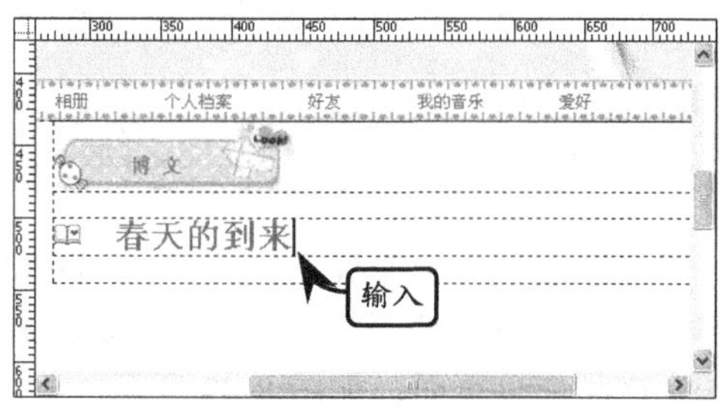

图 8-45 设置类 "yb2"

18 继续插入相同的 Div 层，输入文本，并在【属性】检查器中单击【文本缩进】按钮，如图 8-46 所示。

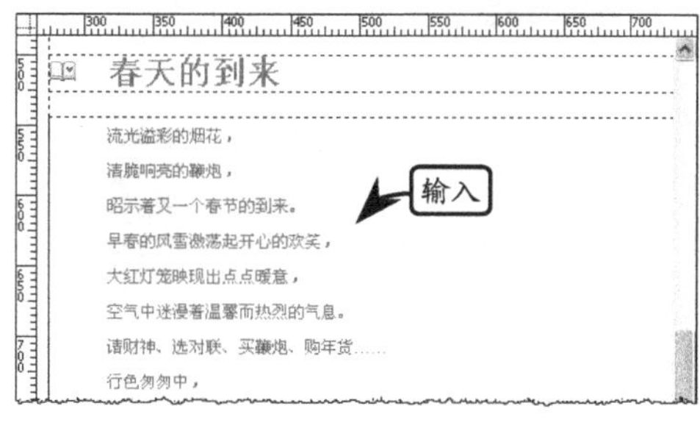

图 8-46 输入文本

19 插入类名称为 "lt" 的 Div 层，输入文本。然后，插入 ID 为 "yb3" 的 Div 层，在【#yb3 的 CSS 规则定义】对话框中设置 width 为 "500px"，插入一条水平线，如图 8-47 所示。

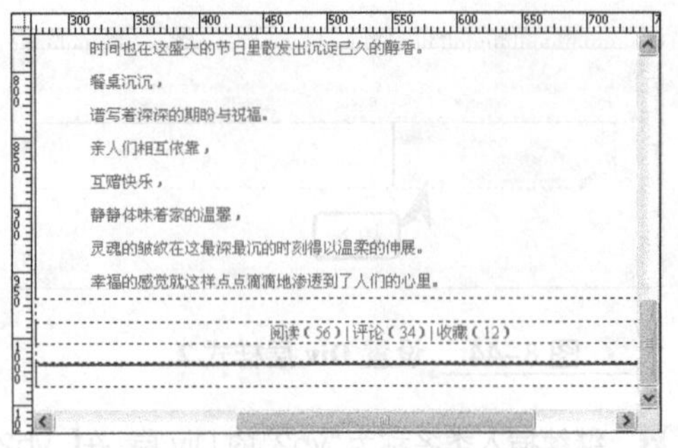

图 8-47　插入 Div 层 1

20 在文档的最底部插入 ID 为"footer"的 Div，在【#footer 的 CSS 规则定义】对话框中设置 background-image 为"body.gif"；height 为"70px"；width 为"864px"；margin-top、margin-bottom 为"0px"；margin-right、margin-left 为"auto"；text-align 为"center"。然后输入文本，如图 8-48 所示。

图 8-48　插入 Div 层 2

8.7　课堂练习：布局产品信息页面

在网页制作中通过使用 CSS 和 Div，把页面分为 Header、Nav、Main、Footer 这 4 部分，然后在 Main 里具体又分为 left、right，这样将页面一层层地细分，本练习将布局一个产品信息页面，如图 8-49 所示。

图 8-49　布局产品信息页面

操作步骤：

1 新建文档，保存为"index.html"，在【页面属性】对话框中设置【大小】为"12px"；【背景图像】为"bg.jpg"；左边距、右边距、上边距、下边距均为"0px"，如图 8-50 所示。

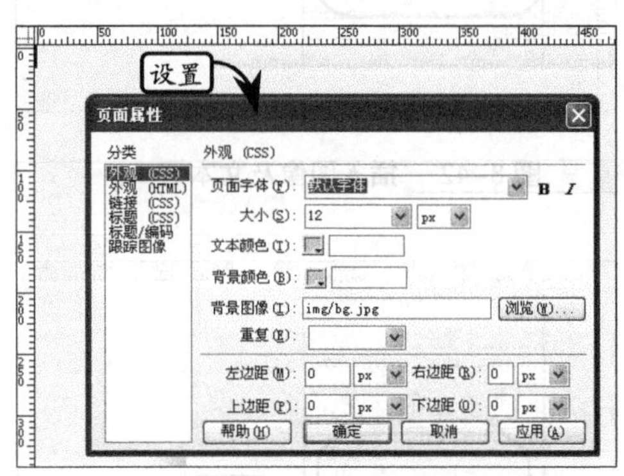

图 8-50　设置【页面属性】对话框中设置相关内容

2 打开【插入】面板中的【布局】选项，单击【插入 Div 标签】按钮，在弹出的【插入 Div 标签】对话框中输入 ID 为"header"，然后单击【新建 CSS 规则】按钮，如图 8-51 所示。

3 在【#header 的 CSS 规则定义】对话框中，选择【方框】选项，并设置 width 为"760px"；

height 为 “120px”；Margin-top、Margin-bottom 为 “0px”；Margin-right、Margin-left 为 “auto”，如图 8-52 所示。

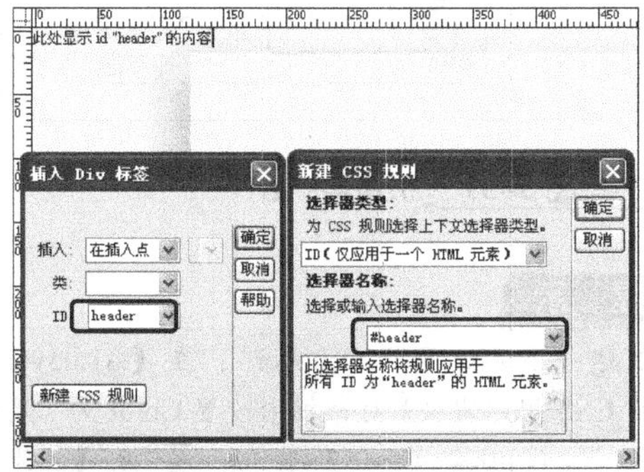

图 8-51 创建 “#header” 标签

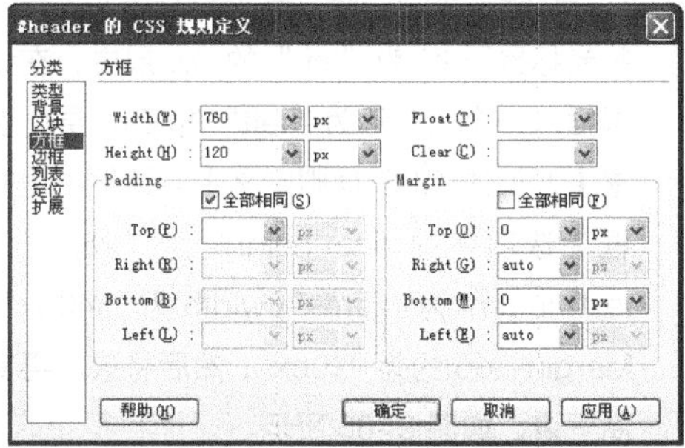

图 8-52 设置【#header 的 CSS 规则定义】对话框的相关内容

4 单击【确定】按钮，把 Div 层中的文本删除。然后，在该 Div 层中插入图像“header.jpg”，如图 8-53 所示。

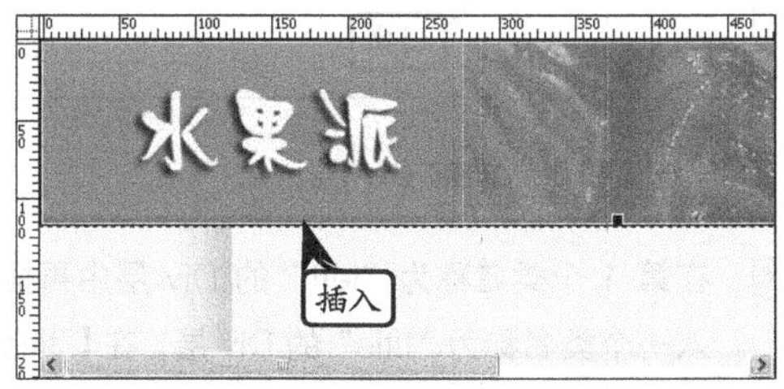

图 8-53 插入图像

5 创建 ID 为 “nav” 的 Div 层，在【#nav 的 CSS 规则定义】对话框中设置 height 为 “40px”；【背景图像】为 “menu_bg.gif”；其他设置与 “#header” 一样，如图 8-54 所示。

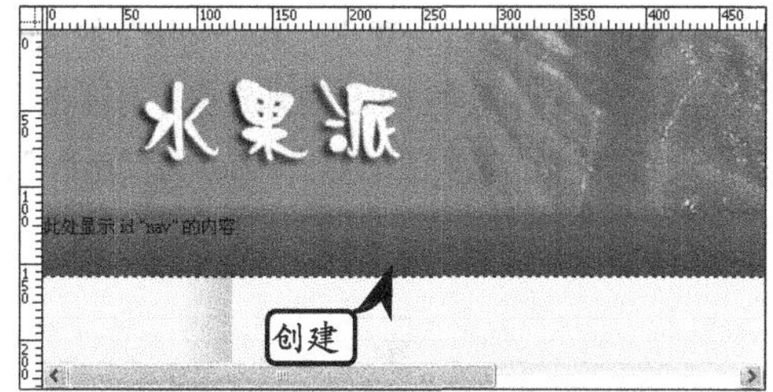

图 8-54 创建并设置 ID 为 “nav” 的 Div 层

6 创建 ID 为 “main” 的 Div 层，在【在#main 的 CSS 规则定义】对话框中设置 height 为 “620px”；【背景图像】为 “content_bg.jpg”；其他设置与 “#header” 一样，如图 8-55 所示。

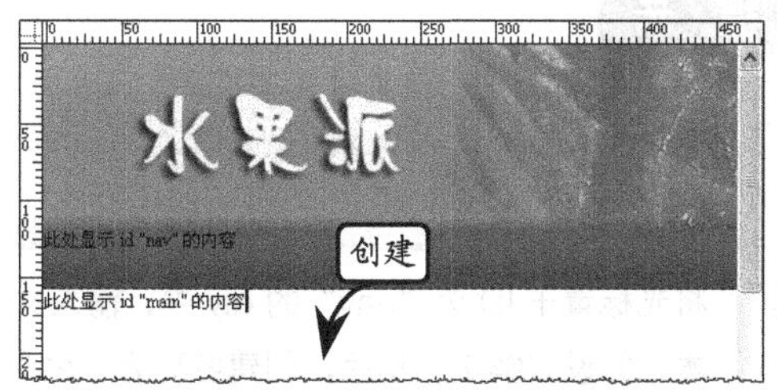

图 8-55 创建并设置 ID 为 “main” 的 Div 层

7 删除 ID 为 “main” 的 Div 层中的内容，创建 ID 为 “left” 的 Div 层，在【#left 的 CSS 规则定义】对话框中设置 Width 为 “540px”；Float 为 “left”；padding-left、padding-right 均为 “15px”，如图 8-56 所示。

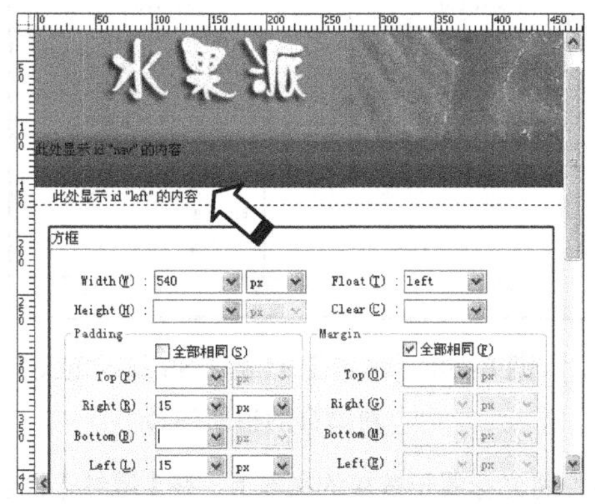

图 8-56 创建并设置 ID 为 “left” 的 Div 层

8 按相同的方法，创建 ID 为“right”的 Div 层，在【#right 的 CSS 规则定义】对话框中设置 Width 为“180px”；Float 为“right”，如图 8-57 所示。

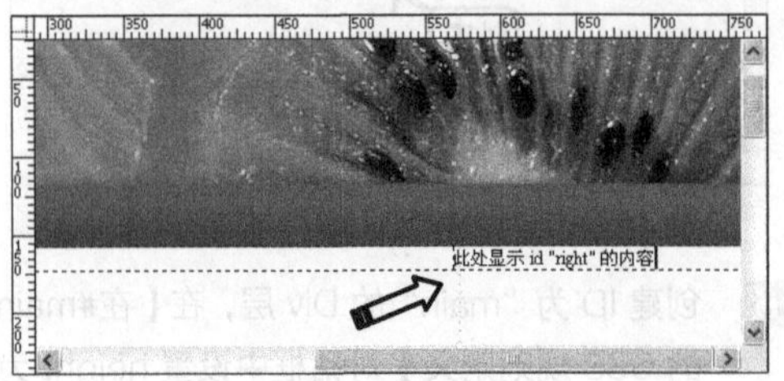

图 8-57 创建并设置 ID 为“right”的 Div 层

提 示

这几个步骤基本上已经将网页布局好了，接下来要在这些 div 中添加内容，最后再添加一个 ID 为“footer”的 Div 层。

9 将光标置于 ID 为“nav”的 div 中，输入文本，并设置链接。然后，创建名称为“a1”的 CSS 规则，在【.a1 的 CSS 规则定义】对话框中设置 Font-size 为“12px”；Line-height 为“30px”；Text-deoration 为“none”；Magin-left 为“50px”，如图 8-58 所示。

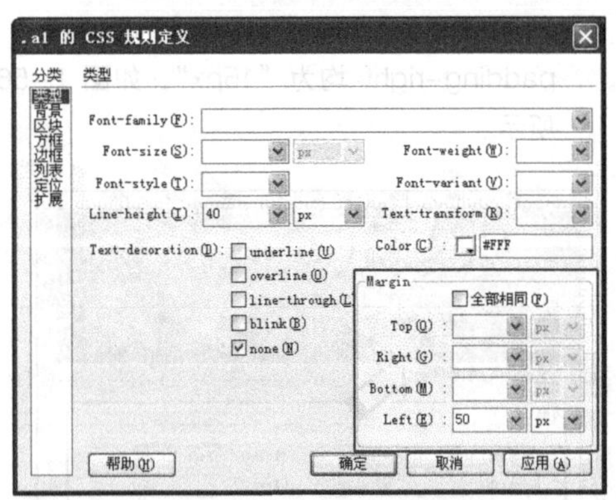

图 8-58 设置【.a1 的 CSS 规则定义】对话框的相关内容

10 将光标置于链接的文本上，在【属性】检查器中设置【类】为“a1”，依次类推，设置其报导链接文本。如图 8-59 所示。

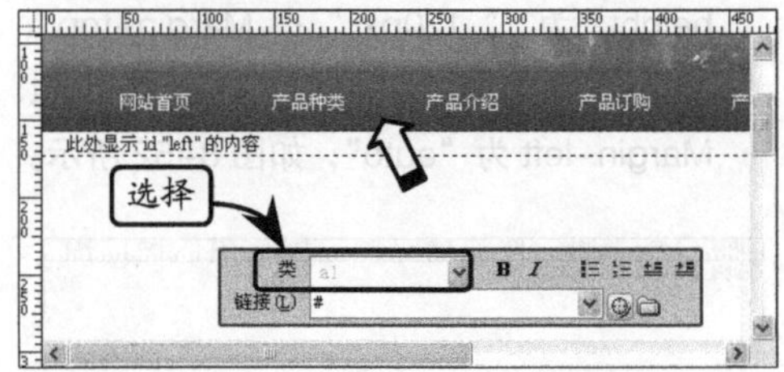

图 8-59 引用类“a1”

提 示

创建一个复合类“.a1:hover”，在【.a1:hover 的 CSS 规则定义】对话框中设置 Color 为“黑色”（#000）；【背景图像】为“menu_hover_bg.gif”，这是鼠标经过链接时，文本的颜色变化。

11 将光标置于 ID 为“left”的 Div 层中，在该层插入一个类名称为“left”的 Div 层，设置【.left 的 CSS 规则定义】对话框中【方框】选项中的 line-height 为“25px”；text-indent 为“2ems”；width 为“540px”；Margin-top 的为“10px”；然后将该层再复制一遍，如图 8-60 所示。

图 8-60 添加 Div 层

12 在第 1 个类名称为“left”的 Div 层中再插入一个类名称为“title”的 Div 层，在【.title 的 CSS 规则定义】对话框中设置类型、边框样式，然后创建一个普通的 Div，如图 8-61 所示。

提 示

这里所提到的普通的 Div 是指没有添加任何 ID 类型的 Div 层，如在【代码】模式中所写的“<div></div>”

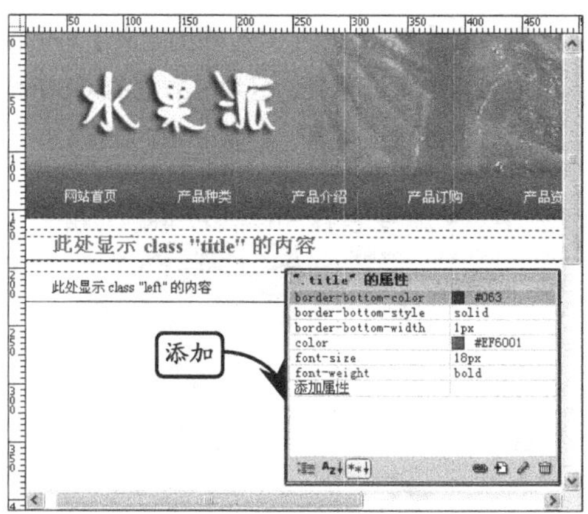

图 8-61 创建类名称为“title”的 Div 层

13 在第 2 个类名称为“left”的 Div 层中，添加同样的 1 个类名称为“title”的 Div 层和 1 个普通的 Div 层，如图 8-62 所示。

图 8-62 复制 Div 层

14 分别在类名称为“title”的 Div 层和普通的 Div 层中输入文本并插入图像，选中图像，在【属性】检查器中设置【对齐】方式分别为“左对齐”和“右对齐”；【水平边距】为“10”，如图 8-63 所示。

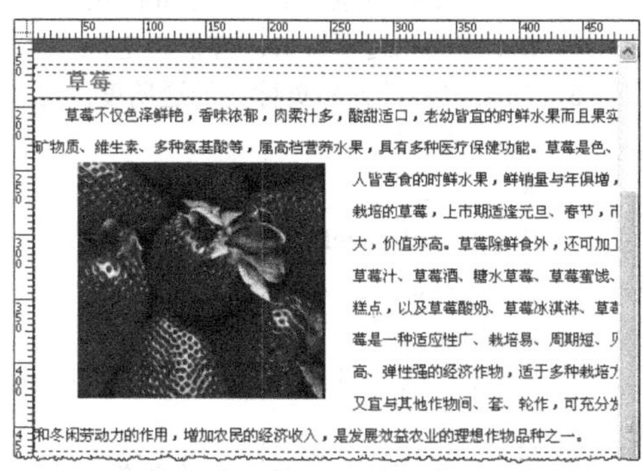

图 8-63 输入文本并插入图像

15 将光标置于 ID 为“right”的 Div 层中，在该层插入一个类名称为“right”的 Div 层，在【.right 的 CSS 规则定义】对话框中设置类型、边框的样式，如图 8-64 所示。

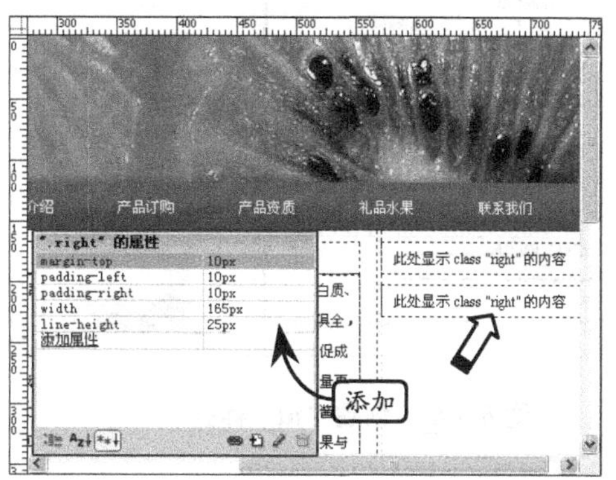

图 8-64 创建并设置类名称为“right”的 Div 层

16 分别在类名称为“right”的 Div 层中插入一个普通的 Div 层和一个类名称为“yb”的 Div 层，在【.yb 的 CSS 规则定义】对话框中设置类型、背景、区块、方框、边框的样式，如图 8-65 所示。

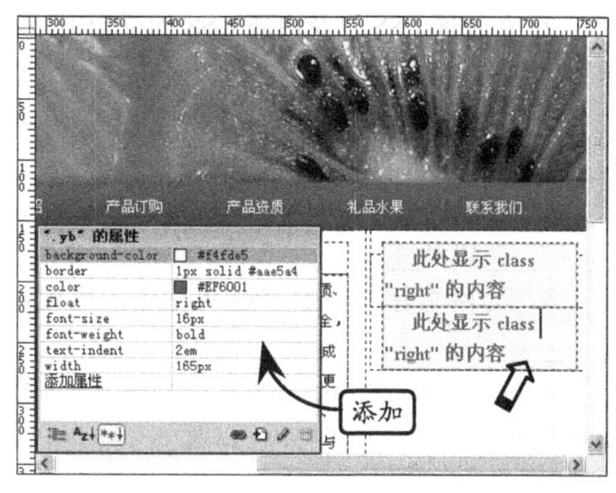

图 8-65 创建并设置类名称为“yb”的 Div 层

17 在 Div 层和普通层中的输入文本并插入图像，在【属性】检查器中单击【项目编号】按钮，然后在创建的 CSS 规则中，添加一个“ul”标签，在【ul 的 CSS 规则定义】对话框中设置【列表】的样式，如图 8-66 所示。

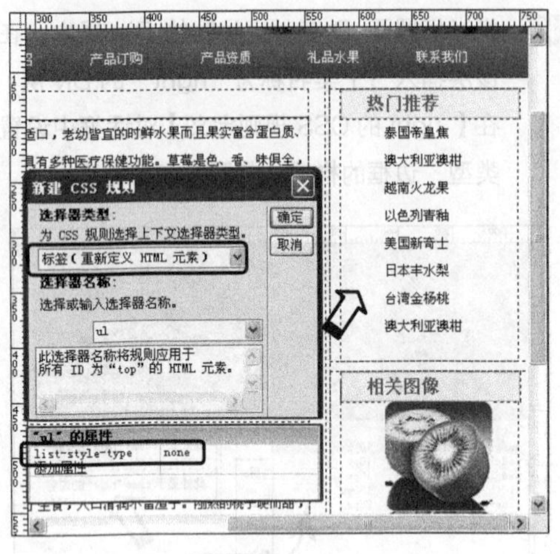

图 8-66 创建“ul”标签

18 在文档的最底部插入 ID 为“footer”的 Div 层，在【#footer 的 CSS 规则定义】对话框中设置类型、背景、区块、方框的 CSS 样式，然后输入文本，如图 8-67 所示。

图 8-67 创建并设置 ID 为“footer”的 Div 层

8.8 思考与练习

一、填空题

1．CSS 样式表主要包括__________、__________以及__________3 种类型。

2．在外部 CSS 以及内部 CSS 的语句中，必须包含__________、__________以及__________。

3．伪选择器主要包括__________以及__________两种。

4．CSS 滤镜主要分为__________、__________以及__________3 种。

5．为网页标签添加半透明特效，可使用__________。

6．可被 JavaScript 等脚本语言调用，制作动画的滤镜主要是__________以及__________这两种。

二、选择题

1．如果需要定义某一个网页中所有段落标签 p 的样式，应使用__________选择器。

A．类选择器　　B．标签选择器

C．ID 选择器　　D．伪对象选择器

2．如果需要同时定义多个网页标签的样式，应使用__________方法。

A．通用选择　　B．包含选择

C．分组选择　　D．属性选择

3．通用选择的作用是__________。

A．选择指定的网页标签

B．选择符合一定条件的网页标签

C．选择某个类型的网页标签

D．选择所有网页标签

4．如果需要限定某一个标签内的子元素样式，应使用__________方法。

A．通用选择　　B．包含选择

C．分组选择　　D．属性选择

5．如果需要定义某个网页标签在网页中的大小，可在【CSS 规则定义】对话框的__________项目中设置。

A．文本和背景　　B．背景和区块

C．方框和边框　　D．方框和定位

6．如果需要设置网页标签的透明度，可使用__________滤镜。

A．Gradient

B．AlphaImageLoader

C．Alpha

D．blur

7．为网页标签设置投影滤镜时，不能设置__________属性。

A．投影颜色　　B．水平偏移

C．垂直偏移　　D．投影透明度

8．如需要将整个网页设置为灰色，可使用__________滤镜。

A．Gradient 和 Blur

B．Chorma 和 Gray

C．Gray 和 BasicImage

D．Gray 和 BlendTrans

三、简答题

1．CSS 样式表分为哪些类型？这些类型的样式表通常存放在什么位置？

2．CSS 选择器有哪些类型？分别在什么样的情况下应用？

3．使用 CSS 的选择方法都可以实现哪些功能？

4．CSS 的滤镜有哪些类型？这些类型下都有哪些滤镜？

5．界面滤镜和静态滤镜的区别是什么？

四、上机练习

1．定义单条边框线样式

在 CSS 样式中，提供了统一定义边框线宽度、样式或颜色的属性，包括 border-width、border-style 以及 border-color。在这 3 种属性中，允许用户同时定义 1 个到 4 个之间数量的属性值，并以空格隔开，以实现同时定义 4 条边框的目标。这 3 种属性的使用方法大体类似。

以 border-width 为例，当其属性值只有一个时，表示同时为网页标签的所有边框线进行定义。例如，定义 4 条边框的宽度均为“2px”，代码如下所示。

```
border-width : 2px ;
```

当 border-width 的属性值有两个时，第一个用于定义网页标签顶部和底部的边框，而第二个用于定义网页标签左侧和右侧的边框。例如，定义网页标签的顶部和底部边框为“2px”，而网页标签左侧和右侧的边框为“thick”，代码如下所示。

```
border-width : 2px thick ;
```

以 border-color 为例，当其属性值有 3 个时，则第一个用于定义网页标签顶部的边框，第二个用于定义网页标签左侧和右侧的边框，第三个用于定义网页标签底部的边框。例如，定义网页标签顶部的边框为“红色”（#f00），左侧和右侧为“绿色”（#0f0），底部为“蓝色”（#00f），代码如下所示。

```
border-color : #f00 #0f0 #00f ;
```

以 border-style 为例，当其属性值有 4 个时，则表示分别按照顶部、右侧、底部和左侧的顺序，依次定义网页标签的各条边框线的样式。例如，定义网页标签顶部边框样式为“实线”，右侧边框为“虚线”，底部边框为“点划线”，左侧为“无边框”，代码如下所示。

```
border-style : solid dashed
dotted none ;
```

根据上面 3 种 CSS 属性及其用法，用户事实上只需要使用 3 行 CSS 代码，即可为网页标签定义个性化的边框。

2．定义所有边框线样式

CSS 除了允许用户以规则分类的方式定义边框样式外，还允许用户根据某一条边框线定义其 3 种规则。这需要使用针对各条边框的 CSS 样式的复合属性，包括 border-top（定义顶部边框）、border-right（定义右侧边框）、border-bottom（定义底部边框）、border-left（定义左侧边框）。

在根据边框定义样式时，可直接编写边框的 3 种规则属性，将其输入到属性之后，同时使用空格隔开。例如，定义顶部边框为“1 像素黑色（#000）的虚线”，代码如下所示。

```
border-top : 1px dashed #000 ;
```

用户也可以直接通过 1 行 CSS 代码，定义所有 4 条边框线统一的 CSS 规则。例如，定义 4 条边框线均为“3px 宽度的绿色（#0f0）实线”，代码如下所示。

```
border:3px #0f0 solid ;
```

在根据边框线定义规则时，其 3 种属性值可以按照任意的顺序书写。如果不需要定义某条边框线，可以直接将其属性值设置为“none”即可；定义 4 条边框线均为隐藏，可以直接定义 border 属性的值为“none”，代码如下所示。

```
border : none ;
```

第 9 章

网页表单的应用

在设计和制作网页时，以人工的方式更新网页需要构建大量的页面，会占用很多服务器的存储空间。因此，人们通过各种编程语言，以数据库的方式存储数据，动态地更新网页，以提高更新页面的效率。

动态网页的功能十分强大，它可以借助网页表单组件，动态地获取用户输入的各种信息，然后经过服务器的处理，向用户反馈。本章将通过介绍网页的表单技术，帮助用户了解动态网页的制作。

本章学习要点：

- 表单技术基础
- 插入文本域
- 复选框和单选按钮
- 列表和菜单
- 按钮
- 隐藏域和文件域

9.1 网页中的表单

在用户与网页进行交互时，网页需要有一个整体的媒介，以获取用户进行的各种键盘操作和鼠标操作。此时，就需要使用表单以及各种表单对象来采集这些信息，并将这些信息存储到数据库中。

9.1.1 表单概述

表单是一种特殊的网页容器标签。在表单中，用户可插入各种普通的网页标签，也可以插入各种表单交互组件，从而获取用户输入的文本，或选择的某些特殊项日等信息。

表单支持客户端/服务器关系中的客户端。当用户在 Web 浏览器（客户端）中显示的表单中输入信息，然后单击【提交】按钮时，这些信息将被发送到服务器，服务器中的服务器端脚本或应用程序会对这些信息进行处理。服务器向用户（或客户端）返回所请求的信息或基于该表单内容执行某些操作，以此进行响应，如图 9-1 所示。

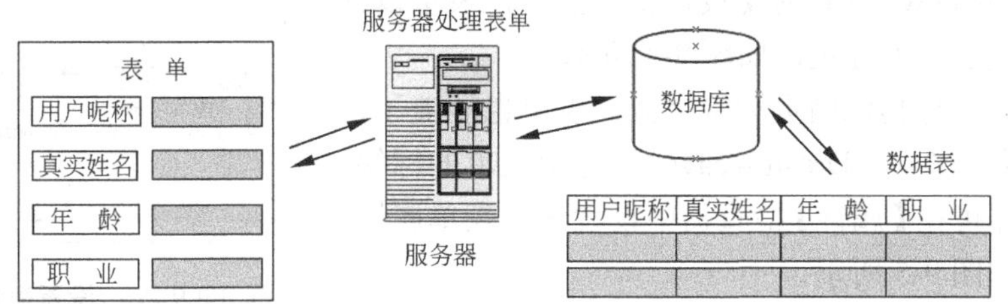

图 9-1 表单处理数据的过程

表单可以与多种类型的编程语言结合，同时也可以与前台的脚本语言合作，通过脚本语言快速地控制表单内容。在互联网中，很多网站都通过表单技术进行人机交互，包括注册网页、登录网页、搜索网页等，如图 9-2 所示。

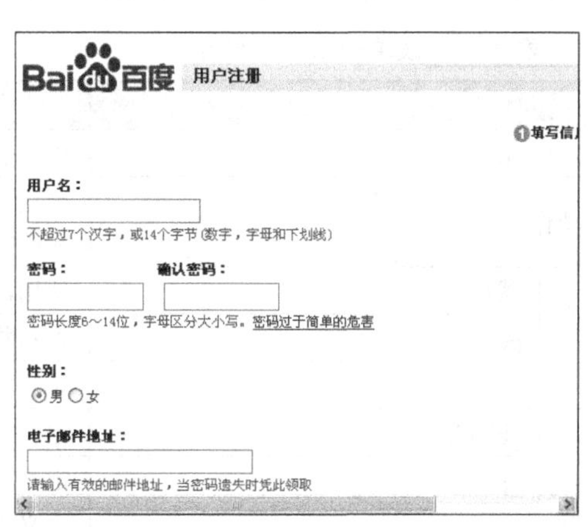

图 9-2 注册百度用户的表单

在上面的网页中，直接使用了最普通的表单以获取用户的信息。在该表单中，包含了多个表单对象，例如文本域、列表以及按钮等。用户也可以使用 CSS 等技术，对表单中的表单对象进行美化，例如设置表单的背景图像等，使表单更加美观，如图 9-3 所示。

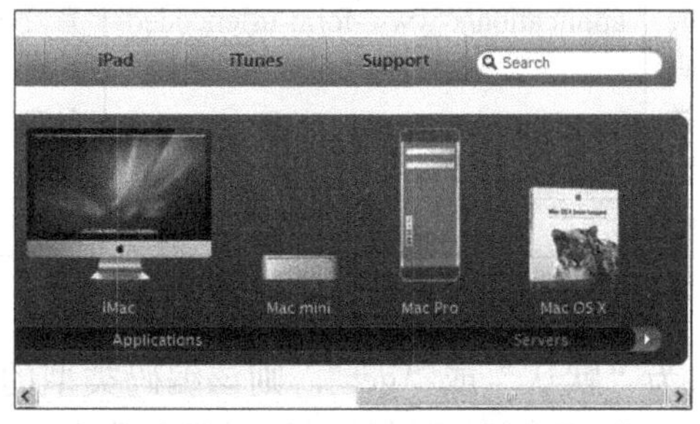

图 9-3 苹果网页的美化搜索框表单

提 示

表单有两个重要的组成部分：一是描述表单的 HTML 源代码；二是用于处理表单域中输入的客户端脚本，如 ASP。

9.1.2 创建表单域

表单是各种网页表单对象的容器，可以包含文本域、密码域、隐藏域、单选按钮、复选框、弹出菜单、按钮等一系列的表单构件。使用 Dreamweaver CS4，用户可以方便地为网页插入表单。

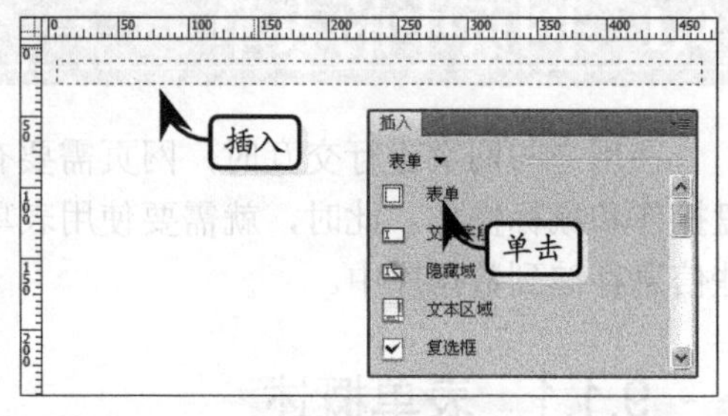

图 9-4 插入表单

在 Dreamweaver 中创建空白网页，并将其保存。然后，在【插入】面板中单击【表单】按钮 表单 ，为网页添加一个表单。在 Dreamweaver 的【设计视图】中，表单以红色虚线为标记，如图 9-4 所示。

与其他网页标签类似，表单也涵盖了许多属性。在 Dreamweaver 中选中表单的标签，即可在【属性】检查器中设置这些表单属性，如图 9-5 所示。

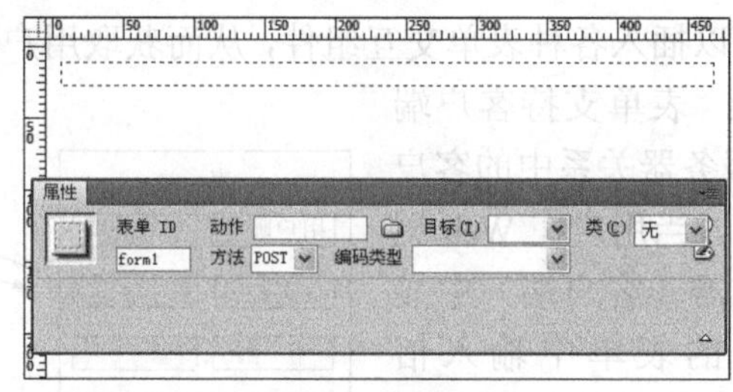

图 9-5 设置表单属性

在设置表单属性时，必须了解其中各种属性的含义，才能正确地使表单发挥作用，如表 9-1 所示。

表 9-1 表单的属性及作用

属性		作用
表单 ID		填入表单名称，该名称会在需要程序处理表单的时候使用
动作		定义表单内容发送指向的程序文档，例如 ASP 文档或 CGI 文档等
方法	默认	使用浏览器默认的方式来处理表单数据
	post	表示将表单内容作为消息正文数据发送给服务器
	get	表示将表单内容添加到 URL 中发送给服务器
目标	_blank	定义在未命名的新窗口中打开处理结果
	_parent	定义在父框架的窗口中打开处理结果
	_self	定义在当前窗口中打开处理结果
	_top	定义将处理结果加载到整个浏览器窗口中，清除所有框架
编码类型	application/x-www-form-urlencoded	普通 URL 方式处理表单内容
	multipart/form-data	处理文件上传域时采用的编码类型
类		定义表单及其中各种表单对象的样式

表单的编码类型是体现表单中数据内容上传方式的重要标识。如用户设置表单的方法为“默认”或“get”，则该编码类型的设置是无效的；而如用户设置表单的方法为“post”，则可以通过编码类型确定数据是上传到服务器数据库中，还是同时存储到服务器的磁盘中。

9.2 插入文本域

文本域是最基本的表单对象。在文本域中，网页程序可以获取用户输入的各种文本信息，同时将这些信息传送给服务器。文本域又可分为文本字段和文本区域两种。

9.2.1 文本字段

文本字段是单行的文本域表单对象。用户在这种表单对象中输入文本信息时，这些文本信息不会发生换行。在 Dreamweaver 中将光标置于表单内，然后在【插入】面板中单击【文本字段】按钮 文本字段，打开【输入标签辅助功能属性】对话框，设置文本字段的属性，如图 9-6 所示。

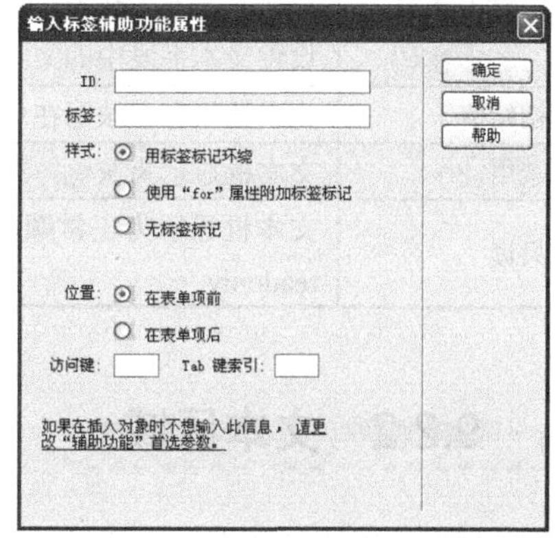

图 9-6 设置文本字段的属性

在【输入标签辅助功能属性】对话框中，用户可以为文本字段的表单对象添加标签文本，同时设置标签文本显示的位置，如表 9-2 所示。

表 9-2 【输入标签辅助功能属性对话框】中的属性

属　性	作　用	属　性	作　用
ID	文本字段的 ID 属性，用于提供脚本的引用	位置	提示文本的位置
标签	文本字段的提示文本	访问键	访问该文本字段的快捷键
样式	提示文本显示的方式	Tab 键索引	在当前网页中的 Tab 键访问顺序

在完成【输入标签辅助功能属性】的设置后，单击【确定】按钮，插入文本字段。然后，即可在【属性】检查器中定义文本字段的各种属性，如图 9-7 所示。

在文本域的【属性】检查器中，可以设置文本字段的一些简单的参数，如表 9-3 所示。

提　示

执行【编辑】|【首选参数】命令，在弹出的【首选参数】对话框中选择【分类】列表中的【辅助功能】选项，取消选中【表单对象】复选框，即插入对象时不会弹出【输入标签辅助功能属性】对话框。

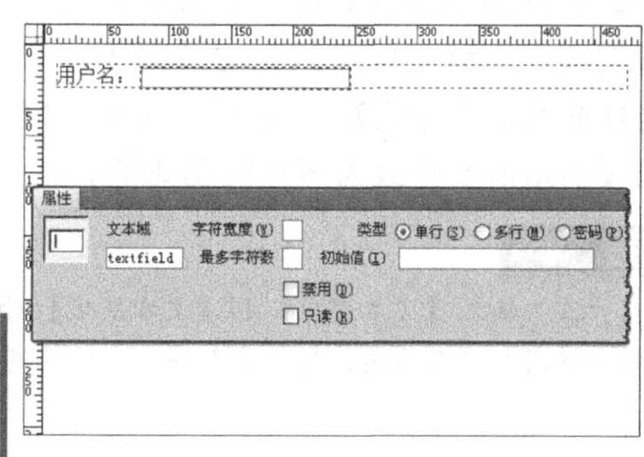

图 9-7 插入文本字段

表 9-3 文本字段的属性设置

名　称	功　能
文本域	文本域名称是程序处理数据的依据，命名与文本域收集信息的内容相一致。文本域尽量使用英文名称
最多字符数	设置文本框内所能填写的最多字符数

续表

名称		功能
字符宽度		设置此域的宽度有多少字符，默认为 24 个字符
类型	单行	默认项，文本字段表单对象
	多行	将文本字段转换为文本区域
	密码	设置文本字段中的文本为密码类型（显示为星号“*”）
初始值		为默认状态下填写在单行文本框中的文字
禁用		文本框显示为灰色，不可以提交文本内容，而且其中的文本不可修改，值为 disable
只读		文本框显示为正常颜色，可以提交文本内容，而且其中的文本不可以修改，值为 readonly

9.2.2 文本区域

在获取用户输入的文本信息时，如果需要获取较多的内容，则可以使用文本区域对象。文本区域是文本域的一种变形，其可以显示多行的文本，同时还提供滚动条组件，使用户可以拖动查看输入的所有内容。

创建文本区域有两种方法。一种是先为表单插入一个文本字段的对象，然后在【属性】检查器中设置【类型】为“多行”，如图 9-8 所示。

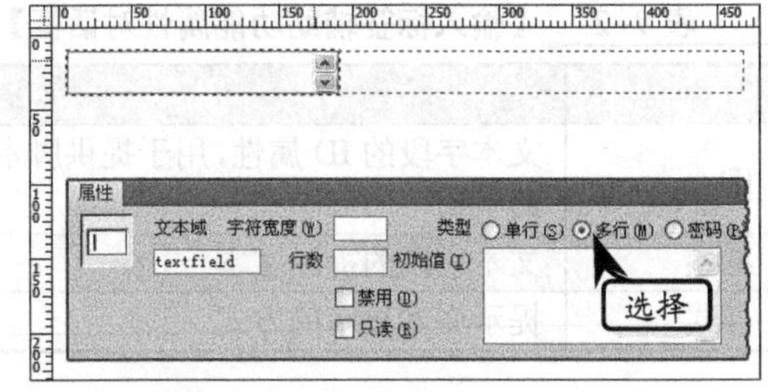

图 9–8 设置多行文本

除此之外，用户也可以单击【插入】面板中的【文本区域】按钮 文本区域 ，在设置【输入标签辅助功能属性】对话框中的各种属性后，同样也可以插入一个文本区域对象。

选择相应的文本区域对象，可以在【属性】检查器中设置其属性。其属性与文本字段的属性十分类似，只是将【最大字符数】属性修改为【行数】，用于设置文本区域中可同时显示的文本行数量。同时，还将原单行的【初始值】更改为多行的初始值。

提 示

用户除了插入【文本字段】和【文本区域】对象外，还可以插入【隐藏域】对象，而该对象存储并提交非用户输入信息，用户是无法看到该信息的。

9.3 插入复选框和单选按钮

在网页中，如果需要为用户提供一个或多个选择项目，并获取用户所的选择，则可以使用复选框或单选按钮等选择性的表单对象。复选框或单选按钮表单既可以以单个的方式出现，也可以以组的形式出现。

9.3.1 复选框

复选框是允许用户同时选择多项内容的选择性表单对象。在多数浏览器中，复选框以矩形来表示。插入复选框时，用户可以先插入一个字段集型表单，再将复选框插入到字段集表单中，以表示这些复选框属于同一个组。

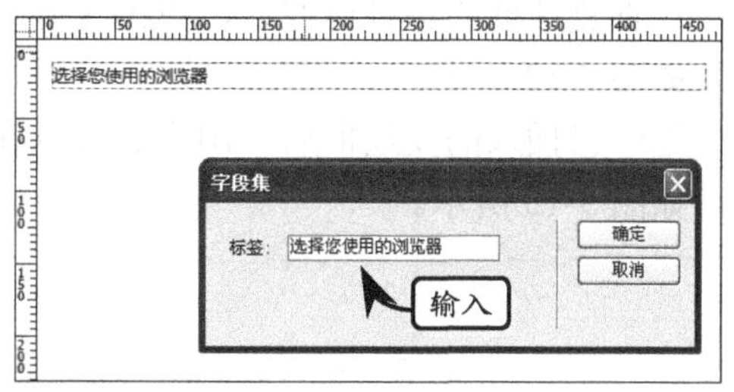

图 9-9 添加字段集

首先，将光标置于表单的容器中，在【插入】面板中单击【字段集】按钮，在弹出的【字段集】对话框中输入字段集的名称，然后单击【确定】按钮，将字段集添加到网页文档中，如图 9-9 所示。

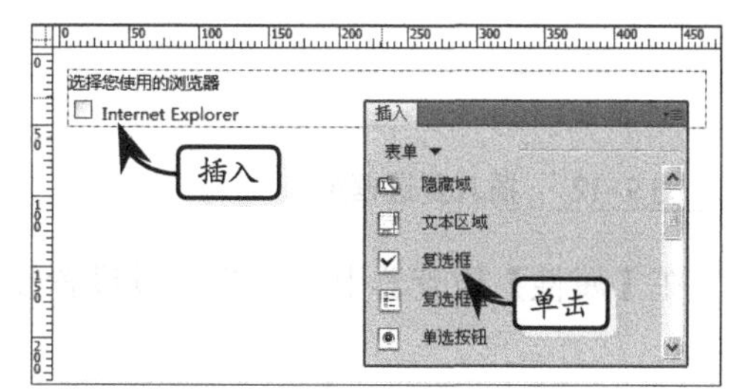

图 9-10 插入复选框

然后，将光标置于字段集之后，在【插入】面板中单击【复选框】按钮，在弹出的【输入标签辅助功能属性】对话框中设置复选框的属性后，即可将其添加到网页中，如图 9-10 所示。

除了插入单个的复选框外，Dreamweaver 还提供了复选框组工具，帮助用户以可视化的方式插入多个复选框，并设置复选框的名称和显示的文本。将光标置于字段集中，然后在【插入】面板中单击【复选框组】按钮，即可打开【复选框组】对话框，如图 9-11 所示。

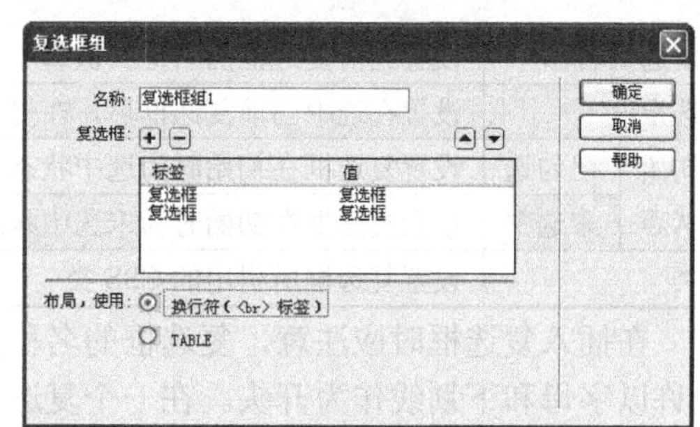

图 9-11 设置复选框组的属性

在【复选框组】对话框中，用户可以设置复选框组的多种属性，同时可以添加和删除复选框组中的项目，如表 9-4 所示。

表 9-4 复选框组的属性设置

属性名		作用
名称		复选框组的名称
复选框	标签	复选框后的文本标签
	值	在选中该复选框后提交给服务器程序的值
	+	添加复选框
	−	删除当前选中的复选框
	▲	将当前选中的复选框上移一个位置
	▼	将当前选中的复选框下移一个位置
布局，使用	换行符	定义多个复选框间以换行符分隔
	table	定义多个复选框通过表格进行布局

设置复选框的各种属性后，单击【确定】按钮，即可将这些复选框添加到网页文档中，如图 9-12 所示。

选中已插入的复选框后，用户还可以在【属性】检查器面板中设置复选框的各种属性，如图 9-13 所示。

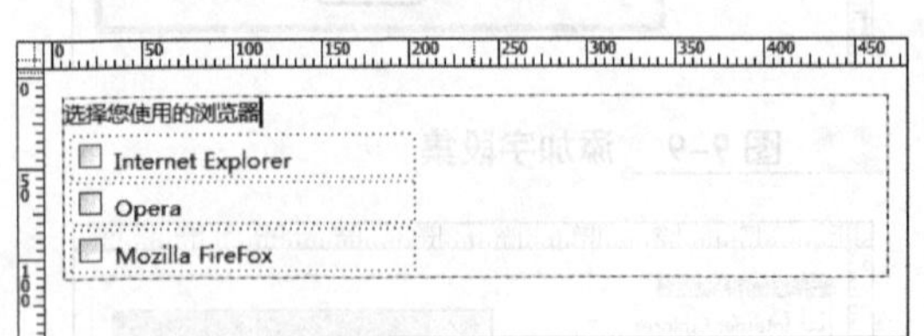

图 9-12 插入复选框组

图 9-13 设置复选框属性

在【属性】检查器中，用户可以设置复选框的名称、选定方式等信息，如表 9-5 所示。

表 9-5 设置复选框属性

属　性		作　用
复选框名称		设置当前复选框的名称（供脚本调用）
选定值		设置在选中当前复选框后，在提交表单时传递给服务器的值
初始状态	已勾选	设置复选框在初始时为选中状态
	未选中	设置复选框在初始时为未选中状态
类		设置复选框所引用的 CSS 类

在插入复选框时应注意，复选框的名称只允许使用字母、下划线和数字。其中，只允许以字母和下划线作为开头。在一个复选框组中，可以选中多个复选框的项目，因此可以预先设置多个初始选中的值。

9.3.2 单选按钮

单选按钮也是一种选择性表单对象，其与复选框最大的区别是：单选按钮通常以组的方式出现，在该单选按钮的组中，只允许用户同时选中其中一个单选按钮。当用户选中某一个单选按钮时，其他单选按钮将自动转换为未选中的状态。

在表单域中，插入【字段集】对象，按 Enter 键换行，再单击【单选按钮组】按钮，打开【单选按钮组】对话框，然后即可设置单选按钮组的插入属性，如图 9-14 所示。

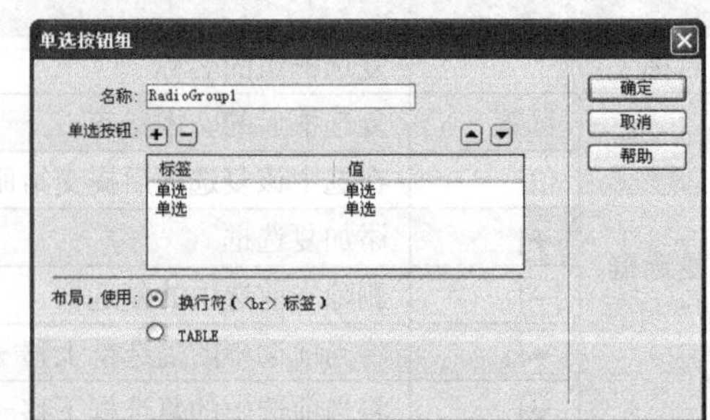

图 9-14 设置单选按钮组的插入属性

在该对话框中，各项目的设置与插入复选框组时十分类似。用户可方便地为单选按钮组添加或删除单选按钮项目。选中已添加的单选按钮后，同样可以通过【属性】检查器设置单选按钮的属性，其方法也与设置复选框的属性相同。

提　示

用户除了通过添加单选按钮组的方式插入单选按钮外，也可以独立地插入单选按钮。此时，已插入的一个单选按钮将独自成为一组。

9.4　插入列表和菜单

列表/菜单是一种重要的表单对象。在列表/菜单的表单对象中，用户可以方便地选择其中的某一个项目，在提交表单时将选择的项目值传送到服务器中。与单选按钮组相比，列表/菜单形式更加多样，使用也更加便捷。

9.4.1　菜单表单

菜单类的表单是一种固定高度的、通过弹出方式显示内容的表单，因此又被称作弹出菜单。菜单类表单的作用与单选按钮组类似，都可以提供多种选项，供用户进行选择。

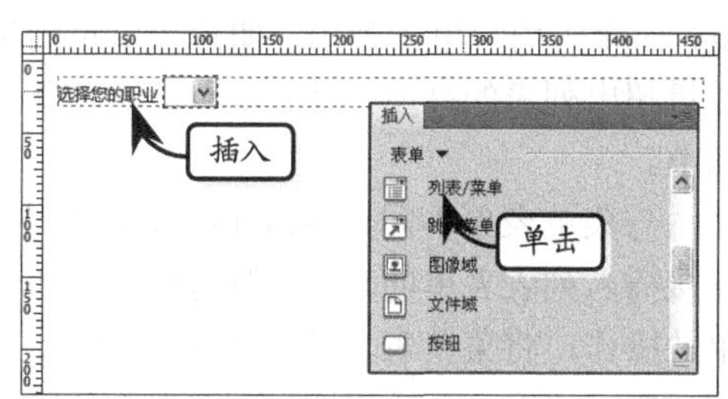

图 9-15　插入菜单

1．插入菜单表单

在 Dreamweaver 中，用户可以先创建一个表单，然后将光标置于表单中，在【插入】面板中单击【列表/菜单】按钮 列表/菜单，在弹出的【输入标签辅助功能属性】对话框中设置列表/菜单的属性之后，即可将菜单插入到网页文档中，如图 9-15 所示。

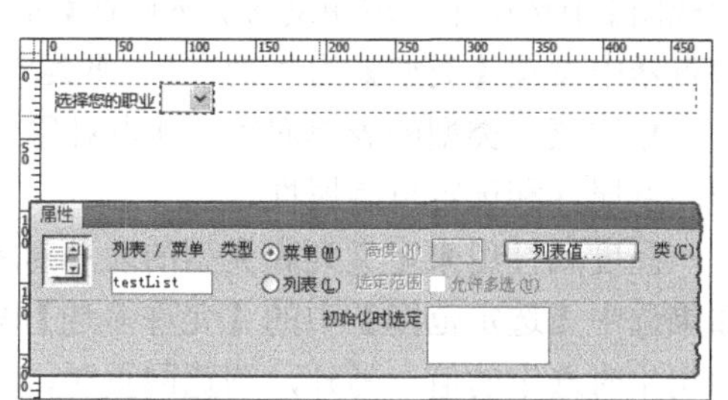

图 9-16　设置菜单属性

2．编辑菜单表单

菜单插入后，用户可选中菜单，在【属性】检查器中设置菜单的相关属性，如图 9-16 所示。

菜单的【属性】检查器包含多种属性的设置项目，例如设置菜单的 ID 名称等，如表 9-6 所示。

表 9-6　设置菜单属性

属　性		作　用
列表/菜单		定义菜单的 ID 名称，供脚本调用
类型	菜单	选中该选项，将会把列表/菜单的表单对象设置为菜单
	列表	选中该选项，将会把列表/菜单的表单对象设置为列表
列表值		单击该按钮，将可在弹出的对话框中设置列表的项目
初始化时选定		如列表/菜单中包含值，则可在此处显示列表/菜单中初始化时已选择的属性

选中菜单后，用户可以在【属性】检查器中单击【列表值】按钮，在弹出的【列表值】对话框中单击【添加列表项】按钮[+]，为菜单添加项目，如图 9-17 所示。

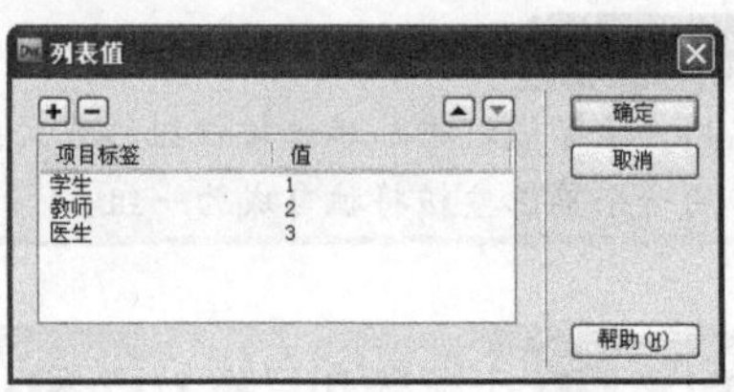

图 9-17 设置列表的值

除此之外，用户也可以选中菜单项目，单击【删除列表项】按钮[-]，将其删除。在选中菜单项目的同时，用户还可以单击【上移列表项】按钮[▲]以及【下移列表项】按钮[▼]，更改这些菜单项目的位置。在完成菜单项目的编辑后，单击【确定】按钮，返回【属性】检查器，在【初始化时选定】下拉列表中设置默认显示的菜单项目，如图 9-18 所示。

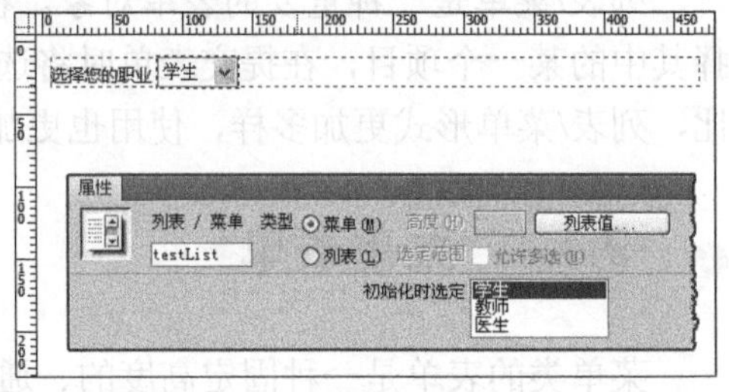

图 9-18 设置菜单默认显示项目

9.4.2 列表表单

列表表单的功能与菜单表单类似，其区别在于，列表表单可以设置默认显示的内容数量，而无需用户单击弹出。如列表菜单的项目数量超出列表的高度，则可以通过滚动条进行调节。

与菜单表单不同，Dreamweaver 没有提供直接插入列表表单的功能。但用户可以通过简单的操作，将菜单表单转换为列表表单。

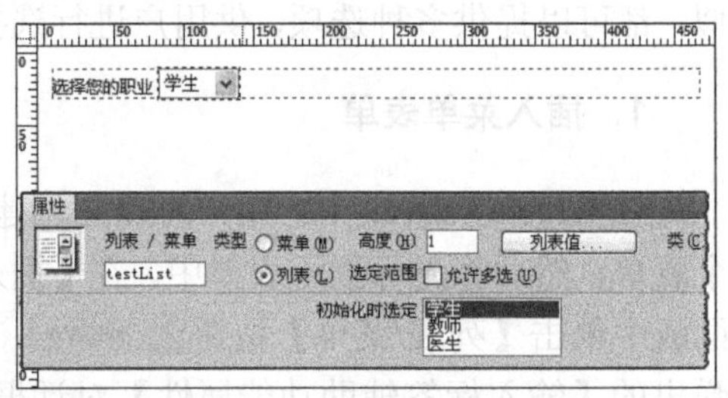

图 9-19 将菜单转换为列表

Dreamweaver 允许用户将已经添加的菜单转换为列表，并设置列表的各种属性。在【设计视图】中选中菜单表单对象，然后在【属性】检查器中设置【类型】为“列表”，将菜单转换为列表，如图 9-19 所示。

相比菜单类型的表单对象，列表对象的【属性】检查器中新增了两个可设置的属性，即高度属性和选定范围属性。

高度属性用来定义列表类型的表单对象同时可以显示的项目行数，其值为正整数；如果选中【选定范围】中的【允许多选】复选框，则用户可以同时设置多个列表项目作为初始时选定的值。另外，浏览网页时，用户也可以同时选中多个菜单项目。

提 示

在【列表值】对话框中，用户可以将【项目标签】后面的【值】设置为 URL 地址，然后，通过选择项目，即可转置指定的地址；也可以通过插入【转跳菜单】来完成。

9.4.3 跳转菜单

跳转菜单是一种选项弹出菜单，菜单上的选项通常链接到另外一些网页。这些网页可以是本网站的网页，也可以是其他网站的网页。当用户从菜单上选择一个选项时，立即跳转到所链接的网页。当然，也可以把菜单上的选项链接到电子邮件、图像或可在浏览器中打开的任何类型的文件上。

在动态文档中，插入一个表单，单击【跳转菜单】按钮，并单击【属性】检查器中的【列表值】按钮。然后，输入项目标签及值，如图 9-20 所示。

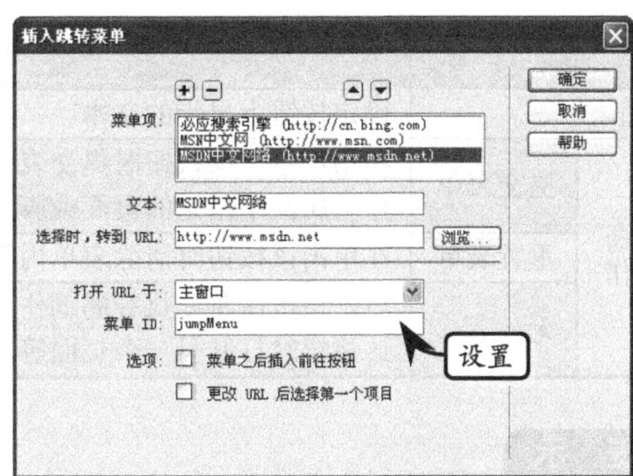

图 9-20 插入跳转菜单

单击【确定】按钮，即可将跳转菜单的表单插入到网页文档中，并通过【属性】检查器查看跳转菜单表单的属性，如图 9-21 所示。

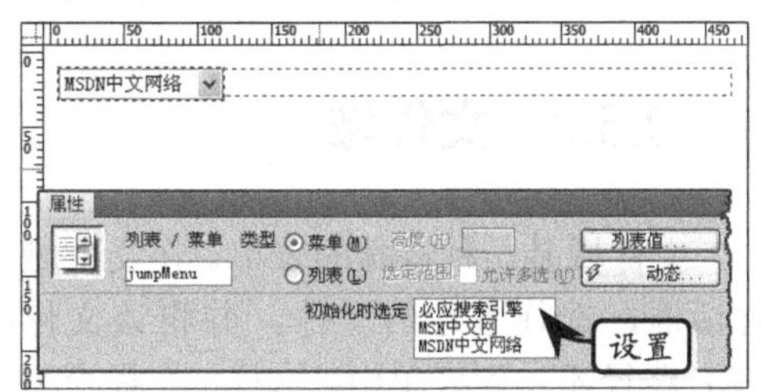

图 9-21 设置跳转菜单属性

9.5 插入按钮和文件域

除了之前介绍的各种表单外，Dreamweaver 还允许用户通过【插入】面板，插入其他一些表单，包括按钮表单、文件域表单等，实现提交、重置以及上传文件等特殊功能。

9.5.1 按钮表单

按钮是一种重要的表单类型。在设计网页中的表单时，需要为表单提供用于提交的按钮，才能将表单中的数据添加到网站数据库中。除此之外，按钮还可以清除表单中用户填入的内容，或实现一些特殊的脚本事件。

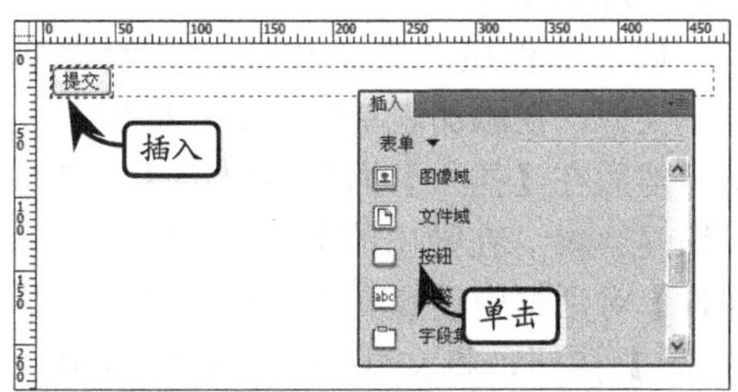

图 9-22 插入按钮表单对象

在【插入】面板的【表单】列表中，单击【按钮】按钮 按钮，即可在弹出的【输入标签辅助功能属性】对话框中设置按钮的标签等属性，将按钮插入到网页文档中，如图 9-22 所示。

与其他类型的表单类似，在选中按钮表单后，也可以通过【属性】检查器设置按钮表单对象的属性，如图 9-23 所示。

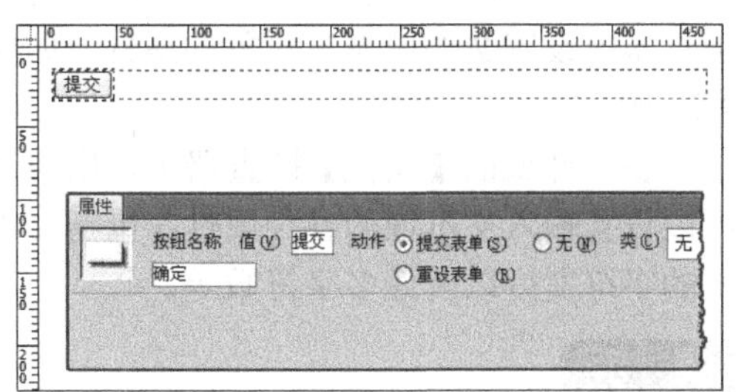

图 9-23 设置按钮表单属性

在按钮表单对象的【属性】检查器中，主要包括了以下属性设置，如表 9-7 所示。

表 9-7 按钮表单对象的属性

属性名	作用
按钮名称	为该按钮指定一个名称。“提交”和“重置”是两个保留名称，“提交”为触发表单将数据提交给处理的应用程序或脚本，而“重置”则将所有表单域重置为其原始状态

续表

属性名		作用
值		确定按钮上显示的文本
动作	提交表单	在用户单击该按钮时提交表单数据以进行处理。该数据将被提交到在表单的"动作"属性中指定的页面或脚本
	重置表单	在单击该按钮时清除表单内容
	无	单击该按钮时要执行的动作。例如，可以添加一个 JavaScript 脚本，使用户单击该按钮时打开另一个页面等

提 示

用户除使用系统默认的按钮及按钮名称外，还可以通过单击【表单】选项卡中的【图像域】按钮，插入自己需要的图片提交按钮。

9.5.2 文件域

文件域是一种特殊的表单。在文件域中，用户可以调用本地操作系统的【打开文件】对话框，选择本地的文件，并将该文件的URL路径添加到表单中。这样，在提交表单时，就可以将该URL路径传输给服务器，并将相应的文件也一并上传。

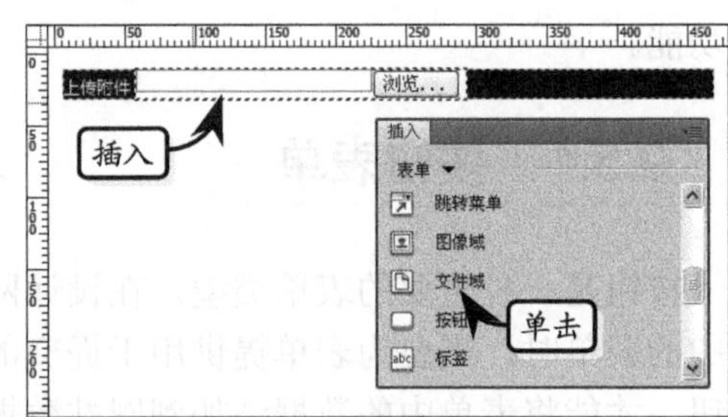

图 9-24 插入文件域

插入文件域的方式与插入其他类型的表单类似，在添加表单后，将光标置于表单中，然后在【插入】面板中单击【文件域】按钮 文件域，在弹出的【输入标签辅助功能属性】对话框中设置文件域的属性后，单击【确定】按钮，将文件域插入到网页中，如图9-24所示。

插入文件域后，选中文件域，在【属性】检查器中设置文件域表单对象的属性，如图9-25所示。

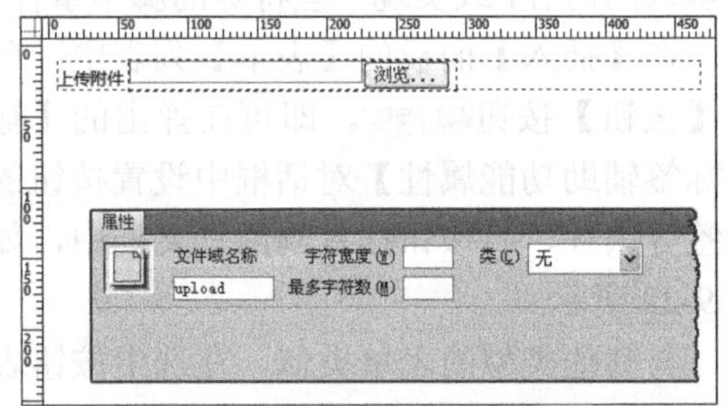

图 9-25 设置文件域属性

在文件域的【属性】检查器中，用户还可以设置输入文本域的各种属性，包括文本域的字符宽度以及最多字符数等。

提 示

在使用文件域制作上传模块时，除了需要添加前台的表单对象外，还需要用户编写后台的代码，才能完全实现上传文件的功能。

9.6 验证表单内容

在使用 Dreamweaver CS4 将表单插入网页后，还可以对表单进行进一步的处理，检测表单中的内容，并根据这些内容提供反馈信息，帮助用户正确地完成表单。此时，就要用到 Spry 表单验证技术。

9.6.1 Spry 表单验证技术

在传统的动态网页中，往往通过 ASP、ASP.NET、PHP 以及 JSP 等技术实现表单与用户的后台交互，即用户在前台输入内容，通过按钮表单，提交表单内容，将数据传输给后台程序。

动态提交表单内容的缺点在于，用户必须完全完成表单的填写后，才能够提交数据。如这些内容出现填写错误，则用户必须返回表单页面，重新进行填写。由于动态网页的特殊安全设置，这种重填写的操作往往容易造成网页过期，影响用户操作。

Spry 表单验证技术是一种基于 JavaScript、JavaScript Spry 框架的快速交互应用技术。其特点在于通过 JavaScript 脚本语言动态地判断用户输入的各种信息，并在不刷新网页的情况下快速将判断的结果发送给用户，并在用户填写表单的页面中显示，其工作原理如图 9-26 所示。

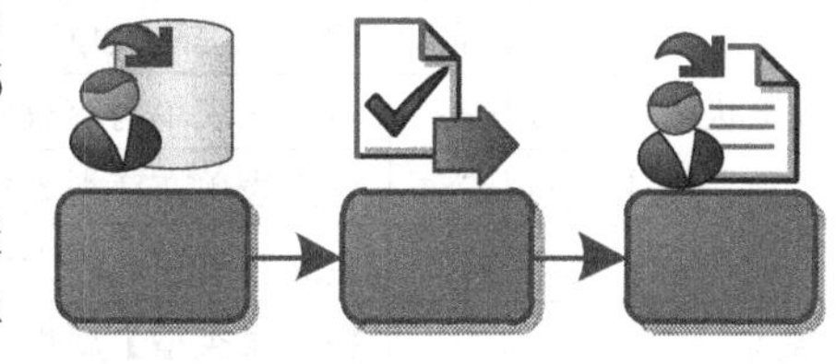

图 9-26 Spry 表单验证的流程

使用 Spry 表单验证技术，可以方便地实现表单与用户的快速交互与响应，提高用户填写表单的效率，并降低用户在刷新页面时的等待时间。Dreamweaver CS4 通过内置的可视化界面，帮助用户快速地添加 Spry 表单验证功能，提高网页设计与制作的效率。

9.6.2 验证文本内容

文本是表单获取的重要内容。在之前的小节中，已介绍了文本字段、文本区域等表单的插入以及设置属性的方法。使用 Spry 技术，用户可以方便地验证这些类型表单中的内容是否符合网页提交的要求。

1. 验证文本域

Spry 验证文本域技术的作用是验证单行的文本域（即文本字段）的内容是否符合网页表单提交的要求。在使用 Spry 验证文本域的方法主要有两种，即为文本字段添加验证和直接添加可验证的文本字段。

为文本字段添加验证时，可先制作表单以及文本字段类型的表单对象，然后选择该文本字段，在【插入】面板中单击【Spry 验证文本域】按钮 Spry 验证文本域，即可直接为文本字段添加 Spry 表单验证，如图 9-27 所示。

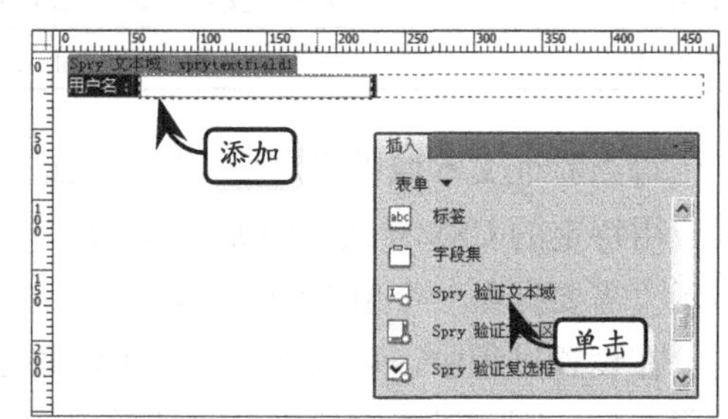

图 9-27 添加 Spry 验证文本域

在已添加 Spry 表单验证功能的文本字段上，用户既可以选择文本字段，通过【属性】检查器设置文本字段的属性，又可以选择蓝色的标题框，设置 Spry 验证文本域的属性，如图 9-28 所示。

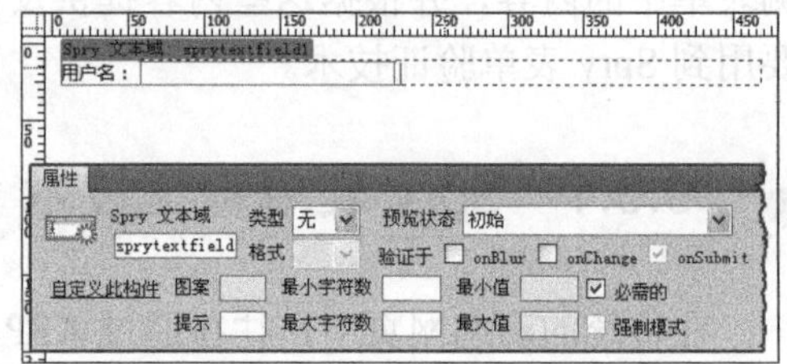

图 9-28　验证文本域属性

Spry 验证文本域的【属性】检查器包含多种关于验证表单内文本的属性设置，如表 9-8 所示。

表 9-8　验证文本域的相关属性

属性名		作用
Spry 文本域		标识文本域的名称，该名称也是文本域的 ID 号
类型		确定该文本域需要验证的类型
预览状态	初始状态	定义在未输入内容时显示的 Spry 验证信息
	必需状态	定义在提交表单时该表单未填写时显示的 Spry 验证信息
	有效状态	定义在表单内容有效时显示的 Spry 验证信息
	焦点状态	定义表单在获得光标焦点时显示的 Spry 验证信息
	无效状态	定义在表单内容无效时显示的 Spry 验证信息
格式		根据【类型】属性，显示相关的格式列表
验证于	onBlur	定义当用户在文本域的外部单击时验证
	onChange	定义当用户更改文本域中的文本时验证
	onSubmit	定义当用户尝试提交表单时验证
图案		如选择【类型】为“自定义”，则可在此设置文本字段中插入图像的 URL 地址
提示		设置当鼠标滑过该文本字段时，显示的工具提示文本
最小字符数		当用户输入的字符数少于文本域所要求的最小字符数时的状态
最大字符数		当用户输入的字符数多于文本域所允许的最大字符数时的状态
最小值		当用户输入的值小于文本域所需的值时的状态（适用于整数、实数和数据类型验证）
最大值		当用户输入的值大于文本域所允许的最大值时的状态（适用于整数、实数和数据类型验证）
必需的		设置该文本字段为必填项目
强制模式		用户可以禁止在验证文本域中输入无效字符

每当验证文本域以用户交互的方式进入其中一种状态时，Spry 框架会运行 HTML 容器应用特定的 CSS 样式。例如，如果用户尝试提交表单，但未在文本域中输入内容，则显示“需要提供一个值”的错误消息。

在设置过程中，可以为验证文本域指定不同的验证类型。例如，如果文本域将接收信用卡号，则可以指定信用卡验证类型，并且大多数验证类型都会使文本域采用要求的标准格式，如表 9-9 所示。

表 9-9　验证文本域的类型

验证类型	格式
无	无需特殊格式
整数	文本域仅接受数字
电子邮件	文本域接受包含@和句点(.)的电子邮件地址，而且@和句点的前面和后面都必须至少有一个字母
日期	格式可变，可以从【属性】面板的【格式】下拉列表中选择
时间	格式可变，可以从【属性】面板的【格式】下拉列表中选择（tt 表示 am/pm 格式，t 表示 a/p 格式）
信用卡	格式可变，可以选择接受所有信用卡类型，或者指定特定种类的信用卡（MasterCard、Visa 等）。文本域不接受包含空格的信用卡号
邮政编码	格式可变，可以从【属性】面板的【格式】下拉列表中选择
电话号码	文本域接受美国和加拿大格式（即，(000)000-0000）或自定义格式的电话号码。如果选择自定义格式，应在【模式】文本框中输入格式
社会安全号码	文本域接受 000-00-0000 格式的社会安全号码
货币	文本域接受 1,000,000.00 或 1.000.000,00 格式的货币
实数/科学记数法	验证各种数字：数字（例如 1）、浮点值（例如 12.123）、以科学记数法表示的浮点值（例如，1.212e+12、1.221e-12，其中 e 用作 10 的幂）
IP 地址	格式可变，可以从【属性】面板的【格式】下拉列表中选择
URL	文本域接受 http://xxx.xxx.xxx 或 ftp://xxx.xxx.xxx 格式的 URL
自定义	可用于指定自定义验证类型和格式，需要在【属性】检查器中输入格式模式并根据需要输入提示

用户在【属性】检查器的【预览状态】属性中选择某一状态后，Dreamweaver 的【设计视图】将显示该状态下网页显示的文本。此时，用户可以对这些文本内容进行更改，也可以通过 CSS 样式表设置文本的样式。

2. 验证密码域

在各种用户注册的系统中，往往需要对用户设置的密码进行安全性规范，防止用户设置过于简单的系统密码，增强用户信息的安全性。此时，可为密码域添加 Spry 验证密码项，在本地通过 JavaScript 脚本语言验证密码的安全性。

Spry 验证密码的功能十分强大，可以验证用户密码中包含的字符类型，以及各种字符的具体数量。在 Dreamweaver 中，单击【插入】面板中【表单】列表中的【Spry 验证密码】按钮 Spry 验证密码，即可为密码文本域添加 Spry 验证。

如尚未为网页文档插入密码文本域，则可直接单击【插入】面板中【表单】|【Spry 验证密码】按钮，Dreamweaver 将自动为网页文档插入一个密码文本域，然后添加 Spry 验证，如图 9-29 所示。

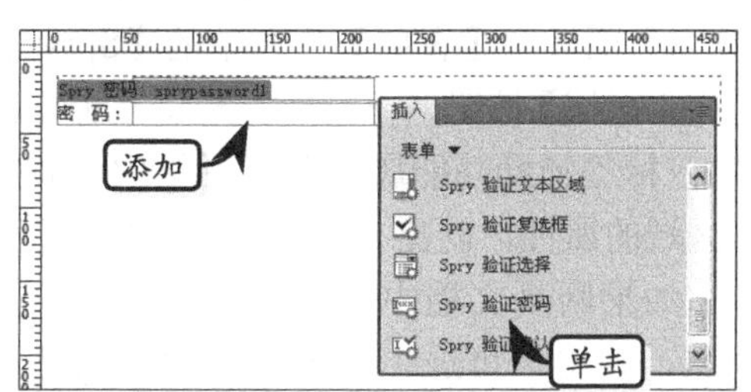

图 9-29　添加 Spry 验证密码

注 意

在为文本域添加 Spry 密码验证时，需要确保文本域已被设置为密码文本域；否则，将出现脚本错误。

单击 Spry 密码的蓝色标签，用户即可在【属性】检查器中设置验证密码的方式，如图 9-30 所示。

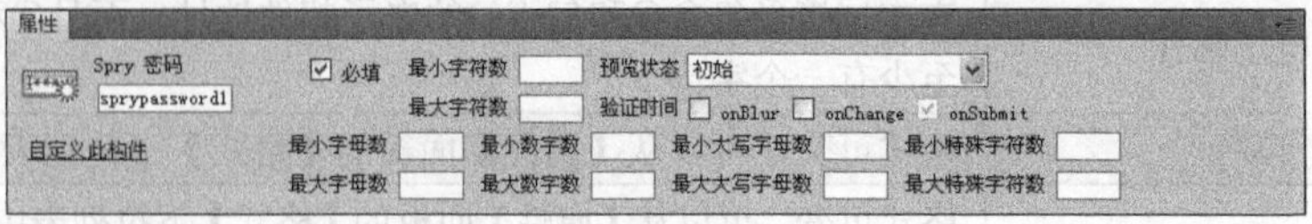

在 Spry 验证密码表单的【属性】检查器中，可以设置用户密码中包含的字符类型以及每种字符的数量，如表 9-10 所示。

图 9-30 Spry 验证密码域属性

表 9-10 Spry 验证密码的各种属性

属　性	作　用	属　性	作　用
最小字符数	定义用户输入的密码最小位数	最大数字数	定义用户输入的密码中最多出现多少数字
最大字符数	定义用户输入的密码最大位数	最小大写字母数	定义用户输入的密码中最少出现多少大写字母
最小字母数	定义用户输入的密码中最少出现多少小写字母	最大大写字母数	定义用户输入的密码中最多出现多少大写字母
最大字母数	定义用户输入的密码中最多出现多少小写字母	最小特殊字符数	定义用户输入的密码中最少出现多少特殊字符（标点符号、中文等）
最小数字数	定义用户输入的密码中最少出现多少数字	最大特殊字符数	定义用户输入的密码中最多出现多少特殊字符（标点符号、中文等）

用户可以为同一个 Spry 验证密码的表单设置多种互相不冲突的验证条件，使密码的复杂性最大化，有效地保障用户密码的安全。

3．验证文本区域

文本区域也是一种常见的文本内容，使用 Spry 表单验证技术，可以验证文本区域中的内容是否符合后台程序的要求。

在 Dreamweaver 中，用户可直接单击【插入】面板中【表单】列表中的【Spry 验证文本区域】按钮，在弹出的【输入标签辅助功能属性】对话框中设置文本区域的属性，创建 Spry 验证文本区域。

如果网页文档中已插入了表单和文本区域，则用户可选中已创建的普通文本区域，用同样的方法为文本区域类型的表单对象添加 Spry 验证技术，如图 9-31 所示。

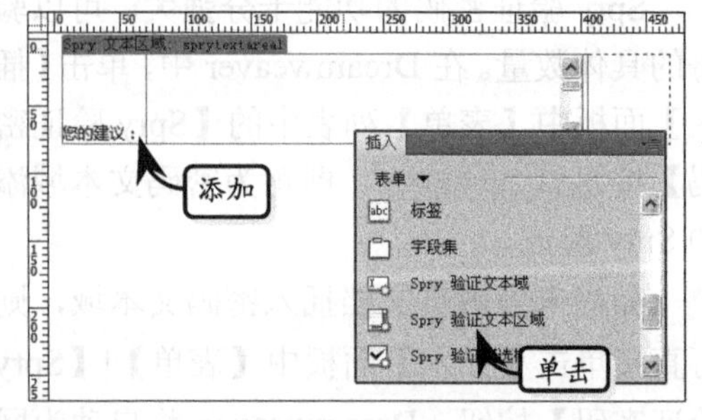

图 9-31 验证文本区域

与普通的文本域相比，应用 Spry 验证文本区域时，【属性】检查器中增加了两个新的属性，即【计数器】属性和【禁止额外字符】属性，其作用如下所示。

❑ **计数器**

计数器是一个单选按钮组，提供了 3 个选项供用户选择。当用户选中【无】单选按钮时，将不在 Spry 验证结果的区域中显示任何内容。

如用户选中【字符计数】，则 Dreamweaver 会为 Spry 验证区域添加一个字符计数的脚本，显示文本区域中已输入的字符数。如用户设置了最大字符数之后，Dreamweaver 将允许用户选中【其余字符】单选按钮，以显示文本区域中还允许输入多少字符。

❑ **禁止额外字符**

如用户已设置了最大字符数，则可选中【禁止额外字符】复选框。其作用是防止用户在文本区域中输入的文本超过最大字符数。当选择该复选框后，如用户输入的文本超过最大字符数，则无法再向文本区域中输入新的字符。

4．验证确认密码

在很多注册网页中，都需要用户对设置的密码进行二次确认，以防止用户在输入密码时发生错误导致无法登录。二次确认的密码通常也需要被输入到密码域中。Dreamweaver 提供了 Spry 验证确认的功能，以验证这种确认密码的正确性。除此之外，如果需要验证两个表单中的内容是否相同，也可以使用 Spry 验证确认的功能。

在 Dreamweaver 中，用户可选择网页文档中的文本字段或文本域，然后单击【插入】面板中【表单】列表中的【Spry 验证确认】按钮 Spry 验证确认，为文本字段或文本域添加 Spry 验证确认。

用户也可以直接在网页文档的空白处单击【插入】面板中【表单】列表中的【Spry 验证确认】按钮，在【输入标签辅助功能属性】对话框中进行相关设置之后，即可插入带有 Spry 验证确认的表单，如图 9-32 所示。

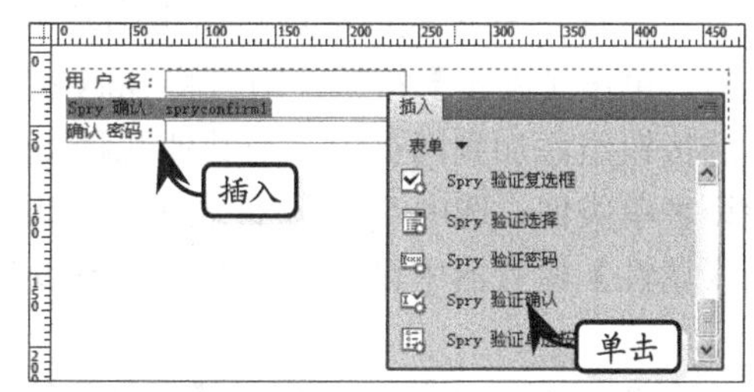

图 9-32 插入 Spry 验证确认表单

选中 Spry 确认的蓝色标题框，即可在【属性】检查器中设置 Spry 验证确认表单的各种属性，如图 9-33 所示。

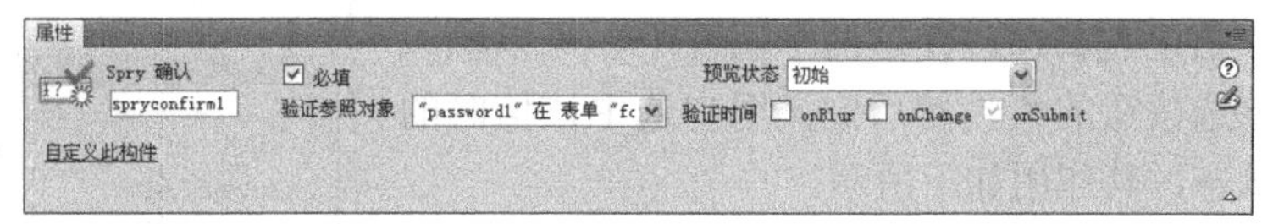

图 9-33 设置 Spry 确认属性

在 Spry 确认的【属性】面板中，用户可将该文本字段或文本域设置为必填项或非必填项，也可选择验证参照的表单对象等。其他一些选项与之前介绍的 Spry 验证表单类似。

注 意

Spry 确认的文本字段或文本域与其【验证参照对象】的类型必须相同。例如，文本字段为单行，则【验证参照对象】的文本字段也必须是单行；文本字段为密码，则【验证参照对象】的文本字段也必须是密码。

Spry 确认只能应用于文本字段或文本域类的表单，无法应用于其他类型的表单中。

9.6.3 验证选择内容

网页中的表单分为许多类，除了基本的文本内容类表单外，还包含提供选择项目的各种单选按钮、复选框以及列表和菜单等。使用 Dreamweaver CS4 的 Spry 验证表单技术，还可以对这些内容进行验证。

1. 验证单选按钮组

Spry 验证既允许用户为已添加的单选按钮添加验证，也允许直接插入带有验证功能的 Spry 单选按钮组。如果用户已添加了单选按钮组，可先选中组中任意一个单选按钮，然后单击【插入】面板中的【Spry 验证单选按钮组】按钮 Spry 验证单选按钮组 ，为该按钮组应用 Spry 验证。

如用户尚未添加单选按钮组，则可将光标置于网页文档的相关位置，然后单击【插入】面板中的【Spry 验证单选按钮组】按钮，在弹出的【Spry 验证单选按钮组】对话框中添加单选按钮组，并设置组的名称和布局方式，如图 9-34 所示。

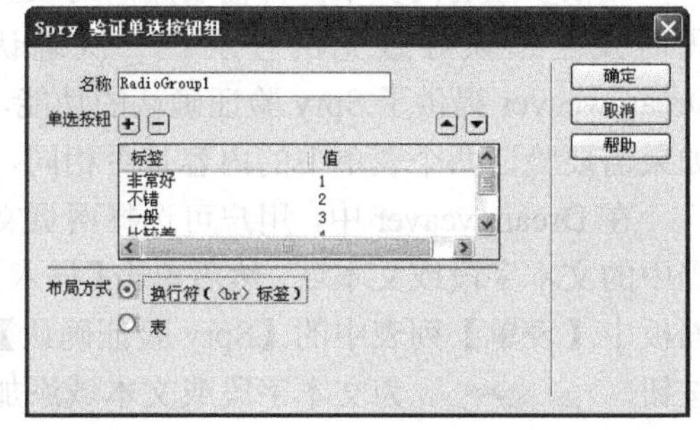

图 9-34 Spry 验证单选按钮组

在设置完 Spry 验证单选按钮组的基本属性后，单击【确定】按钮，即可将 Spry 验证单选按钮组添加到网页中。与其他几种 Spry 验证表单类似，选中 Spry 验证表单后，也可在【属性】检查器中设置其属性，如图 9-35 所示。

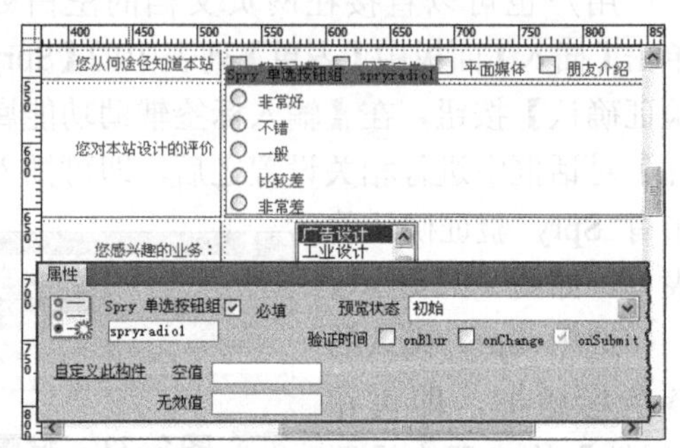

图 9-35 设置 Spry 单选按钮组属性

在 Spry 验证单选按钮组的【属性】检查器中，绝大多数属性与 Spry 文本区域类似。只增加了【空值】和【无效值】两个之前未介绍过的属性。在这两个属性中，可以输入单选按钮的值，然后定义用户选中该值时的状态，其作用如下所示。

- ❑ **空值** 将单选按钮的值输入到【空值】的文本字段中后，当用户选中该单选按钮时，显示的内容与用户未选择该值时一致。
- ❑ **无效值** 将单选按钮的值输入到【无效值】的文本字段中后，当用户选中该单选按钮时，将提示“请选择一个有效值”信息。

2. 验证复选框

在网页中，复选框的创建和设置方式与单选按钮十分相似。用户也可以为复选框添加 Spry 验证功能。

如用户已为网页添加了普通的复选框或复选框组，则可选中复选框或复选框组中任意一个复选框，在【插入】面板中单击【Spry 验证复选框】按钮 Spry 验证复选框，为这些复选框添加 Spry 验证。

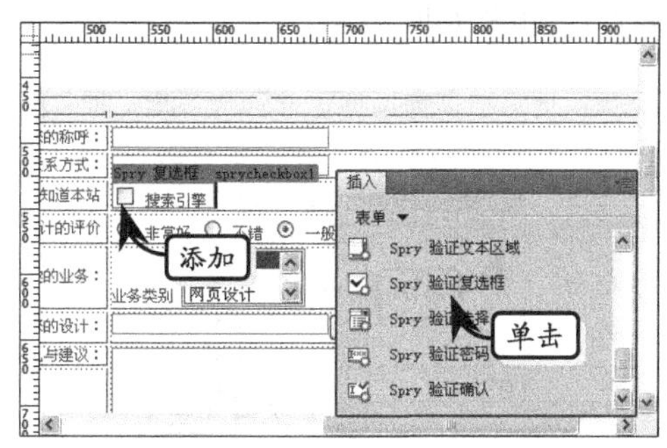

图 9-36 添加 Spry 验证复选框

用户也可以直接为网页文档添加带有 Spry 验证的复选框表单对象。将光标置于网页文档中，然后在【插入】面板中单击【Spry 验证复选框】按钮，在设置相应的属性后，即可将带有 Spry 验证的复选框添加到网页文档中，如图 9-36 所示。

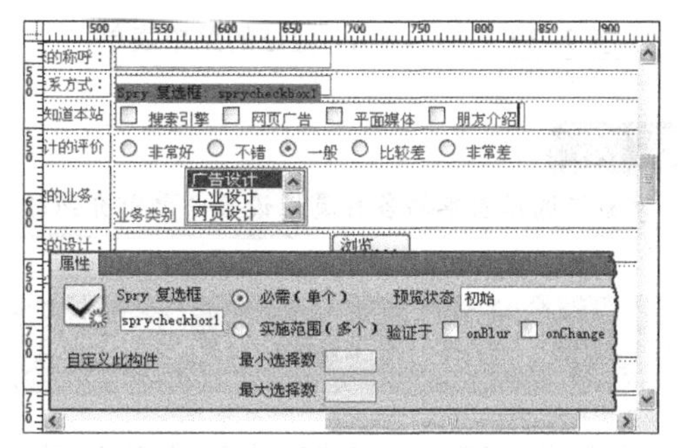

图 9-37 设置 Spry 验证复选框的属性

在选中 Spry 复选框之后，即可在【属性】检查器中设置 Spry 验证复选框的属性，如图 9-37 所示。

Spry 复选框的【属性】检查器允许用户设置复选框中可选项目的数量等属性，如表 9-11 所示。

表 9-11 Spry 验证复选框的属性

属　性		作　用
必须（单个）		选中该单选按钮，则复选框组只允许用户选择其中一个选项
实施范围（多个）	最小选择数	在选中【实施范围（多个）】单选按钮后，允许用户设置可选项目数的最小值
	最大选择数	在选中【实施范围（多个）】单选按钮后，允许用户设置可选项目数的最大值

3. 验证列表/菜单

Spry 验证选择类的表单可以验证用户对各种列表、菜单类表单对象进行的选择操作。与之前介绍的各种 Spry 验证表单类似，用户可以直接选中列表或菜单表单，在【插入】面板中单击【Spry 验证选择】按钮 Spry 验证选择，为列表、菜单表单添加 Spry 表单验证，如图 9-38 所示。

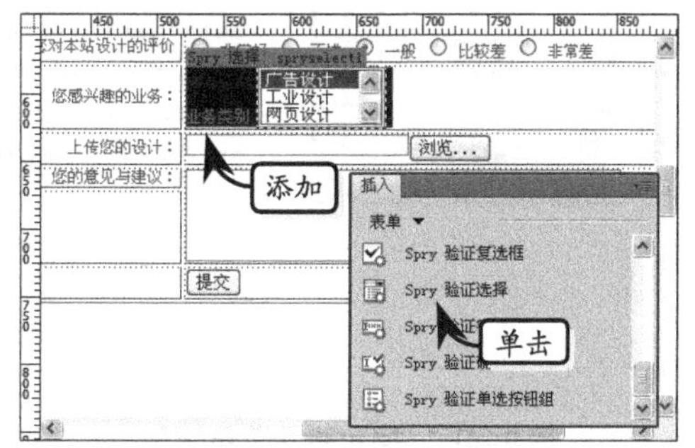

图 9-38 添加 Spry 表单验证功能

除此之外，用户也可以将光标置于网页文档中，直接单击【插入】面板中的【Spry 验证选择】按钮，在【输入标签辅助功能属性】对话框中设置相关项目之后，同样可以插入各种列表或菜单，如图 9-39 所示。

选中应用 Spry 验证的列表或菜单类表单后，即可在【属性】检查器中设置这些表单的属性，如图 9-40 所示。

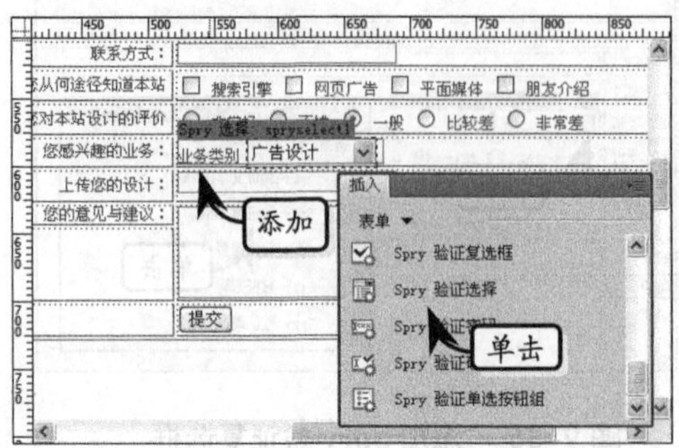

图 9-39 插入 Spry 验证的菜单表单

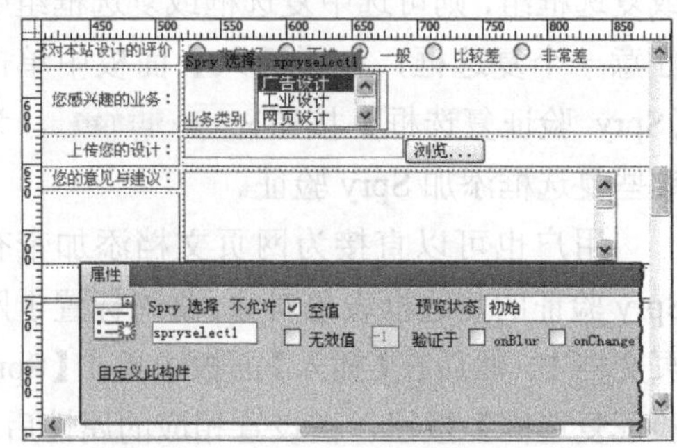

图 9-40 设置 Spry 选择表单的属性

提 示

Spry 验证选择表单的各种属性设置与之前介绍的一些 Spry 验证表单大体相同，在此将不再赘述。

9.7 课堂练习：插入跳转菜单

跳转菜单可建立 URL 与弹出菜单列表中的选项之间的关联。通过从列表中选择一项，用户将被重定向（或"跳转"）到指定的 URL，如图 9-41 所示。

图 9-41 插入跳转菜单页面

操作步骤：

1 打开素材页面“index.html”，将看到页面上显示的“请插入跳转菜单”文本，如图 9-42 所示。

图 9-42　打开素材页面

2　删除该文本，单击【插入】面板中【表单】列表中的【跳转菜单】按钮，如图 9-43 所示。

图 9-43　打开表单选项

3　在弹出的【跳转菜单】对话框中输入文本，单击【选择时，跳转的 URL】文本框右侧的【浏览】按钮选择跳转的路径，如图 9-44 所示。

4　单击最顶部的【添加项】按钮，按相同的方法，添加多个跳转的菜单，如图 9-45 所示。

提　示

如果选中【菜单之后插入前往按钮】复选框，页面会出现一个【前往】按钮，单击按钮后才会跳转页面。

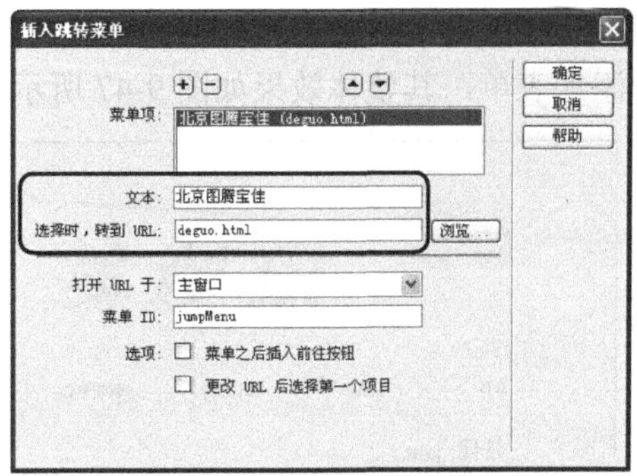

图 9-44　插入跳转菜单项

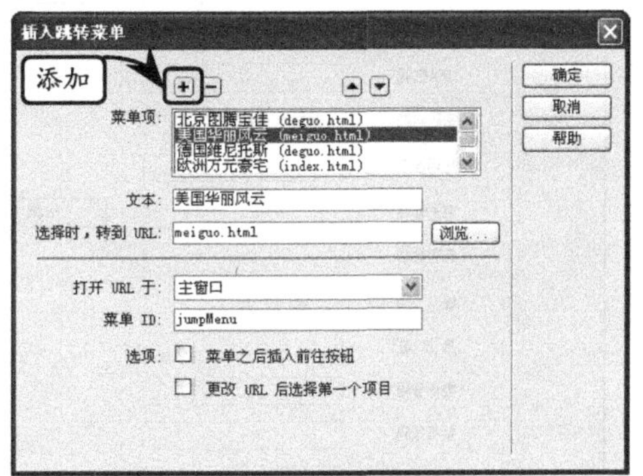

图 9-45　添加多个菜单项

5　完成输入以后，单击【确定】按钮，页面会显示跳转菜单。然后，保存页面，如图 9-46 所示。

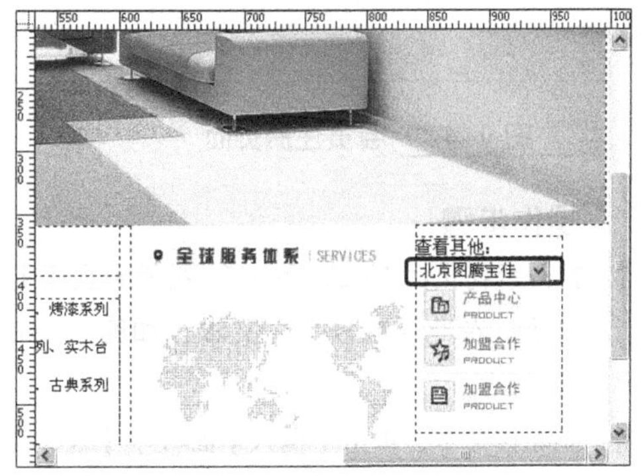

图 9-46　插入跳转菜单

9.8　课堂练习：注册页面

在互联网上存在着大量的表单，用户可以利用表单收集信息，也可以实现搜索功能。

表单是互联网上实现用户同服务器进行信息交流的主要工具，本练习将学习如何在网页中添加表单，其整体效果如图 9-47 所示。

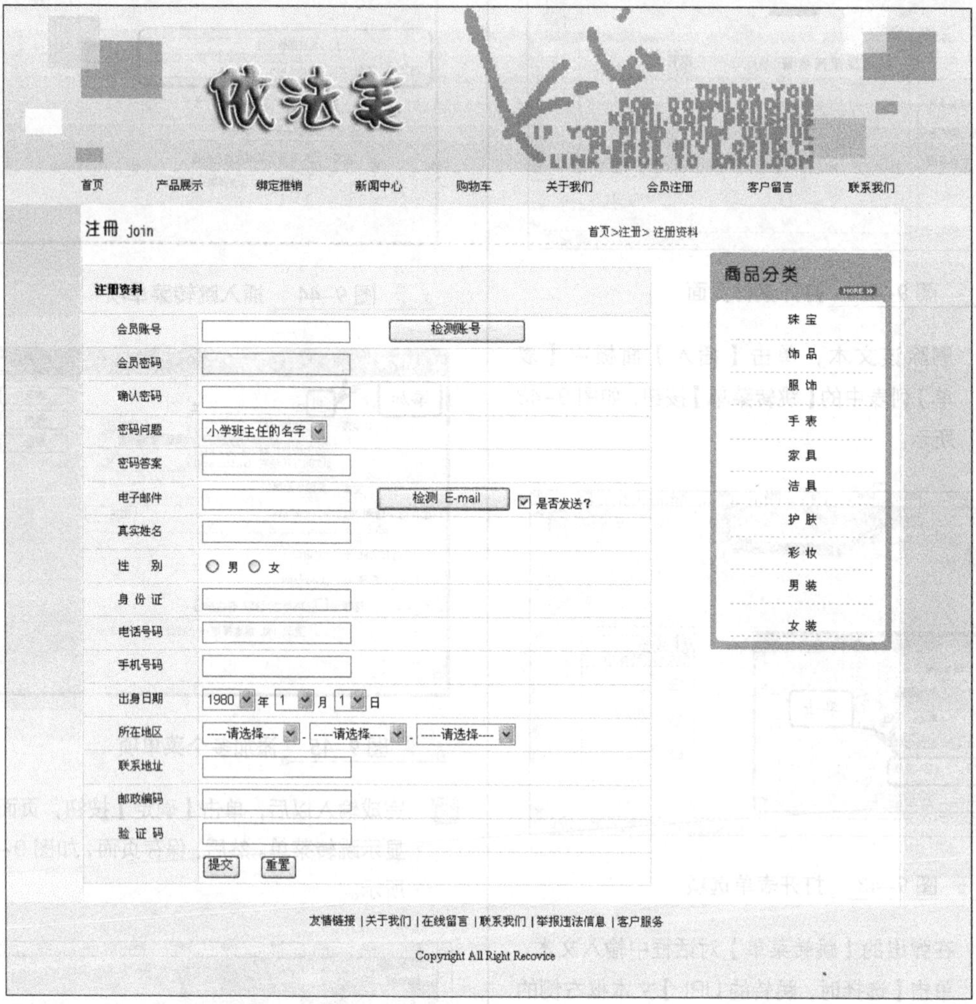

图 9-47　会员注册页面

操作步骤：

1 打开素材页面“index.html”，将看到页面上显示“在此添加表单”文本，如图 9-48 所示。

2 删除该文本，单击【插入】面板中【表单】列表中的【表单】按钮，页面上会显示一个表单边框，如图 9-49 所示。

3 在表单中插入一个 18 行×2 列、【宽】为“600 像素”的表格，并设置【背景颜色】为“灰色”（#dedede），【间距】为“1”，如图 9-50 所示。

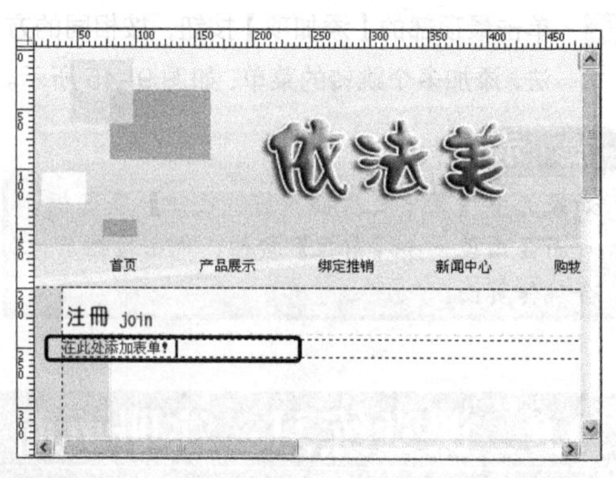

图 9-48　打开素材页面

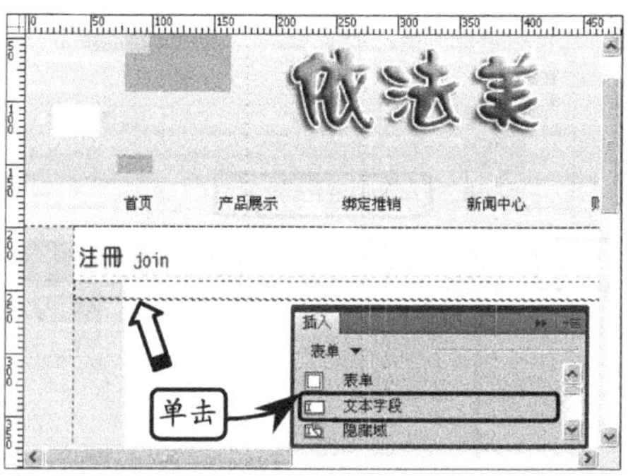

图 9-49 插入表单

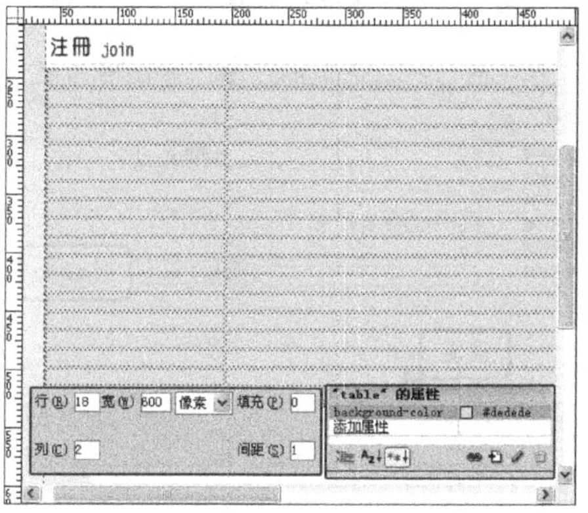

图 9-50 插入表格

4 合并第 1 行的单元格，在单元格中输入“注册资料”文本，字体设置为“粗体”，然后设置第 1 行、第 2 行至 18 行第 1 列的单元格【背景颜色】为“浅灰色”(#f7f7f7)；设置第 2 行的第 2 列至第 18 行的第 2 列【背景颜色】为“白色”(#FFFFFF)，如图 9-51 所示。

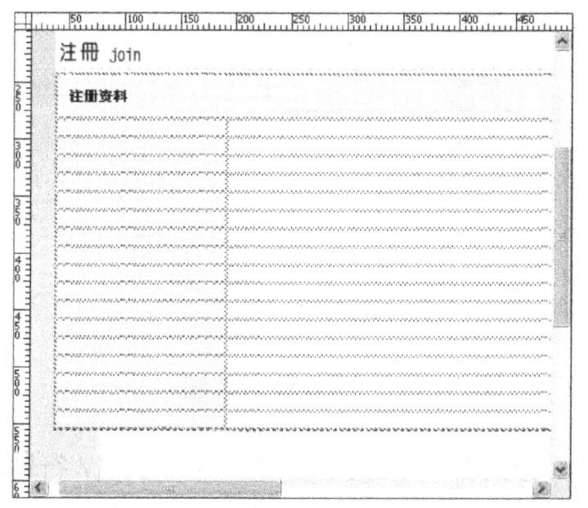

图 9-51 设置单元格

5 在第 2 行第 1 列的单元格中输入“会员账号”文本，并设置【对齐】方式为“居中对齐”，将光标置于第 2 列的单元格中，单击【插入】面板中【表单】列表下的【文本字段】按钮，在弹出的【输入标签辅助功能属性】对话框中，输入 ID 为“zhanghao”，如图 9-52 所示。

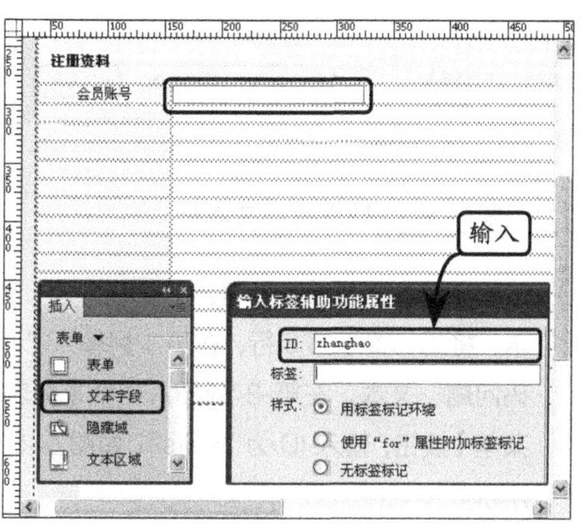

图 9-52 插入文本字段

6 在第 1 行第 2 列的文本框后插入一个按钮，单击【表单】列表下的【按钮】按钮，在弹出的【输入标签辅助功能属性】对话框中输入 ID 为“btnjc”。然后在【属性】检查器中设置【动作】为“无”；【值】为“检测账号”，如图 9-53 所示。

图 9-53 插入按钮

7 在第 1 列输入“会员密码”文本，第 2 列插入一个【文本字段】文本框，设置 ID 为“lxlpwd”。然后在【属性】检查器中设置【类型】为“密码”，如图 9-54 所示。

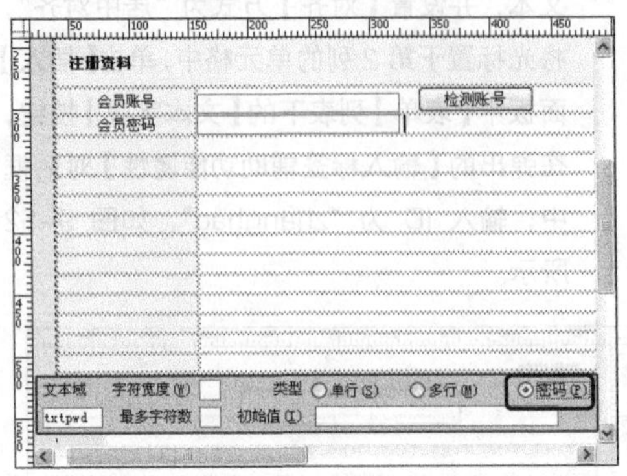

图 9-54　插入密码文本框

8 按相同的方法在第 4 行输入“确认密码”文本，将光标置于第 5 行，在第 1 列输入“密码问题”文本，在第 2 列插入一个【列表/菜单】按钮，输入 ID 为“selts”，如图 9-55 所示。

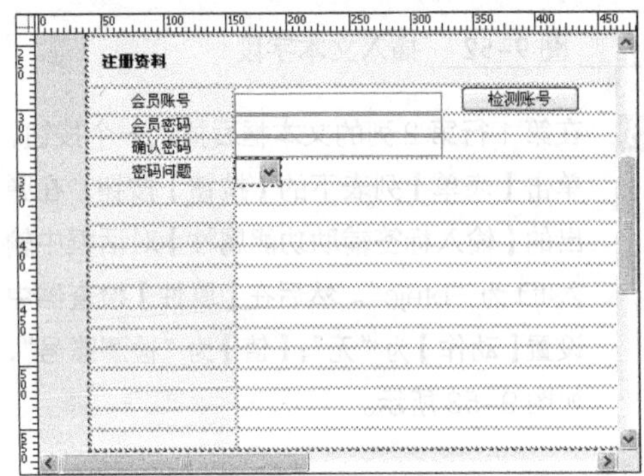

图 9-55　插入列表菜单

9 选中【列表/菜单】按钮，在【属性】检查器中单击【列表值】按钮 列表值... ，在弹出的【列表值】对话框中输入【项目标签】和【值】的内容，如图 9-56 所示。

10 在第 6 行输入“密码答案”文本，并插入一个【文本字段】文本框。在第 7 行输入“电子邮件”文本，插入一个【文本字段】文本框，一个【检测 E-mail】按钮，一个【是否发送】复选框，在【属性】检查器中设置【初始状态】为“已勾选”，如图 9-57 所示。

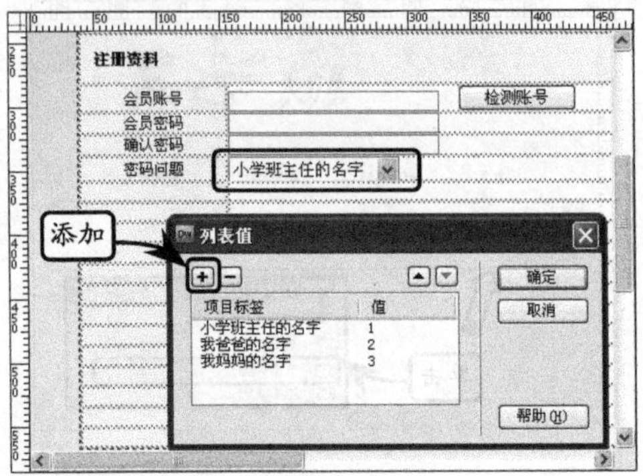

图 9-56　设置列表值

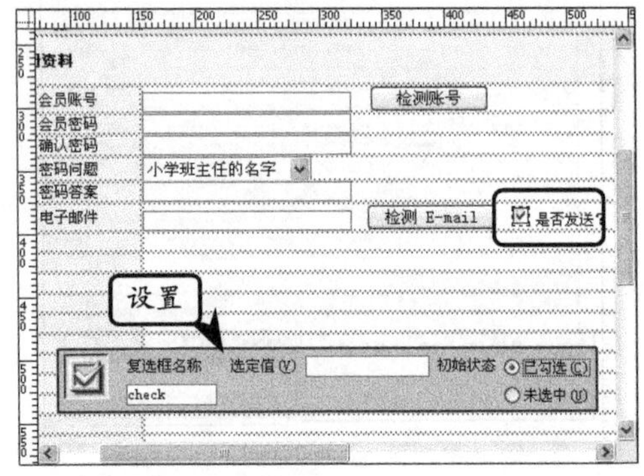

图 9-57　设置复选框

11 在第 8 行输入“真实姓名”文本，并插入一个【文本字段】文本框；在第 9 行输入“性别”文本，插入两个单选按钮，分别输入“男”、“女”文本，如图 9-58 所示。

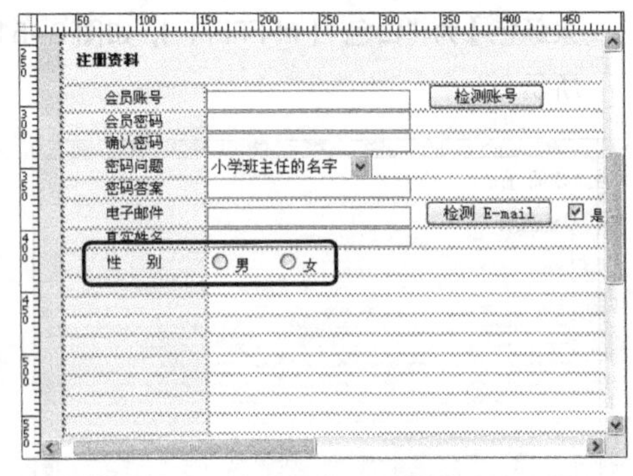

图 9-58　插入单选按钮

12 分别在第 10、11、12、15、16、17 行输入文本，并插入【文本字段】文本框。在 13、14 行输入文本，并插入【列表/菜单】按钮，如图9-59所示。

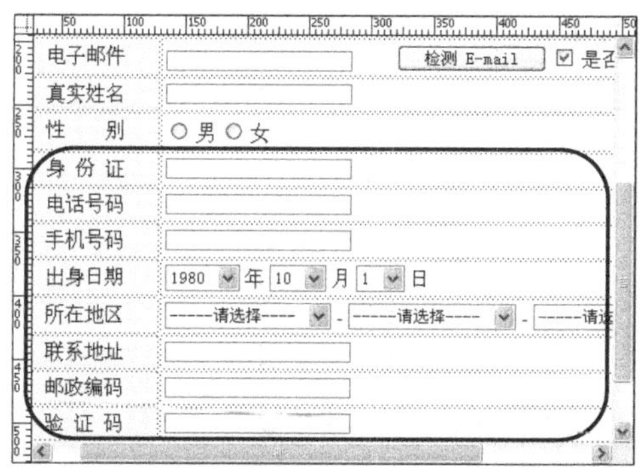

图9-59 插入【文本字段】文本框和【列表/菜单】按钮

13 在第18行第2列的单元格中插入两个按钮，并在【属性】检查器中设置相应的【值】和【动作】，如图9-60所示。

14 选择表格，在【属性】检查器中设置【填充】为"4"，然后，保存文档，如图9-61所示。

提 示

为了控制【文本字段】的宽度，可以在【新建CSS规则】对话框中选择【类】选项，在【CSS样式规则定义】面板中设置Width。

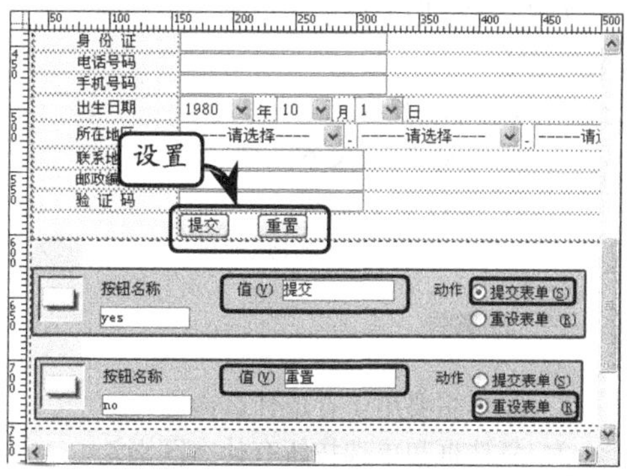

图9-60 插入按钮

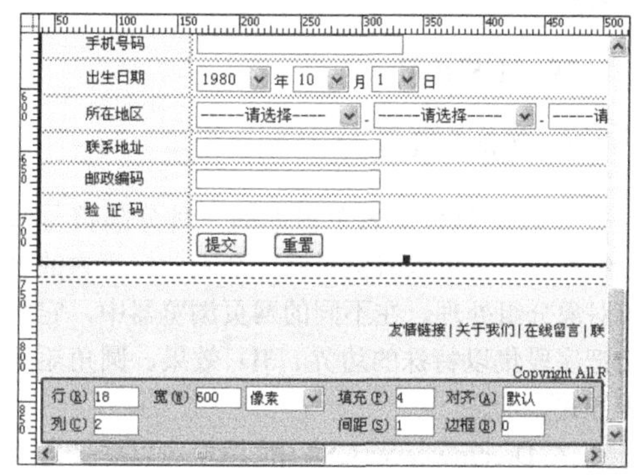

图9-61 设置表格

9.9 思考与练习

一、填空题

1. 表单可以与多种类型的__________结合，同时也可以与前台的__________合作，通过__________快速地控制表单内容。

2. 表单交互组件可以获取__________或__________，并将这些信息存储到数据库中。

3. 表单有两个重要的组成部分：一是描述表单的__________；二是用于处理表单域中输入内容的__________。

4. 使用__________，用户可以方便地实现表单与用户的快速交互与响应，提高用户填写表单的效率，并降低用户在刷新页面时的等待时间。

5. Spry表单验证技术是一种基于__________、__________的__________。

二、选择题

1. 在__________中，网页程序可以获取用户输入的各种文本信息，同时将这些信息传送给服务器。

A. 文本域　　B. 复选框
C. 单选按钮　D. 列表/菜单

2. __________是允许用户同时选择多项内容的选择性表单对象。

A. 文本域　　B. 复选框
C. 单选按钮　D. 列表/菜单

3. 在__________表单对象中，用户可以方便地选择其中某一个项目，在提交表单时将选择的项目值传送到服务器中。

A. 文本域　　B. 复选框
C. 单选按钮　D. 列表/菜单

4．__________技术的作用是验证单行的文本域（即文本字段）中的内容是否符合网页表单提交的要求。

A．Spry 验证文本域

B．Spry 验证文本区域

C．Spry 验证选择

D．Spry 验证单选按钮组

三、简答题

1．表单主要用于存放什么内容？

2．复选框和单选按钮有什么区别？

3．简述列表和菜单这两种表单的差异。

4．Spry 表单元素与表单对象之间的区别是什么？

四、上机练习

1．添加字段集

字段集是位于表单内部的一种分隔符号或分组符号，它可以将位于同一个表单标签内的表单对象分组处理。在不同的网页浏览器中，它将会把字段集以特殊的边界、3D 效果、圆角矩形等方式显示。

在 Dreamweaver CS4 中，用户可以先插入表单，然后在【插入】面板中单击【字段集】按钮，在弹出的【字段集】对话框中设置字段集的【标签】内容，如图 9-62 所示。

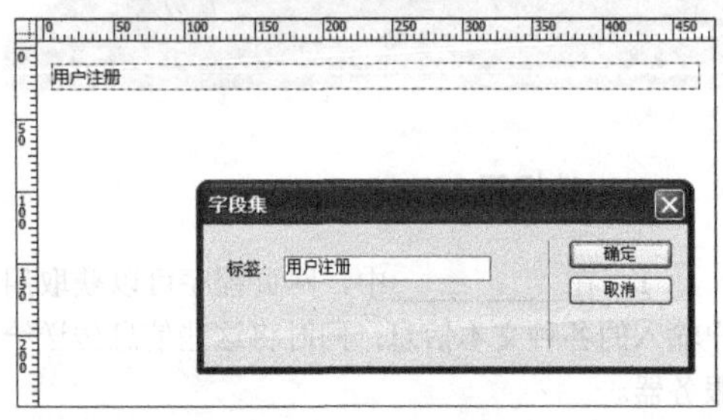

图 9-62 设置字段集标签

然后，可在字段集中插入各种表单对象，并对这些表单进行编组。通过网页浏览器，可显示字段集的边框，如图 9-63 所示。

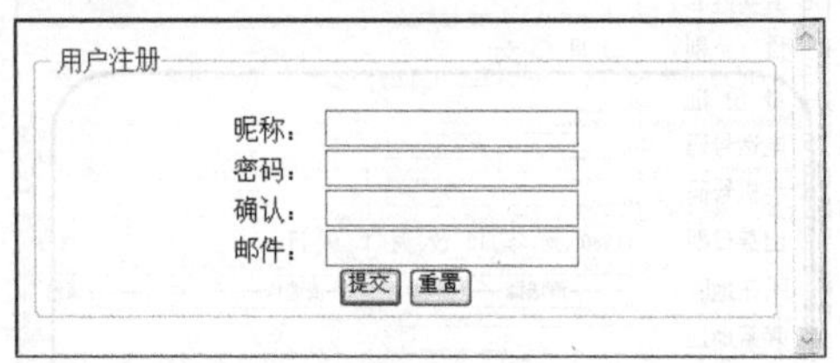

图 9-63 显示字段集

2．使用图像域

Dreamweaver 除了允许用户使用按钮提交或重置表单外，还允许用户使用各种图像实现按钮的功能。此时，就需要使用图像域表单。插入图像域的操作方式和插入图像十分相似。在【插入】面板中单击【图像域】按钮 图像域，并在弹出的对话框中，选择需要插入的图像，单击【确定】按钮，如图 9-64 所示。

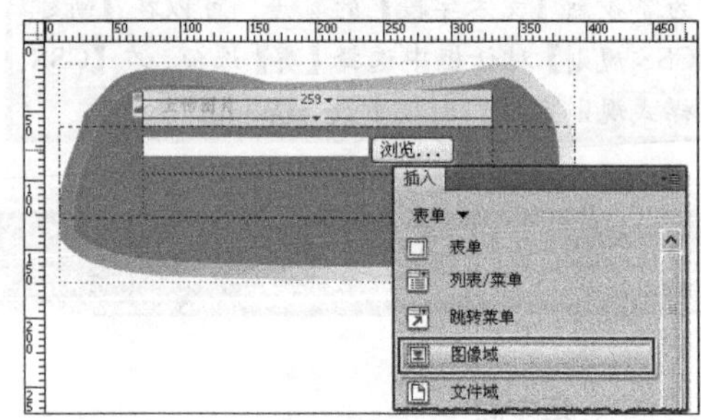

图 9-64 插入图像域

然后，在【属性】检查器中设置插入的图像域属性即可。图像域的作用和按钮十分相似，因此在一些特殊的场合，图像域可以替代按钮。

第 10 章

设计动态网页

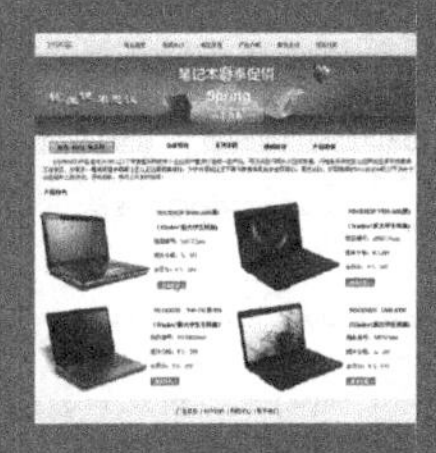

动态网页与网页上的各种动画、滚动字幕等视觉上的“动态效果”没有直接关系，动态网页可以是纯文字内容的，也可以是包含各种动画的内容，这些只是网页具体内容的表现形式，无论网页是否具有动态效果，采用动态网站技术生成的网页都称为动态网页。

动态网页是与静态网页相对应的，如静态网页的后缀一般为.htm、.html、.shtml、.xml等形式；而动态网页是.aspx、.asp、.jsp、.php、.perl、.cgi 等形式。

目前，在 Dreamweaver 中通过可视化操作，可直接创建动态网页。用户不必学习动态技术脚本语言，就可以实现动态网页与数据库的连接，显示和提示数据内容等操作。

本章学习要点：

- 搭建服务器平台
- 创建 Access 数据库
- 连接数据库
- 定义记录集
- 绑定动态数据

10.1 创建 Access 数据库

在网站的建设中，数据库发挥着重要的作用。因为动态网页中页面上的内容（或部分内容）是动态生成的，随数据库中相应部分的内容而变化，所以数据库使网站内容更灵活，维护更方便，更新更便捷。

10.1.1 Access 数据库简介

Access 是微软公司推出的基于 Windows 的桌面关系数据库管理系统（Relational Database Management System，RDBMS），是 Office 系列应用软件之一。它提供了表、查询、窗体、报表、页、宏、模块这 7 种用来建立数据库系统的对象；提供了多种向导、生成器、模板功能，把数据存储、数据查询、界面设计、报表生成等操作规范化；普通用户不必编写代码，就可以完成大部分数据管理的任务。

Access 数据库应用比较广泛，如小型企业、大公司的部门、编程人员等，专门利用 Access 数据库来制作处理数据的桌面系统，如使用它来开发简单的 Web 网站应用程序。

目前，Access 2007 是最新的数据库版本，凭借其 Fluent 用户界面和无需深厚的数据库知识即可使用交互式设计功能的优点，Access 2007 可帮助用户轻松地跟踪和报告信息，快速掌握预建的应用程序，修改或改编这些应用程序以满足不断变化的业务需求，如图 10-1 所示。

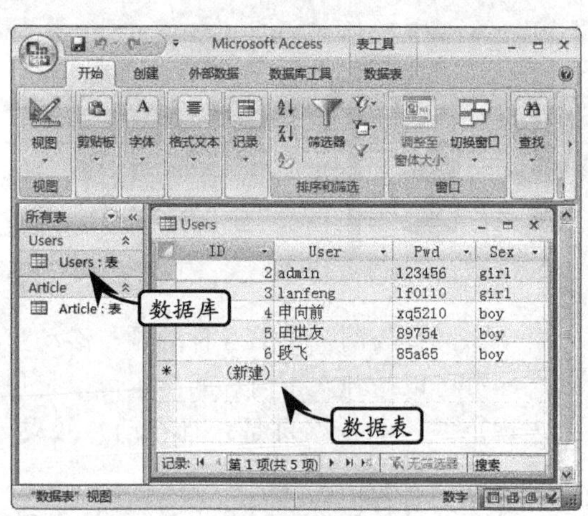

图 10-1　Access 2007 数据库

10.1.2 创建数据库

Access 2007 在创建新数据库过程中，提供了更加方便的功能。例如，单击【开始】按钮，执行【程序】|Microsoft Office|Microsoft Office Access 2007 命令，即可启用该组件。

在弹出的【Microsoft Office Access】窗口中，选择【功能】选项，并单击【空白数据库】图标。然后，单击【文件名】文本框后面的【浏览】按钮，选择存放目录并输入文件名，单击【创建】按钮，如图 10-2 所示。

此时，在弹出的【DataBase1:数据库（Access 2007）】窗口中自动创建数据表“表 1”，如图 10-3 所示。

在窗口中，显示所创建数据库的内容，以及数据库窗口的结构信息如下所示。

- □ **数据库名称**　数据库名称用于标识用户所打开的数据库，该名称显示在窗口的标题栏上。
- □ **选项卡**　是菜单和工具栏的主要替代工具，提供了 Access 中主要的命令界面。
- □ **组**　每个选项卡都是通过组将一个任务分解为多个子任务的。
- □ **按钮**　每组中的命令按钮都可执行一项命令或显示一个命令菜单。

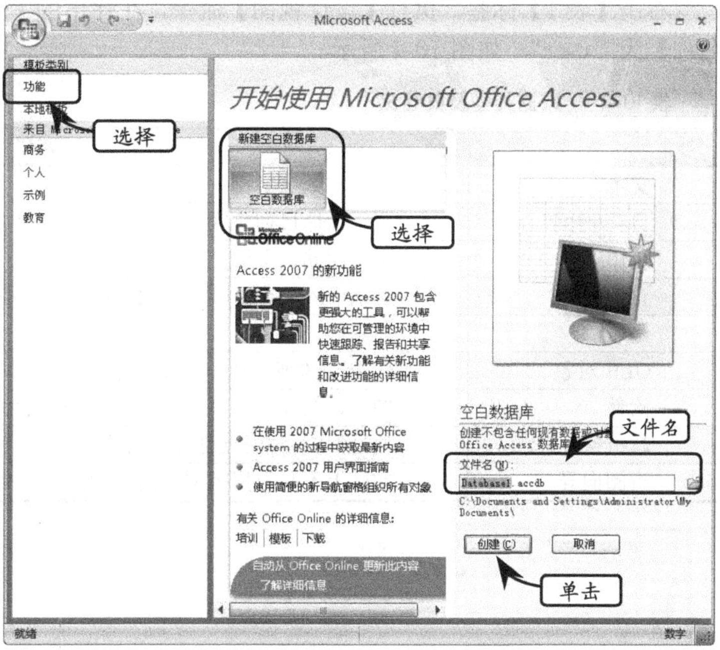

图 10-2　创建数据库

- □ **导航窗格**　在打开数据库或创建新数据库时，数据库对象的名称将显示在导航窗格中。
- □ **数据表**　是数据库中一个非常重要的对象，是其他对象的基础。数据表定义了数据库的结构，也是数据存储的容器。

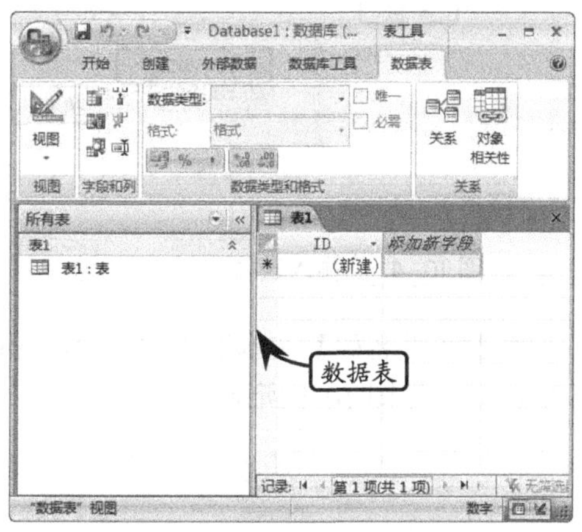

图 10-3　创建数据表

10.1.3　创建数据表

创建数据表即创建数据的结构。数据表是以行和列的简单形式排序的数据视图。如果在导航窗口中双击某个表，Access 2007 会将该表显示为一个数据表。

1．数据类型

在创建数据表之前，首先要了解一下数据类型。数据类型描述字段所接收的数据内容或者输入数据的格式。主要数据类型及其含义如表 10-1 所示。

2．创建数据表

对新数据库来说，用户需要通过数据表视图或者设计视图两种方式建表。下面介绍如何通过设计视图来创建数据表。

右击【表 1】标签，执行【设计视图】命令，在弹出的【另存为】对话框中输入【表名称】为“user”，如图 10-4 所示。

表 10-1　数据类型及其含义

数 据 类 型	含　义
文本	字母和数字字符
日期/时间	用于存储日期/时间值
货币	用于存储货币值
自动编号	自动插入的一个唯一的数值，用于生成可用作主键的唯一值
是/否	布尔值
OLE 对象	OLE 对象或其他二进制数据
附件	图片、图像、二进制文件、Office 文件
超链接	通过 URL 对网页进行单击访问
查阅向导	实际上不是数据类型，而会调用“查阅向导”

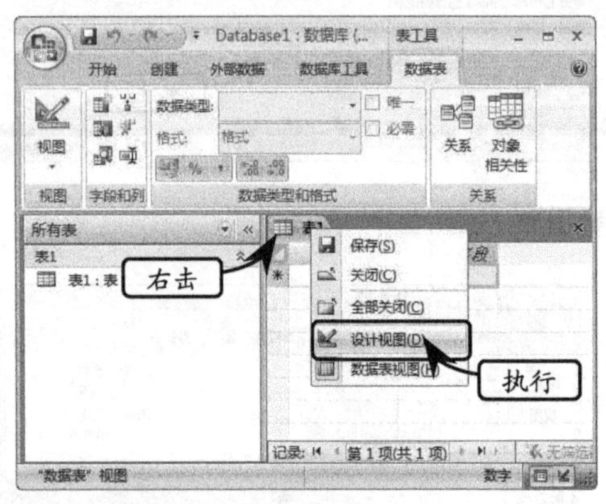

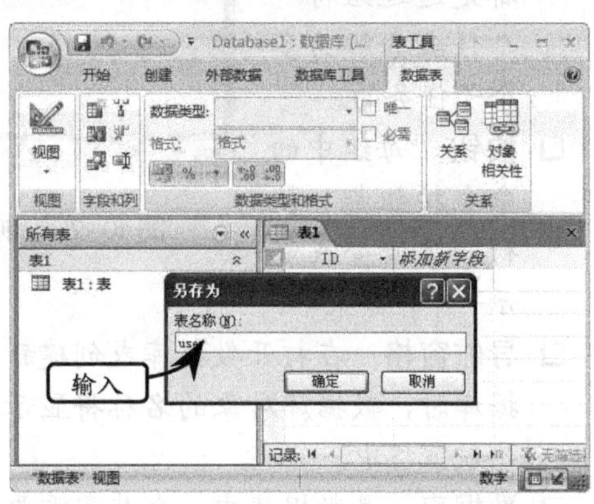

图 10-4　输入表名称

在【字段名称】文本框中输入“username”，并在【数据类型】下拉列表中选择【文本】选项，如图 10-5 所示。

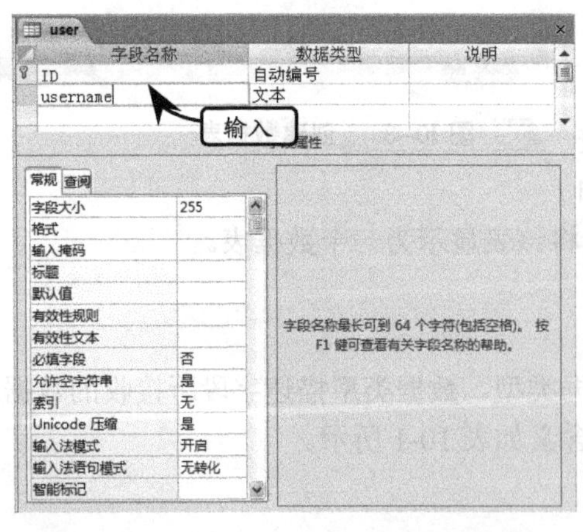

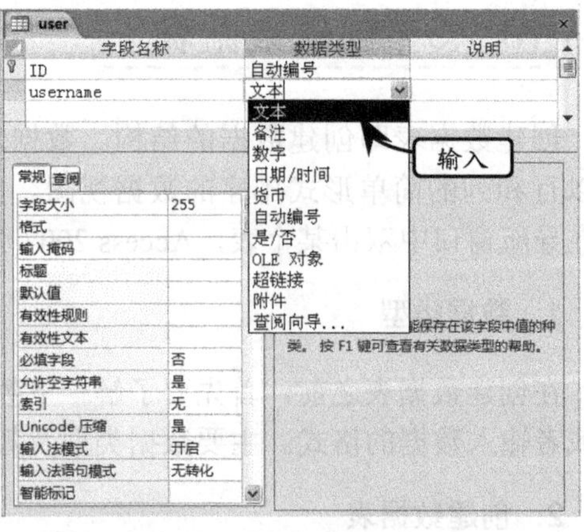

图 10-5　设置字段名和数据类型

此时，可以在【字段属性】的【常规】选项卡中，将【字段大小】修改为“10 个字符”，如图 10-6 所示。另外，也可以根据用户的需要修改其他选项。

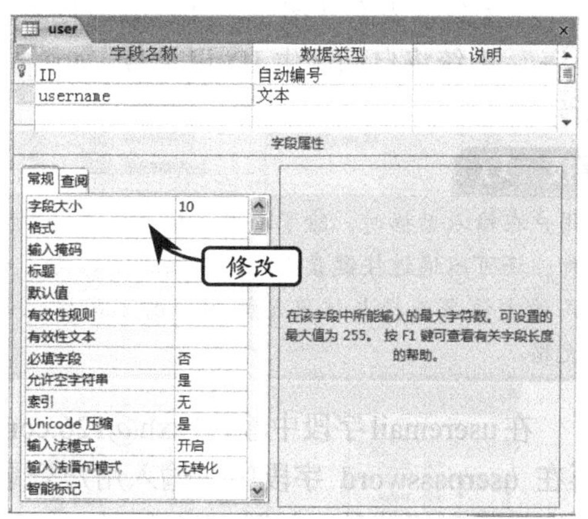

图 10-6　添加其他字段

10.1.4　向表中添加数据

创建数据表后，即可向该数据表中输入数据。数据表的每一行也称为记录，而每一列也称为字段。记录是一种用来组合某事项的相关信息的有效且一致的方法；字段是单个信息项，即出现在每条记录中的项类型。

因此，要准确而迅速地在 Access 数据库中输入数据，需要先了解一些有关数据库工作方式的知识。向 Access 2007 输入记录时，应注意下列内容。

- Access 将所有数据存储在一个或多个表中，使用的表数目取决于数据库的设计和复杂程度。
- 每个表应只接受一种类型的数据。
- 通常，表中的每个字段只接受一种类型的数据。例如，不能将注释存储在设置为接受数字的字段中。
- 除了一些特殊情况外，记录中的字段应该只接受一个值。例如，不能在一个地址字段中输入多个地址。
- 在较早版本的 Access 中，必须至少设计和创建一个表，才能输入数据。用户必须决定将哪些字段添加到表中，并且必须设置每个字段的数据类型。在 Access 2007 中，现在可以打开一个空白表并开始输入数据。Access 将根据输入的内容推断一种数据类型。

一般，用户需要切换至【数据表】视图方式输入数据。例如，右击【user 数据表】标签，执行【数据表视图】命令，如图 10-7 所示。

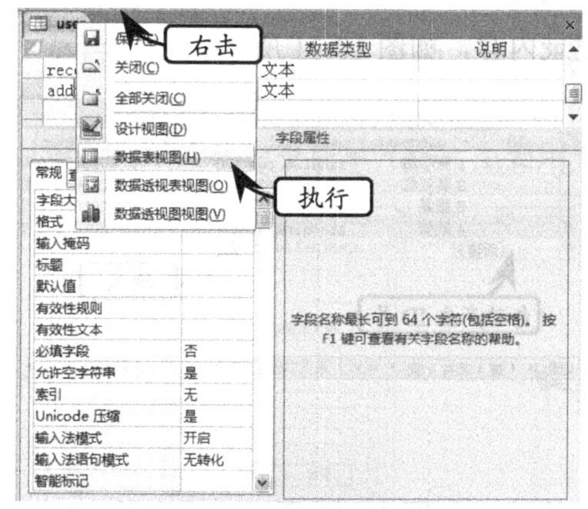

图 10-7　切换视图方式

10.2.2 ODBC 数据源

ODBC（Open Database Connectivity，开放数据库互连）是微软公司开放服务结构中有关数据库的一个组成部分，它建立了一组规范，并提供了一组对数据库访问的标准 API（应用程序编程接口）。

首先，在【控制面板】中，双击【管理工具】图标，打开【管理工具】窗口，在该窗口中，再单击【数据源（ODBC）】图标，如图 10-15 所示。

然后，在弹出的【ODBC 数据源管理器】对话框中打开【系统 DSN】选项卡，单击【添加】按钮，如图 10-16 所示。在弹出的【创建数据源】对话框中，选择列表中的 Microsoft Access Driver（*.mdb，*.accdb）选项，并单击【完成】按钮，如图 10-17 所示。

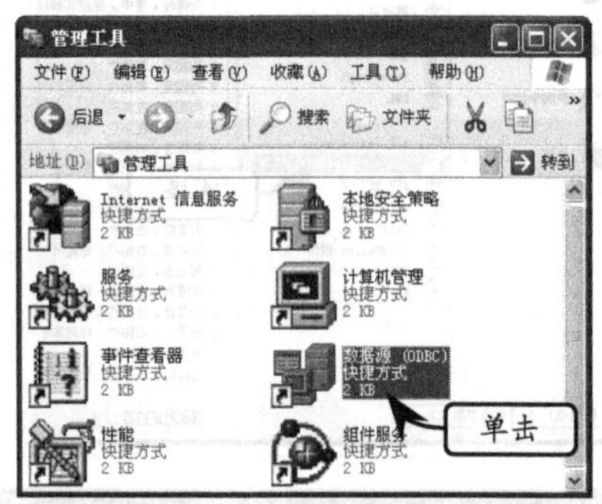

图 10-15　单击【数据源】图标

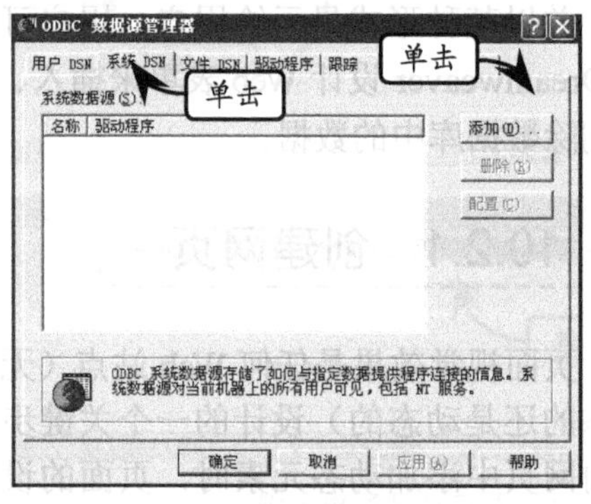

图 10-16　添加系统 DSN

其次，在弹出的【ODBC Microsoft Access 安装】对话框中，单击【选择】按钮。在弹出的【选择数据库】对话框中，单击数据库目录，并选择数据库，单击【确定】按钮。返回到【ODBC Microsoft Access 安装】对话框中，输入【数据源名】为“shuj”，如图 10-18 所示。

最后，返回到【ODBC Microsoft Access 安装】对话框中，单击【确定】按钮，此时，将返回到【ODBC 数据源管理器】对话框中，显示所添加的驱动程序，单击【确定】按钮完成操作，如图 10-19 所示。

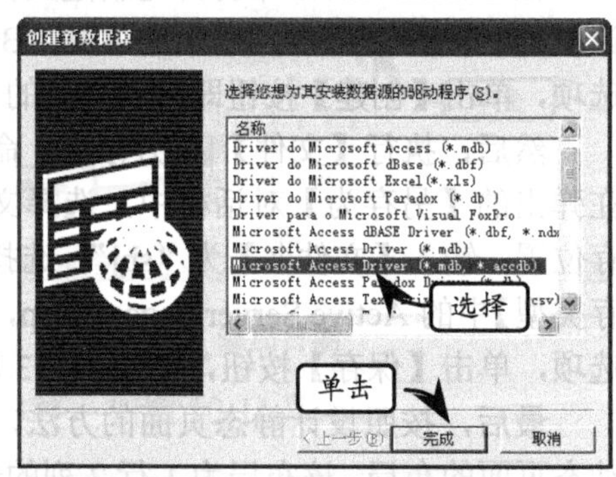

图 10-17　选择数据源驱动程序

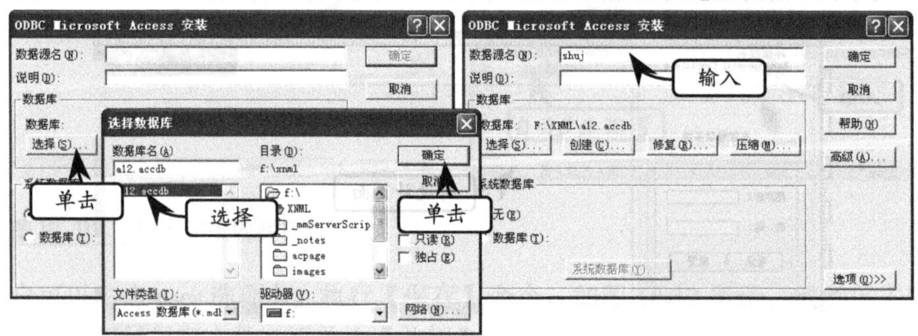

图 10-18　选择数据库

10.2.3 数据库连接

在 Dreamweaver 中，要连接数据源必须先安装 IIS 服务器，并创建 ODBC 数据源。首先执行【窗口】|【数据库】命令，打开【数据库】面板。

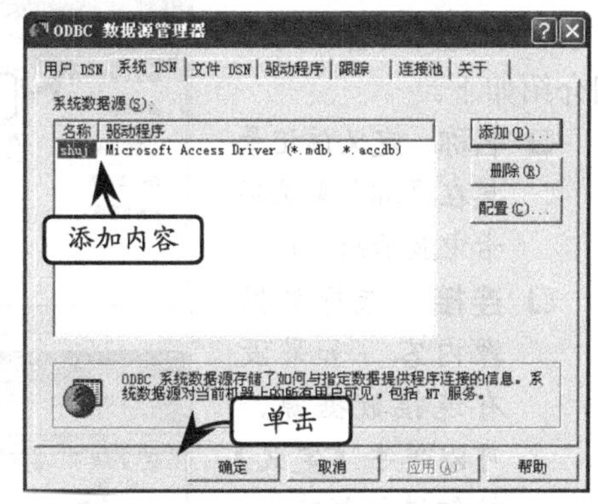

图 10-19 显示所添加的驱动程序

然后，在【数据库】面板中，单击【添加】按钮，执行【数据源名称（DSN）】命令。在弹出的【数据源名称（DSN）】对话框中，输入【连接名称】为“shuj”，单击【测试】按钮，并在【数据源名称（DSN）】下拉列表中，选择 shuj 选项，单击【确定】按钮，即可连接数据库。此时，单击数据库前面的【展开】按钮，即可查看数据库结构及数据表内容，如图 10-20 所示。

最后，单击【确定】按钮。

10.3 向网页添加记录集

定义记录集或其他数据源并将其添加到【绑定】面板后，可以将该记录集所代表的动态内容插入到页面中。Dreamweaver 的菜单驱动型界面使添加动态内容元素变得非常简单，只需从【绑定】面板中选择动态内容源，然后将其插入到当前页面内的相应文本、图像或表单对象中即可。

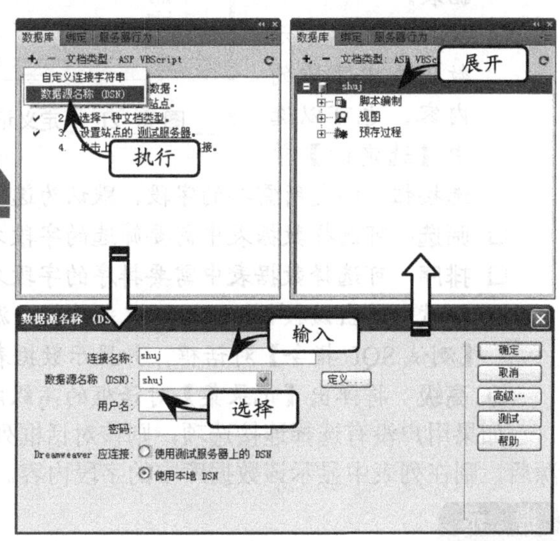

图 10-20 连接数据库

10.3.1 定义记录集

记录集是数据库查询的结果，它可以提取请求的特定信息，并允许在指定页面内显示该信息。可以根据包含在数据库中的信息和要显示的内容来定义记录集。

打开【绑定】面板，单击【加号】按钮，并执行【记录集（查询）】命令。然后，在弹出的【记录集】对话框中的【连接】下拉列表中选择 shj 选项。

此时，在【绑定】面板中，可以查看所添加的动态记录集，以及数据库的字段内容，如图 10-21 所示。

注 意

在创建记录集之前，用户需要先创建一个动态网页，如 ASP 页面（在下面的内容中，将描述创建过程）；否则将弹出错误信息。

【记录集】对话框包含了多个设置内容，其详细介绍如下。

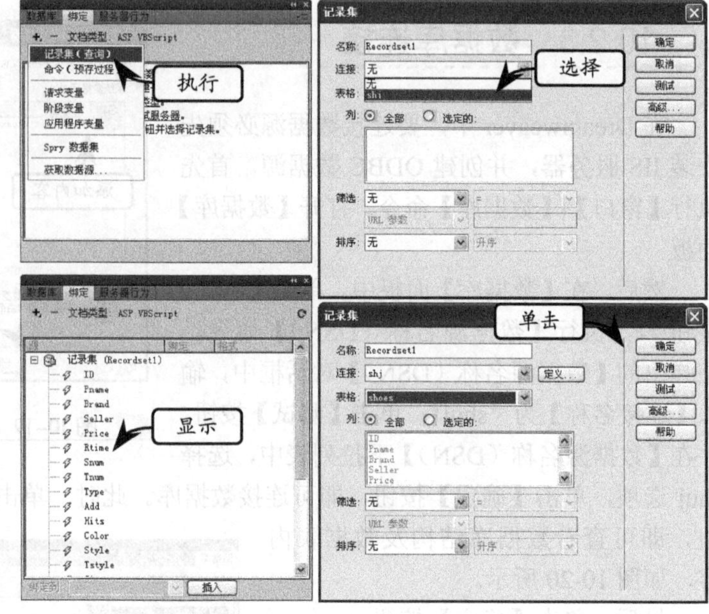

图 10-21 定义记录集

- ❑ **名称** 定义该记录集在【绑定】选项卡中显示的名称。
- ❑ **连接** 选择数据源内容。如果没有连接数据源，可以单击【定义】按钮进行创建。
- ❑ **表格** 选择数据源中所需要的数据表。
- ❑ **列** 在列中显示数据表中字段的内容。也可以选中【选定的】单选按钮，指定所需要的字段，默认为选中【全部】单选按钮。
- ❑ **筛选** 可选择数据表中需要筛选的字段名。
- ❑ **排序** 可选择数据表中需要排序的字段名。
- ❑ **测试** 单击该按钮，可以测试当前数据源是否连接成功。如果连接成功，则弹出【测试 SQL 指令】对话框，并显示数据表内容。
- ❑ **高级** 将弹出【记录集】对话框的高级内容，如 SQL、参数、数据库项等。

如果用户没有选择连接选项，则该对话框列表将以“空白”显示；而用户选择数据源后，则在列表中显示该数据库中的字段内容。

提 示

不同的技术可能使用不同的术语来表示记录集，如在 ASP 和 ColdFusion 中，记录集被定义为查询；在 JSP 中，记录集被称为结果集；ASP.NET 将记录集称为数据集。

提 示

如果用户需要删除记录集或者【数据库】面板中的数据源时，可选择需要删除的内容，单击【减号】按钮即可。

10.3.2 绑定动态数据

在【绑定】面板或者【插入】面板中，都可以向动态页面中添加数据库内容。

1. 添加单个动态记录

在页面中创建一个表格，选中显示图片的单元格，并选择【绑定】面板中的 Simage

选项，单击【插入】按钮。此时，将在单元格中显示插入内容，并逐个添加其他字段，如图10-22所示。

按 F12 键可以浏览动态文本效果，如图10-23所示。在该网页中，将显示数据表中的第1条记录。

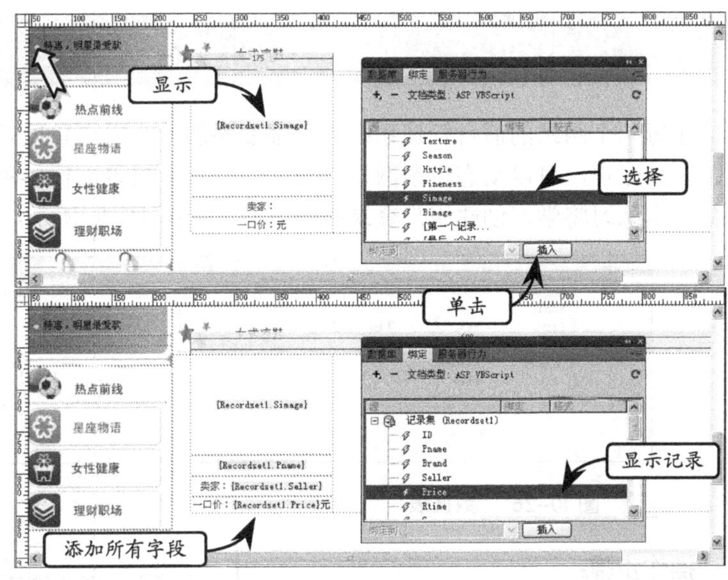

图 10-22　插入字段内容

2. 添加动态表格

用户除了通过【插入】面板将动态文本插入到相应的单元格外，还可以直接插入动态表格。

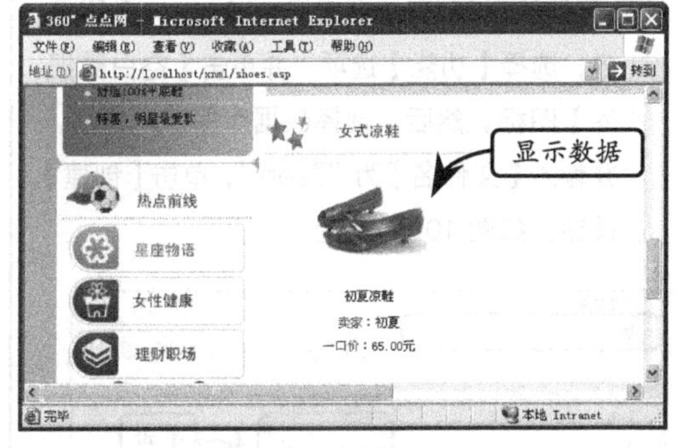

图 10-23　显示动态文本效果

单击【数据】选项卡中的【动态数据】左侧的下三角按钮，执行【动态表格】命令，在【动态表格】对话框中，选择默认设置，单击【确定】按钮，如图 10-24 所示。

按 F12 键预览所添加的动态表格效果，如图 10-25 所示。在该表格中，将显示 10 条记录。

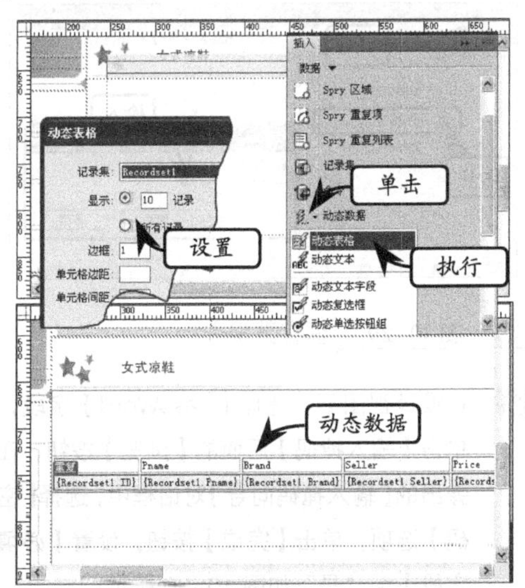

图 10-24　插入动态表格

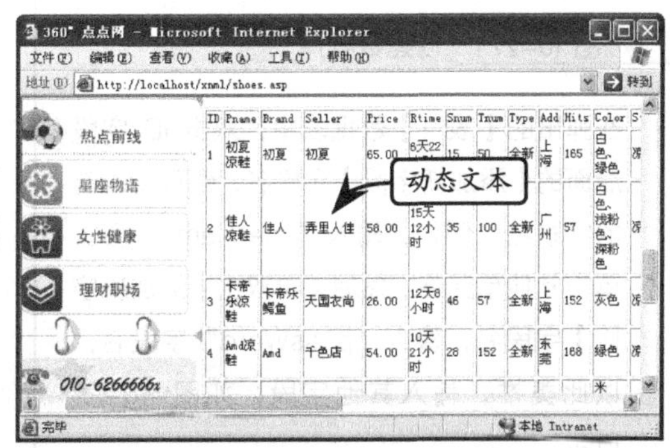

图 10-25　预览动态表格效果

10.4 课堂练习：用户登录后台数据表

在每一个网站的后台管理系统中，都要添加一个用户登录后台的登录页面。通过添加管理员账户，可以动态更新网站，为网站的管理权限进行加密，保障网站系统的安全运行。本练习将学习创建用户登录的数据表，如图 10-26 所示。

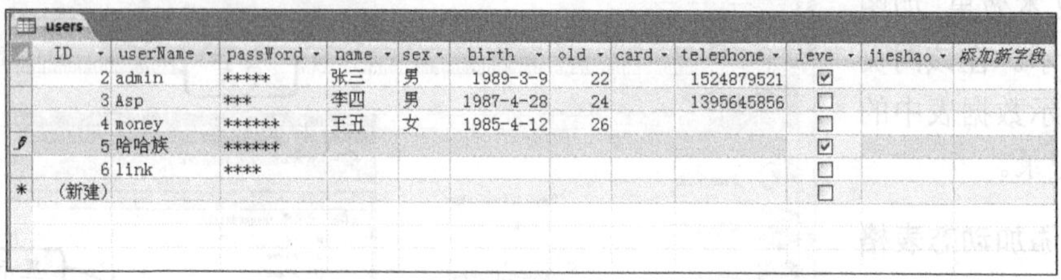

users

ID	userName	passWord	name	sex	birth	old	card	telephone	leve	jieshao	添加新字段
2	admin	*****	张三	男	1989-3-9	22		1524879521	☑		
3	Asp	***	李四	男	1987-4-28	24		1395645856	☐		
4	money	******	王五	女	1985-4-12	26			☐		
5	哈哈族	******							☑		
6	link	****							☐		
(新建)									☐		

图 10-26 数据表

操作步骤：

1 启动 Access 2007 数据库组件，在弹出的【开始使用 Microsoft Office Access】界面中，选择【功能】选项，并单击【空白数据库】图标。然后，选择数据库保存的位置，并输入【文件名】为“users”，单击【创建】按钮，如图 10-27 所示。

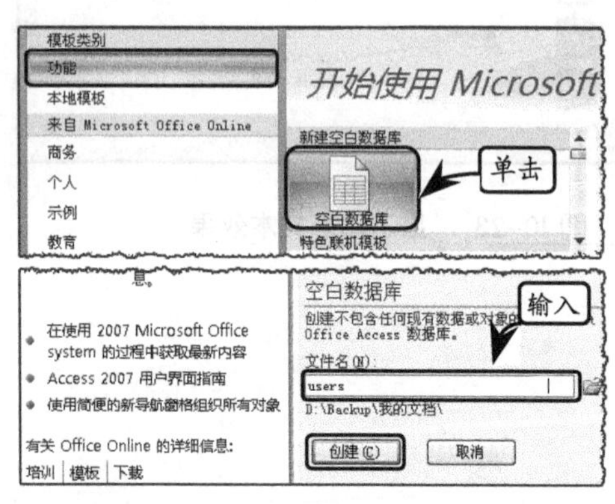

图 10-27 创建数据库

2 在弹出的【表 1】数据表中，双击 ID 字段后面的【添加新字段】字段名，即可输入新的字段名。例如，输入“userName”后，单击其他单元格。然后，再双击【添加新字段】字段名，输入“passWord”字段名，以此类推，输入其他字段，如图 10-28 所示。

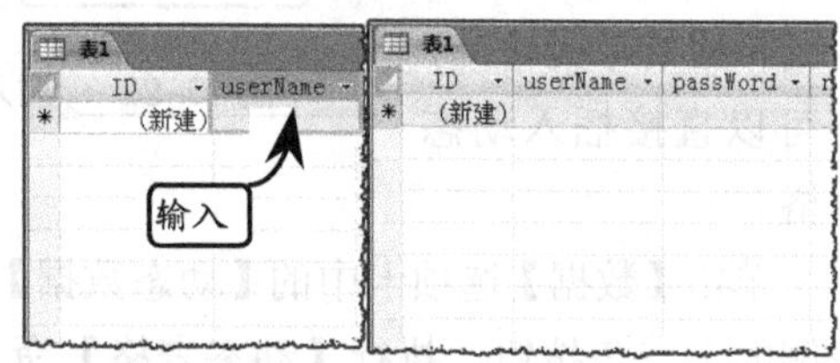

图 10-28 添加字段

3 输入完成后，右击【表 1】选项卡，执行【设计视图】命令，在弹出的【另存为】对话框中，输入【表名称】为“users”，单击【确定】按钮，如图 10-29 所示。

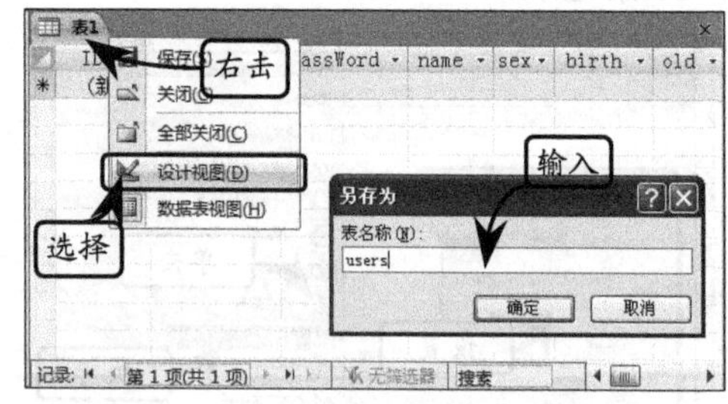

图 10-29 保存数据表

4 在设计视图下，选择【passWord】字段，单击【输入掩码】后面的【浏览】按钮，在弹出的【输入掩码向导】对话框中，选择【密码】选项，单击【完成】按钮，设置【必填字段】为“是”如图 10-30 所示。

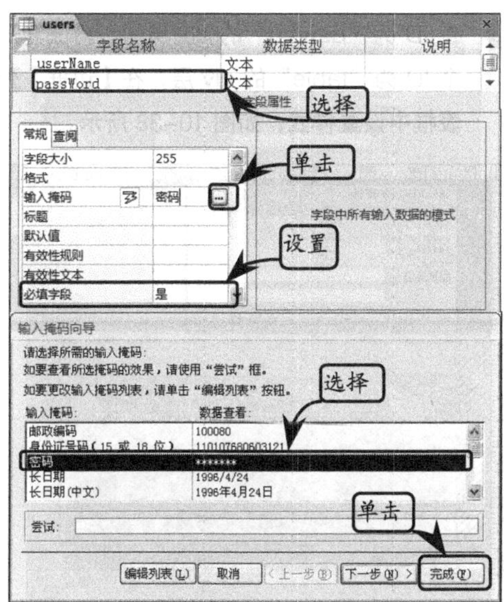

图 10-30 设置密码样式格式

5 选择 birth 字段，设置【数据类型】为“日期/时间”；在【常规】选项卡中设置【格式】为“短日期”，如图 10-31 所示。

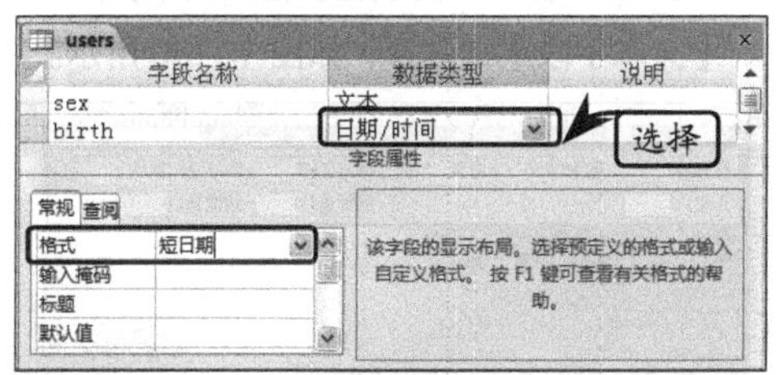

图 10-31 设置数据类型

6 分别选择 old、card、telephone 字段，设置【数据类型】为“数字”；设置 leve 字段的【数据类型】为“是/否”；设置 jieshao 字段的【数据类型】为“备注”，如图 10-32 所示。

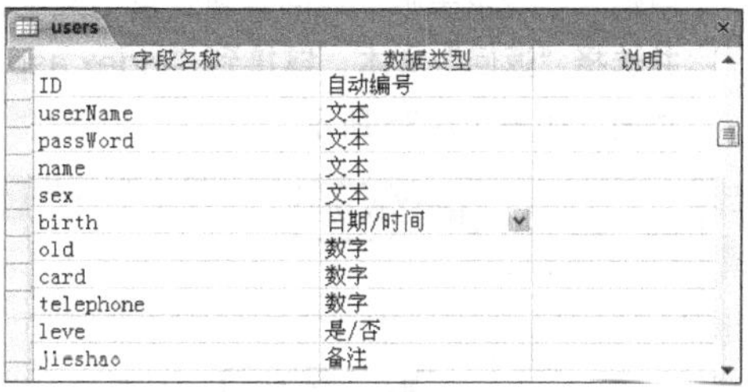

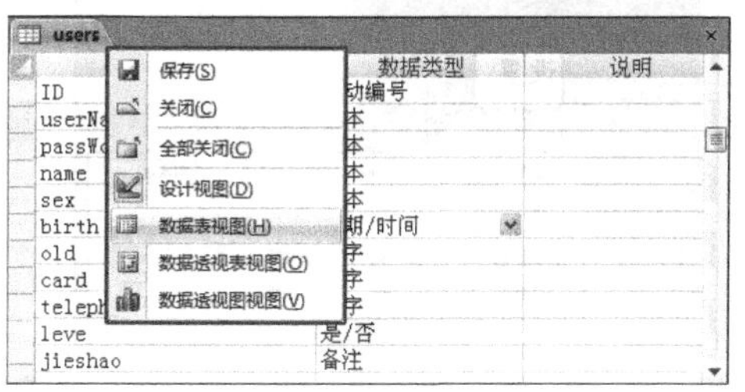

字段名称	数据类型	说明
ID	自动编号	
userName	文本	
passWord	文本	
name	文本	
sex	文本	
birth	日期/时间	
old	数字	
card	数字	
telephone	数字	
leve	是/否	
jieshao	备注	

图 10-32 设置数据类型

提 示

可以根据自己的需求在【常规】选项卡中设置其他的数据类型。

7 右击 users 数据库选项卡，选择【数据表视图】选项，在弹出的提示信息框中，单击【是】按钮保存数据表，并将数据表从设计视图切换到数据表视图，如图 10-33 所示。最后，在数据表中输入数据即可。

图 10-33 切换视图方式

10.5 课堂练习：登录信息验证

登录信息验证可以确认用户的身份，使不同的用户登录到不同的网页中。在登录过程中，可以通过在数据库中存放的用户信息，判断是否登录到指定的网页，如果登录失败将跳转到其他的网页中，并给出一定的错误提示。本练习将练习制作后台登录窗口，并验证用户身份是否合法，如图 10-34 所示。

图 10-34 登录窗口

字段；设置连接验证数据库为“users”，并设置表和字段列；再连接登录成功和登录失败页面，单击【确定】按钮，如图 10-45 所示。

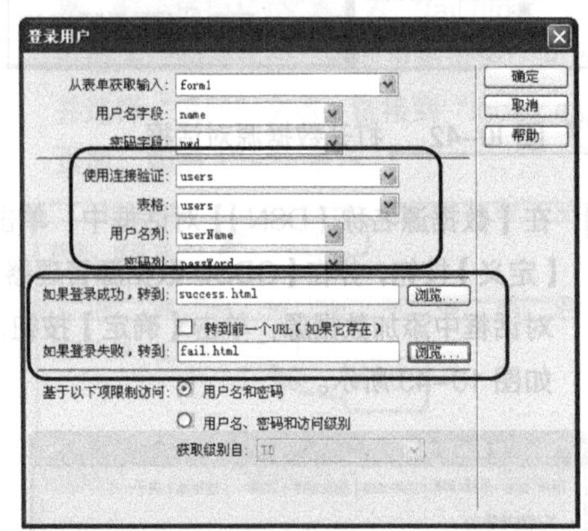

图 10-45　设置【登录用户】对话框

12 保存文档，打开浏览器预览登录窗口，输入用户名及密码，单击【登录】按钮，如图 10-46 所示。

图 10-46　预览登录页面

13 如果用户名和密码正确，将跳转到“success.html”页面；如果用户名或密码错误，则跳转到“fail.html”页面。

10.6　课堂练习：信息反馈表

信息反馈是把输出的信息的一部分再输送回来，用以同目标对比，及时发现偏差，加以纠正，从而调节输出的过程。信息反馈是信息的收集、传递及使用过程中的一个重要环节。本练习通过表单来制作信息反馈表，来收集信息，从而将信息存储到数据库中，其整体效果如图 10-47 所示。

图 10-47　信息反馈页面

操作步骤：

1 先创建“success.html”页面，在页面中输入“发表成功！返回页面”，并选择“返回”文本，链接到“index.asp”页面，如图 10-48

所示。

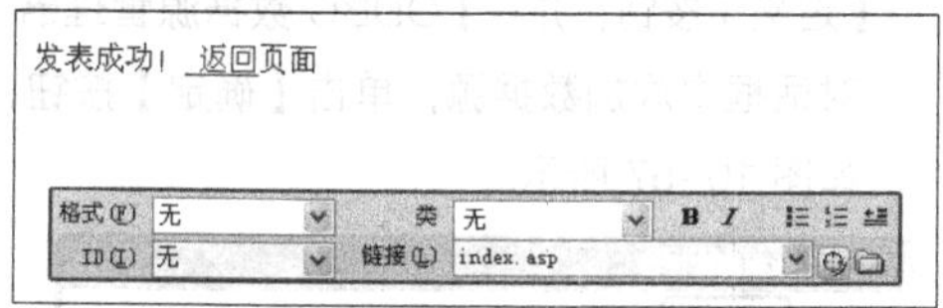

图 10-48 创建链接的页面

2 打开素材页面"index.asp"，将看到"创建信息反馈表"文本，如图 10-49 所示。

图 10-49 打开素材页面

3 删除该文本，单击【插入】面板下【表单】列表中的【表单】按钮，再插入一个表单，如图 10-50 所示。

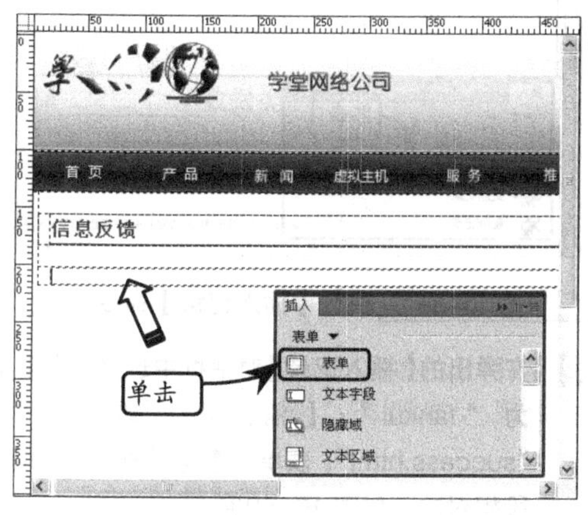

图 10-50 插入表单

4 在表单中，插入一个 9 行×4 列、【宽】为"700 像素"的表格，在【属性】检查器中，设置【对齐】方式为"居中对齐"；【填充】为"2"，如图 10-51 所示。

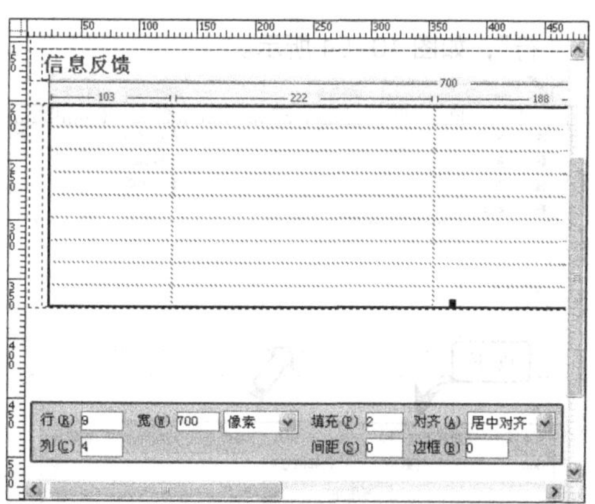

图 10-51 插入表格

5 在表格的第 1 列和第 3 列分别输入相应的文本，合并"标题"、"反馈内容"这 2 行的后 3 列，如图 10-52 所示。

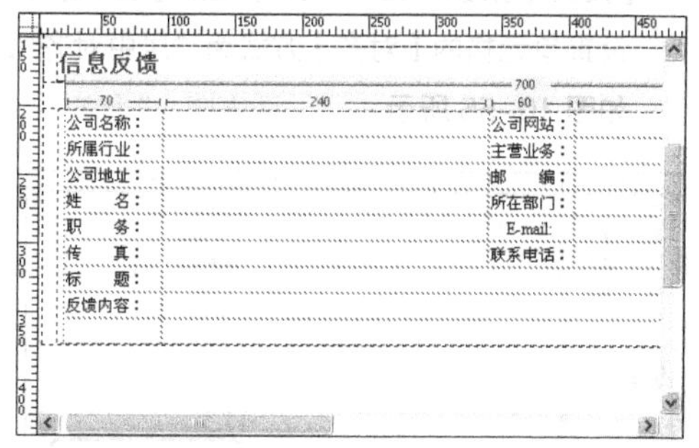

图 10-52 输入文本

6 执行【表单】选项中的【文本字段】命令，在对应的文本的下 1 列插入【文本字段】文本框，如图 10-53 所示。

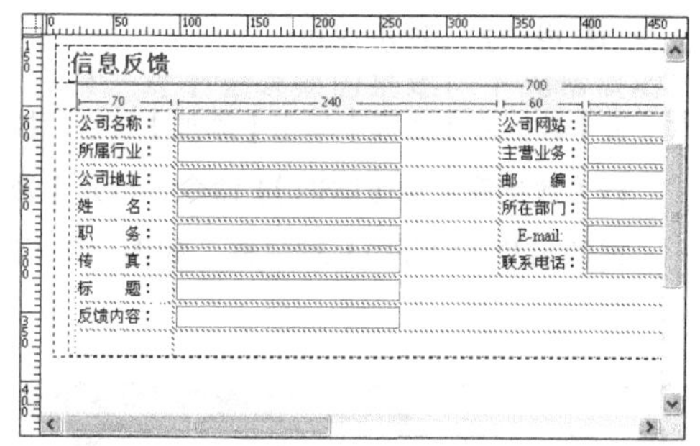

图 10-53 插入【文本字段】文本框

7 选择"反馈内容"文本后的【文本字段】文本框，在【属性】检查器中设置【字符宽度】为"60"；【行数】为"8"；【类型】为"多

a标签，在【a的CSS规则定义】对话框中设置标签a的CSS样式，如图11-19所示。

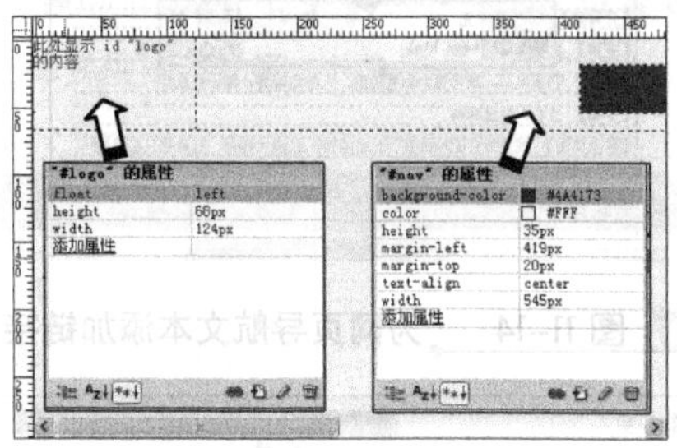

图11-18　嵌套并设置Div层

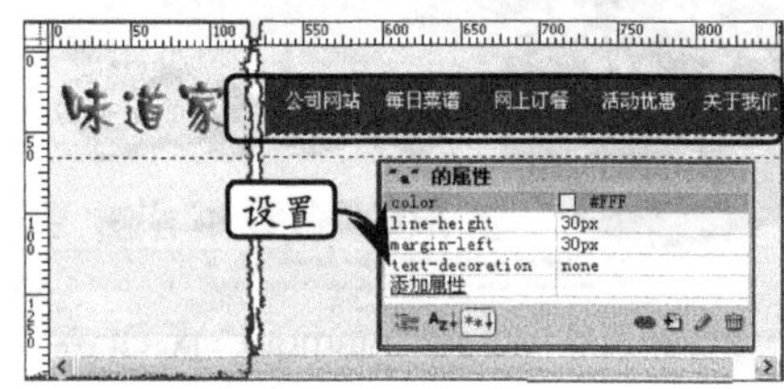

图11-19　设置ID为"logo"和"nav"的Div层

5 创建ID为"content"的Div层，在【#content的CSS规则定义】对话框中设置width为"1003px"；height为"700px"；margin-top、margin-buttom均为"0px"；margin-left、margin-right均为"auto"，如图11-20所示。

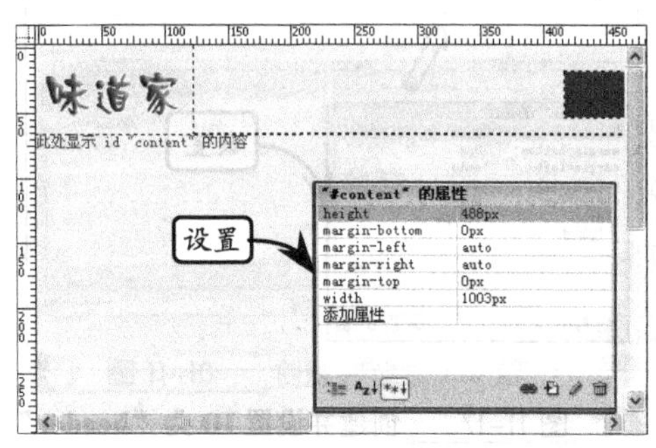

图11-20　创建ID为"content"的Div层

6 将光标置于ID为"content"的Div层中，单击【插入】面板中【可编辑区域】按钮，在弹出的【新建可编辑区域】对话框，单击【确定】按钮，页面会显示一个可编辑区域，如图11-21所示。

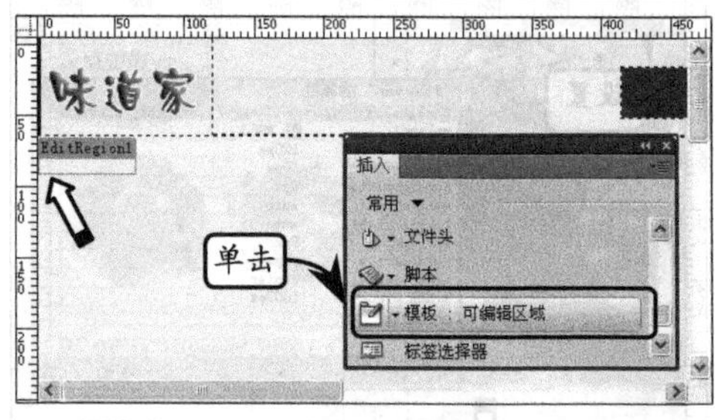

图11-21　执行【可编辑区域】命令

7 创建一个ID为"footer"的Div层，并在【#footer的CSS规则定义】对话框中设置CSS样式，然后输入文本，如图11-22所示。

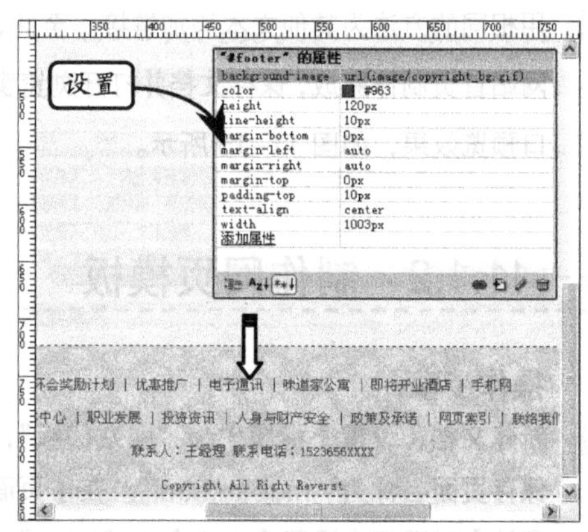

图11-22　创建并设置ID为"foorter"的Div层

8 此时，执行【文件】|【另存为模板】命令，在弹出的【另存为模板】对话框中的【另存为】文本框中输入"restunt"，单击【保存】按钮完成文件的保存，如图11-23所示。

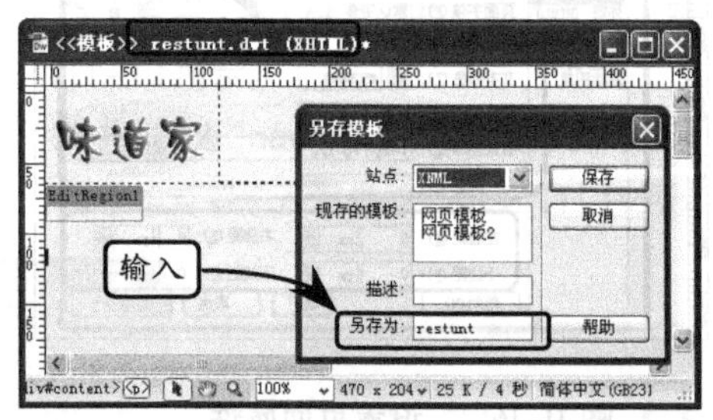

图11-23　保存模板

提 示

保存文件后，站点文件夹里会自动创建一个名为"Templates"的文件夹，新建的模板将保存在里面，其文件扩展名为.dwt。

11.1.3 制作网站内部页面

操作步骤：

1 执行【文件】|【新建】命令，在弹出的【新建文档】对话框中选择【模板中的页】选项，在【站点"XNML"的模板】列表中选择restunt选项，如图11-24所示。

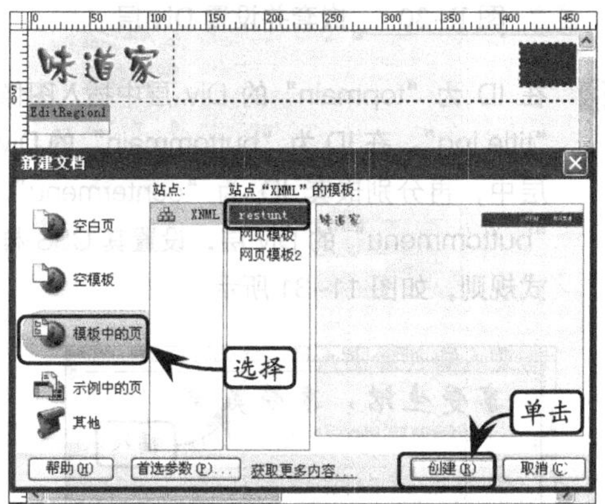

图 11-24 使用模板

2 将新建的文档保存为"menu.html"。将光标置于可编辑区域，分别插入ID为"leftmain"、"rightmain"的Div层，并设置CSS样式规则，如图11-25所示。

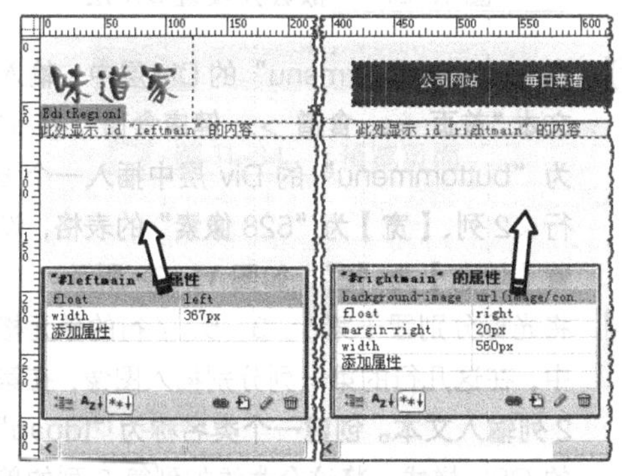

图 11-25 创建并设置 Div 层

3 在ID为"leftmain"的Div层中，分别嵌套ID为"leftbanner"、"listpic"的Div层，设置其CSS样式规则。在ID为"leftbanner"的Div层中插入图像"main1_img.jpg"，如图11-26所示。

图 11-26 嵌套 Div 层

4 在ID为"listpic"的Div层中，分别嵌套ID为"pic"、"listmain"的Div层，设置CSS样式规则；在ID为"pic"的Div层中插入图像，在ID为"listmain"的Div层中插入一个9行×1列、【宽】为"181像素"的表格，如图11-27所示。

5 在第1行的单元格中插入图像"left_title2.jpg"。新建类名称为"tdbg"的CSS样式，在弹出的【.tdbg的CSS规则定义】对话框中设置CSS样式。将光标分别置于第2至7行的单元格中，在【属性】检查器中设置【类】为"tdbg"；单元格【水平】对齐方式为"居中对齐"，如图11-28所示。

均为“auto”，如图 11-46 所示。

图 11-45　显示导航条效果

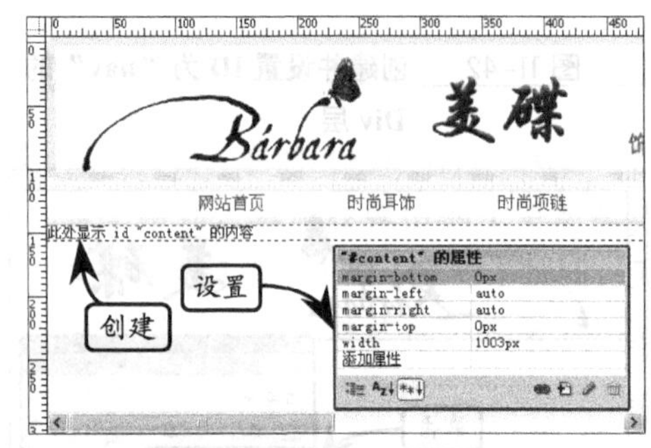

图 11-46　创建 ID 为“content”的 Div 层

8 在 ID 为“content”的 Div 层中嵌套两个 Div 层，ID 分别为“leftmain”和“rightmain”，如图 11-47 所示。

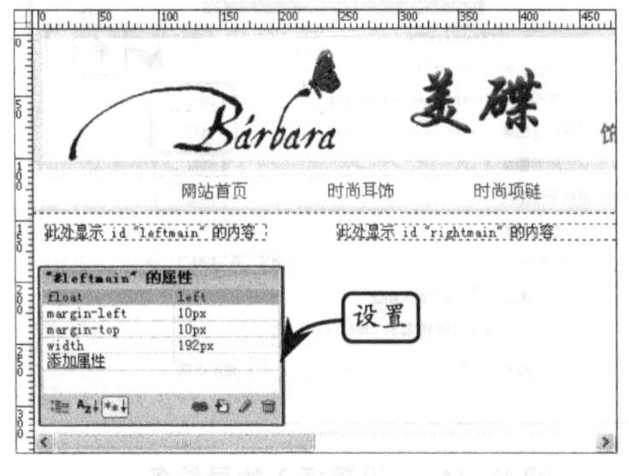

图 11-47　嵌套 Div 层并设置样式

9 在 ID 为“leftmain”的 Div 层中，插入一个 9 行×1 列、【宽】为“182 像素”的表格；创建一个类名称为“tdbg”的 CSS 样式，在第 1 行的单元格中插入图像“leftmulu.jpg”，其他行的单元格使用该类，并输入文本，如图 11-48 所示。

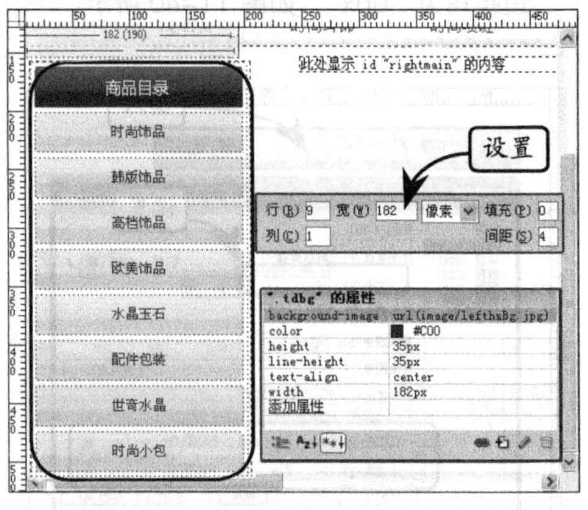

图 11-48　设置表格

10 将光标置于 ID 为“rightmain”的 Div 层中，单击【插入】面板中【布局】列表下的 IFRAME 按钮，进入【拆分】模式，如图 11-49 所示。

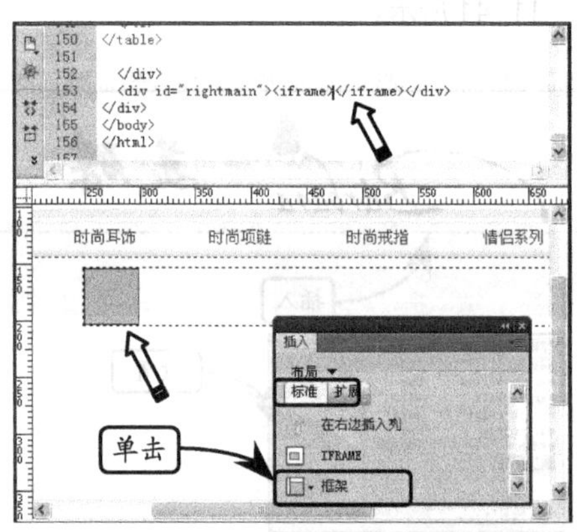

图 11-49　插入浮动框架页面

11 将光标放置在【代码视图】的浮动框架标签中，设置浮动框架的宽度、高度、名称、边框等属性，如图 11-50 所示。

提　示

<iframe width="740" height="550" src="ssxiang.html" scrolling="no" frameborder="0" name="content">。其中 src 为浮动框架中所显示的页面路径；frameborder 为浮动框架的边框；scrolling 网页中是否可出现滚动条。

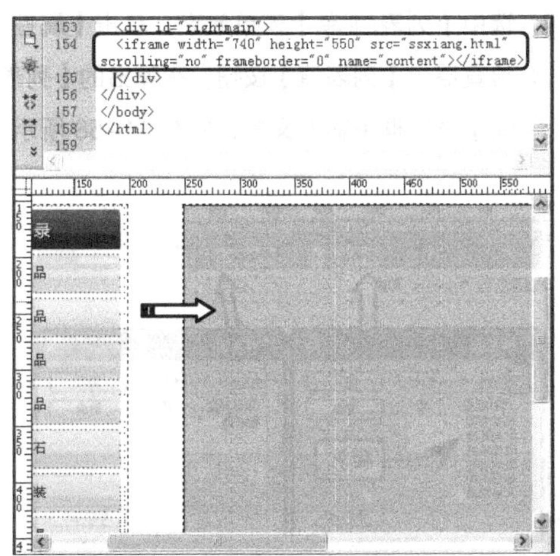

图 11-50 设置浮动框架属性

12 在页面最底部创建 ID 为“footer”的 Div 层，在弹出的【#footer 的 CSS 规则定义】对话框中设置其样式。最后输入文本，如图 11-51 所示。

13 至此，网页固定页面制作已经完成，保存文档，打开浏览器预览效果，如图 11-52 所示。

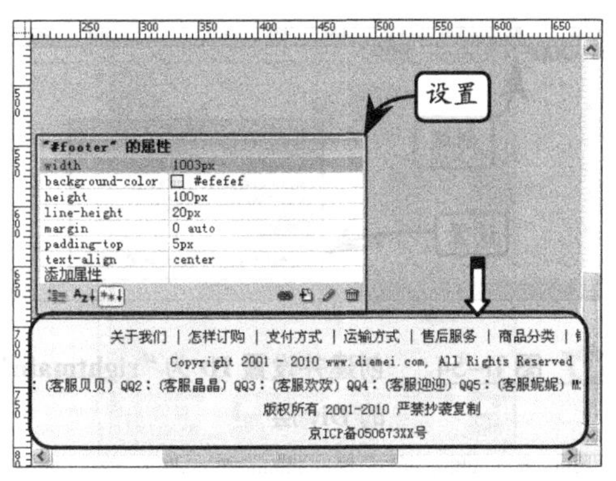

图 11-51 创建并设置 ID 为“footer”的 Div 层

图 11-52 网页固定页效果

11.2.2 制作网站首页

操作步骤：

1 新建文档，在【标题】栏中输入“时尚耳饰”，然后在【页面属性】对话框中设置页面属性，保存文档名称为“ssxiang.html”，如图 11-53 所示。

2 创建 ID 为“rightmain”的 Div 层，在【#rightmain 的 CSS 规则定义】对话框中设置样式，如图 11-54 所示。

3 在 ID 为“rightmain”的 Div 层中，分别嵌套 ID 为“search”、“listmain”的 Div 层，分别设置其 CSS 样式，如图 11-55 所示。

图 11-53 设置新页面

11.3　制作豪宅别墅网站

豪宅别墅网站是一个商业性的网站，有别墅介绍、别墅展示、出租别墅、别墅定制等。由于各页面均采用相同的 banner、导航菜单和版尾，也为了更加快速地制作出整个网站，这里采用了框架网页来显示整个网站页面效果，如图 11-75 所示。

图 11–75　豪宅别墅网站效果

11.3.1　制作网站框架

操作步骤：

1. 新建文档，单击【布局】列表中的【上方和下方框架】按钮 框架：上方和下方框架，创建包含 3 个网页的框架集，如图 11–76 所示。

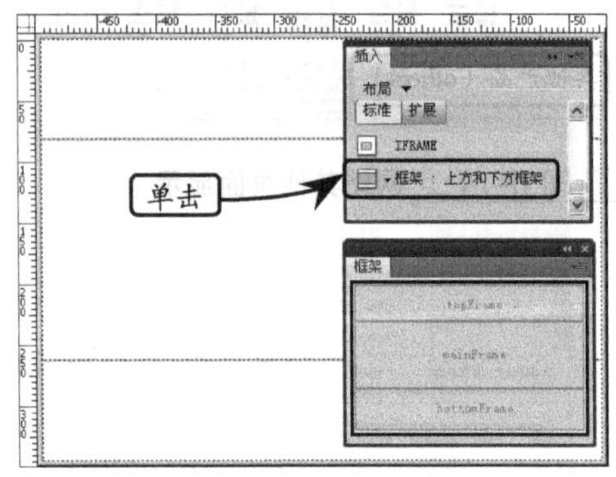

图 11–76　创建框架集

2. 选中框架集后，在【属性】检查器中设置上方框架网页【行】为“155”，中间的框架网页【行】为“380”和下方框架网页【行】为“80”，并在设置【标题】为“豪宅别墅网站”，如图 11–77 所示。
3. 执行【文件】|【保存】命令，首先保存框架集网页名称为“index.html”；再保存上面的框架网页名称为“banner.html”；然后保存中间的框架网页名称为“home.html”，最后保存下方的框架网页名称为“footer.html”，如图 11–78 所示。
4. 将光标置于“banner.html”框架网页中，在【页面属性】对话框中设置【大小】为“11px”；【背景颜色】为“黄色”（#fbf6ec）；

【边距】均为“0px”，如图 11-79 所示。

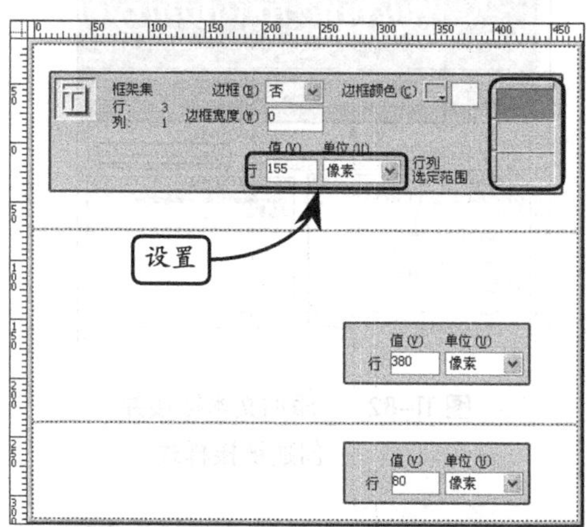

图 11-77 设置框架集属性

5 按相同的方法设置“home.html”框架网页和“footer.html”框架网页的页面属性。至此，框架集的基本属性设置已经完成，下面开始分别制作框架网页。

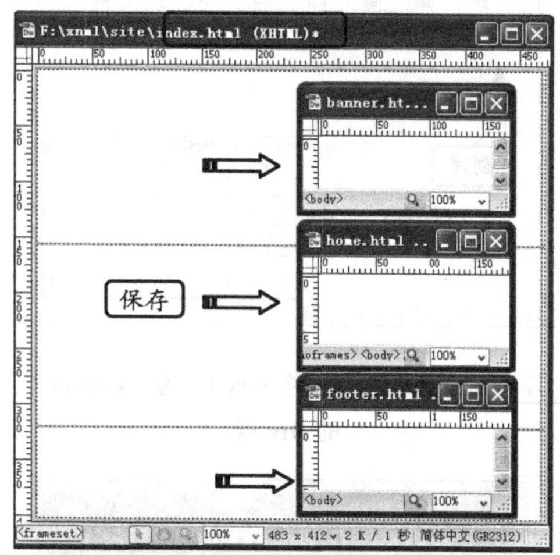

图 11-78 保存框架网页

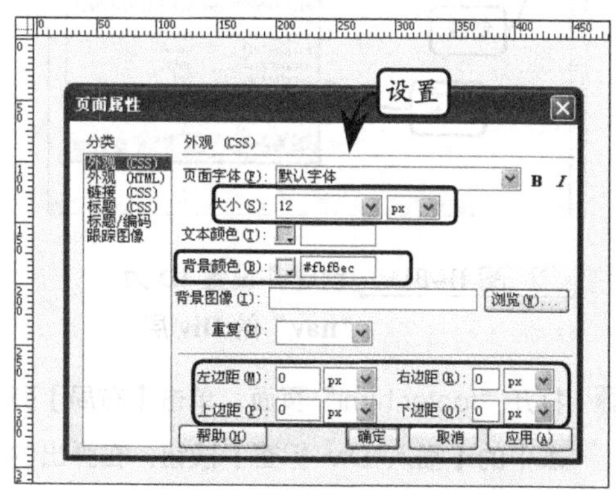

图 11-79 设置框架网页属性

11.3.2 制作版头版尾网页

操作步骤：

1 关闭具有框架集的网页文档。打开“banner.html”网页，单击【布局】列表中的【插入 Div 标签】按钮，创建 ID 为“header”的 Div 层，在弹出的【#header 的 CSS 规则定义】对话框中设置其样式，如图 11-80 所示。

2 在 ID 为“header”的 Div 层中插入图像“header.jpg”。然后再创建 ID 为“nav”的 Div 层，并在弹出的【#nav 的 CSS 规则定义】对话框中设置其样式，如图 11-81 所示。

3 将光标置于 ID 为“nav”的 Div 层中，输入文本。分别添加相应的链接，并为其创建外部链接样式修饰链接的文本，如图 11-82 所示。

4 至此，“banner.html”网页的基本制作已经完成，保存文档后，打开浏览器预览效果，如图 11-83 所示。

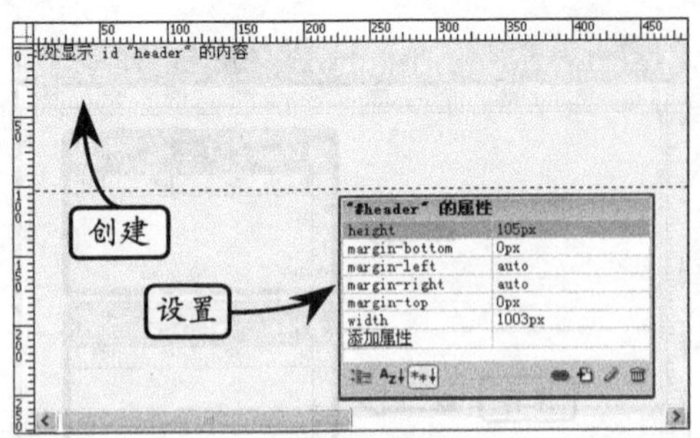

图 11-80 创建并设置 ID 为"header"的 Div 层

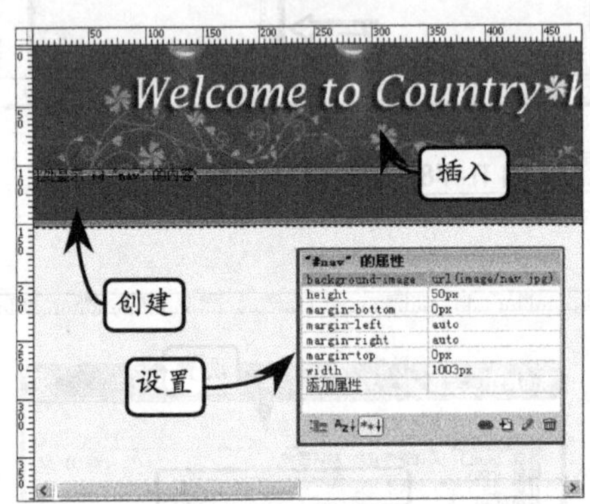

图 11-81 创建并设置 ID 为"nav"的 Div 层

5 打开"footer.html"页面，单击【布局】列表中的【插入 Div 标签】按钮，在弹出的【#footer 的 CSS 规则定义】对话框中设置其 CSS 样式，如图 11-84 所示。

6 将光标置于 ID 为"footer"的 Div 层中，输入文本。输入完成以后，保存文档，打开浏览器预览效果，如图 11-85 所示。

图 11-82 添加文本链接并创建链接样式

图 11-83 网页版头部分效果

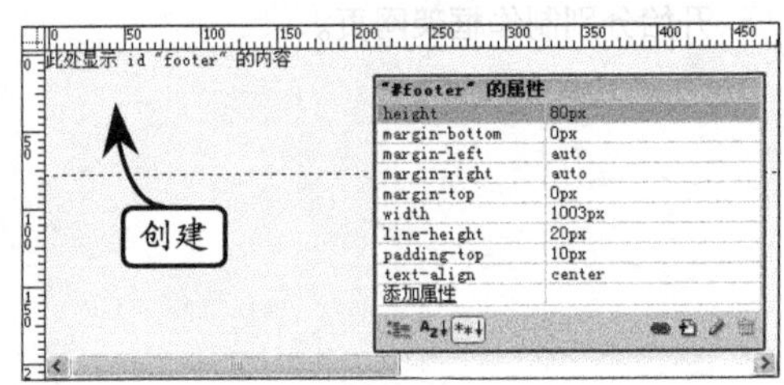

图 11-84 创建并设置 ID 为"footer"的 Div 层

图 11-85 网页版尾部分效果

11.3.3 制作主题网页

操作步骤：

1 打开"home.html"网页文档，单击【布局】列表中【插入 Div 标签】按钮，创建 ID 为"banner"的 Div 层，在弹出的【#banner 的 CSS 规则定义】对话框中，设置其 CSS 样式，如图 11-86 所示。

2 在 ID 为"banner"的 Div 层中分别嵌套 ID 为"pic"、"nav"的 Div 层，并设置其 CSS 样式，如图 11-87 所示。

3 在 ID 为"pic"的 Div 层中，插入图像"main01banner_05.jpg"，如图 11-88 所示。

4 将光标置于 ID 为"nav"的 Div 层中，插入一个 5 行×1 列、【宽】为“230 像素”的表格，并调整单元格的大小，如图 11-89 所示。

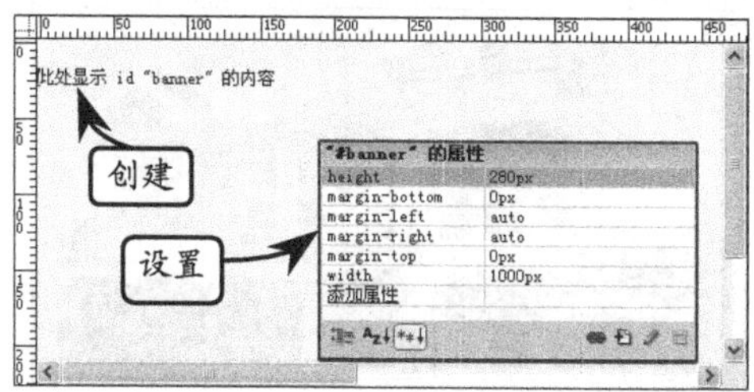

图 11-86　创建并设置 ID 为“banner”的 Div 层

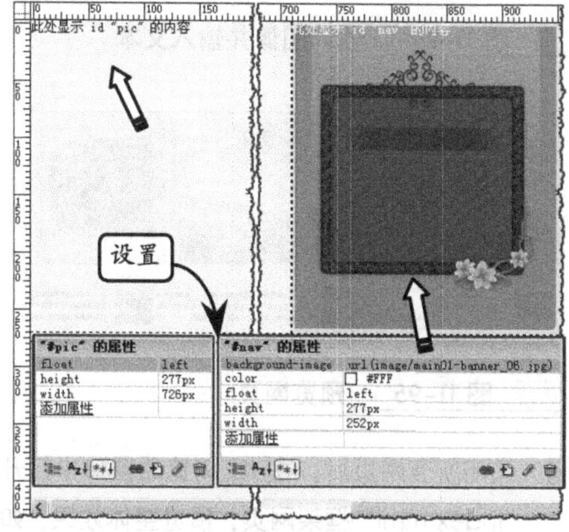

图 11-87　设置嵌套 Div 层

图 11-88　插入图像

5 在表格的第 2 行至第 5 行输入文本，并在【属性】检查器中设置【水平】对齐方式为“居中对齐”，如图 11-90 所示。

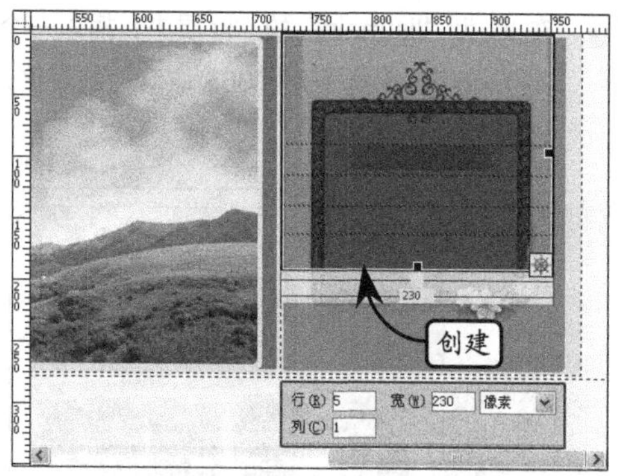

图 11-89　插入表格

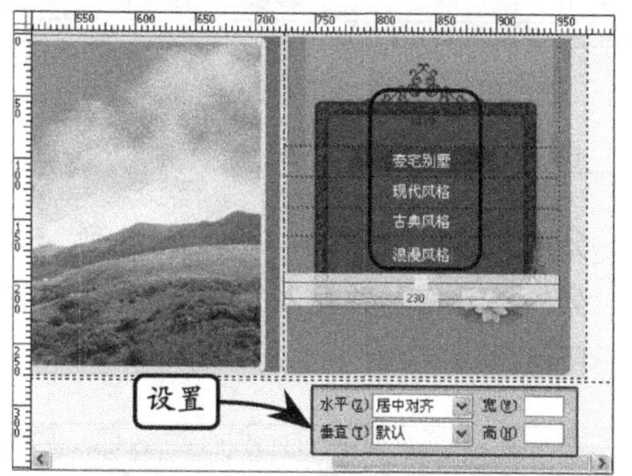

图 11-90　设置文本

6 在 ID 为“banner”的外部，创建 ID 为“listmain”的 Div 层，并在弹出的【#listmain 的 CSS 规则定义】对话框中设置其 CSS 样式，如图 11-91 所示。

图 11-91　创建并设置 ID 为“listmain”的 Div 层

7 在ID为“listmain”的Div层中，插入一个2行×6列、【宽】为“968像素”的表格，如图11-92所示。

图 11-92 插入表格

8 分别合并第1行的1、2列，3、4列，5、6列的单元格，并输入文本，如图11-93所示。

图 11-93 合并单元格并输入文本

9 分别在第2行的第1、3、5列单元格中插入图像，在第2、4、6的单元格中输入文本，并对第2、6列文本添加【项目列表】符号，如图11-94所示。

10 至此，“home.html”网页的制作已经完成，保存文档后，打开浏览器预览效果，如图11-95所示。

图 11-94 插入图像并输入文本

图 11-95 预览网页

11 关闭所有网页后，在IE浏览器窗口中打开“index.html”框架网页，预览整体效果，如图11-96所示。

图 11-96 框架网页效果

11.3.4 制作网站内部页面

操作步骤：

1 新建文档，设置与“home.html”网页相同的【页面属性】选项。然后保存文档名称为“gsjj.html”，如图11-97所示。

2 单击【布局】列表中的【插入Div标签】按

钮，创建 ID 为“mainbody”的 Div 层，并在【#mainbody 的 CSS 规则定义】对话框中设置其 CSS 样式，如图 11-98 所示。

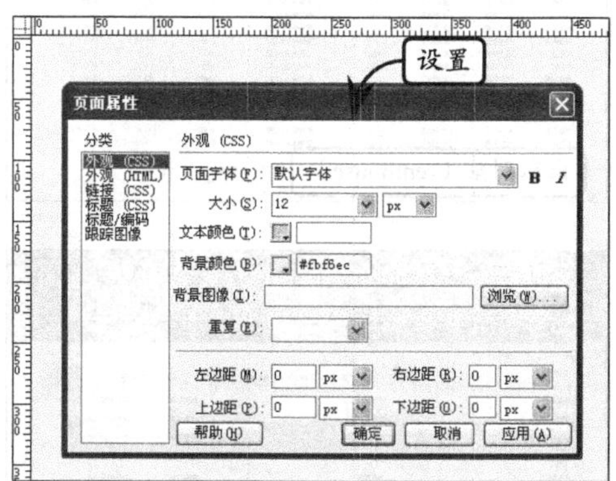

图 11-97 设置文档【页面属性】的相关选项

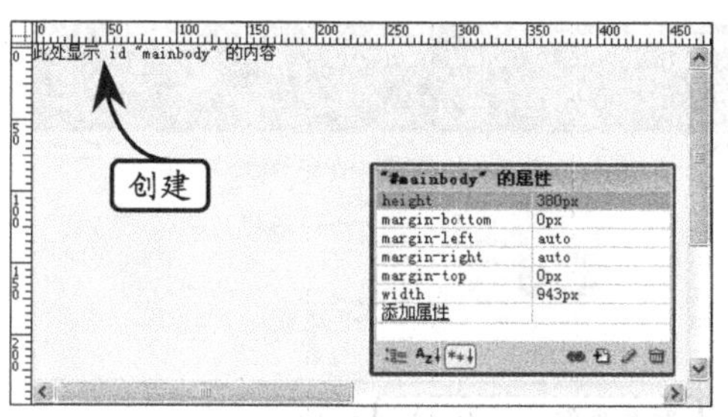

图 11-98 创建 ID 为“mainbody”的 Div 层

3 在 ID 为“mainbody”的 Div 层中，分别嵌套 ID 为“leftmain”、“rightmain”的 Div 层，并设置其 CSS 样式，如图 11-99 所示。

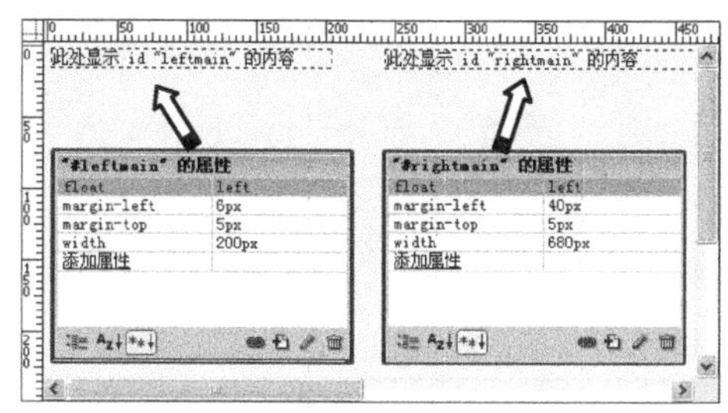

图 11-99 嵌套 Div 层

4 在 ID 为“leftmain”的 Div 层中，插入一个 6 行×1 列、【宽】为“200 像素”的表格，并设置其样式，如图 11-100 所示。

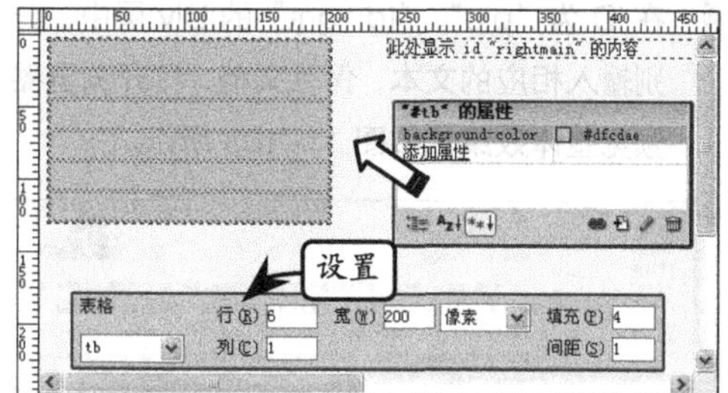

图 11-100 设置表格属性

5 在第 1 行的单元格中输入文本，并设置其字体“加粗”；然后创建一个类名称为“fontcolor”的类，并设置 CSS 样式；在第 2 至 6 行单元格中先插入图像然后输入文本，并设置单元格【背景颜色】为“黄色”（#fbf6ec）;【水平】对齐方式为“居中对齐”，如图 11-101 所示。

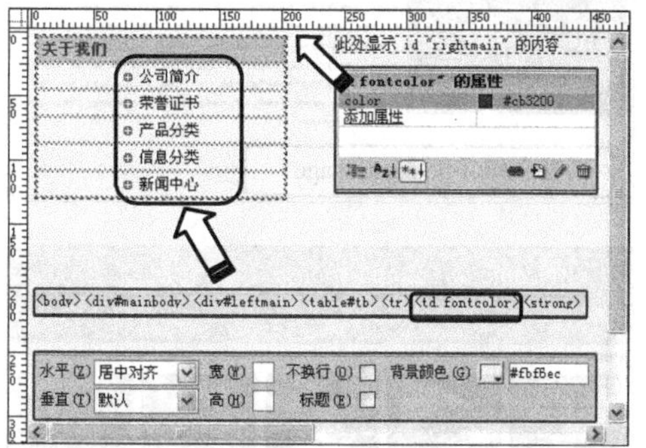

图 11-101 设置文本及单元格属性

6 在 ID 为“rightmain”的 Div 层中，再分别嵌套 ID 为“pic”、“tdhignt”的 Div 层，并设置其 CSS 样式，如图 11-102 所示。

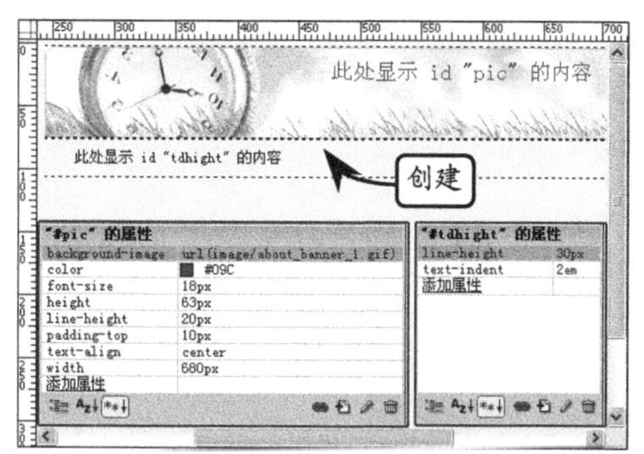

图 11-102 嵌套并设置 Div 层

7 在 ID 为“pic”、“tdhight”的 Div 层中，分别输入相应的文本，保存文档，打开浏览器预览整体效果，如图 11-103 所示。

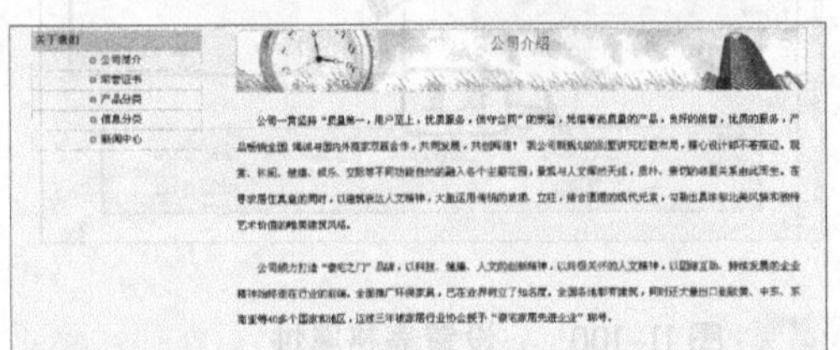

图 11-103　预览整体效果

8 按相同的方法创建网站的其他内部网页，预览其效果，如图 11-104 所示。

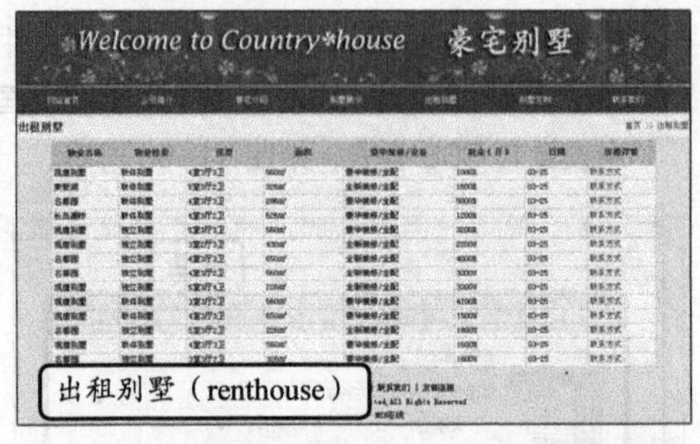

图 11-104　内部网页整体效果